普通高等教育农业部“十二五”规划教材

普通高等教育“十四五”规划教材

面向21世纪课程教材
Textbook Series for 21st Century

食品加工与保藏原理

胡卓炎　梁建芬　主编
马长伟　曾名湧　主审

中国农业大学出版社
·北京·

内 容 简 介

本教材着重阐明食品加工与保藏的基本理论、基本技术和方法。全书共分9章，主要包括绪论、食品的品质劣变及其控制、食品低温保藏、食品罐藏、食品的干制保藏、食品的腌制与烟熏、食品的化学保藏、食品的辐照保藏、食品加工与保藏新进展等内容。本教材广泛收集国内外文献资料，力求反映食品加工与保藏领域的先进水平，同时结合新时代我国高等教育人才培养模式改革的实际，增加一些新内容，以二维码形式呈现，以拓展相关的专业知识。

本教材是高等院校食品类本科专业食品加工与保藏原理或食品保藏学或食品工艺学等课程的配套教材，也可供从事食品生产和经营企业的管理人员和生产技术人员学习参考。

图书在版编目(CIP)数据

食品加工与保藏原理 / 胡卓炎,梁建芬主编. —北京:中国农业大学出版社,2020.6
(2023.11 重印)
ISBN 978-7-5655-2367-0

Ⅰ.①食… Ⅱ.①胡…②梁… Ⅲ.①食品加工-高等学校-教材②食品贮藏-高等学校-教材
Ⅳ.①TS205

中国版本图书馆 CIP 数据核字(2020)第 105166 号

书　名　食品加工与保藏原理
作　者　胡卓炎　梁建芬　主编

策划编辑　宋俊果　刘　军　魏　巍
责任编辑　王笃利　石　华　张士杰
封面设计　郑　川　李尘工作室
出版发行　中国农业大学出版社
社　址　北京市海淀区圆明园西路2号
邮政编码　100193
电　话　发行部 010-62733489,1190
编辑部 010-62732617,2618
读者服务部 010-62732336
出　版　部 010-62733440
网　址　http://www.caupress.cn
E-mail　cbsszs @ cau.edu.cn
经　销　新华书店
印　刷　北京鑫丰华彩印有限公司
版　次　2020年6月第1版　2023年11月第3次印刷
规　格　787×1092　16开本　18印张　450千字
定　价　49.00元

普通高等学校食品类专业系列教材

编审指导委员会委员

（按姓氏拼音排序）

编审人员

主　编　胡卓炎(华南农业大学)

　　　　梁建芬(中国农业大学)

副主编　曾凡坤(西南大学)

　　　　乔旭光(山东农业大学)

　　　　赵　雷(华南农业大学)

　　　　张春红(沈阳农业大学)

　　　　寇莉萍(西北农林科技大学)

参　编　(按拼音顺序排列)

　　　　陈　伟(山东农业大学)

　　　　狄建兵(山西农业大学)

　　　　黄　艳(武夷学院)

　　　　李述刚(合肥工业大学)

　　　　李泽珍(山西农业大学)

　　　　娄爱华(湖南农业大学)

主　审　马长伟(中国农业大学)

　　　　曾名湧(中国海洋大学)

编写人员

（原《食品工艺学导论》）

主　编　马长伟（中国农业大学）

曾名湧（青岛海洋大学）

副主编　曾凡坤（西南农业大学）

乔旭光（山东农业大学）

胡卓炎（华南农业大学）

孟宪军（沈阳农业大学）

刘兴华（西北农林科技大学）

参　编　（按拼音顺序排列）

陈　伟（山东农业大学）

郭顺堂（中国农业大学）

胡卓炎（华南农业大学）

廖小军（中国农业大学）

刘成国（湖南农业大学）

刘兴华（西北农林科技大学）

马长伟（中国农业大学）

孟宪军（沈阳农业大学）

蒲　彪（四川农业大学）

乔发东（中国农业大学）

秦波涛（河南农业大学）

王如福（山西农业大学）

薛文通（中国农业大学）

出版说明
（代总序）

岁月如梭，食品科学与工程类专业系列教材自启动建设工作至现在的第4版或第5版出版发行，已经近20年了。160余万册的发行量，表明了这套教材是受到广泛欢迎的，质量是过硬的，是与我国食品专业类高等教育相适宜的，可以说这套教材是在全国食品类专业高等教育中使用最广泛的系列教材。

这套教材成为经典，作为总策划，我感触颇多，翻阅这套教材的每一科目、每一章节，浮现眼前的是众多著作者们汇集一堂倾心交流、悉心研讨、伏案编写的景象。正是大家的高度共识和对食品科学类专业高等教育的高度责任感，铸就了系列教材今天的成就。借再一次撰写出版说明（代总序）的机会，站在新的视角，我又一次对系列教材的编写过程、编写理念以及教材特点做梳理和总结，希望有助于广大读者对教材有更深入的了解，有助于全体编者共勉，在今后的修订中进一步提高。

一、优秀教材的形成除著作者广泛的参与、充分的研讨、高度的共识外，更需要思想的碰撞、智慧的凝聚以及科研与教学的厚积薄发。

20年前，全国40余所大专院校、科研院所，300多位一线专家教授，覆盖生物、工程、医学、农学等领域，齐心协力组建出一支代表国内食品科学最高水平的教材编写队伍。著作者们呕心沥血，在教材中倾注平生所学，那字里行间，既有学术思想的精粹凝结，也不乏治学精神的光华闪现，诚所谓学问人生，经年积成，食品世界，大家风范。这精心的创作，与敷衍的粘贴，其间距离，何止云泥！

二、优秀教材以学生为中心，擅于与学生互动，注重对学生能力的培养，绝不自说自话，更不任凭主观想象。

注重以学生为中心，就是彻底摒弃传统填鸭式的教学方法。著作者们谨记“授人以鱼不如授人以渔”，在传授食品科学知识的同时，更启发食品科学人才获取知识和创造知识的思维与灵感，于润物细无声中，尽显思想驰骋，彰耀科学精神。在写作风格上，也注重学生的参与性和互动性，接地气，说实话，“有里有面”，深入浅出，有料有趣。

三、优秀教材与时俱进，既推陈出新，又勇于创新，绝不墨守成规，也不亦步亦趋，更不原地不动。

首版再版以至四版五版，均是在充分收集和尊重一线任课教师和学生意见的基础上，对新增教材进行科学论证和整体规划。每一次工作量都不小，几乎覆盖食品学科专业的所有骨干课程和主要选修课程，但每一次修订都不敢有丝毫懈怠，内容的新颖性，教学的有效性，齐头并进，一样都不能少。具体而言，此次修订，不仅增添了食品科学与工程最新发展，又以相当篇幅强调食品工艺的具体实践。每本教材，既相对独立又相互衔接互为补充，构建起系统、完整、实用的课程体系，为食品科学与工程类专业教学更好服务。

四、优秀教材是著作者和编辑密切合作的结果，著作者的智慧与辛劳需要编辑专业知识和奉献精神的融入得以再升华。

同为他人作嫁衣裳，教材的著作者和编辑，都一样的忙忙碌碌，飞针走线，编织美好与绚丽。这套教材的编辑们站在出版前沿，以其炉火纯青的编辑技能，辅以最新最好的出版传播方式，保证了这套教材的出版质量和形式上的生动活泼。编辑们的高超水准和辛勤努力，赋予了此套教材蓬勃旺盛的生命力。而这生命力之源就是广大院校师生的认可和欢迎。

第1版食品科学与工程类专业系列教材出版于2002年，涵盖食品学科15个科目，全部入选“面向21世纪课程教材”。

第2版出版于2009年，涵盖食品学科29个科目。

第3版(其中《食品工程原理》为第4版)500多人次80多所院校参加编写，2016年出版。此次增加了《食品生物化学》《食品工厂设计》等品种，涵盖食品学科30多个科目。

需要特别指出的是，这其中，除2002年出版的第1版15部教材全部被审批为“面向21世纪课程教材”外，《食品生物技术导论》《食品营养学》《食品工程原理》《粮油加工学》《食品试验设计与统计分析》等为“十五”或“十一五”国家级规划教材。第2版或第3版教材中，《食品生物技术导论》《食品安全导论》《食品营养学》《食品工程原理》4部为“十二五”普通高等教育本科国家级规划教材，《食品化学》《食品化学综合实验》《食品安全导论》等多个科目为原农业部“十二五”或农业农村部“十三五”规划教材。

本次第4版(或第5版)修订，参与编写的院校和人员有了新的增加，在比较完善的科目基础上与时俱进做了调整，有的教材根据读者对象层次以及不同的特色做了不同版本，舍去了个别不再适合新形势下课程设置的教材品种，对有些教材的题目做了更新，使其与课程设置更加契合。

在此基础上，为了更好满足新形势下教学需求，此次修订对教材的新形态建设提出了更高的要求，出版社教学服务平台"中农 De 学堂"将为食品科学与工程类专业系列教材的新形态建设提供全方位服务和支持。此次修订按照教育部新近印发的《普通高等学校教材管理办法》的有关要求，对教材的政治方向和价值导向以及教材内容的科学性、先进性和适用性等提出了明确且具针对性的编写修订要求，以进一步提高教材质量。同时为贯彻《高等学校课程思政建设指导纲要》文件精神，落实立德树人根本任务，明确提出每一种教材在坚持食品科学学科专业背景的基础上结合本教材内容特点努力强化思政教育功能，将思政教育理念、思政教育元素有机融入教材，在课程思政教育润物细无声的较高层次要求中努力做出各自的探索，为全面高水平课程思政建设积累经验。

教材之于教学，既是教学的基本材料，为教学服务，同时教材对教学又具有巨大的推动作用，发挥着其他材料和方式难以替代的作用。教改成果的物化、教学经验的集成体现、先进教学理念的传播等都是教材得天独厚的优势。教材建设既成就了教材，也推动着教育教学改革和发展。教材建设使命光荣，任重道远。让我们一起努力吧！

罗云波

2021 年 1 月

前　　言

近年来，随着食品加工与保藏技术研究的深入，一些新技术、新工艺得到进一步的应用，并取得了新成果。作为学科建设重要内容之一的教材建设，它需要与时俱进，及时吸纳这些新的成果。由马长伟、曾名湧主编的《食品工艺学导论》是一部优秀的教材，先后被列入"面向 21 世纪课程教材"和"北京市高等教育精品教材建设"等立项项目。自 2002 年出版以来，它被众多院校相关专业选作教材，反响很好。该教材已经多次印刷，但内容一直未进行系统的修订，已经不能满足新时代教学的需求。经教材原主编同意并授权，由华南农业大学胡卓炎和中国农业大学梁建芬任主编，组织编者对该教材进行系统的修订改版。

本次修订广泛收集了国内外资料，体现了食品加工与保藏领域的先进水平，在内容和体系上有所创新，在纸质教材中融入数字化元素，加入部分扩展内容。本次修订结合新时代我国高等教育人才培养模式改革的实际，将书名改为《食品加工与保藏原理》，以适应新时代专业人才培养方案课程体系的构成和教学的需要。此外，注重本课程教学内容与思政元素的有机融合。在主要章节相关内容的切入点，采用二维码技术增加思政案例，强化培养学生科技强国的信念和科技服务产业发展意识，进一步强化家国情怀，树立正确的世界观、价值观和人生观，面向国家重大需求，服务人民，成为具有创新意识和创新能力的专业人才和社会主义建设者。在修订中，补充和调整了部分编写人员，由主编胡卓炎、梁建芬带领全国多所院校从事本学科教学与研究工作的教师共同编写修订完成，马长伟、曾名湧任主审，新版教材是集体智慧的结晶。

全书内容共分 9 章，主要包括绪论、食品的品质劣变及其控制、食品低温保藏、食品罐藏、食品的干制保藏、食品的腌制与烟熏、食品的化学保藏、食品的辐照保藏、食品加工与保藏新进展等内容。

本教材编写人员的具体分工为：第 1 章绪论由胡卓炎、梁建芬编写；第 2 章食品的品质劣变及其控制由胡卓炎、乔旭光、寇莉萍编写；第 3 章食品低温保藏由胡卓炎、曾凡坤、赵雷编写；第 4 章食品罐藏由梁建芬、赵雷编写；第 5 章食品的干制保藏由李述刚、曾凡坤、狄建兵编写；第 6 章食品的腌制与烟熏由娄爱华、黄艳编写；第 7 章食品的化学保藏由李泽珍、陈伟、张春红编写；第 8 章食品的辐照保藏由寇莉萍、黄艳、李泽珍、赵雷编写；第 9 章食品加工与保藏新进展由梁建芬、张春红、胡卓炎编写。全书由胡卓炎、赵雷负责统稿。

马长伟、曾名湧审稿。

本教材着重阐明食品加工与保藏的基本理论、基本技术和方法。作为食品保藏原理(与技术)或者食品保藏学或者食品工艺学等课程的配套教材,它是学生学习其他食品工艺学课程的基础,要求学生具有食品化学、食品微生物学、食品工程原理等先修课程的基础。本教材可作为高等院校食品科学与工程专业本科生和研究生的教材,也适用于食品生产和经营企业的管理人员、生产技术人员学习参考。

在本教材的编写出版过程中得到了编者所在院校和中国农业大学出版社的指导、帮助和支持,在此深表谢意。由于工作繁忙和时间紧迫,加之学科内容广泛和发展迅速,书中疏漏和不妥之处在所难免,万望诸位同仁和读者赐教惠正。

为贯彻落实党的二十大精神,本次重印结合实际教学,融入了相关内容,便于读者学习掌握,提高教学效果,更有利于实现我国新时代青年人才德智体美劳全面发展的培养目标。

胡卓炎　梁建芬

2023.11

前　言
（原《食品工艺学导论》）

近年来，为了适应国内高等教育教学改革形势的发展需要，全国许多高等院校的食品类专业都对其课程体系进行了部分调整，其主导思想是：摒弃原来的注重知识传授型培养方式，选择加强基础、淡化专业、注重学生综合素质和实践动手能力的素质型培养方式。正由于此，原来各院校普遍开设的食品工艺学课程因内容繁杂、课程庞大而被分解为多门课程，如食品保藏原理（与技术）或食品保藏学，畜产品工艺学或肉/乳/蛋品工艺学，农产品工艺学，园产品工艺学等。相应地，师生们迫切需要一批专门的教材。

2001年春，由中国农业大学食品学院和中国农业大学出版社共同组织召开了全国高等农业院校食品专业"面向21世纪课程"系列教材的编写会议，会上确定了《食品工艺学导论》的编写计划和主要编写人员，目的是尽快出版一本专门介绍食品加工和保藏基本原理方面的教材，以适应国内课程教学的需要。同时随着国内外食品加工与保藏技术的发展，近些年相继涌现出了一些新的食品加工和保藏技术，而介绍这些内容的食品专业教材目前又很少，急需有一本教材能够将这些新成果、新材料包容进去。

本教材是以近年来在部分高等院校食品类专业试用的《食品保藏原理与技术》为基础，吸收国内外最新资料结合我国食品加工与保藏技术的实际编写而成的，是高等教育面向21世纪教学内容和课程体系改革项目(04-18)研究成果，同时被北京市教委纳入"北京市高等教育精品教材建设立项项目"。

本教材共分7章，分别阐述了食品腐败变质及其控制、食品低温保藏、食品罐藏、食品干制保藏、食品腌制与烟熏保藏、食品化学保藏和食品辐照保藏等。根据"面向21世纪课程系列教材"的编写要求，本教材在着重阐明食品加工保藏的基本原理的基础上，增加了国内外该领域内的最新应用技术和研究成果，充实了更加贴近我国食品工业实际的新内容。从编写体例上，本书更加符合教材的要求，有利于学生更好地掌握各章的重点内容和学习要求，采取积极主动的学习态度，同时也为教师压缩课堂教学内容提供了可能。

本教材作为食品保藏原理（与技术）或者食品保藏学或者食品工艺学导论等课程的配套教材，是学生学习其他食品工艺学课程的基础，要求学生具有食品化学、食品微生物学、食品工程原理等先修课程的基础。本教材既可作为高等院校食品类专业的教材，也可供从事食品储藏加工实际工作的专业技术人员参考。

本教材绪论由马长伟、曾名湧编写，第1章由胡卓炎、乔旭光、刘兴华编写，第2章由曾凡坤、胡卓炎、秦波涛编写，第 3 章由孟宪军、蒲彪、廖小军编写，第 4 章由曾名湧、曾凡坤、薛文通编写，第 5 章由刘成国、蒲彪编写，第 6 章由王如福、陈伟、刘兴华编写，第 7 章由郭顺堂、王如福编写。全书由马长伟、乔发东负责统稿。

本教材由全国多所院校的教师参与编写，在编写过程中，不仅得到了各位编委的大力支持和积极配合，而且也得到了各参编单位有关领导的高度重视。中国农业大学李里特教授对本教材的编写给予了悉心指导并拨冗审阅。在此，谨向所有为本书的编写和出版付出辛劳的朋友表示衷心的感谢！

由于本教材内容涉及面广，时间仓促，限于编者水平，不足之处恳请同仁和读者批评指正。

马长伟

2002 年 7 月于北京

目　录

第1章
绪论

学习目的与要求

1. 掌握食品和食品加工与保藏相关的一些基本概念。
2. 了解食品加工与保藏的内容与任务。
3. 熟悉食品加工与保藏的目的和类型。
4. 了解食品加工与保藏的历史和发展。

1.1 引言

《中华人民共和国食品安全法》第一百五十条对食品相关的用语有明确的定义，即食品是指各种供人食用或者饮用的成品和原料以及按照传统既是食品又是中药材的物品，但是不包括以治疗为目的的物品。人类根据自己的饮食习惯和爱好及其他特殊需要，利用各种动植物原料，经过不同配制和各种加工处理，制成形态、风味、营养价值和功能性质等各不相同的花色品种繁多的加工品，这些经过加工制作的食物被统称为食品。食物是指可供人类食用或者饮用的物质，它是人类赖以生存和发展的重要物质基础。

二维码 1-1　中华人民共和国食品安全法

人类的饮食物，除水和盐外，大部分来自动植物。最初，人们主要通过采集和狩猎来获取食物。随着人类文明的进步，人们学会了种植、饲养和捕捞等新的获取食物的方法。但是由于动植物组织都是易于腐败变质的原料，自其收获、采集或宰杀之后就开始发生一系列的变化，导致品质下降甚至不适于人类食用。因此，人们意识到需要对获取的食物原料进行各种及时的加工处理，这样才能便于其保藏和食用。

食品既可以按照加工处理的方法进行分类，也可以根据原料种类的不同进行分类。按照食品加工处理的方法可将食品分为低温保藏(包括冷藏和冷冻)食品、罐藏食品、干藏食品、腌渍食品(盐或糖腌，酱制或酒渍等)、烟熏食品和辐照食品等。而果蔬制品、粮油制品、肉禽制品、乳制品等则是根据原料的不同进行分类的。焙烤制品、糖果制品和调味制品等不仅根据原料的不同进行分类，而且其加工处理方法也各有特点。随着科学技术的发展和人民生活水平的提高，又相继出现了许多新的食品类型，如方便食品、婴儿食品、模拟(或仿生)食品、功能食品和宇航食品等。虽然食品的种类很多，但商品的食品必须符合下述 6 项要求。

① 卫生和安全性。食品安全性是指食品无毒、无害，符合应当有的营养要求，对人体健康不造成任何急性、亚急性或者慢性危害。这是食品最重要的属性，是当今世界食品生产与消费中最受关注的问题。近年来，随着大众媒体对国外疯牛病和二噁英等事件的宣传报道以及国内一些食品安全事故的曝光，我国广大消费者的食品安全意识显著提高。即使在当今科学技术高度发达，被认为是世界上食品供给最安全的国家——美国也要不断面对食品安全的挑战，并将其列为美国 21 世纪食品领域 10 大研究方向之首。在我国，由饮食卫生和安全问题造成的食物中毒事故时有发生，给人民生命财产与健康带来了较大危害。因此，加强食品生产、加工和流通环节的安全防护与监督控制，保证向消费者提供安全、卫生的食品是所有食品生产者首先必须牢记的原则。

如果任何食品受到致病菌、产毒菌、有害金属和天然或真菌毒素等的污染，或含有残留农药及禁用的添加剂，或添加剂用量超标时，就会给消费者的健康带来严重的危害甚至危及消费者的生命安全。正因为此，所有食品生产部门必须严格遵守政府和卫生部门的有关规定，采取积极措施，严格控制和消除各种污染源，保证生产卫生安全的食品，以保障消费者的健康。

②营养和易消化性。这是人们对食品的最基本要求。自然状态下的食物原料有时会含有

某些有害或者有毒的成分，这时应该对这些成分进行鉴定并研究其性质和作用方式，以便采取适当的加工处理方法将它们去除或消除其危害性，从而保证食品的营养功能。另外，现在的消费者在选购食品时越来越注重食品的营养性能，根据其各项营养指标是否符合自身的需要决定购买与否。许多国家，尤其是美国已明确要求将食品的各种营养成分标注在包装纸上，以供消费者选择。

改变食品中营养素的含量，尤其是降低食品的热量或提高维生素和矿物质的含量是消费者对食品的营养功能提出的新要求。如用阿斯巴甜或糖精取代蔗糖可在保证甜度的情况下降低软饮料的热值；利用与脂肪具有类似性质但代谢方式不同的物质来替代食品中的脂肪，也可以达到降低食品热值的目的。在食品中添加人体所必需的维生素和矿物质现在也已成为一种比较普遍的做法。但是应该注意，这些添加的成分必须均匀地分散于产品中，而且性能稳定，同时不得影响食品的风味和外观。

易消化性是指食品被人体消化吸收的程度。食品只有被消化吸收以后，才有可能成为人体的营养素。食品加工过程中的去粗存精不仅提高了食品的营养价值，而且是提高食品易消化性的重要措施。但加工必须适度，否则反而会造成营养素的流失，甚至可能引起疾病。例如，全面粉中维生素的含量高于精面粉，如长期偏食精面粉有可能出现维生素 B_2 缺乏症。又如，若人体摄入的不消化膳食纤维过少就容易引起便秘等症。

③外观，即食品的色泽和形态。食品不仅应当保持应有的色泽和形态，还必须具有整齐美观的特点。食品的外观会在很大程度上影响消费者的选购。为此，在食品生产过程中必须力求保持或改善食品原有的色泽，并赋予其完整的形态。有包装的产品应力求做到包装完整、外形美观、标注清楚，尤其是食品的货架期必须标注在包装的明显位置，易于识别。

为了赋予产品良好的色泽，在食品加工中常常会添加某些食用色素或助发色物质。这些成分的添加能够在一定程度上改善产品的外观，但是决不允许使用有害于人体健康的非食用添加剂或超过国家标准规定的添加量。

④风味，即食品的香气、滋味和口感。食品中的香气成分主要是一系列的挥发性化合物，这些物质在食品的热加工过程中极易挥发而使食品失去香气，或者生成另外一些不被人们接受的不良气味成分。因此，最大限度地保持食品的香气，防止异味的产生就成为食品生产者和研究人员面临的重要课题。我们往往通过改进生产技术来尽可能地保持食品原有的香气，同时回收或加入香料也成为改善食品香气的一种重要手段。食品科学家还在致力于用特殊的酶系作用于一些基本的原料来产生风味物质。肉被烹饪后产生的风味主要来自脂肪，而水果的风味则主要来自碳水化合物。

调味是食品生产者改善食品风味的常用方法。食品的鲜味主要来自各种氨基酸。食品生产者往往通过添加谷氨酸钠、琥珀酸和肌苷酸等来增强食品的鲜味。

口感也是影响产品风味特性的重要因素，主要用于评价产品的组织状态，包括硬度、弹性、咀嚼性等。牛肉的嫩度是衡量牛肉品质的重要指标。食品科技工作者已开发多种嫩化牛肉的方法，如在牛肉的表面涂上一层酶-盐混合物，或在动物被宰杀之前将蛋白酶制剂注入其体内，或在动物被宰杀之后，用高压电流对其胴体进行电击等。

⑤方便性。随着人类生活方式的演变和生活节奏的加快，人们对食品的方便性和快捷性

的追求也越来越高。20 世纪 80 年代,国内食品工业在发展启封简易和食用方便的食品方面已经取得了显著进展,得到了消费者的赞赏。今天的方便食品更是品种繁多,无所不包。从最大众化的方便面、方便米饭发展到各种速冻主食和副食,乃至各种调理菜肴和多种嗜好食品,可以说已经形成了一个庞大的方便食品产业。这些方便食品一方面为人们的各种经济和社会活动提供了便利;另一方面也可以使集体餐饮业(工厂、学校、医院、餐馆、航运、军队等)和许许多多家庭准备膳食的时间大为缩短,为家务劳动的社会化创造了条件。所以说,食品的方便性是不容忽视的一项重要指标。今后,方便食品仍然具有巨大的市场开发潜力和广阔的发展空间。

⑥储运耐藏性。对于规模化的食品生产活动来说,这是必须注意解决的问题。因为一般来说食品容易腐败变质,食品生产者应对它的储运耐藏性有所保障,否则就难以维持城市食品常年供应和地区间的交流。如果出口产品不耐储运,就易发生变质事故,更有损于外贸信誉,影响国际贸易。

因此,许多食物必须经过适当的加工处理制成食品,一方面保证其卫生和安全性;另一方面必须最大限度地保持其营养价值和感官品质,同时还要重视其食用方便性和耐储运能力。也正因为如此,才有了食品加工与保藏。

1.2 食品加工与保藏的内容和任务

食品加工与保藏是依据技术上先进、实用,经济上合理、高效的原则,研究食品的原材料、半成品和成品的加工方法和加工过程的一门应用学科。随着人们饮食习惯的改变和科学技术的进步,食品加工与保藏的研究内容主要涉及食品原料、加工半成品和成品以及传统意义上属于餐饮领域的食品加工工艺及过程控制。食品工艺学涉及的技术包含加工工艺的过程和实现工艺的设备两部分。工艺技术的设计和研究要考虑设备实现工艺水平的可行性,因而通常情况下,设备划归为设备制造行业研发和制造。

食品加工与保藏主要研究内容和任务可以归纳为如下几点。

①高品质食品制造加工技术的研究与开发。食品品质包括营养成分的组成、含量、生物利用率等食品营养的品质,满足人们对食品的色、香、味、形、质构等嗜好性的需求的感官品质以及食品无毒、无害,对人体健康不造成任何急性、亚急性或者慢性危害的安全品质。

②食品贮藏、流通过程中品质劣变机理及相关品质保证技术的研究与应用。

③食品新资源的开发和应用。

④新型、方便、特需食品的开发。如满足航天航空失重条件等特殊需求的新型食品,满足运动人群及时补充能量需求的运动食品以及具有保护视力等功能食品的开发。

⑤以提高食品工厂的生产效率,降低生产过程的能耗和损耗及废弃物处理方案为目标的生产过程的组织及优化,新技术、新工艺的开发及应用。

食品加工与保藏的内容涉及食品化学、食品营养学、食品工程、食品微生物、食品原料学、食品质量及管理等多个领域,是食品科学与工程及相关专业的主要专业课程之一。在学习该课程之前已经学习了相关的一些课程,之后也还会陆续学习诸如食品工艺各论等课程。本教材将重点介绍食品加工与保藏的通用原理及技术,旨在作为食品工艺学的引导性课程,为后续学习食品工艺学各论奠定基础。

1.3 食品加工与保藏的目的和类型

1.3.1 食品加工与保藏的目的和意义

食品及其原料主要源于植物、动物(包括畜禽产品和水产品)、微生物和其他,它们的营养丰富,成分复杂。加工与保藏就是使食品具有良好的感官品质、营养品质、安全品质、适当的货架期、贮藏稳定性、方便食用等。食品上述品质会随着加工及保藏时间的延长而发生劣变,这种变化被称为品质劣变。不同的食品品质劣变的表现也不尽相同,如新鲜果蔬出现失水皱缩,馒头、面包出现老化、变硬,果蔬汁产气、变酸,鲜肉发黏、发臭等。虽然食品的腐败变质有很多不同的表现,但其本质是组成食品的化学成分发生了变化。造成食品成分变化的原因是多方面的,主要包括物理原因(如食品水分蒸发、香气散失)、化学变化(如糖和氨基类化合物发生美拉德反应、酚类化合物被氧化)及微生物作用造成的食品组分的变化(如酵母菌作用产生糖的降解和产生乙醇)。食品保藏的目的就是延缓或者阻止食品组成成分变化的发生,防止食品的品质劣变。

1.3.2 食品保藏的类型

依据保藏的原理,可将现有的食品保藏方法分为以下几类。

1. 维持生鲜果蔬最低生命活动原理

利用有生命的物体具有的天然免疫性以抵御外界微生物侵袭的原理,这种原理主要应用于生鲜果蔬原料的贮藏及运输。不同的果蔬原料采用适宜的低温条件,使果蔬保持低水平的正常呼吸作用。这样的处理一方面可以维持生鲜果蔬原料的呼吸作用,以抵制外界微生物的侵害;另一方面,可减少呼吸作用带来的损耗。在实际生产中,应用该原理的方法已成为果蔬贮运科学。

2. 抑制和降低食品品质劣变发生的原理

食品中残存的酶活性及微生物的生长繁殖是造成食品腐败变质的主要原因。采用一定的物理、化学或者其他方法,通过降低温度、降低水分活度、改变食品的 pH 可以在一段时间内、一定水平上抑制腐败变质的发生。应用这种原理的保藏方法包括食品冷藏、冻藏、化学保藏、干制等,总体来讲,这些方法对食品各方面品质的影响比较小,多为暂时的、短时间的食品保藏方法。

3. 无菌原理

无菌原理是将食品中的腐败微生物数量减少到无害的程度,甚至全面杀灭,并采用相应的包装技术长期维持这种状况,从而达到长期保藏食品的目的。罐藏、辐照保藏、UHT(超高温)杀菌无菌包装技术等保藏方法属于此原理。

4. 发酵原理

这是利用有益微生物的生长繁殖及代谢产物的积累,建立起抑制有害微生物生长的环境,从而延缓食品品质劣变的一类方法。常见的有益微生物主要是可以产生乙醇和有机酸的酵母菌、乳酸菌、醋酸菌等。如在腌制泡菜过程中,当乳酸的浓度达到 0.6%～0.8%时,就可以抑制腐败菌的生长繁殖及酶的活性，从而防止泡菜的品质劣变。从食品的感官品质方面来分析，应用发酵原理的保藏方法应该说更是一种食品加工方法。

除上述提到的 4 种基本原理外，在食品保藏过程中还应避免二次污染（recontamination）。这就需要保持食品保藏环境中良好的卫生条件、食品良好加工规范（GMP）及适宜的食品包装。

二维码 1-2 “储藏”“贮藏”和“保藏”的表述与使用问题

在食品加工与保藏实践中，常见有“储藏”“贮藏”和“保藏”的表述，目前还没有规范的定义。通常的理解是，储藏是指对商品或物件的存放，体现备用的意图，如粮食的储藏（储备粮）；贮藏是指对有生命活动的对象使用积极的方法使其质量保持一定存放时间，如果蔬的贮藏；“保藏”一般是把东西收存起来以免遗失或损坏。食品保藏一般是指经加工后的食品存放且要考虑其质量保持。

1.4 食品加工与保藏的历史和发展

食品保藏是一种古老的技术。人们很早就利用晒干或风干、烟熏等方法保藏食物。据确切的记载，公元前 3000 年到公元前 1200 年，犹太人经常用从死海里取来的盐保藏各种食物。中国人和希腊人也在同时期学会了用盐腌鱼的方法。这些事实可以看成是腌制保藏技术的发端。大约公元前 1000 年，古罗马人学会了用天然冰雪来保藏龙虾等食物。《圣经》中记载了人们利用日光将枣、无花果、杏及葡萄等晒成干果进行保藏的事情。我国古书中也常出现“焙”字，这些情况表明干藏技术已开始进入人们的日常生活。在《北山酒经》中记载了瓶装酒加药密封煮沸后保藏的方法，似乎可以看作是罐藏技术的萌芽。

1809 年，法国人尼古拉·阿培尔（Nicolas Appert）将食品放入玻璃瓶中，加木塞密封，并加热后，制造出了真正的罐藏食品，成为现代食品保藏技术的开端。从此，各种现代食品保藏技术不断问世。1883 年前后出现了食品冷冻技术，1908 年出现了化学保藏技术，1918 年出现了气调冷藏技术，1943 年出现了食品辐照保藏技术等。现代食品保藏技术与古代食品保藏技术的本质区别在于现代食品保藏技术是在阐明各种保藏技术所依据的基本原理的基础上，采用人工可控制的技术手段来进行，不受时间、气候、地域等因素的限制，因而可以大规模、高质量、高效率地实施。

食品保藏技术的发展是不平衡的。它表现在不同食品保藏技术之间的发展不平衡及同种保藏技术中不同技术手段之间的发展不平衡。如罐藏技术在相当长的一段时间内曾占据着食品保藏技术的主导地位，但是随着人们生活水平的逐渐提高，食品保鲜保活技术的开发和广泛应用，罐头食品在色、香、味等方面的缺陷以及相对较高的成本，使罐头工业的发展进入平缓期。与此相反，食品低温保藏技术由于能较好地保藏食品的色、香、味及营养价值，并能提供丰富多彩的冷冻食品而逐渐占据了食品工业的主导地位。目前，全世界的冷冻食品正以年平均 20％的增长速度持续发展，预计未来冷冻食品的销售量将占全部食品销售量的 60％以上。另外，在同种保藏方法的不同技术手段之间也存在明显的发展不平衡的状况，如罐藏法中金属罐和玻璃罐应用技术的发展缓慢，而塑料罐、软罐头及无菌罐装等技术的发展速度很快，潜力巨大。又如，干藏法中普通热风干燥技术的发展处于相对停滞状态，而喷雾干燥和冷冻干燥技术的发展却非常迅速。总之，只有那些能适应现代化生产需要，可以为人类提供高质量食品，并且具有合理的生产成本的食品保藏技术才能获得较快发展(图 1-1)。

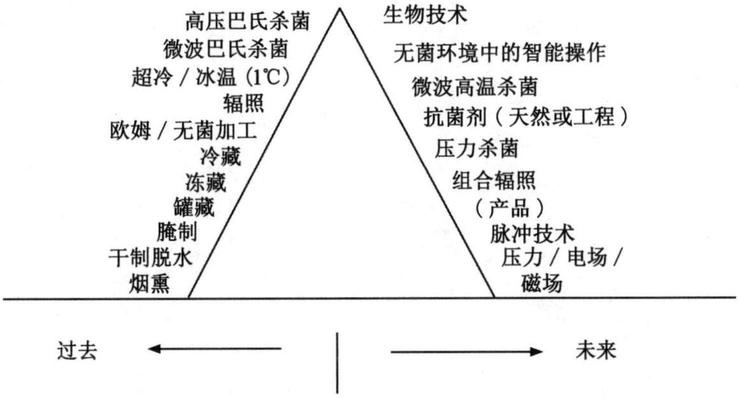

图 1-1　食品保藏技术的历史与发展(Hans Steinhart,2006)

食品保藏作为一种有效利用食品资源,减少食品损耗的重要技术手段,对缓解当今人口迅速膨胀而导致食物资源相对短缺的状况,具有不可替代的作用。开发更为有效、更为先进的食品保藏技术是从事食品研究与开发的所有人员义不容辞的义务和责任。食品加工与保藏技术源于人类长期的实践和理论的发展。食品科技工作者要面向世界科技前沿、面向经济主战场、面向国家重大需求、面向人民生命健康,加快实现高水平科技自立自强。以国家战略需求为导向,集聚力量进行原创性引领性科技攻关,开展食品加工与保藏新技术与产业应用研究,解决食品加工与保藏中的"卡脖子"技术难题,提升我国食品工业的核心竞争力。

思考题

1. 理解食品与食物的含义。
2. 依据保藏基本原理可将现有的食品保藏方法分为哪几类?
3. 了解食品加工与保藏的历史和发展。

参考文献

[1] 全国人民代表大会常务委员会. 中华人民共和国食品安全法. 北京:中国法制出版社,2018.

[2] Gary S. Tucker. Food Preservation and Biodeterioration. 2nd ed. UK:John Wiley & Sons,Ltd,2016.

[3] Hans Steinhart. Novel Foods and Novel Processing Techniques as Threats and Challenges to a Hypersensitive World. In:Allergy Matters:New Approaches to Allergy Prevention and Management(Eds:Gilissen L. J. W. J.;Wichers H. J.;Savelkoul H. F. J.;et al.). Springer,2006.

原《食品工艺学导论》编写人:马长伟(中国农业大学);曾名湧(青岛海洋大学)
《食品加工与保藏原理》编写人:胡卓炎(华南农业大学);梁建芬(中国农业大学)

第 2 章

食品的品质劣变及其控制

学习目的与要求

1. 了解引起食品品质变劣的生物学因素、化学因素和物理因素及其特性。
2. 掌握食品保藏的基本原理。
3. 了解食品保藏的主要方法。
4. 熟悉控制食品质量变化的主要途径。
5. 了解栅栏技术的原理。

2.1　引起食品品质劣变的主要因素及其特性

现代食品加工有3个主要目标：①确保加工食品具有安全性；②提供高质量的产品；③食品具有食用的方便性（延长新鲜产品供应期和货架期、减少厨房操作）。食品的安全性包括微生物和化学方面可能导致的腐烂和变质，在加工场合，多数情况下是以微生物为主。而食品的质量包括风味、颜色和质地等方面，同样与微生物腐败、酶的作用和化学反应等密切相关。因此，要对引起食品品质劣变的主要因素和特性了解清楚，以便更好地控制它，达到现代食品加工的目的。

食品品质由感官品质、营养品质及安全（卫生）品质构成，包括食品的色、香、味和营养价值，应具有的形态、质地、质量及应达到的卫生标准。感官品质是指通过人体的感觉器官能够感受到的品质指标的总和，包括食品的外观（大小、形状、光泽度、透明度、色泽）、质地（软、硬、汁液、黏性、弹性等）、风味（甜、酸、苦、辣、咸、香等）。营养品质包括碳水化合物、脂肪、蛋白质、维生素和矿物质等营养成分的质和量。安全品质是指直接关系到人体健康的品质指标的总和。

食品品质因食物的组成、加工方法、保藏等的不同而表现出差异。农产品收获后或动物屠宰后以及后续的食品加工和贮藏过程会发生一些品质的变化，包括营养成分的损失，口感和颜色的变化，尤其重要的是可能因微生物活动引起安全品质的劣变。

引起食品变质的因素有很多，包括微生物（细菌、霉菌、酵母菌）、酶、温度、压力、光线等，一般把它们分为生物学因素、物理因素和化学因素。

2.1.1　生物学因素

2.1.1.1　微生物

1. 微生物引起食品品质劣变的特点

(1)细菌　不管食品是否经过加工处理，在绝大多数场合，其变质的主要原因是由细菌引起的。细菌引起的变质一般表现为食品的腐败或腐臭。这是由细菌活动分解食物中的蛋白质和氨基酸，产生恶臭或异味的结果。这种现象尤其在厌氧的环境中容易发生，甚至还会产生有毒物质，引起食物中毒。产芽孢细菌非常耐热，如肉毒杆菌在中性环境下，100℃加热数小时，有时还没有被杀死。耐热性细菌在土壤中存在较多，因此，在土壤中生长的莲藕、芋头、芦笋、竹笋等块根、块茎类原料在加工时要特别注意。

(2)酵母菌　其在含碳水化合物较多的食品中容易生长发育，而在含蛋白质丰富的食品中一般不生长，在pH 5.0左右的微酸性环境中生长发育良好。容易受酵母菌作用引起变质的食品有蜂蜜、果酱、果冻、酱油、果酒等。

(3)霉菌　霉菌在有氧、水分少的干燥环境中生长发育，在富含淀粉和糖的食品中容易生长霉菌。由于霉菌的好气性，因此，在无氧的环境中可抑制其生长，在水分含量15%以下，也可抑制其生长发育。

食品的安全和质量依赖于微生物的初始数量、加工过程的除菌效果和防止微生物生长的环境控制。食品由碳水化合物、脂肪和蛋白质等多种成分组成，所以食品品质劣变并非由一种微生物所致，大多数是由细菌、霉菌或酵母菌同时污染、作用的结果。

2.影响微生物生长发育的主要因子

(1)pH　微生物的生长发育需要适宜的 pH 环境。大多数细菌,尤其是病原细菌易在中性至微碱性环境中生长繁殖,在 pH 4.0 以下的酸性环境中,其生长活动会受到抑制。如果汁饮料等一些高酸性食品,可抑制或减少细菌的生长。霉菌和酵母菌则一般能在酸性环境中生长发育。细菌、酵母菌和霉菌的生长发育程度与 pH 的关系见图 2-1。对于耐酸性来说,霉菌>酵母菌>细菌,酸性越强,抑制细菌生长发育的作用越显著。在最适宜的发育 pH 范围内,微生物对热的抵抗性(耐热性)较强,但离开最适宜的 pH 范围则其耐热性变弱。因此,使 pH 降低至 4.6 以下的环境中,细菌生长发育受抑制的同时,其耐热性也变弱,即使是耐热性极强的细菌芽孢,也容易被杀灭。一般以 pH 4.6 为界限,pH 4.6 以上的环境需采用加压高温杀菌,pH 4.6 以下的环境可采用常压(100℃以下)杀菌。在 pH 4.6 以下的环境中,霉菌和酵母菌虽能生长发育,但其耐热性较弱,在 70～80℃就能将其杀灭。

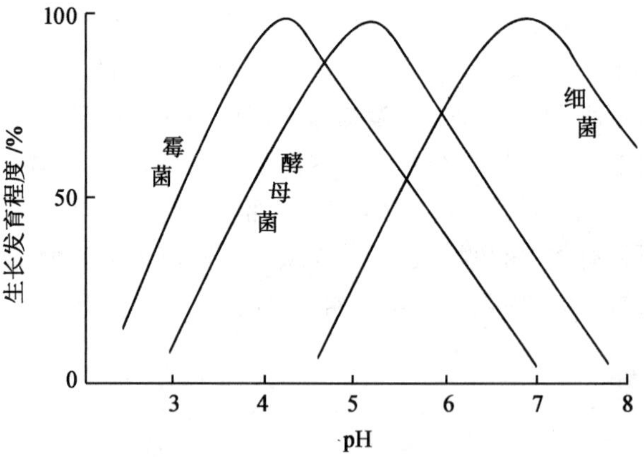

图 2-1　微生物生长发育程度与 pH 的关系(真部孝明,1992)

(2)氧气　微生物可分为好氧性(aerobic)微生物、微需氧(microaerophylic)微生物、兼性厌氧(facultative anaerobic)微生物和厌氧性(anaerobic)微生物。好氧性微生物的生长发育需要有氧气,无氧则不能生长发育,包括产膜酵母菌、霉菌和部分细菌。利用真空包装或用 N_2、CO_2 等置换包装材料内的空气,即可抑制好氧性微生物的活动。微需氧微生物仅需少量的氧就能生长,如乳酸杆菌(*Lactobacillus*)。兼性厌氧微生物在有氧和无氧的环境中都能生长,如大多数酵母菌、细菌中的葡萄球菌属等。厌氧性微生物能在无氧的低酸性(pH>4.6)环境中生长发育并产生毒素,引起食物中毒,如肉毒梭状芽孢杆菌(*Clostridium botulinum*)。

(3)水分　微生物生长发育需要自由水分。干制品由于脱去了自由水分,因而能防止细菌、酵母菌和霉菌的生长。通过控制水分活度 A_w(water activity)可防止微生物的生长。水分活度是对微生物和化学反应所能利用的有效水分的估量。不同的微生物,其生长发育所要求的最低 A_w 也不同(图 2-2)。一般情况下,大多数细菌要求 $A_w>0.94$,大多数酵母菌要求 $A_w>0.88$,大多数霉菌要求 $A_w>0.75$。微生物对 A_w 的要求也有例外的情况,而且受环境条件影响。

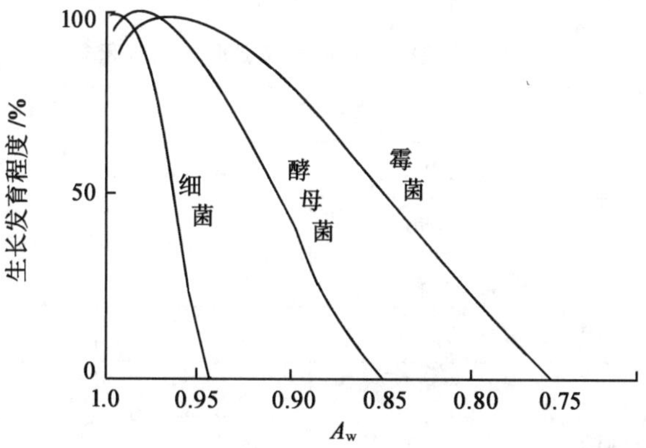

图 2-2　微生物的生长发育与水分活度的关系(真部孝明,1992)

中湿食品(intermediate moisture foods)通过添加大量糖或多元醇使水分活度降至 0.85 以下并结合真空包装,可防止酵母菌和霉菌的生长。盐渍、糖渍是利用其高浓度时具有较高的渗透压来降低水分活度,抑制微生物的生长。微生物的生长发育与食盐浓度的关系见图 2-3。

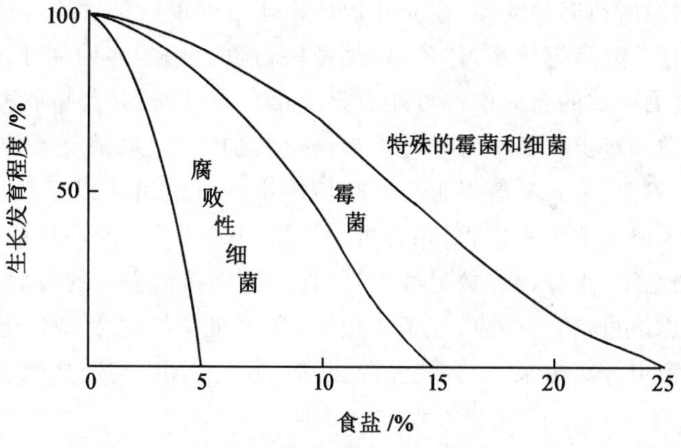

图 2-3　微生物的生长发育与食盐浓度的关系(真部孝明,1992)

(4)营养成分　大部分食品含有足够的营养物供微生物生长,尤其是含有发酵基质的碳水化合物和蛋白质。糖在低浓度时不能抑制微生物的生长活动,故传统的糖制品要达到较长的储藏期,一般要求糖的浓度达到 60%以上。

(5)温度　适宜的温度可以促进微生物的生长发育,不适宜的温度能减弱其生命活动甚至引起生理机能异常或促使其死亡。根据微生物适宜生长的温度范围,可将微生物分为嗜冷性、嗜温性和嗜热性 3 个类群。大多数致病细菌是嗜温性的。嗜冷微生物(psychrophiles)可在 −10～30℃ 范围活动,最适宜的生长温度为 10～20℃;嗜温微生物(mesophiles)生长温度为 10～45℃,最适宜的生长温度为 25～40℃;嗜热微生物(thermophiles)生长温度为 25～80℃,最适宜的生长温度为 50～55℃。因此,在 25～30℃的温度时,各种微生物都有可能使食品腐败变质。细菌、酵母菌和霉菌的生长温度与热致死条件见表 2-1。

表 2-1 一般微生物的生长温度与热致死条件

种类		热致死条件		生长温度/℃	
		温度/℃	时间/min	最适	界限
霉　菌	菌丝	60	5～10	25～30	15～37
	孢子	65～70	5～10		
酵母菌	营养细胞	55～65	2～3	27～28	10～35
	孢子	60	10～15		
细　菌	营养细胞	63	30	35～40	5～45
	孢子	100 以上			

2.1.1.2 害虫和啮齿动物

干制农产品及冷藏品等食品常受害虫和老鼠等的侵害而变质。

1. 害虫

害虫对储藏食品的危害性很大。它不仅是某些食品储藏损耗增大的直接原因，而且害虫的繁殖、迁移以及它们所遗弃的粪便、皮壳和尸体等还会严重污染食品，使食品丧失商品价值。害虫的种类多，分布广，并且躯体小，体色暗，繁殖快，适应性强，多隐居于缝隙、粉屑或食品组织内部，所以一般食品堆放的仓库中都可能有害虫存在。目前，对食品危害性大的害虫主要有甲虫类、蛾类、蟑螂类和螨类。如危害禾谷类粮食及其加工品、水果蔬菜的干制品等的害虫主要是象虫科的米象、谷象、玉米象等甲虫类。防治害虫的方法可从以下几个方面着手：加强食品仓库和食品本身的清洁卫生管理，消除害虫的污染和匿藏滋生的环境条件；通过环境因素中的某些物理因子（如温度、水分、氧、放射线等）的作用达到防治害虫的目的，如高温、低温杀虫，高频加热或微波加热杀虫，辐射杀虫，气调杀虫等；利用机械的力量如振动筛或风选设备使因振动呈假死状态的害虫分离出来，达到机械除虫和杀虫的目的；利用高效、低毒、低残留的化学药剂或熏蒸剂杀虫。

2. 啮齿动物

鼠类是食性杂、食量大、繁殖快和适应性强的啮齿动物。鼠类对食品的危害很大。鼠类有咬啮物品的特性，对包装食品及其他包装物品均有危害。鼠类还能传播多种疾病。鼠类排泄的粪便、咬食物品的残渣也能污染食品和储藏环境，使之产生异味，影响食品卫生，危害人体健康。防治鼠害要把防鼠和灭鼠相结合。

（1）防鼠的方法　建筑防鼠法是利用建筑物本身与外界环境的隔绝性能，防止鼠类进入库内使食品免受鼠害；食物防鼠法是通过加强食品包装和储藏食品容器的密封性能等，断绝鼠类食物的来源，达到防鼠的目的；药物及仪器防鼠法是利用某些化学药物产生的气味或电子仪器产生的声波，刺激鼠类的避忌反应，达到防鼠的目的。

（2）灭鼠的方法　化学药剂灭鼠法是利用灭鼠毒饵的灭鼠剂、化学绝育剂、熏蒸剂等毒杀或驱避鼠类；器械灭鼠法是利用力学原理以机械捕杀鼠类，如捕鼠夹等。

2.1.2 化学因素

2.1.2.1 酶的作用与种类

1. 酶的作用

酶是生物体的一种特殊蛋白质，具有高度的催化活性，能降低反应的活化能(activation energy)。绝大多数食品来源于生物界，尤其是鲜活和生鲜食品，其体内存在着多种具有催化活性的酶类。因此，在加工和储藏过程中，食品由于酶的作用，特别是氧化酶类、水解酶类的催化会发生多种多样的酶促反应，造成食品色、香、味和质地的变化(表 2-2)。

表 2-2　引起食品质量变化的主要酶类及其作用

酶类	酶的作用
多酚氧化酶	催化酚类物质的氧化，形成褐色聚合物
多聚半乳糖醛酸酶	催化果胶中多聚半乳糖醛酸残基之间的糖苷键水解，导致组织软化
果胶甲酯酶	催化果胶中半乳糖醛酸酯的脱酯作用，可导致组织硬化
脂氧合酶	催化脂肪氧化，导致臭味和异味产生
抗坏血酸氧化酶	催化抗坏血酸氧化，导致营养质量下降
叶绿素酶	催化叶绿醇环从叶绿素中移去，导致绿色的丢失

2. 酶的种类

酶的活性受温度、pH、水分活度等的影响。经过加热杀菌的加工食品，酶的活性被钝化，可以不考虑由酶作用引起的变质。但一般加工原料有酶存在在原料处理阶段就会发生酶引起的变化。与食品变质有关的主要酶类有以下几种。

(1)酚酶(phenolase)　食品在加工和保藏中常出现褐变或黑变，如马铃薯、苹果、香蕉等，在剥皮或切分后出现褐色或黑色。这是由于果蔬中含有的单宁物质在氧化酶类的作用下发生氧化变色的结果。目前已知参与酶褐变的氧化酶主要是酚酶或多酚氧化酶(polyphenol oxidase)，底物是食品中的一些酚类、黄酮类化合物和单宁物质。酚酶和多酚氧化酶需要有铜作为辅基，并在有氧的条件下催化褐变反应。控制酶的活性(热烫处理、降低 pH)和采取隔氧措施，就可以减少或完全避免食品的酶褐变。果蔬在剥皮或切分后，浸泡于水中隔离空气，在浸泡溶液中添加还原性物质就可防止变色，如维生素 C 或抑制酶活性的物质。为了完全钝化酶的活性，通常在热水或蒸汽中漂烫 2～3 min，这种工艺处理在果蔬食品干制、糖渍、速冻、罐藏加工中普遍采用。

(2)脂氧合酶(lipoxygenase)　脂氧合酶存在于各种植物，尤其是豆科植物中，以大豆的含量最高。由脂氧合酶的作用造成的食品变质主要表现为：破坏亚油酸、亚麻酸和花生四烯酸等必需脂肪酸；产生自由基损害某些维生素和蛋白质等成分。由于脂氧合酶在低温下仍有活力，故未漂烫的冷冻青豆、蚕豆等被长时间冻藏时仍会产生异味，造成色素的损失等。

其他氧化酶类也会引起食品颜色和风味的变化及营养成分的损失，如过氧化物酶(peroxidase)、抗坏血酸氧化酶(ascorbic acid oxidase)等。

(3)脂酶(lipase)　脂酶存在于所有含脂肪的组织中，如哺乳动物体内有胰脂酶。胰脂酶能将脂肪分解为甘油和脂肪酸。牛奶、奶油、干果类等含脂食品的变质常常是由其中所含脂酶的作用使游离脂肪酸增加所导致。

(4)果胶酶(pectic enzyme) 果胶酶主要有多聚半乳糖醛酸酶(polygalacturonase)和果胶甲酯酶(pectin methylesterase)。果胶物质是所有高等植物细胞壁和细胞间层中的成分,也存在于细胞汁液中,对水果、蔬菜的食用质量有很大影响。在香蕉、柿子、桃、番茄等果蔬成熟时,可以观察到由果胶酶类作用引起的果实软化现象,这是存在于细胞壁及细胞间的果胶物质在酶的作用下,水解变成水溶性状态的结果。要防止这种软化是不容易的,用 CO_2 处理可延缓这种变化。在番茄和柑橘汁等食品中,也常因果胶酶分解果胶物质,产品的黏度和浊度降低,使原来分散状态的固形物失去了依托而产生沉淀,降低了这些食品的质量。

2.1.2.2 非酶作用

非酶褐变主要有美拉德反应引起的褐变、焦糖化反应引起的褐变以及抗坏血酸氧化引起的褐变等。这些褐变常常由于加热及长期的贮藏而发生。

由葡萄糖、果糖等还原性糖与氨基酸引起的褐变反应称为美拉德反应(maillard reaction),也称为羰氨反应。发酵酱油的黑褐色即基于此反应。

美拉德反应所引起的褐变反应与氨基化合物和糖类的结构有密切关系。含氮化合物中的胺、氨基酸中的盐基性氨基酸反应活性较强,糖类中凡具有还原性的单糖、双糖(麦芽糖、乳糖)都能参加这一反应,其中反应活性以戊糖(木糖)最强,已糖次之,双糖最低。褐变的速度随温度升高而加快,温度每上升 10℃,反应速度增加 3~5 倍。食品的水分含量高,则反应速度加快,如果食品完全脱水干燥,则反应趋于停止。但干制品在吸湿受潮时会促进褐变反应。美拉德反应在酸性和碱性介质中都能进行,但在碱性介质中更容易发生,一般是随介质的 pH 升高而反应加快,高酸性介质不利于美拉德反应进行。氧、光线及铁、铜等金属离子都能促进美拉德反应。防止美拉德反应引起的褐变可以采取如下措施:降低贮藏温度;调节食品水分含量;降低食品 pH,使食品变为酸性;用惰性气体置换食品包装材料中的氧气;控制食品转化糖的含量;添加防褐变剂如亚硫酸盐等。

抗坏血酸属于抗氧化剂,对于防止食品的褐变具有一定的作用。但当抗坏血酸被氧化放出二氧化碳时,它的一些中间产物往往又会引起食品的褐变,这是由于抗坏血酸氧化为脱氢抗坏血酸进而与氨基酸发生美拉德反应生成红褐色产物以及抗坏血酸在缺氧的酸性条件下形成糠醛并进一步聚合为褐色物质的结果。在富含抗坏血酸的柑橘汁和蔬菜中有时会发生抗坏血酸氧化引起的褐变现象。抗坏血酸氧化褐变与温度、pH 有较密切的关系,一般随温度的升高而加剧。pH 为 2.0~3.5 的果汁随 pH 的升高氧化褐变速度减慢,反之则褐变加快,pH 为 3.4 的果汁不易发生褐变。除了降低产品温度以外,防止抗坏血酸氧化褐变,还可以通过还原基团的络合物抑制抗坏血酸变为糠醛,从而防止褐变。

2.1.2.3 氧化作用

氧化作用会引起富含脂肪的食品酸败,同时伴随有刺激性或酸败臭味产生,导致食品不能食用。若食用了这些变质的油脂,会引起腹泻,严重者会出现肝脏病征。脂肪的氧化酸败主要是脂肪水解的游离脂肪酸,特别是不饱和游离脂肪酸的双键容易被氧化,生成过氧化物并进一步分解的结果。这些过氧化物大多数是氢过氧化物,同时也有少量的环状结构的过氧化物,若与臭氧结合则形成臭氧化物。它们的性质极不稳定，容易分解为醛类、酮类以及低分子脂肪酸类等，使食品带有哈喇味。在氧化型酸败变化过程中，氢过氧化物的生成是关键步骤。这不仅是由它的性质不稳定，容易分解和聚合而导致脂肪酸败，而且一旦生成氢过氧化物后，氧化反应便以连锁方式使其他不饱和脂肪酸迅速变为氢过氧化物。因此，脂肪氧化型酸败是一个自动氧化的过程。

脂肪自动氧化过程可分为诱发期、增殖期和终止期。脂肪自动氧化酸败的防止应该在诱发期，即自由基刚刚形成时，添加抗氧化剂将自动氧化的连锁反应阻断，才能收到良好的效果。否则，当大量自由基出现，脂肪自动氧化已进入增殖期时，才采取防止措施就难以达到预期的效果。

脂肪氧化受温度、光线、金属离子、氧气、水分等因素的影响。因此，食品在贮藏过程中采取低温、避光、隔绝氧气、降低水分、减少与金属离子的接触、添加抗氧剂等措施，都可以防止或减轻脂肪氧化酸败对食品产生的不良影响。

2.1.3　物理因素

物理性因素引起的变质经常伴随有化学反应。物理性因素包括温度、水分、光等，这也是诱发和促进化学反应的原因。

2.1.3.1　温度

温度升高引起食品的品质劣变主要表现为影响食品品质所发生的化学变化和酶催化的生物化学反应速度以及微生物的生长发育程度等。

根据范特霍夫（Van't Hoff）规则：温度每升高 10℃，化学反应的速度增加 2～4 倍。这是由于温度的升高，反应速度常数 k 值增大的缘故。在生物科学和食品科学中，范特霍夫规则常用 Q_{10} 表示，并被称为温度系数（temperature coefficient），即

$$Q_{10}=\frac{v_{(t+10)}}{v_t}$$

式中：$v_{(t+10)}$ 和 v_t 分别表示反应在（$t+10$）℃和 t℃时的反应速度。

由于温度对反应物的浓度和反应级数影响不大，主要影响反应速度常数 k，故 Q_{10} 又可表示为：

$$Q_{10}=\frac{k_{(t+10)}}{k_t}$$

式中：$k_{(t+10)}$ 和 k_t 分别表示反应在（$t+10$）℃和 t℃时的反应速度常数。

当然，温度对化学反应速度的影响是复杂的，反应速度常数 k 不是温度的单一函数。阿雷尼乌斯（Arrhenius）用活化能的概念解释温度升高化学反应速度加快的原因：

$$k=A\cdot e^{\frac{E}{RT}}$$

式中：k 为反应速度常数，E 为反应的活化能，R 为气体常数，T 为绝对温度，A 为频率因子。

在一般的温度范围内，对于某一化学反应来说，A 和 E 不随温度的变化而改变，而反应速度常数 k 与绝对温度 T 呈指数关系，因此，T 的微小变化都会导致 k 值的较大改变。故降低食品的环境温度，就能降低食品中的化学反应速度，延缓食品的质量变化，延长贮藏寿命。

温度对食品的酶促反应速度的影响比对非酶促反应速度的影响更复杂。一方面温度升高，酶促反应速度加快；另一方面当温度升高到使酶的活性被钝化时，酶促反应就会受到抑制或停止。在一定的温度范围内，酶促反应也常用温度系数 Q_{10} 来表示。如新鲜果蔬的呼吸作用是由一系列的酶催化的，当温度升高 10℃时，其呼吸强度要增加到原来的 2～4 倍。

温度对微生物生长发育的影响如前所述（表 2-1）。在一定范围内，温度与微生物的生长速度的关系也可用温度系数 Q_{10} 表示。多数微生物 Q_{10} 为 1.5～2.5。

此外，由高温加速反应的场合很多。如加热杀菌引起罐藏果蔬质地软化，失去爽脆的口感。

淀粉含量多的食品要通过加热使淀粉 α 化后才好食用，若放置冷却后，α 化淀粉会变老化，产生回生现象。米饭热时好吃，变冷后难吃就是淀粉老化的结果。淀粉老化现象在水分含量为 30%～60%时最容易引起，而在水分含量为 10%以下时基本上不会发生。淀粉老化现象在温度为 60℃以上也不会发生，但在温度为 60℃以下慢慢开始老化，在温度为 2～5℃老化速度最大。粳米比糯米容易老化，加入蔗糖或饴糖可以抑制老化。α 化淀粉在温度为 80℃以上迅速脱水至 10%以下可防止老化，如加压膨化食品、油炸食品就是利用此原理加工而成。

2.1.3.2 水分

水分不仅影响食品的营养成分、风味物质和外观形态的变化，而且影响微生物的生长发育。因此，食品的水分含量，特别是水分活度（A_w）与食品的质量有十分密切的关系。

食品所含的水分包括结合水和游离（自由）水分，但只有游离水分才能被微生物、酶和化学反应所利用，此即为有效水分，可用水分活度（A_w）来估量。微生物的活动与水分活度（A_w）的关系如前所述。大多数化学反应必须在水中才能进行，离子反应也需要自由水进行离子化或水化作用，很多化学反应和生物化学反应还必须有水分子参与，许多由酶催化的反应，例如，水除了起着一种反应物的作用外，还作为底物向酶扩散输送介质，并且通过水化作用促使酶和底物活化。因此，降低水分活度可以减少如上所述的酶促反应、非酶反应、氧化反应等引起的劣变，稳定食品的质量。

由于水分的蒸发，一些新鲜果蔬等食品会发生外观萎缩，鲜度和嫩度下降。一些组织疏松的食品因干耗也会产生干缩僵硬或质量损耗。

在贮藏过程中，如果原来水分含量和水分活度符合贮藏要求的食品发生水分转移，有的水分含量下降了，有的水分含量上升了，其水分活度也会发生变化。水分转移不仅使食品的口感、滋味、香气、色泽和形态结构发生变化，而且还会导致超过安全水分含量的食品中微生物的大量繁殖和其他方面的质量劣变。

2.1.3.3 光

光线照射也会促进化学反应。如脂肪的氧化、色素的退减、蛋白质的凝固等因光线的照射而促进反应，清酒等放置在光照的场所，从淡黄色变成褐色。所以一般要求食品避光贮藏，或用不透光的材料包装。紫外线能杀灭微生物，但也会使食品的维生素 D 发生变化。

2.1.4 其他因素

2.1.4.1 机械损伤

果蔬在采收、贮运、加工前等环节处理不当，会产生物理性机械损伤，如表面损伤、碰撞擦伤、震动擦伤等。机械损伤不仅会使外观受影响，而且还会加速水分损失，刺激较高的呼吸和乙烯产生率，促成腐烂的发生。例如，枇杷在采收时从树上跌落，造成创伤，成为酶催化多酚类物质氧化的基础，很快发生褐变。机械损伤还使微生物的侵染更容易。

2.1.4.2　乙烯

乙烯是促进成熟和衰老的一种植物激素，控制植物生长发育、衰老的许多方面，痕量就有生理活性。乙烯的产生率通常在下列情况下增加：成熟采收、物理伤害、病害入侵、温度升高到30℃、水分协迫等。另外，新鲜水果贮藏于低温、低氧（$<8\%$）和高二氧化碳（$>1\%$）环境中，乙烯的产生率降低。

2.1.4.3　外源污染物

近年来，由外源污染物影响食品质量而引起食品的安全性问题日益受到全球性的高度重视。外源污染物包括环境污染、农药残留、滥用添加剂、包装材料等多个方面。

综上所述，引起食品品质劣变的原因是多方面的，而且常常是多种因素作用的结果。重要的是对各种因素了解清楚，掌握其特性，找出相应的防治措施，应用于不同的产品及其加工食品。

2.2　食品保藏的基本原理

在实际的食品加工过程中，化学性变质一般只能在加工过程中将其限制到最小的程度，但不容易根除。只要加工操作规范、储存环境适宜，物理性变质一般对食品的保藏也构不成威胁。真正影响食品保藏的就是微生物的活动，因此，食品的保藏原理主要是针对生物性变质提出来的。其保藏方法也是针对杀灭或抑制微生物的活动所采取的技术手段。

2.2.1　微生物的控制

2.2.1.1　加热/冷却

1. 加热处理

加热处理包括热烫处理和加热杀菌。热烫处理通常用于钝化酶的活性。加热杀菌是利用无生机原理保藏食品的一种主要手段。

商业杀菌（commercial sterilization）是指杀灭食品中所污染的病原菌、产毒菌以及在正常贮存和销售条件下能生长繁殖，并导致食品变质的腐败菌，从而保证食品正常的货架寿命。商业无菌处理后仍可能存在少量的耐热芽孢，如热处理。但它们在贮藏条件下不能正常繁殖，这也就是说，商业无菌指的是无病原菌、产毒菌，并且在保质期内食品不发生腐败，这本身不同于医学上的消毒。杀菌（sterilization）是指杀死食品中一切微生物（包括繁殖体、病原体、非病原体、部分芽孢）的过程。在杀菌后，食品处于商业无菌状态。

为了创造和保持食品的无生机环境，通常要采用密封和杀菌的手段。运用此原理保藏的食品主要有罐头和各种饮料。所采用的杀菌方法多为加热杀菌法。

加热杀菌的方法：①巴氏杀菌法（pasteurization）：杀菌温度为 65～80℃，主要用于热敏性的食品如果汁、酸菜汁、果酒等。巴氏杀菌也适用于高酸性食品的杀菌。②常压杀菌法：指在压力为 101.325 kPa，温度为 100℃的条件下的杀菌处理。常压杀菌适用于含酸量高的食品杀菌(比如水果罐头),即 pH 小于 4.6 的食品才能采用常压杀菌。蔬菜罐头中只有番茄的 pH 小于 4.6,故除番茄外,大多数蔬菜罐头的杀菌不能采用常压杀菌。③高压杀菌:指压力为 101.325 kPa 以上,温度为 100℃以上的杀菌。此杀菌方法主要适用于含酸量低的食品(pH>4.6)杀菌,如大部分蔬菜罐头、肉罐头、鱼罐头等。这类食品的酸度低,对微生物的抑制作用弱,能被各种微生物污染,因此,只有提高杀菌强度,才能达到食品保藏的目的。

2. 冷却/低温

低温能抑制微生物的生长发育和酶的催化反应的速度。夏天气温比冬天高,食物容易变质腐烂。除了影响微生物的生长发育外,温度的高低对食品的品质变化也有很大的影响。温度越低,变化越慢。微生物生长发育有最适的温度范围,超过此温度范围,生长发育就受到抑制。温度的作用可用温度系数 Q_{10} 来表征,温度降低 10℃,反应速度可以下降 2~3 倍。因此,降低温度能抑制食品的变质。

低温保藏食品一般分为 0℃以上冷藏和-18℃以下冻藏(标准冻藏温度为-18℃),见表 2-3。新鲜果蔬等活体食品采用冷藏,需较长时间保藏和冻结对组织影响不大的食品适合采用冻藏。

表 2-3 食品加工保藏中低温的利用

温度	适用
0℃以上 (一般在 0~10℃)	预冷 冷藏(包括气调贮藏) 冷链运输 工程调节(催熟)
冻结点以下 (一般在-18℃以下)	冷冻食品 冻结真空干燥 冻结粉碎 冻结浓缩

低温与水分状态(玻璃化理论):在通常的食品冷冻加工过程中,冻结首先发生在食品的表面。由于水的相变潜热很大,因此,食品温度下降很慢,这就导致冰晶成核数目较少,而细小的晶核又有时间得以长大成粗大的冰晶,并向食品内部缓慢推进。这种冰晶首先在细胞间隙之间产生,而细胞内的水在 0℃时将呈过冷状态而不结冰,而将通过细胞壁向外扩散,导致在细胞间隙形成更大的冰晶,从而引起细胞脱水,并增加细胞局部的机械压力,造成食品组织结构被破坏,品质劣化。当冷却速度加快时,冰晶体产生的数量多且体积小,组织内水分迁移少,对食品的破坏减少。在足够快的降温条件下,如在液氮下以每秒几百度的速率高速降温,所有溶液都可以迅速通过冰晶区而不发生结晶化过程,成为玻璃化固体。最初有人认为玻璃化过程没有发生结晶,是无定形的,但经偏振光或 X 光测定,早期仍有冰晶存在。

在低温条件下,微生物的活动受到抑制,处于假死状态,同时,酶的活动减弱。运用此法保藏食品需具备两个基本条件:一个是温度需足够低,商业上一般在-18℃以下;另一个是温度需要稳定。

2.2.1.2 控制水分活度

微生物经细胞壁从外界摄取营养物质并向外界排泄代谢物时都需要水作为溶剂或媒介

质，水分是微生物生长活动必需的物质。水分活度就是对介质内能够参与化学反应的水分的估量，并因其在食品内部各微小范围内的环境而不同。两种食品的绝对水分可以相同，水分与食品结合的程度或它的游离程度并不一定相同，水分活度也就不同。虽然水分活度并不是食品的绝对水分，却常用于衡量微生物忍受干燥程度的能力。

有关水分活度的定义、水分活度与微生物生长活动的关系将在第 5 章食品的干制保藏中详细叙述。

降低水分活度目前已成为重要的食品保藏方法之一，在生产中被广泛地应用。降低水分活度的方法主要有：①脱水：如脱水蔬菜、冷冻；②通过化学修饰或物理修饰，食品中原来隐蔽的亲水基团裸露出来，以增加对水分子的约束；③添加亲水性物质（降水分活性剂）：这样的物质有三类，盐（氯化钠、乳酸钠）、糖（果糖、葡萄糖）和多元醇（甘油、丙二醇、山梨醇等）。

2.2.1.3　控制 pH

每一种微生物的生长繁殖都需要适宜的 pH，如表 2-4 所示。一般情况下，绝大多数微生物在 pH 6.6～7.5 的环境中生长繁殖速度最快，而在 pH 小于 4.0 的环境中难以生长。通常腐败细菌的最低耐受 pH 在 4.0 以上，因此，pH 在 4.0 以下时，能抑制绝大多数微生物的生长繁殖。如当酸泡菜含酸量为 0.4%～0.8%，糖醋菜含酸量为 1%～2%时，均产生了明显的抑菌作用。

微生物生长的 pH 范围并不是一成不变的，它还取决于其他因素的影响。如乳酸菌生长的最低 pH 取决于所用酸的种类。其在柠檬酸、盐酸、磷酸、酒石酸等酸中生长的最低 pH 比在乙酸或乳酸中更低。

在超过生长的 pH 范围的酸碱环境中，微生物的生长繁殖会受到抑制，甚至死亡。其原因在于影响了微生物酶系统的功能和细胞营养物质的吸收。正常的微生物细胞膜上带有一定的电荷，它有助于某些营养物质的吸收。当细胞膜上的电荷性质因受环境 H^+ 浓度变化的影响而被改变后，微生物吸收营养物质的机能也发生改变，从而影响了细胞新陈代谢的正常进行。微生物酶系统的功能只有在一定的 pH 范围内才能充分发挥，如果 pH 偏离了此范围，则酶的催化能力就会减弱，甚至消失，这就必然影响微生物的正常代谢活动。

表 2-4　微生物生长与 pH 的关系

微生物	最低 pH	最高 pH	最适 pH
大肠杆菌	4.3	9.5	6.0～8.0
沙门氏菌	4.0	9.6	6.8～7.2
志贺氏菌	4.5	9.6	7.0
枯草杆菌	4.5	8.5	6.0～7.5
金黄葡萄球菌	4.0	9.8	7.0
肉毒杆菌	4.8	8.2	6.5
产气荚膜芽孢梭菌	5.4	8.7	7.0
霉菌	0～1.5	11.0	3.8～6.0
酵母菌	1.5～2.5	8.5	4.0～5.8
乳酸菌	3.2	10.4	6.5～7.0

另外，强酸或强碱均可引起微生物蛋白质和核酸水解，从而破坏微生物的酶系统和细胞结构，引起微生物死亡。改变食品介质的 pH 从而抑制或杀灭微生物是用某些酸作为防腐剂来保藏食品的基础。通常 pH 也是确定食品杀菌强度的重要依据。

2.2.1.4 控制渗透压

提高食品的渗透压，使附着的微生物因无法从食品中吸取水分而不能生长繁殖，甚至在渗透压大时，还能使微生物内部的水分反渗透出来，造成微生物的生理干燥，使其处于假死状态或休眠状态，从而使食品得以长期保存。

渗透就是溶剂从低浓度溶液经过半渗透膜向高浓度溶液扩散的过程。半渗透膜是只允许溶剂通过而不允许溶质通过的膜。细胞膜、羊皮膜等都是半渗透膜。所有细胞都能渗水，这是在渗透压差作用下发生的现象。在渗透压的作用下，电解质也能渗透。但和水相比，它们通过细胞膜的速度就比较慢。

通常所说的溶液渗透压是从溶液整体来说的，实际上渗透压是在溶质，而不是在溶液的作用下才能形成。渗透压可以用范特霍夫公式表示：

$$\Pi = CRT$$

式中：Π 为渗透压(Pa)；c 为溶质浓度(mol/L)；R 为气体常数[8.314×10^3 J/(mol·K)]；T 为绝对温度(K)。

应用高渗原理保存的食品主要有糖渍品和腌制品。如 1%食盐可以产生 618 kPa 的渗透压，1%蔗糖可以产生 60.8～70.9 kPa 的渗透压，1%葡萄糖可以产生 122 kPa 的渗透压，而微生物的耐压能力一般仅为 355～1 783 kPa，故 10%以上的食盐或 65%以上的食糖对于绝大多数食品来说，它们都具有较强的保存能力。

2.2.1.5 烟熏

腌制和烟熏经常相互紧密地结合在一起，在生产中先后相继进行，即腌肉常烟熏。烟熏肉必须预先腌制。烟熏像腌制一样也具有防止肉类腐败变质的作用。但是由于冷冻保藏技术的发展，烟熏防腐已降为次要的位置，而烟熏味轻淡的腌制品却成为消费者在膳食中添加的花色品种。现在烟熏技术已成为生产具有特种风味食品的加工方法。腌制和烟熏的作用原理和方法详细见第 6 章食品的腌制和烟熏保藏。

2.2.1.6 改变气体组成

采用改变气体组成的方法，降低氧分压一方面可以限制需氧微生物的生长，另一方面可以减少营养成分的氧化损失。如食品生产及保藏中密封(如泡菜腌制时水封口)、脱气(罐头、饮料)、充氮、真空包装等都运用了这一原理。

新含气调理食品采用低强度的杀菌处理(加工处理)减菌，如蔬菜、肉类和水产品每克原料含菌数 10^5～10^6 个，经减菌处理，使之降至 10～10^2 个，然后改变气体组成，抽出氧气，充入氮气，置换率达到 99%，其食品保存效果较好，货架期可达 6～12 个月。

2.2.1.7 使用添加剂

使用食品添加剂就是利用化学药剂保藏食品的方法。通常在食品保藏过程中使用的食品添加剂主要有防腐剂和抗氧化剂。

防腐剂和抗氧化剂的种类和作用原理详见第 7 章食品的化学保藏。

添加剂的使用必须符合食品添加剂法规《食品安全国家标准 食品添加剂使用标准》(GB 2760—2014)。

2.2.1.8　辐照

辐射线通常指的是 α 射线、β 射线、γ 射线。α 射线是从原子核中射出的带 2 个质子和 2 个中子的离子流,带正电。由于其质量比电子大得多,通过物质时极易使其中原子电离而损失能量(每行进 1 cm 产生 4 万对离子对),穿透力弱,一张纸就可以阻挡它,其在空气中的行程只有几厘米。β 射线是高能电子,带负电,质量小,速度快,穿透能力比 α 射线强,可在空气中穿行 200 cm(每行进 1 cm 产生 150 对离子对)。γ 射线是非离子电磁辐射,是原子核由高能态跃迁到低能态时放出的一种光子流,其在磁场中不偏转(α 射线偏转),可穿透铅板(图 2-4)。用于食品辐射保藏的主要是 γ 射线和 β 射线。因有诱生或使元素放射活化的能力,中子一般不用于食品的辐照保藏。

目前允许使用的放射源主要有:^{60}Co;^{137}Cs;不超过 10 MeV 的加速电子;X-射线源,其束能不超过 5 MeV。

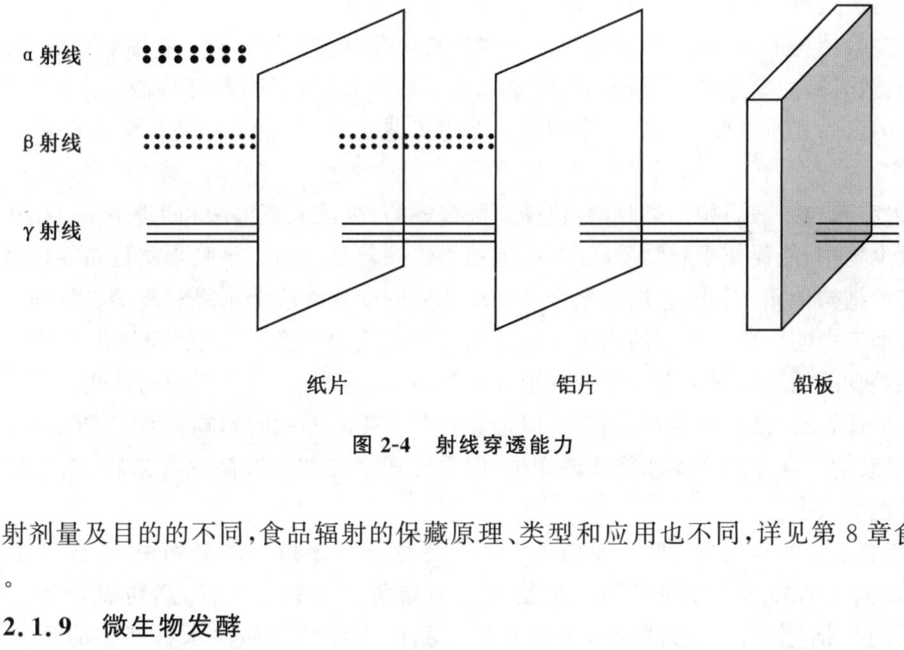

图 2-4　射线穿透能力

辐射剂量及目的的不同,食品辐射的保藏原理、类型和应用也不同,详见第 8 章食品的辐照保藏。

2.2.1.9　微生物发酵

利用某些有益微生物的活动,或利用这些微生物产生和积累的代谢产物,抑制其他有害微生物的活动,称为不完全生机原理。如利用乳酸菌进行乳酸发酵、酵母菌进行酒精发酵、醋酸菌进行醋酸发酵等,在食品生产中应用较为广泛。利用此方法保藏食品,其代谢物的积累需达到一定程度方可,如乳酸需达到 0.7%以上,醋酸需达到 1%～2%,酒精需达到 10%以上。

2.2.2　酶和其他因素的控制

2.2.2.1　酶活性的控制

食品中存在的酶对食品的质量有较大影响。新鲜果蔬的耐贮性和抗病性的强弱直接与它们代谢过程中的各种酶有关系,同时,在食品加工过程中,酶也是引起果蔬品质变坏和营养成分损失的重要因素。常见的影响食品质量的酶有氧化酶如多酚氧化酶、抗坏血酸氧化酶、过氧化物酶、脂肪氧化酶和水解酶如果胶酶等。合理控制和利用这些酶是食品贮藏加工中进行各种处理的基础。

1.酶与食品质量保持

果蔬原料中的酶在经过加工处理后,有的失去活性,有的被抑制,有的仍可能有正常活性,有些可能被激活。但为了食品能长期保藏,则要求原料中所有的酶失活,或活性被抑制(参考食品化学相关章节内容)。

(1)多酚氧化酶与果蔬类食品褐变　在食品中存在 4 类褐变反应,即美拉德反应、焦糖化、抗坏血酸氧化和酶促褐变,前 3 种在本质上是非酶反应(抗坏血酸氧化有时由酶催化)。对于果蔬来说,酶促反应是非常重要的。在有氧的情况下,多酚氧化酶可将酚类物质氧化,促进酶促褐变。

酶促褐变需要 3 个条件:底物、酶和氧气。在完整的组织中,多酚氧化酶同底物是分离的,因此,褐变不会发生。当组织破碎且暴露在空气中时,酚在多酚氧化酶的作用下氧化成醌,然后又快速地通过聚合作用形成褐色素或黑色素,导致褐变。

在大多数情况下,不期望果品和蔬菜中多酚氧化酶具有活性。对于多酚氧化酶来讲,底物主要是酚类物质,如绿原酸、儿茶酚等,间苯二酚不易氧化,且对酚酶有抑制作用。因此,酶促褐变引起的食品变质主要应从后两个因素来考虑工艺选择和措施,即钝化酶活性和减少氧气的供应。

(2)果胶酶与果蔬质构　果胶酶(包括果胶裂解酶、果胶酸裂解酶和果胶酯酶)存在于高等植物和微生物中,能促使果胶物质降解,引起植物组织软化。由于果胶物质是高等植物胞间层和初生壁的结构单元,因此,它们的聚合度和酯化度的变化将改变水果和蔬菜在后熟以及采收后的保藏加工中的质构。果胶的水解对保持新鲜果蔬食品的质构、维持浑浊果汁的浑浊稳定性以及某些食品加工过程中促进凝胶的形成极为不利,因此,食品加工中的某些过程需要钝化果胶酶的活性,以保持果胶良好的状态,以避免对食品带来不利的影响。而在澄清果汁的加工过程中,果胶的存在会导致浑浊物质的产生,则需要通过外加果胶酶水解果胶,以保持澄清果汁的澄清透明状态。

(3)脂肪氧合酶与食品风味　脂肪氧合酶广泛地存在于植物和动物中,它包括了各种不同的酶,以同工酶的形式存在于同一植物中。与脂肪自动氧化一样,脂肪氧合酶催化不饱和脂肪酸的氧化,生成短链脂肪酸,也会导致食品产生异味。如由水解产生的短链脂肪酸是导致鲜乳产生"哈喇味"的重要原因。豆类冻藏过程中产生的异味、大豆加工过程中产生的"豆腥味"、大麦贮藏过程中产生的"纸板"味等皆与脂肪氧合酶的活动有关。另外,脂肪氧合酶对某些色素具有漂白作用,如使 β-胡萝卜素和叶黄素共氧化;使它的正常底物过氧化;对叶绿素具有漂白作用。因此,为了将脂肪氧合酶的活性降至最低,在加工前的热烫处理是必要的。

2.酶活性的控制

(1)加热处理　酶的热失活与蛋白质的热变性相关,但又不同。酶失活涉及酶活力的损失,取决于酶活性部位的变化,有的酶失活需要完全变性,而有的酶则在很小变性的情况下就会导致酶失活。

酶的活性和稳定性与温度之间有密切的关系。在较低的温度范围内，随着温度的升高，酶活性增加。通常，大多数酶在 30～40℃的范围内显示最大的活性，而高于此范围的温度将会使酶失活。酶催化反应速度的 Q_{10} 一般为 2～3，而酶失活速度的 Q_{10} 在临界温度范围内可达 100。随着温度的提高，酶反应速度和失活速度同时增加，但由于其在临界温度范围内的 Q_{10} 不同，因此，超过某个关键性的温度，失活的速度将会超过催化反应速度。此时的温度即为酶反应的最适温度。

酶的耐热性因种类而有较大的差异。如牛肝的过氧化氢酶在 35℃时极不稳定，而核糖核酸酶在 100℃下，其活力仍可保持几分钟。过氧化物酶是存在于食品中比较耐热的一种酶，大多数过氧化物酶可在 100℃下耐受 10 min 仍不会完全失活。因此，在食品加工过程中，经常根据过氧化物酶是否失活来判断巴氏杀菌和热烫是否充分。

在热钝化后的一段时间内，某些酶类的活性可以部分地再生，如过氧化物酶、碱性磷酸酶和脂酶等。这些酶的再生是因为加热可将酶分为溶解性和不溶解性的成分，从而导致酶的活性部分从变性蛋白质中分离出来。有人曾发现有 17 种蔬菜必须要延长其热烫时间才能防止过氧化物酶的再生，因此，防止酶活性的再生就必须采用更高的热烫温度或延长热处理时间。在食品加工过程中，通常采用热水或蒸汽热烫的方法来钝化酶。

(2)控制 pH　酶的活性受其所处环境 pH 的影响，只有在某个狭窄的 pH 范围内时，酶才表现出最大活性，则该 pH 就是酶的最适 pH。在低于或高于最适 pH 的环境中，酶的活性将降低甚至会丧失。但是酶的最适 pH 并非酶的属性。它不仅与酶的性质有关，而且还随温度、反应时间、底物的性质及浓度、缓冲液的性质及浓度、介质的离子强度和酶的纯度等因素的变化而改变。pH 变化与酶活性之间的关系如图 2-5 所示。

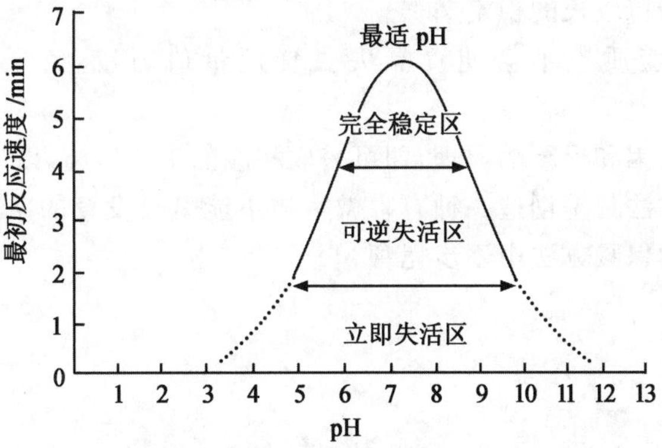

图 2-5　酶活性与 pH 的关系

pH 的控制与酶的活力有关。在加工过程中，能将 pH 控制到最大限度地提高酶反应速度，或防止酶反应的发生，或抑制酶反应。如将体系的 pH 降低到 3.0 以下，就能有效地避免多酚氧化酶引起的酶促褐变反应，从而保护食品的色泽。

(3)控制水分活度　水分活度对酶促反应的影响主要表现在：在足够高的水分活度下，有最大的酶反应；在足够低的水分活度下，酶反应不能进行；在不同的水分活度下，产生不同的最终产物积累值。因此，当水分活度在中等偏上范围内增大时，酶活性也逐渐增大；相反，减小水分活度则会抑制酶的活性。例如，食品干制、速冻正是利用了低水分活度控制酶的活性。酶的稳定性也与水分活度有着较密切的关系。一般在水分活度低时，酶的稳定性较高，酶在湿热条件下比在干热条件下更容易失活。因此，在食品干燥、速冻加工时，如果要钝化酶的活性，就需要在干燥或冷冻前进行。

2.2.2.2 其他因素的控制

1. 压力

压力是影响罐头食品保藏的重要因素之一。例如，在杀菌时，由于压力的剧烈变化，引起“跳盖”现象，使容器密封性降低，造成了微生物侵染的机会，产生腐败；当大气压力降低时，特别是一些大型罐头在杀菌操作或异地保存、运输时，可使罐头产生物理性胀罐。发生物理性胀罐后不会影响罐头的内在质量，但其感官质量下降，并且不能从外部感官状态上与化学性胀罐或微生物胀罐区别，造成了检验和销售上的困难。

2. 湿度

环境湿度过大，干制品易吸水返潮，糖渍品也会因吸潮而引起表面糖浓度降低，减弱了抑制微生物的效应，引起变质；湿度过小，糖渍品会因失水而引起表面糖浓度增大，产生返砂现象。因湿度变化引起的变质现象应通过采取适宜的包装来解决。

3. 物理化学因素

带电颗粒存在着吸附、沉淀的必然过程。如果食品中的一些热力学不稳定体系，造成了颗粒分散或乳化得不好，则会在保质期内发生沉淀，引起变质，如混浊果汁、果肉饮料、蛋白质饮料等。控制物理化学因素引起的食品变质现象可以采用使浑浊体系有一定的黏度；尽可能减小颗粒与汁液间的密度差；尽可能减小果肉颗粒的大小，颗粒越小，稳定性越好，一般应在 1～100 μm 范围内，才会保持较长的稳定期。

物化因素引起的变质也不会使食品失去食用价值，但感官质量下降，包括外观和口感。

分析食品变质的原因和保藏的原理，即可采取相应的工艺措施，以达到食品长期保藏的目的。各种食品保藏的方法都是创造一种有害微生物不能生长发育的条件，而食品加工的重点也是在寻求食品最佳的保藏方法中逐步完善。

2.3 栅栏技术

2.3.1 栅栏技术概念的提出

食品在加工、贮藏、运输、销售和消费过程中，由于微生物污染而常常造成大量腐败变质。长期以来，为了控制微生物的生长发育，降低食品因腐败变质而造成的损失，保证食品的保藏性及卫生与安全，人们在食品保藏中采用了许多物理、化学以及生物的技术措施。例如，低温保藏、脱水保藏、罐藏、腌制保藏、浓缩保藏、化学保藏、发酵保藏、辐照保藏等技术在食品加工和保藏中得到了广泛、成功地应用。

栅栏技术(hurdle technology)应用于食品保藏是德国肉类研究中心 Leistner(1976)提出的。他把食品防腐的方法或原理归结为高温处理(F)、低温冷藏(t)、降低水分活度(A_w)、酸化(pH)、降低氧化还原电势(Eh)、添加防腐剂(Pres)、竞争性菌群及辐照等因子的作用，将这些因子称为栅栏因子(hurdle factor)。国内也有将栅栏技术和栅栏因子相应译为障碍技术和障碍因子。

2.3.2　栅栏效应

在保藏食品的数个栅栏因子中，它们单独或相互作用，形成特有的防止食品腐败变质的“栅栏”，使存在于食品中的微生物不能逾越这些“栅栏”，这种食品从微生物学角度考虑是稳定和安全的，这就是所谓的栅栏效应(hurdle effect)。通过图 2-6 中，可以比较形象、全面地认识和理解栅栏效应。

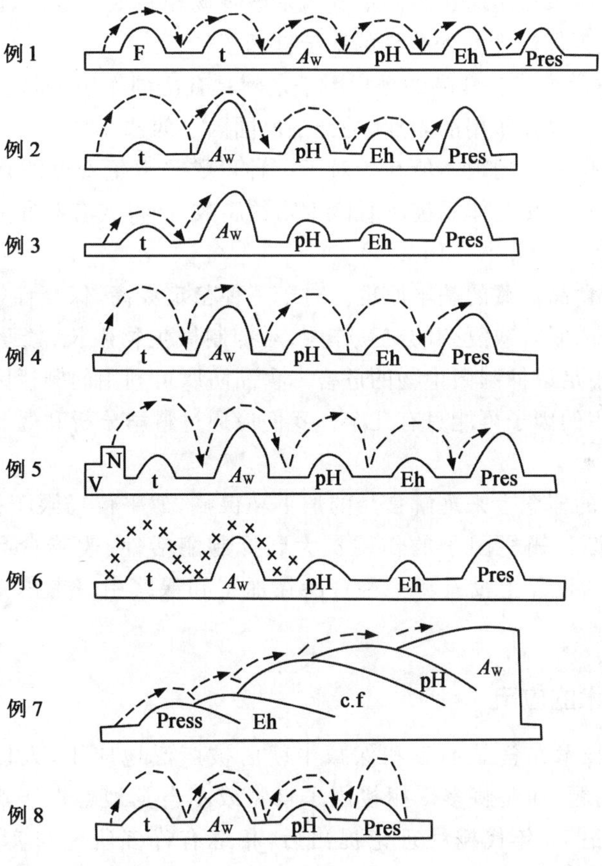

F 为高温处理；pH 为酸化值；A_w 为降低水分活度；t 为低温冷藏；Pres 为防腐剂；
Eh 为降低氧化还原值；c.f 为竞争性菌群；N 为营养物；V 为维生素

图 2-6　栅栏效应模式

例 1：理想化栅栏效应模式。某一食品内含同等强度的 6 个栅栏因子，即图中所示的抛物线几乎为同样高度，残存的微生物最终未能逾越这些栅栏。因此，该食品是可贮藏，并且是卫生安全的。

例 2：较为实际型栅栏效应模式。这种食品的防腐是基于几个强度不同的栅栏因子，其中起主要作用的栅栏因子是 A_w 和 Pres，即干燥脱水和添加防腐剂，贮藏低温、酸化和氧化还原电势为较次要的附加栅栏因子。

例 3:初始菌数低的食品栅栏效应模式。例如,无菌包装的鲜肉,只需少数栅栏因子即可有效地抑菌防腐。

例 4 和例 5:初始菌数多或营养丰富的食品栅栏效应模式。微生物具有较强生长势能,各栅栏因子未能控制住微生物活动而使食品腐败变质,必须增强现有栅栏因子或增加新的因子,才能达到有效的防腐。

例 6:经过热处理而又杀菌不完全的食品栅栏效应模式。细菌芽孢尚未受到致死性损伤,但生存力已经减弱,因而只需较少而且作用强度较低的栅栏因子就能有效地抑制其生长。

例 7:栅栏顺序作用模式。在不同食品中,微生物的稳定性是通过加工及贮藏过程中各栅栏因子之间以不同顺序来作用而达到。本例为发酵香肠栅栏效应顺序,Pres 栅栏随时间推移作用减弱,A_w 栅栏成为保证产品保藏性的决定性因子。

例 8:栅栏协同作用模式。食品的栅栏因子之间具有协同作用,即两个或两个以上因子的协同作用强于多个因子单独作用的累加,关键是协同因子的选配是否得当。

栅栏效应是食品保藏性的根本所在。对于一种可贮且卫生安全的食品来说,其 A_w、pH、t、Pres 等栅栏因子的复杂交互作用控制着微生物的腐败、产毒或有益发酵,这些因子对食品起着联合防腐保质作用。

栅栏效应揭示了食品保藏的基本原理。对于一种稳定性高、保藏性好的食品来说,t、A_w、pH、Pres 等栅栏因子的联合或复杂的交互作用,对抑制微生物生长、繁殖、产毒起着关键的作用,任何单一因子都不足以抑制微生物的危害。食品防腐可利用的栅栏因子很多,但就每一类食品而言,起重要作用的因子可能只有几个。我们应通过科学分析和经验积累,准确地把握其中的关键因子。

最初从栅栏技术的概念上来理解食品的加工和保藏,似乎仅局限于控制引起食品腐败变质的微生物,后来逐渐将栅栏因子的作用扩大到抑制酶活性、改善食品的质量以及延长货架期等方面。事实上,世界上没有哪一种食品在加工和保藏中只考虑抑制微生物而不顾及其质量。

2.3.3 栅栏技术的应用

长期以来,栅栏技术在食品加工和保藏中就已被广泛地应用,人们只是没有从栅栏技术的概念上来认识问题,而是将多个栅栏因子自觉或不自觉地融汇于经验式地食品加工与保藏中。自从 20 世纪 70 年代栅栏理论提出后,相继有许多研究与实践表明,栅栏技术不但可用于食品加工和保藏中的微生物控制,还可用于食品加工、保藏中的工艺改造以及新产品开发。例如,肉制品在贮存过程中要降低能耗,可以考虑用耗能少的因子(如 A_w 和 pH 等)替代耗能大的因子(t),因为抑制食品微生物的栅栏因子在一定程度上可以相互替换。再如,在果蔬罐头加工中,可通过降低 pH 因子,达到降低杀菌温度(F)和缩短杀菌时间的目的。栅栏因子的合理组合应是既能抑制微生物活动,又能尽可能地改进产品的感官质量、营养性和经济效益。

栅栏技术在国内外被广泛并成功地应用于肉类加工,而且在果蔬加工、果蔬贮藏保鲜、粮食及其半成品储藏、食品包装等领域已有一定的研究与实践。可以预见,随着人们对栅栏理论研究的深化和栅栏技术在生产中的成功应用,栅栏理论与技术将成为食品加工与保藏的重要指导依据。

2.4　食品保质期和食品标签

2.4.1　食品保质期

食品的种类繁多，特性各异，其中大多数是由农、林、牧、渔业提供的初级产品和以此为原料加工制成的各种食品。食品在储藏和流通过程中，其质量都会发生变化，这些变化包括化学的、物理的和生物的变化。食品质量变化的特点表现为复杂性、自身的无序性、不可逆性和逐渐累积性，质量下降的程度随着时间的延长而增大。因此，为了保证食品的营养价值、安全性和消费者的健康，就必须设置一个最佳食(饮)用的期限。

根据我国《预包装食品标签通则》(GB 7718—2011)的有关规定，食品的保质期是指预包装食品在标签指明的贮存条件下，保持品质的期限。在此期限内，产品完全适于销售，并保持标签中不必说明或已经说明的特有品质。而所谓预包装食品指预先定量包装或者制作在包装材料和容器中的食品，包括预先定量包装以及预先定量制作在包装材料和容器中并且在一定量限范围内具有统一的质量或体积标识的食品。

二维码 2-1　预包装食品标签通则(GB 7718—2011)

2.4.2　食品标签

食品标签是指食品包装上的文字、图形、符号以及一切说明物。食品的色香味形质、包装装潢和标签等可为消费者提供大量的销售信息，其中食品标签是最基本的信息源。食品标签上提供的信息越多、越详细、越准确、越真实，就越有利于消费者选购到符合自身需要的食品。否则，如果向消费者提供的信息含糊不清、残缺不全，甚至弄虚作假或者有意误导，结果不但坑害了消费者，而且也损害了企业及销售者的信誉。

2.4.2.1　食品标签的基本要求

我国《预包装食品标签通则》对食品标签提出以下 11 条要求。

①应符合法律、法规的规定，并符合相应食品安全标准的规定。

②应清晰、醒目、持久，应使消费者购买时易于辨认和识读。

③应通俗易懂、有科学依据，不得标示封建迷信、色情、贬低其他食品或违背营养科学常识的内容。

④应真实、准确，不得以虚假、夸大、消费者误解或欺骗性的文字、图形等方式介绍食品，也不得利用字号大小或色差误导消费者。

⑤不应直接或以暗示性的语言、图形、符号，误导消费者将购买的食品或食品的某一性质与另一产品混淆。

⑥不应标注或者暗示具有预防、治疗疾病作用的内容，非保健食品不得明示或者暗示具有保健作用。

⑦不应与食品或者其包装物(容器)分离。

⑧应使用规范的汉字(商标除外)。具有装饰作用的各种艺术字应书写正确，易于辨认。可以同时使用拼音或少数民族文字，拼音不得大于相应汉字，也可以同时使用外文，但应与中

文有对应关系(商标、进口食品的制造者和地址、国外经销者的名称和地址、网址除外)。所有外文不得大于相应的汉字(商标除外)。

⑨当预包装食品包装物或包装容器最大表面积大于 35 cm^2 时(最大表面积计算方法见附录 A),强制标示内容的文字、符号、数字的高度不得小于 1.8 mm。

⑩一个销售单元的包装中含有不同品种、多个独立包装可单独销售的食品,每件独立包装的食品标识应当分别标注。

⑪若外包装易于开启识别或透过外包装物能清晰地识别内包装物(容器)上的所有强制标示内容或部分强制标示内容,可不在外包装物上重复标示相应的内容,否则应在外包装物上按要求标示所有强制标示内容。

2.4.2.2 食品标签必须标示的内容

在国内销售的预包装食品包括直接向消费者提供的预包装食品和非直接提供给消费者的预包装食品,根据我国《预包装食品标签通则》的规定,两种标签必须标示的内容应有所区别。直接向消费者提供的预包装食品标签标示内容如下。

1.食品名称

为使食品名称能准确地反映食品本身的质量特点,防止生产者利用名称误导消费者,我国《预包装食品标签通则》中做了以下规定。

应在食品标签的醒目位置,清晰地标示反映食品真实属性的专用名称。当国家标准、行业标准或地方标准中已规定了某食品的一个或几个名称时,应选用其中的一个,或等效的名称,无上述规定的名称时,应使用不使消费者误解或混淆的常用名称或通俗名称。

在使用"新创名称""奇特名称""音译名称""牌号名称""地区俚语名称"或"商标名称"时,应在所示名称的同一展示版面标示国家标准、行业标准或地方标准中已规定的名称或不使消费者混淆的通俗名称。当上述名称含有易使人误解食品属性的文字或术语(词语)时,应在所示名称的同一展示版面邻近部位使用同一字号标示食品真实属性的专用名称。当食品真实属性的专用名称因字号或字体颜色不同易使人误解食品属性时,也应使用同一字号及同一字体颜色标示食品真实属性的专用名称。

为不使消费者误解或混淆食品的真实属性、物理状态或制作方法,可以在食品名称前或食品名称后附加相应的词或短语,如干燥的、浓缩的、复原的、熏制的、油炸的、粉末的、粒状的等。

2.配料表

预包装食品的标签上应标示配料表,配料表中的各种配料应按上述食品名称的要求标示具体名称。食品添加剂按照 GB 2760—2011 中食品添加剂通用名称的要求标示名称。

配料表应以"配料"或"配料表"为引导词。当加工过程中所用的原料已改变为其他成分(如酒、酱油、食醋等发酵产品)时,可用"原料"或"原料与辅料"代替"配料""配料表",并按本标准相应条款的要求标示各种原料、辅料和食品添加剂。加工助剂不需要标示。各种配料应按制造或加工食品时加入量的递减顺序一一排列,加入量不超过 2%的配料可以不按递减顺序排列。在食品制造或加工过程中,加入的水应在配料表中标示。在加工过程中已挥发的水或其他挥发性配料不需要标示。可食用的包装物也应在配料表中标示原始配料,国家另有法律法规规定的除外。

如果某种配料是由两种或两种以上的其他配料构成的复合配料(不包括复合食品添加

剂)，应在配料表中标示复合配料的名称，随后将复合配料的原始配料在括号内按加入量的递减顺序标示。当某种复合配料已有国家标准、行业标准或地方标准，且其加入量小于食品总量的 25%时，不需要标示复合配料的原始配料。下列食品配料可以选择按表 2-5 的方式标示。

表 2-5　配料标示方式

配料类别	标示方式
各种植物油或精炼植物油，不包括橄榄油	植物油或精炼植物油；如经过氢化处理，应标示为“氢化”或“部分氢化”
各种淀粉，不包括化学改性淀粉	淀粉
加入量不超过 2%的各种香辛料或香辛料浸出物(单一的或合计的)	香辛料、香辛料类或复合香辛料
胶基糖果的各种胶基物质制剂	胶姆糖基础剂、胶基
添加量不超过 10%的各种果脯蜜饯水果	蜜饯、果脯
食用香精、香料	食用香精、食用香料、食用香精香料

3. 配料的定量

如果配料的定量标示在食品标签或食品说明书上特别强调添加了或含有一种或多种有价值、有特性的配料或成分，应标示所强调配料或成分的添加量或在成品中的含量。如果在食品的标签上特别强调一种或多种配料或成分的含量较低或无时，应标示所强调配料或成分在成品中的含量。在食品名称中提及的某种配料或成分而未在标签上特别强调，不需要标示该种配料或成分的添加量或在成品中的含量。

4. 净含量和规格

净含量的标示应由净含量、数字和法定计量单位组成。应依据法定计量单位，按以下形式标示包装物(容器)中食品的净含量：①液态食品用体积升(L)、毫升(mL)，或用质量克(g)、千克(kg)；②固态食品用质量克(g)、千克(kg)；③半固态或黏性食品用质量克(g)、千克(kg)或体积升(L)、毫升(mL)。净含量的计量单位应按表 2-6 标示。净含量字符的最小高度应符合表 2-7 的规定。

表 2-6　净含量计量单位的标示方式

计量方式	净含量(Q)的范围	计量单位
体积	$Q<1\ 000$ mL	毫升(mL)
	$Q\geqslant 1\ 000$ mL	升(L)
质量	$Q<1\ 000$ g	克(g)
	$Q\geqslant 1\ 000$ g	千克(kg)

表 2-7 净含量字符的最小高度

净含量(Q)的范围	字符的最小高度/mm
$Q \leqslant 50$ mL;$Q \leqslant 50$ g	2
50 mL$<Q \leqslant 200$ mL;50 g$<Q \leqslant 200$ g	3
200 mL$<Q \leqslant 1$ L;200 g$<Q \leqslant 1$ kg	4
$Q>1$ L;$Q>1$ kg	6

净含量应与食品名称在包装物或容器的同一展示版面标示。容器中含有固、液两相物质的食品，且固相物质为主要食品配料时，除标示净含量外，还应以质量或质量分数的形式标示沥干物(固形物)的含量。当同一预包装内含有多个单件预包装食品时，大包装在标示净含量的同时还应标示规格。规格的标示应由单件预包装食品净含量和件数组成，或只标示件数，可不标示"规格"二字。单件预包装食品的规格即指净含量。

5. 生产者、经销者的名称、地址和联系方式

应当标注生产者的名称、地址和联系方式。生产者名称和地址应当是依法登记注册、能够承担产品安全质量责任的生产者的名称、地址。有下列情形之一的，应按下列要求予以标示。

①依法独立承担法律责任的集团公司、集团公司的子公司应标示各自的名称和地址。

②不能依法独立承担法律责任的集团公司的分公司或集团公司的生产基地应标示集团公司和分公司(生产基地)的名称、地址；或仅标示集团公司的名称、地址及产地，产地应当按照行政区划标注到地市级地域。

③受其他单位委托加工预包装食品的企业应标示委托单位和受委托单位的名称和地址；或仅标示委托单位的名称和地址及产地，产地应当按照行政区划标注到地市级地域。

依法承担法律责任的生产者或经销者的联系方式应标示以下至少一项内容：电话、传真、网络联系方式等，或与地址一并标示的邮政地址。

进口预包装食品应标示原产国国名或地区区名(如香港、澳门、台湾)以及在中国依法登记注册的代理商、进口商或经销者的名称、地址和联系方式可不标示生产者的名称、地址和联系方式。

6. 日期标示

应清晰标示预包装食品的生产日期和保质期。如日期标示采用"见包装物某部位"的形式应标示所在包装物的具体部位。日期标示不得另外加贴、补印或篡改。保质期可按"最好在……之前食(饮)用""……之前食(饮)用最佳""……之前最佳""此日期前最佳……""此日期前食(饮)用最佳……""保质期(至)……""保质期××个月(或××日，或××天，或××周，或×年)等形式标示"。

当同一预包装内含有多个标示了生产日期及保质期的单件预包装食品时，外包装上标示的保质期应按最早到期的单件食品的保质期计算。外包装上标示的生产日期应为最早生产的单件食品的生产日期，或外包装形成销售单元的日期；也可在外包装上分别标示各单件装食品的生产日期和保质期。应按年、月、日的顺序标示日期，如果不按此顺序标示，应注明日期标示顺序。

7. 贮存条件

预包装食品标签应标示贮存条件，可以标示“贮存条件”“贮藏条件”“贮藏方法”等标题，或不标示标题。贮存条件可以有：常温（或冷冻，或冷藏，或避光，或阴凉干燥处）保存；××～××℃保存；请置于阴凉干燥处；常温保存，开封后需冷藏；温度：≤××℃，湿度：≤××%等标示形式。

8. 食品生产许可证编号

预包装食品标签应标示食品生产许可证编号，标示形式按照相关规定执行。

9. 产品标准代号

产品标准代号在国内生产并在国内销售的预包装食品（不包括进口预包装食品）应标示产品所执行的标准代号和顺序号。

10. 其他标示内容

经电离辐射线或电离能量处理过的食品应在食品名称附近标示“辐照食品”，经电离辐射线或电离能量处理过的任何配料应在配料表中标明；转基因食品的标示应符合相关法律、法规的规定；特殊膳食类食品和专供婴幼儿的主辅类食品应当标示主要营养成分及其含量，标示方式按照 GB 13432—2013 执行，其他预包装食品如需标示营养标签，标示方式参照相关法规标准执行；所执行的相应产品标准已明确规定质量（品质）等级的食品应标示质量（品质）等级。

非直接提供给消费者的预包装食品标签应按照直接提供给消费者的预包装食品项下的相应要求标示食品名称、规格、净含量、生产日期、保质期和贮存条件，其他内容如未在标签上标注，则应在说明书或合同中注明。

2.4.2.3 标示内容的豁免

下列预包装食品可以免除标示保质期：酒精度大于等于 10%的饮料酒；食醋；食用盐；固态食糖类；味精。当预包装食品包装物或包装容器的最大表面面积小于 10 cm^2 时，可以只标示产品名称、净含量、生产者（或经销商）的名称和地址。

2.4.2.4 推荐标示内容

推荐标示的内容包括产品批号、食用方法和致敏物质。根据产品需要，可以标示产品的批号；可以标示容器的开启方法、食用方法、烹调方法、复水再制方法等对消费者有帮助的说明；可以将用作配料的或者是加工过程中带入的可能导致过敏的食品及其制品，在配料表中使用易辨识的名称，或在配料表邻近位置加以提示。

以下食品及其制品可能导致过敏反应：(1)含有麸质的谷物及其制品（如小麦、黑麦、大麦、燕麦、斯佩耳特小麦或它们的杂交品系）；(2)甲壳纲类动物及其制品（如虾、龙虾、蟹等）；(3)鱼类及其制品；(4)蛋类及其制品；(5)花生及其制品；(6)大豆及其制品；(7)乳及乳制品（包括乳糖）；(8)干果及其果仁类制品。

思考题

1. 试述引起食品腐败变质的生物学因素及其特性。
2. 试述引起食品腐败变质的化学因素及其特性。
3. 温度和水分对食品的腐败变质有何影响？

4. 食品保藏的基本原理是什么？

5. 如何根据食品腐败变质的性状判断食品腐败的原因，如何制定相应的防治措施？

6. 栅栏技术的基本原理是什么？食品加工与保藏过程中如何应用栅栏技术？

7. 食品标签的内容及其基本要求有哪些？

参考文献

[1] Gary S. Tucker. Food Preservation and Biodeterioration. 2nd ed. UK:John Wiley & Sons,Ltd.,2016.

[2] 真部孝明. 农产加工ガィドブック. 东京:财团法人富民协会,1992.

[3] N. W. Desroier, J. N. Desroier, 食品保藏技术. 黄琼华，等译. 北京：中国食品出版社,1989.

[4] 蔡同一. 果蔬加工原理. 北京:中国农业出版社,1984.

[5] 陈文麟. 涂挹萄. 食品加工与储藏. 武汉:湖北科学技术出版社,1987.

[6] 国家技术监督局 2011-04-20 实施. 中华人民共和国预包装食品标签通则(GB 7718—2011).

[7] 刘志皋. 高彦详. 食品添加剂基础. 北京:中国轻工业出版社,1994.

[8] 刘继舜,杨昌举. 食品储藏原理与运用. 北京:中国财政经济出版社,1989.

[9] 孟岳成. 食品保藏的障碍技术. 食品科学,1992(3):37-40.

[10] 赵友兴,郁志芳,李宁. 栅栏技术在鲜切果蔬质量控制中的应用. 食品科技,2000(5).

[11] 王卫. 栅栏技术在肉食品开发中的应用. 食品科学,1997,18(3):9-13.

[12] 严奉伟. 栅栏技术在食品包装中的应用与发展趋势. 食品科技,1998(4):11-13.

[13] 杨昌举. 食品科学概论. 北京:中国人民大学出版社,1999.

[14] 袁惠新,陆振曦,吕季章. 食品加工与保藏技术. 北京:化学工业出版社,2000.

原《食品工艺学导论》编写人：胡卓炎（华南农业大学）；乔旭光（山东农业大学）；
刘兴华（西北农林科技大学）

《食品加工与保藏原理》编写人：胡卓炎（华南农业大学）；乔旭光（山东农业大学）；
寇莉萍（西北农林科技大学）

第3章

食品低温保藏

学习目的与要求

1. 掌握食品低温保藏的原理。
2. 掌握食品冷却与冷藏方法及其质量控制。
3. 掌握食品冻结与冻藏方法及其质量控制。
4. 了解食品解冻过程、方法及其质量控制。

3.1 食品低温保藏原理

食品的腐败变质主要是由微生物的生命活动和食品中的酶所进行的生物化学反应所造成的。但是微生物繁殖和酶的活动都与温度有关。随着温度降低,微生物的生长速率降低,特别是在食品冻结时,生成的冰晶体使微生物细胞受到破坏,使微生物停止生长或繁殖,甚至死亡,同时酶反应受到很大程度的抑制,酶失去催化能力。其他反应也随温度的降低而显著减慢,如呼吸作用、氧化等。因此,食品低温保藏就是利用低温技术将食品温度降低并维持在低温状态以防止食品腐败,延长食品保质期。低温技术不仅可以用于新鲜食品物料的保藏,也适用于食品加工成品、半成品的保藏。

食品的低温保藏是畅通城乡农产品流动、推进乡村振兴的重要途径。鲜活农产品是一种不耐贮运的易腐产品,采收及捕获后不及时处理易造成产后损失,制约着产业的发展,不利于乡村振兴。因此,基于低温加工和冷链贮运,坚持农业农村优先发展、强化农业科技和装备支撑、健全农民收益保障机制的精神,加大科技和财政资金投入,建设和完善产地冷库、速冻和冷链运输等设施,延长农产品、预制食品(菜)的贮藏期和保障食品安全,这对农民增收和乡村振兴有重要作用。

3.1.1 低温对微生物的影响

温度对微生物的生长繁殖影响很大。根据微生物对温度的耐受程度,可将微生物分为嗜冷菌(psychrophile)、嗜温菌(mesophile)和嗜热菌(thermophile)3 种类型。在每一类型适应生长的温度范围内,可包括最适生长温度和最高生长温度(表 3-1)。

表 3-1 微生物的适应生长温度 ℃

类群	最低温度	最适温度	最高温度	举例
嗜冷微生物	−10～5	10～20	20～40	水和冷库中的微生物
嗜温微生物	10～15	25～40	40～50	腐败菌、病原菌
嗜热微生物	40～45	55～75	60～80	温泉、堆肥中微生物

1. 微生物对低温的敏感性较差

当绝大多数微生物处于最低生长温度时,新陈代谢已减弱到极低的程度,呈休眠状态。进一步降温就会导致微生物的死亡,不过在低温下,它们的死亡速度比在高温下缓慢得多。同时,也有少数微生物能在一定的低温范围内缓慢生长。当温度低于 6℃时,几乎能阻止所有食物中病原菌的生长,仅有一些嗜冷菌尚能缓慢生长。在冷藏温度条件下,食品保质期一般都较长,而微生物的生长繁殖是影响食品保质期的关键因素。

2. 冻结或冰冻介质容易促使微生物死亡

食品经冷冻并维持在−18℃以下的条件贮藏,几乎可以阻止所有微生物的生长,但长期处于低温中,微生物就能产生新的适应性,这是长期低温培育中自然选育后形成了多个能适应低温菌种的结果。有研究发现,在−10℃以下可以生长繁殖的微生物有 13 种,其中细菌有 6 种、酵母菌有4种，其中酵母菌比其他微生物更能在低的温度下生长繁殖。如红色酵母菌中的1个菌种在−34℃时仍能发育；另外2个菌种在−18℃还能发育；在细菌中，在−20℃时有1个菌种仍可发育；霉菌中最低发育温度为−12℃。在稍低于冰点以下温度存放的食品中，如浓缩果汁、烟熏腊肉、冰淇淋及其某些水果类食品中都发现了微生物的存在。需要特别提醒的是，在食品解冻后，残存的微生物会迅速活动而造成食品腐烂变质。

3.1.2 低温对酶活性的影响

食品中的许多反应都是在酶的催化下进行的，而酶的活性(即催化能力)和温度有密切关系。任何一种酶都有一定的最适温度范围，在这种适宜的温度范围内，酶可呈现最大的活性。大多数酶的适宜活动温度为30～50℃。随着温度的升高或降低，酶的活性均下降(图3-1)。酶的活性因温度而发生的变化常用温度系数Q_{10}衡量，即

$$Q_{10}=\frac{K_2}{K_1}$$

式中：Q_{10}为温度每改变10℃时因酶活性变化而影响的酶促反应速率；K_1为温度T时酶活性所导致的酶促反应速率；K_2为温度增加到$T+10$℃时酶活性所导致的酶促反应速率。

大多数酶催化反应的Q_{10}值为2～3范围内，也就是说在低于酶作用的最适温度范围内，温度每下降10℃，酶活性就会削弱为原来的1/2～1/3。例如，在果蔬冷藏时，呼吸作用是在酶的作用下进行的，因此，呼吸速率的高低可用温度系数Q_{10}衡量。表3-2、表3-3是部分果蔬的Q_{10}值。从表3-2中可以看出，多数果蔬的Q_{10}值为2～3，而温度为0～10℃的变化对呼吸速率影响较大。

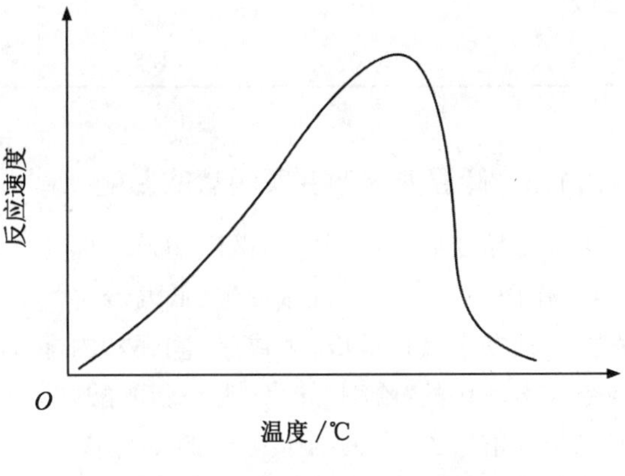

图3-1 温度对酶活性的影响

冻结或冷藏并不能完全破坏酶的活性，只能抑制酶活性或降低酶促反应速率，酶并没有完全失活，在长期冷藏甚至冻藏中，酶的作用仍可使食品变质。例如，胰蛋白酶在−30℃下仍然有微弱的活性，脂肪分解酶在−20℃下仍能引起脂肪分解。从低温抑制酶活性的角度考虑，商业上一般采用−18℃作贮藏温度，达到减缓因酶促反应而导致的各种腐败变质，如颜色的改变、风味的降低、营养的损失。实践证明，在−18℃下的贮藏对多数食品在数周至数月内是完全可行的。当冻制食品解冻时，保持活性的酶将重新活跃起来，加速食品变质。因此，为了使冻结、冻藏和解冻过程中由于酶活性而引起的不良变化降低到最低程度，多数食品在冻结前应进行适当的预处理，以钝化酶的活性，从而提高冷冻食品的质量，如短时预煮或烫漂。

表 3-2 几种水果呼吸速率的温度系数 Q_{10}

种类	温度/℃				
	0～10	11～21	16.6～26.6	22.2～32.2	33.3～43.3
草莓	3.45	2.10	2.20		
桃子	4.10	3.15	2.25		
柠檬	3.95	1.70	1.95	2.00	
橘子	3.30	1.80	1.55	1.60	
葡萄	3.35	2.00	1.45	1.65	2.50

表 3-3 部分蔬菜呼吸速率的温度系数 Q_{10}

种类	温度的变化范围/℃		种类	温度的变化范围/℃	
	0.5～10.0	10.0～24.0		0.5～10.0	10.0～24.0
芦笋	3.7	2.5	莴苣	1.6	2.0
豌豆	3.9	2.0	番茄	2.0	2.3
菠菜	3.2	2.6	黄瓜	4.2	1.9
辣椒	2.8	2.3	马铃薯	2.1	2.2
胡萝卜	3.3	1.9	豆角	5.1	2.5

3.1.3 低温对其他变质因素的影响

引起食品变质的原因除了微生物及酶促化学反应外，还有其他一些因素的影响，如氧化作用、生理作用、蒸发作用、机械损害、低温冷害等。其中较典型的例子是油脂的酸败，油脂与空气直接接触发生氧化反应，生成醛、酮、酸、内酯、醚等物质；并且油脂本身黏度增加，比重增加，出现令人不愉快的“哈喇”味，称为油脂的酸败。维生素 C 被氧化成脱氢维生素 C，继续分解，生成二酮古乐糖酸，失去维生素 C 的生理作用。番茄色素是由 8 个异戊二烯结合而成，由于其中有较多的共轭双键，故容易氧化。胡萝卜色素类也有类似的反应。总之，虽然氧化过程的发生受温度、光照、氧气、水分等因素影响，低温仍然是防止或减轻氧化作用的最有效措施之一。

无论是细菌、霉菌、酵母菌等微生物引起的食品变质，还是由酶活性引起的变质以及其他因素引起的变质，在低温的环境下都可以延缓、减弱它们的作用。但低温并不能完全抑制它们的作用，即使在冻结点以下的低温，食品进行长期贮藏，其质量仍然有所下降。

3.2 食品的冷却和冷藏

冷却是冷藏的必要前处理，其本质上是一种热交换的过程，冷却的最终温度在冰点以上。冷藏是冷却后的食品在冷藏温度（常在冰点以上）下保持食品品质的一种贮藏方法。特别是对于果品蔬菜的冷藏来说，在其贮藏期内，它们的生命代谢速度被尽量减慢，利用自身的耐贮性和抗病性以防止微生物的入侵和繁殖，推迟成熟时间，以保持其新鲜程度。

3.2.1　食品的冷却

3.2.1.1　冷却的目的

食品冷却的目的就是快速排出食品内部的热量，使食品温度在尽可能短的时间内(一般为几小时)降低到冰点以上，从而能及时地抑制食品中微生物的生长繁殖和生化反应速度，保持食品的良好品质及新鲜度，延长食品的贮藏期。

食品冷却的实质是食品与冷却介质进行热交换的过程，食品本身的热量传递给冷却介质，再利用制冷系统把这部分热量移走，使冷却过程得以进行下去，直至食品的温度降低到所预定的温度为止。食品冷却一般是在食品的产地进行的。易腐食品冷却的理想做法是从收获或屠宰开始的，然后在运输、仓储、销售、贮藏过程中均保持在低温环境中。这不仅是为了阻止微生物引起的腐败，而且也是保持食品原有品质的需要。有许多例子可以引证，凡是在收获或屠宰与冷藏之间有数小时的延缓，就足以出现显著变质现象。特别是对于某些具有代谢活性的水果、蔬菜而言更是如此。它们不仅通过呼吸放热，而且使代谢物从一种形式转化为另一种形式。如采摘后 24 h 冷却的梨在 0℃下贮藏 5 周不腐烂，而采摘后经 96 h 后才冷却的梨在 0℃下贮藏 5 周就有 30%的梨腐烂。甜玉米甜度的丧失就是后者的一个例子(表 3-4)。甜玉米能把本身所含糖分代谢至一定程度，糖分在 0℃下在 1 d 内丧失 8%，在 4 d 内丧失 22%；然而，糖分在 20℃下的丧失规律为 1 d 内丧失 25%，而在炎热的夏天还要远远超过损失速率。显然，延缓冷藏就会导致食品品质的下降。

表 3-4　甜玉米在贮藏过程中糖分的损失情况

贮藏时间/h	不同贮藏温度下总糖分损失/%	
	0℃	20℃
24	8.1	25.6
48	14.5	45.7
72	18.0	55.5
96	22.0	62.1

总之，冷却是食品保鲜的重要措施。冷却速度及其最终冷却温度是抑制食品本身生化变化和微生物繁殖活动的决定因素。

3.2.1.2　冷却速度和冷却时间

在冷却过程中，食品内部热量传递依傅里叶定律可记为：

$$Q=-\lambda F\,\mathrm{grad}T \tag{3-1}$$

式中：$\mathrm{grad}T$ 为温度梯度(K/m)；λ 为导热系数[W/(m·K)]；F 为导热面积(m^2)。

冷却就是食品不断放出热量而降低温度的过程。冷却速度就是用来表示该放热过程快慢的物理量。图 3-2 中所示是食品内部一个传热面积为 S(m^2)，厚度为 x(m)的长方体，其温度分布曲线为 MN。A 面的温度梯度是 $\tan\varphi_A$，B 面的温度梯度是 $\tan\varphi_B$，热量从长方体的右边通过 A 面传入，从长方体的左边通过 B 面流出。从 A 面进入长方体的热量 $Q_A=\lambda S\ \tan\varphi_A$，长方体从 B 面传出的热量 $Q_B=\lambda S\ \tan\varphi_B$。从图 3-2 中温度分布的曲线可看出，$\tan\varphi_B > \tan\varphi_A$，也就是传出长方体的热量大于传入长方体的热量，其差为整个食品除去的热量：

$$Q=Q_B-Q_A=\lambda S(\tan\varphi_B-\tan\varphi_A) \tag{3-2}$$

食品的冷却速度就是食品温度下降的速度由于食品内各部位的温度不一样，所以食品温度的下降速度只能以食品的平均温度的下降速度来表示。冷却速度与食品和冷却介质之间的温差、食品大小及形状、冷却介质种类等因素有关。

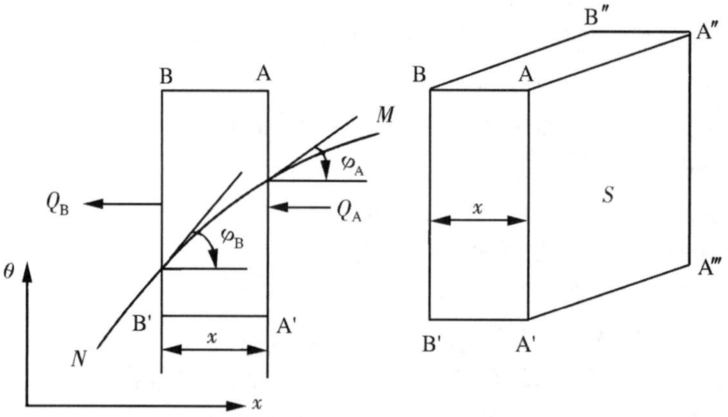

图 3-2　食品内部温度的下降

如果图 3-2 中所示长方体是一个质量为 m(kg)的食品，比热为 c[kJ/(kg・℃)]，长方体的体积为 Sx(m^3)，密度为 ρ(kg/m^3)，长方体的质量 $W=\rho Sx$(kg)，长方体从 θ_1(℃)降低到 θ_2(℃)失去的热量为 $c\rho Sx(\theta_1-\theta_2)$。由于长方体温度的降低是在冷却时间 t(h)内进行的，那么单位时间内失去的热量可用下式表示：

$$Q=c\rho Sx\frac{\theta_1-\theta_2}{t} \tag{3-3}$$

长方体传出的热量也就是长方体单位时间失去的热量，式(3-2)与式(3-3)相等，得到：

$$c\rho Sx\frac{\theta_1-\theta_2}{t}=\lambda S(\tan\varphi_B-\tan\varphi_A)$$

长方体平均温度下降的速度可用下式表示：

$$\bar{v}=\frac{\theta_1-\theta_2}{t}=\frac{\lambda}{c\rho}\cdot\frac{\tan\varphi_B-\tan\varphi_A}{x}=k\frac{\tan\varphi_B-\tan\varphi_A}{x}$$

式中：设 $\frac{\lambda}{c\rho}=k$，称为导温系数(m^2/s)。

食品内部温度的分布是向上方凸的曲线，离表面越近，温度梯度越大，因此冷却速度也越大。图 3-3 表示平板状食品的表面温度 θ_s，中心温度 θ_c，表面与中心之间的温度差 θ_M 及平均温度 $\bar{\theta}$ 的下降情况。从图 3-3 中可看出，表面温度 θ_s 下降的速度最快，中心温度 θ_c 下降的速度最慢，特别是冷却的开始阶段，食品中心部位的温度下降的特别缓慢。

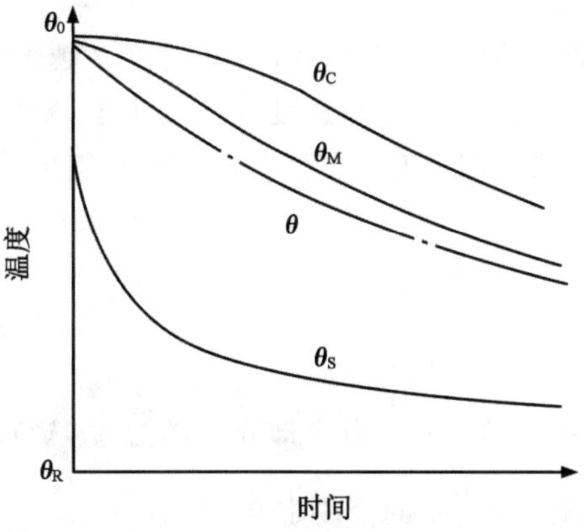

图 3-3　平板状食品各部位温度下降情况

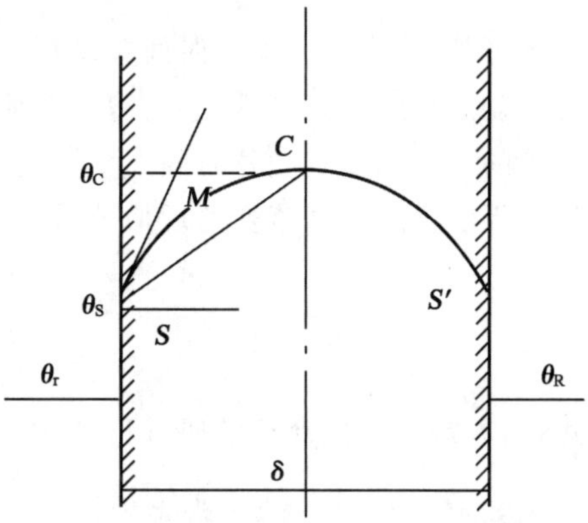

图 3-4　平板状食品冷却情况

1. 平板状食品

图 3-4 所示的厚度为 δ 的平板状食品，两面同时被温度为 θ_R 的冷却介质冷却。食品内温度的分布可用曲线 $SMCS'$ 来表示，它的平均温度梯度用直线 SC 表示，其值为：

$$\frac{2(\theta_C-\theta_S)}{\delta}$$

食品表面的温度梯度可在 S 点作切线来表示，它的值为 $\left(\frac{\Delta\theta}{\Delta x}\right)s=\tan\varphi_S$。从图 3-4 可明显地看出，食品表面的温度梯度比平均温度梯度大，设两者的比为 m，则

$$\tan\varphi_S=m\frac{2(\theta_C-\theta_S)}{\delta}$$

平板内部通过热传导向表面传递的热量为 Q_C：

$$Q_C=\lambda S\tan\varphi_S=m\lambda S\frac{2(\theta_C-\theta_S)}{\delta}$$

Q_C 也等于食品表面通过对流换热向冷却介质传递的热量 Q_t：

$$m\lambda S\frac{2(\theta_C-\theta_S)}{\delta}=KS(\theta_S-\theta_R)$$

$$m=\frac{K}{\lambda}\cdot\delta\cdot\frac{(\theta_S-\theta_R)}{2(\theta_C-\theta_S)} \tag{3-4}$$

m 是决定食品内部向表面传递热量的系数，m 值越大，冷却速度也越大。从式(3-4) 可看出，随着时间的推移，食品中心温度 θ_C 和表面温度 θ_S 是在变化的，m 值也随着变化，同时还可看出 m 值是与 $\frac{K}{\lambda}\delta$ 成正比关系。

对流放热系数 K 的单位是 W/(m/℃)，导热系数的 λ 单位是 W/(m/℃)，厚度 δ 的单位

是 m，$\frac{K}{\lambda}\delta$ 是一个无因次量，它对冷却速度起着支配作用。

另外，从冷却速度与时间关系（图 3-5）可看出，冷却介质温度 θ_R 越低，冷却速度 v 越大。但当食品温度逐渐降低，它与冷却介质之间的温差减小后，食品的冷却速度也就减小了，所以食品的冷却速度是随着时间而变化的。由于冷却速度与诸多因素有关，经过理论推导，得出计算平板状食品冷却速度的近似公式：

$$\bar{v}=(\theta_0-\theta_R)\,k\frac{\mu^2}{\delta^2}e^{-k\frac{\mu^2}{\delta^2}t} \tag{3-5}$$

式中：δ 为平板状食品的厚度（m）；θ_0 为平板状食品的初温（℃）；θ_R 为冷却介质的温度（℃）；t 为冷却时间（s）；k 为导温系数（$k=\frac{\lambda}{cp}$）（m^2/s）；μ 为常数，由 $\frac{K}{\lambda}\delta$ 的值决定。

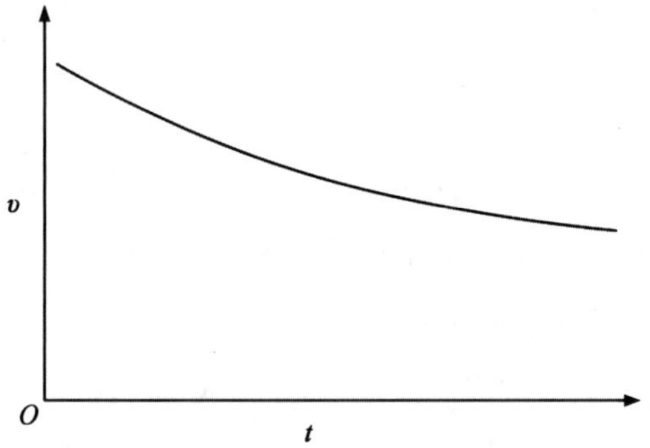

图 3-5 食品冷却速度与时间关系

μ 与 $\frac{K}{\lambda}\delta$ 的关系如图 3-6 所示。两者的关系从理论上推算可得到：当 $\frac{K}{\lambda}\delta$ 值非常小，$\mu^2\approx 2\frac{K}{\lambda}\delta$；$\frac{K}{\lambda}\delta$ 值非常大时，$\mu\approx\pi$。

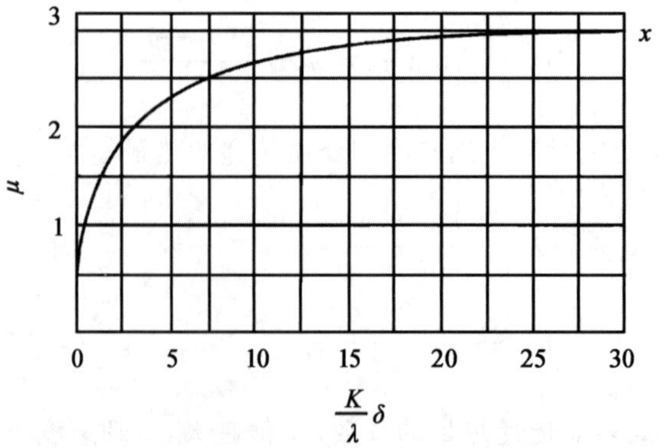

图 3-6 平板状食品常数 μ 与 $\frac{K}{\lambda}\delta$ 关系

在式(3-5)中，$k\frac{\mu^2}{\delta^2}t$ 在一般情况下数值很小，$e^{-k\frac{\mu^2}{\delta^2}t}$ 接近于 1，所以式(3-5)又可近似地简化为：

$$\bar{v}=(\theta_0-\theta_R)\cdot k\cdot\frac{\mu^2}{\delta^2} \tag{3-6}$$

由式(3-5)和式(3-6)可以看出，随着时间延长，t 值增大，冷却速度变小；冷却温度越低，冷却速度越大；食品初温越低，冷却速度越慢；导温系数值越大，冷却速度越快，食品厚度越大，冷却速度越慢。

当食品很薄时，$\mu^2=\frac{2K\delta}{\lambda}$，$k\frac{\mu^2}{\delta^2}\approx(\frac{\lambda}{c\rho})\cdot(\frac{2K\delta}{\lambda})\cdot(\frac{1}{\delta^2})=\frac{2K}{c\rho\delta}$，

式(3-6)可写为：

$$\bar{v}=(\theta_0-\theta_R)\frac{2K}{c\rho\delta} \tag{3-7}$$

式(3-7)表明，当食品厚度很小时，冷却速度 $\bar{v}$ 与对流放热系数 K 成正比，而与导热系数 λ 无关。在这种情况下，对流放热速度 K 是影响冷却速度的主要因素，因此，增大冷却介质的流动速度，提高 K 的数值就可以增大冷却速度，缩短冷却时间。

当食品很厚时，$\mu^2\approx\pi^2$，$k\frac{\mu^2}{\delta^2}\approx(\frac{\lambda}{c\rho})(\frac{\pi^2}{\delta^2})$，此时，冷却速度 $\bar{v}$ 为：

$$\bar{v}=(\theta_0-\theta_R)\frac{\pi^2\lambda}{c\rho\delta^2} \tag{3-8}$$

式(3-8)表明，当食品厚度很厚时，冷却速度与导热系数 λ 成正比，而与对流放热系数 K 无关。在这种情况下，导热的快慢是决定冷却速度的关键，企图通过增大空气流速来加快冷却速度是困难的，只有减小食品的厚度来增大冷却速度。

如果把 k 看作常数，则根据式(3-5)可推导出食品从初温 θ_0 降低到平均温度 θ_m 所需冷却时间的计算公式：

$$t=\frac{2.3\lg\frac{\theta_0-\theta_R}{\theta_m-\theta_R}}{k\frac{\mu^2}{\delta^2}} \tag{3-9}$$

式中 μ 可由图 3-6 确定。平板状食品 μ^2 可近似地表示为：

$$\mu^2=\frac{10.7\frac{k}{\lambda}\delta}{\frac{k}{\lambda}\delta+5.3}$$

代入式(3-9)中，可得到平板状食品冷却时间 t 的计算公式：

$$t=\frac{c\rho}{4.56\lambda}\delta(\delta+\frac{5.3\lambda}{k})\lg\frac{\theta_0-\theta_R}{\theta_m-\theta_R} \tag{3-10}$$

2.圆柱状食品

半径为 R 圆柱状食品,它的圆周面都一样的被冷却。圆柱状食品的冷却与平板食品不同的是,它内部的传热面积与半径 R 成正比,其他均相同。冷却时间的计算公式如下:

$$t=\frac{2.3\lg\dfrac{\theta_0-\theta_R}{\theta_m-\theta_R}}{k\dfrac{\mu^2}{\delta^2}}$$

与平板型食品一样,圆柱状食品的 μ 也是由 $\frac{K}{\lambda}\delta$ 来决定,可由图 3-7 中查得,也可近似地可表示为:

$$\mu^2=\frac{6.3\dfrac{K}{\lambda}R}{\dfrac{K}{\lambda}R+3.0}$$

代入上式中可得到圆柱状食品冷却时间计算公式如下:

$$t=\frac{c\rho}{2.73\lambda}R(R+\frac{3.0\lambda}{K})\lg\frac{\theta_0-\theta_R}{\theta_m-\theta_R} \tag{3-11}$$

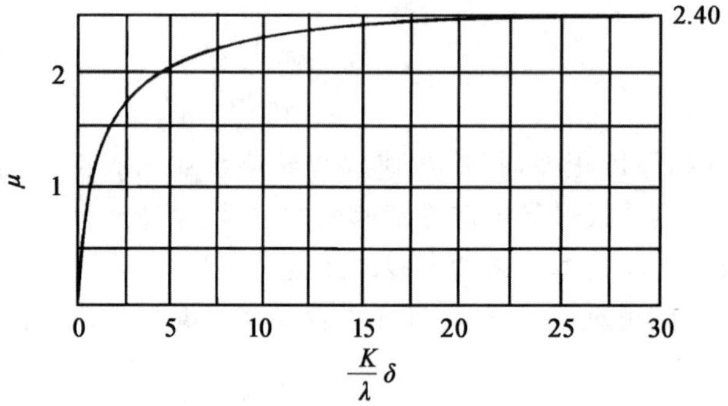

图 3-7　圆柱状食品常数 μ 与 $\frac{K}{\lambda}\delta$ 的关系

3.球状食品

半径为 R 的球状食品,它的表面都一样的被冷却。球状食品的冷却与平板食品不同的是,它内部的传热面积与半径 R 成正比,其他均相同。冷却时间的计算公式也与平板状食品相同,只是球状食品的 μ 与 $\frac{K}{\lambda}\delta$ 的关系如图 3-8 所示,可近似地表示为:

$$\mu^2=\frac{11.3\dfrac{K}{\lambda}R}{\dfrac{K}{\lambda}R+3.7}$$

代入公式(3-9)中可得到球状食品冷却时间计算公式：

$$t=\frac{c\rho}{4.90\lambda}R(R+\frac{3.7\lambda}{K})\lg\frac{\theta_0-\theta_R}{\theta_m-\theta_R} \tag{3-12}$$

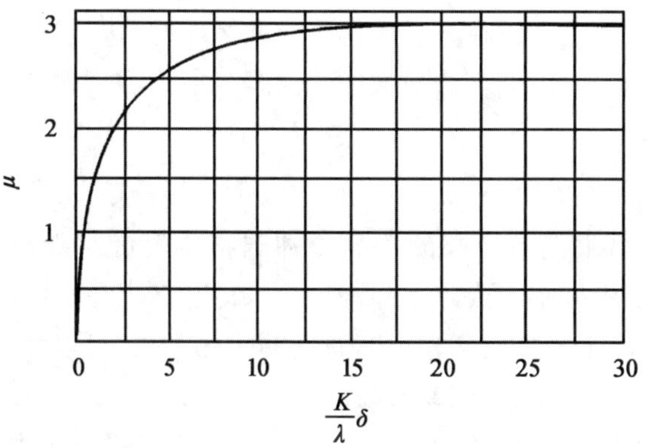

图 3-8　球状食品常数 μ 与 $\frac{K}{\lambda}\delta$ 的关系

3.2.1.3　冷却方法

常用的食品冷却方法有冷风冷却、冷水冷却、碎冰冷却、真空冷却等。根据食品的种类及冷却要求的不同，选择其合适的冷却方法。

1. 冷风冷却法

它也称空气冷却法，是利用低温冷空气作为冷却介质，让其流过食品表面使食品的温度下降的一种冷却方法。它的使用范围较广，常被用来冷却水果、蔬菜、鲜蛋、乳品以及肉类、家禽等冻藏食品冻结前的预冷处理。空气降温的方法有机械制冷和冰冷，常用的是机械制冷法。

空气冷却法可先用冰块或机械制冷使空气降温，然后冷风机将被冷却的空气从风道中吹出，在冷却间或冷藏间中循环，吸收食品中的热量，促使食品降温。空气冷却法的工艺效果主要决定于空气的温度、相对湿度和流速等。其工艺条件的选择要根据食品的种类、有无包装、是否易干缩、是否快速冷却等来确定。

果蔬的空气冷却可在冷藏库的冷却间内或过堂内进行。水果、蔬菜在冷却初期的空气流速一般为 1～2 m/s，冷却末期的空气流速为 1 m/s 以下，空气相对湿度一般控制为 85%～95%。根据水果、蔬菜等品种的不同，将其冷却至各自适宜的冷藏温度，然后将冷却后的水果、蔬菜移至冷藏间进行冷藏。

畜肉的空气冷却方法是在一个冷却间内完成全部冷却过程，冷却空气温度控制为 0℃左右，风速为 0.5～1.5 m/s，为了减少干耗，风速不宜超过 2 m/s，相对湿度控制为 90%～98%，冷却终了，胴体后腿肌肉最厚部中心的温度应达 4℃以下，整个冷却过程可在 24 h 内完成。

禽肉一般冷却工艺要求空气温度为 2～3℃，相对湿度为 80%～85%，风速为 1.0～1.2 m/s。经 7 h 左右可使禽胴体温度降至 5℃以下。若适当降低温度，提高风速，冷却时间可缩至 4 h 左右。

蛋箱码成留有通风道的堆垛，在冷却开始时冷却空气温度与蛋体温度相差不能太大，一般低于蛋体温度2～3℃，随后每隔1～2 h将冷却间空气温度降低1℃左右，冷却间空气相对湿度为75%～85%，流速为0.3～0.5 m/s。在通常情况下，经过24 h的冷却，蛋体温度可达1～3℃。

另外，个体较小的食品也常放在金属传送带上吹风冷却，进行连续化操作。空气冷却可广泛地用于不能用水冷却的食品，但该法最大的缺点是当室内湿度低的时候，被冷却食品的干耗较大，特别未包装食品。

2.冷水冷却法

冷水冷却是通过低温水把被冷却的食品冷却到指定温度。冷却水的温度一般在0℃左右，冷却水的降温可采用机械制冷或碎冰降温。冷水冷却多用鱼类、家禽，有时也用于水果、蔬菜和包装食品的冷却。冷水和冷空气相比有较高的传热系数，可以大大缩短冷却时间，而不会产生干耗。冷水冷却一般采用喷淋式或浸渍式。

(1)喷淋式　被冷却的食品放在传送带上，冷却水从食品上方由喷嘴喷下，或淋水盘均匀淋下和食品接触，达到冷却。

(2)浸渍式　被冷却的食品直接浸在冷水中冷却，并有搅拌器不停地搅拌冷水，提高传热速度和均匀性，加快食品的冷却。

在以上两种冷却方法中，冷却水都是循环使用的。当循环水滋生微生物或受某些个体食品污染后，容易造成对其他食品的污染，可以采用在水中加杀菌剂的方法进行控制。

盐水也常用做冷却介质来冷却食品，它不宜和一般食品直接接触。因为即使有微量盐分渗入食品内就会带来咸味和苦味，只可用于间接接触的冷却或适宜在海产品冷却中使用。用海水冷却鱼类，特别是在远洋作业的渔轮上，采用降温后的无污染低温海水冷却鱼类，不仅冷却速度快，鱼体冷却均匀，而且成本也可降低。但是海水流速不能过大，否则会起泡，影响冷却效果。

3.碎冰冷却法

冰块在融化时将吸收大量的热量，其相变潜热约为334.9 kJ/kg。当冰块和食品接触时，冰的融化可以直接从食品中吸取热量使食品迅速冷却。融冰时的温度恒定不变，故在用冰块冷却时，食品温度不可能低于0℃。碎冰冷却法特别适宜于鱼类的冷却，因为它不仅能使鱼冷却、湿润、有光泽，而且不会发生干耗现象。用来冷却食品的冰有淡水冰和海水冰两种。远洋捕捞船上多用海水冰，但不许可用被污染的海水及港湾内的水来制冰。

为了提高碎冰冷却的效果，要求冰要细，冰块大小最好不超过2 cm，冰与食品的接触面积要大，冰融化成的水要及时排出。在对海上的渔获物进行冰冷却时，一般可采用碎冰和水冰两种方式。

(1)碎冰冷却(干式冷却)　该法要求在船舱底部和四周先添加碎冰，然后再一层冰一层鱼装舱，这样鱼体温度可降至1℃，一般可保鲜7～10 d不变质。

(2)水冰冷却法(湿式冷却)　这种方法先将海水预冷到1.5℃，送入船舱或泡沫塑料箱中，再加入鱼和冰，要求冰完全将鱼浸没，用冰量一般是鱼与冰之比为2∶1或3∶1。水冰冷却法易于操作，用冰量少，冷却效果高，但鱼在冰水中浸泡时间过长，易引起鱼肉变软、变白，因此该法主要用于鱼类的临时保鲜。

4. 真空冷却

真空冷却也叫减压冷却。它的原理是根据水分在不同的压力下有不同的沸点，把食品物料放在可以调节空气压力的密闭容器中，产品表面水分在真空下迅速蒸发，带走大量的汽化潜热，食品本身的温度降低，达到快速冷却的目的。当在正常的 101.32 kPa 压力下，水在 100℃ 沸腾；当压力为 613.3 Pa 时，水的沸点为 0℃。真空冷却主要适用于叶类蔬菜的快速冷却。操作时，将食品原料放入密闭的真空冷却槽内迅速抽空。当冷却槽压力下降至 613.3 Pa 时，蔬菜中所含水分在 0℃的低温下迅速汽化。水变成水蒸气时要吸收 2.49 kJ/kg 的汽化热，汽化热的作用使蔬菜自身的温度迅速下降至 0℃，一般冷却时间只需 10～20 min。每千克蔬菜为获得本身预期冷却效果需要蒸发掉的水分量很少，不会影响蔬菜新鲜饱满的外观。因叶菜具有较大的表面积，在实际操作中，只要减少产品总质量的 1%，就能使叶菜温度下降 6℃。另外，通常做法是先将食品原料湿润，为蒸发提供较多的水分，再进行抽空冷却操作。这样一来既加快了降温速度，又减少了植物组织内水分损失，从而减少了原料的干耗。

真空冷却方法的优点是冷却速度快、冷却均匀、清洁卫生，特别是对菠菜、生菜等叶菜效果最好。某些水果和甜玉米也可用此方法预冷。这种方法的缺点是食品干耗大、能耗大，设备投资和操作费用都较高，除非食品预冷的处理量很大和设备使用期限长，否则使用此方法并不经济。在国外一般都用在离冷库较远的蔬菜产地。

3.2.2 食品的冷藏

3.2.2.1 空气冷藏法

空气冷藏法也就是人们所讲的传统冷藏法，它是用空气作为冷却介质来维持冷藏库的低温，在食品冷藏的过程中，冷空气以自然对流或强制对流的方式与食品换热，保持食品的低温水平。

1. 空气冷藏的方法

(1) 自然空气冷藏法　自然空气冷藏法是利用自然的低温空气来贮藏食品。要达到这个目的，必须建立通风贮藏库，借内外空气的互换使室内保持一定的低温。在天寒季节容易达到这个要求，温暖季节则难以达到。一般当每年深秋气温下降后，将贮藏库的门窗打开，放入冷空气，等到室温降到所需要的温度时，又将门窗关闭，即可装入果蔬进行贮藏。通风库效果不如冷库，但费用较低。如我国许多地方采用地下式通风库，库身 1/3 露于地面上，2/3 处于地面之下，用以贮藏苹果等。同时通风贮藏库的四周墙壁和库顶，具有良好的隔热效能，可削弱库外过高或过低温度的影响，有利于保持库内温度的稳定。通风库的门窗以泡沫塑料填充隔热较好，排气筒设在屋顶，可防雨水，筒底可自由开关。

(2) 机械空气冷藏法　目前大多数食品冷藏库多采用制冷剂机械冷藏的方法。制冷剂有氨、氟利昂、二氧化碳、甲烷等。在工业化的冷库中，氨是最常用制冷剂，它具有较理想的制冷性质。氨的单位容积制冷量很大，热导率大，黏度小，流动阻力小。氨的正常沸点为 −33.4℃；凝固点为 −77.7℃；临界温度为 133.0℃；临界压力为 11 417 kPa。氨适合于作为 −65℃以上温度范围内的制冷剂。因为在此温度范围内，其对应的饱和压力比较适中。特别是在氟利昂被禁用后，氨具有更重要的意义。关于氨的毒性问题，有些专家认为，氨具有强烈刺激臭味，正是由于这样，所以极容易被检验出来，反而成为安全的保证。现在密封技术已能保证氨不泄露，其可靠性和安全性是非常强的。

用机械空气冷藏法时需有一套制冷装置(冷气机)。以压缩式氨冷气机为例,其主要组成部分有:压缩机、冷凝器和蒸发器。用氨压缩机将氨压缩为高压液态,经管道将其输送进入冷库,在鼓风机排管内蒸发,成为气态氨时,便会大量吸热而使库内降温。将低压氨气输送返回氨压缩机,加压使之恢复为液态氨,并采用水冷法移去氨液化过程所释放的热量,这样反复循环,便将库房内热量移至库外。这种制冷方式是通过机械完成的,它是利用空气作冷却介质的,故热传导较慢。

2.空气冷藏工艺

食品空气冷藏的工艺效果主要取决于贮藏温度、空气湿度和空气流速等。这些工艺条件可随食品种类、贮藏期的长短和有无包装而异。表3-5给出一些食品的适宜冷藏工艺条件。若食品的贮藏期短,对冷藏工艺条件的要求可以适当降低;若贮藏期长,则要严格遵守这些冷藏工艺条件。

(1)贮藏温度　贮藏温度是冷藏工艺条件中最重要的因素。贮藏温度不仅是指冷藏库内空气温度,更为重要的是指食品温度。食品的贮藏期是贮藏温度的函数。在保证食品不至于冻结的情况下,冷藏温度越接近冻结温度则贮藏期越长。因此选择各种食品的冷藏温度时,食品的冻结温度极其重要。例如:葡萄过去所采用的贮藏温度为1.1℃。自从发现其冻结温度为−2.8℃以后,就普遍采用更低一些的贮藏温度,使其贮藏期得以延长了两个月。有些食品对贮藏温度特别敏感,如果温度高于或低于某一临界温度,常会有冷藏病害出现,在贮藏时应加以注意。

表3-5　部分食品的冷藏工艺要求

品名	最适条件		贮藏期	冻结温度/℃
	温度/℃	湿度/%		
橘子(1)	3.3~8.9	85~90	3~8周	−1.3
橘子(2)	0	85~90	8~12周	−0.8
葡萄柚(1)	14.4~15.6	85~90	4~6周	—
葡萄柚(2)	10.0	85~90	4~6周	−1.1
柠檬	14.4~15.6	85~90	1~6周	−1.1
酸橙	8.9~10.0	85~90	6~8周	−1.4
苹果	−1.1~4.4	90~95	3~8个月	−1.6
西洋梨	−1.1~0.6	90~95	2~7个月	−1.5
桃子	−0.6~0	90	2~4周	−1.6
杏	−0.6~0	90	1~2周	−0.9
李子	0.6~0	90~95	2~4周	−1.0
油桃	0.6~0	90	2~4周	−0.8
樱桃	−1.1~0.6	90~95	2~3周	−0.9
葡萄(欧洲系)	−1.1~0.6	90~95	3~6个月	−1.8
葡萄(美国系)	−0.6~0	85	2~8周	−2.2
柿子	−1.1	90	3~4个月	−1.3
杨梅	0	90~95	5~7 d	−2.2

续表 3-5

品名	最适条件		贮藏期	冻结温度/℃
	温度/℃	湿度/%		
甜瓜	2.2～4.4	85～90	15 d	－0.8
西瓜	7.2～10.0	85～90	3～4 周	－1.2
香蕉(绿果)	4.0～10.0	80～85	2～3 周	－0.9
香蕉(黄果)	13.3～14.4	90～95	2～4 d	－0.9
木瓜	13.3～14.4	85	1～3 周	－0.8
菠萝	7.2	85～90	2～4 周	－0.9
番茄(绿熟)	7.2～12.8	85～90	1～3 周	－1.1
番茄(完熟)	12.8～21.1	85～90	4～7 d	－0.6
黄瓜	7.2～10.0	85～90	10～14 d	－0.5
茄子	7.2～10.0	90～95	1 周	－0.5
青椒	7.2～10.0	90	2～3 d	－0.8
青豌豆	7.2～10.0	90～95	1～3 周	－0.7
扁豆	0	90～95	7～10 d	－0.6
甘薯	4.4～7.2	90～95	4～8 d	－0.7
菜花	0	90～95	2～4 周	－0.6
白菜	0	90～95	2 个月	－0.8
莴苣	0	90～95	2～3 周	—
菠菜	0	95	10～14 d	－0.2
芹菜	0	90～95	2～3 个月	－0.3
胡萝卜	0	90～95	4～5 个月	－0.5
南瓜	0	90～95	2～3 个月	－1.4
马铃薯(春收)	12.8	65	2～3 个月	—
马铃薯(秋收)	10.0～12.8	70～75	5～8 个月	－0.8
蘑菇	10.0	90	3～4 d	－0.6
牛肉	3.3～4.4	90	3 周	－0.6
猪肉	－1.1～0	85～90	3～7 d	－0.9
羊肉	0～1.1	85～90	5～12 d	－2.2～1.7
家禽	－2.2～1.1	85～90	10 d	－2.2～1.7
腌肉	－2.2	80～85	6 个月	－1.7
肠制品(鲜)	－0.5～0	85～90	7 d	－2.8
肠制品(烟熏)	1.6～4.4	70～75	6～8 d	－3.3
鲜鱼	0～1.1	90～95	5～20 d	－3.9
蛋类	0.5～4.4	85～90	9 个月	－1.0～2.0
全蛋粉	－1.7～0.5	尽可能低	6 个月	－0.56
蛋黄粉	1.7	尽可能低	6 个月	—
奶油	7.2	85～90	9 个月	—

在冷藏过程中，冷藏室内温度应严格控制。任何温度变化都有可能对食品造成不良后果。为了尽可能控制好温度变化，冷藏库应具有良好的绝热层，配置合适的制冷设备。温度变化对维持冷藏室内的相对湿度也极为重要。温差加大，食品表面出现来自空气的冷凝水，并导致发霉。

(2)空气相对湿度及其流速　冷藏室内空气的相对湿度对食品的耐藏性有直接的影响。冷藏室内空气既不宜过干，也不宜过于潮湿。低温的食品表面如与高湿空气相遇，就会有水分冷凝在其表面上。冷凝水分过多食品容易发霉、腐烂。空气湿度过低，食品中水分就会迅速蒸发并出现萎缩。在冷藏时，大多数水果适宜的相对湿度为 85%～90%；绿叶类蔬菜和根菜类蔬菜适宜的相对湿度可高至 90%～95%；而坚果在 70%的相对湿度下会比较合适；干态颗粒食品宜在非常干燥的空气中贮藏，如乳粉、蛋粉及吸湿性强的食品。

冷藏室内空气流速也极为重要，空气流速越大，食品和空气间的蒸汽压差就随之增大，食品水分的蒸发率也就相应增大。如空气流速倍增，则水分的损耗也将增大 1/3。在空气湿度较低的情况下，空气流速增加将加大食品的干耗。只有相对湿度较高而空气流速较低时，才会使水分的损耗降到最低程度。但是过高的相对湿度对食品品质并非有利。空气流速的确定原则是及时将食品所产生的热量如生化反应热或呼吸热和从外界渗入室内的热量带走，并保证室内温度分布均匀，冷藏室内仍应保持有速度最低的空气循环，使冷藏食品脱水干耗现象降到最低程度。冷藏食品若覆有保护层或有密封包装，室内的相对湿度和空气流速不再成为影响因素。如分割肉冷藏时常用塑料袋包装，或在其表面上喷涂不透蒸汽的保护层；番茄、柑橘一类果蔬也可浸涂石蜡，以减少水分蒸发，并增添光泽。

3.2.2.2　气调冷藏法

气调冷藏法是指在冷藏的基础上利用调整环境气体来延长食品寿命和货架寿命的方法。气调冷藏技术主要在果蔬保鲜方面的应用比较成功，如今这项技术已经发展到肉、禽、鱼、焙烤产品及其他方便食品的保鲜，而且正在推向更广的领域。

1. 气调冷藏法的原理与特点

气调冷藏的原理是在一定的封闭体系内，通过低温和各种调节方式得到的不同于正常大气组成(或浓度)的气体成分，以此来抑制食品本身引起食品劣变的生理生化过程或抑制作用于食品的微生物活动过程。

通过对食品贮藏规律的研究发现，引起食品品质下降的食品自身生理生化过程和微生物作用过程多数与氧和二氧化碳有关。新鲜果蔬的呼吸作用、脂肪氧化、酶促褐变、需氧微生物生长活动都依赖于氧的存在。许多食品的变质过程要释放 CO_2，CO_2 对许多引起食品变质的微生物有直接抑制作用。因此，各种气调手段多以这两种气体作为调节对象。所以气调冷藏技术的核心是改变食品环境中的气体组成，使其组分中的 CO_2 浓度比空气中的 CO_2 浓度高，而氧气的浓度则低于空气中氧气的浓度，配合适当的低温条件，来延长食品的寿命。

与一般空气冷藏条件相比，气调冷藏优点多、效果好、能更好地延长食品的贮藏寿命。其特点有：①抑制果蔬的后熟，降低呼吸强度，或抑制乙烯生成，推迟呼吸高峰；②减少果蔬损失；③抑制果蔬的生理病害；④抑制真菌的生长和繁殖；⑤防止老鼠的危害和昆虫的生存。

但是气调贮藏也有一些问题和不足之处，需要在使用和管理上加以注意：①氧浓度过低或 CO_2 浓度过高会引起果蔬发生异常代谢，使其腐烂或中毒。②不同品种的果蔬应单独存放，因而需要建多个库房。③适于气调贮藏的果蔬品种有限。④气调贮藏库投资较高。

2.气调冷藏的方法

气调冷藏中气体成分的调节方法主要有:自然降氧法(MA 贮藏)、快速降氧法(CA 贮藏)、混合降氧法(半自然降氧法)和减压法。

(1)自然降氧法(MA 贮藏) 所谓自然降氧法,就是在密闭的贮藏环境中,利用果蔬本身的呼吸耗氧能力,逐渐减少空气中的 O_2,同时释放一定量的 CO_2,当气体成分达到所需范围时,就进行人工调节控制,不使 O_2 分压继续下降,对过多 CO_2 可用消石灰或利用塑料薄膜和硅窗对气体的渗透性来吸收或排出。MA 贮藏的特点是贮藏成本低,操作简单,可设置在普通冷库内或常温贮藏库内,还可以在运输中使用,这是气调贮藏中的一种简便形式,但达到设定 O_2 和 CO_2 浓度水平所需的时间较长,操作上较难维持要求的 O_2 和 CO_2 浓度,因而贮藏效果不佳。根据自然降氧法的原理,可采用塑料袋(或帐)气调和硅窗气调的方式能取得较好的贮藏效果。目前用于果蔬密闭贮藏保鲜的薄膜种类有低密度聚乙烯(LDPE)、高密度聚乙烯(HDPE)、聚氯乙烯(PVC)、聚丙烯(PP)、聚乙烯醇(PVA)等。

(2)快速降氧法(CA 贮藏) 快速降氧法就是利用人工调节的方式,在短时间内将大气中的 O_2 和 CO_2 调节到适宜的浓度,并经常调整保持不变,误差控制在 1%以内,以适用于水果和蔬菜的长期贮藏。根据降氧方式不同可分为机械冲洗式气调冷藏和机械循环式气调冷藏,前者对库房气密性要求不高,但运转费用较大,故一般不采用;后者该法较冲洗式经济,降氧速度快,库房也不需高气密性,中途还可以打开库门存取食品,然后又能迅速建立所需的气体组成,所以这种方法应用较广泛。快速降氧法虽然需要一定的设备和消耗一定的电力,但与自然降氧法相比,其具有:①降氧速度快,贮藏效果好,对不耐贮藏的果蔬更加显著;②可及时排除库内乙烯,推迟果蔬后熟作用;③库内气密性要求不高,建筑费用少等优点。

(3)混合降氧法 也称为半自然降氧法,它是将自然降氧法和快速降氧法结合起来的一种方法。用快速降氧法使库内的氧减少到一定的程度,然后由果蔬本身的呼吸作用使氧的含量进一步下降,CO_2 逐渐增加。该方法又可细分为充 N_2 自然降氧法和充 CO_2 自然降氧法两种。这种方法优点是贮藏初期氧气下降速度快,控制了果蔬的呼吸作用,所以比自然降氧法优越;而在中后期又依靠果蔬的呼吸作用自然降氧,因此,它又比快速降氧法成本低。

(4)减压降氧法 减压降氧法是利用真空泵对贮藏室进行抽气,形成部分真空,室内空气各组分的分压都相应下降的降氧方法。例如当气压降低至正常的 1/10,空气中的氧、CO_2、乙烯等的分压也都降至原来的 1/10,氧的含量只相当于正常气压下的 2.1%。一个完整减压降氧系统包含减压、增湿、通风、低温等。除低温外,其余都是普通气调贮藏所不具备的。减压降氧法又称为低压气调冷藏法或真空冷藏法,可以说是气调冷藏的进一步发展。减压贮藏具有特殊的贮藏条件,是在精确严密的控制之下的贮藏。总压水平一般可控制在±266.4 Pa 的水平,从而使氧含量的水平可以调节至±0.05%的精度,可以获得最佳贮藏所需求的低氧水平。与减压降氧法相比,一般的果蔬冷藏法出于冷藏成本的考虑,没有经常换气,库内有害气体慢慢积蓄,造成果蔬品质降低。而减压降氧法在低压下的换气成本低,相对湿度高,可以促进气体的交换。另外,减压使容器或贮藏库内空气的含量降低,相应地获得了气调贮藏的低氧条件。同时,也减少了果蔬组织内部的乙烯的生物合成及含量以起到延缓成熟的作用,为贮藏易腐食品提供最好的环境,取得显著的保藏效果。

(5)气调冷藏工艺　气调冷藏在一些水果(特别是苹果)和某些蔬菜上的应用是很有效的。气调冷藏的工艺条件随果蔬产品种类的不同、品种的不同而有较大的差异。不同果蔬品种在气调贮藏时对气体成分的要求有所不同,特别要注意各种果蔬的"临界需氧量",保证气调贮藏室内的氧浓度不低于临界需氧量,同时,也要注意防止 CO_2 浓度过高而引起果蔬伤害。表 3-6 是一些果蔬的气调冷藏工艺条件。

表 3-6　部分果蔬的气调冷藏工艺条件

果蔬品种	贮藏温度/℃	气调条件/%		对低 O_2 和高 CO_2 的耐受度/%	
		O_2	CO_2	低 O_2	高 CO_2
苹果:富士	0～1.0	1.5～3.0	0.5～1.0	—	—
元帅	0	0.7～2.0	2	—	—
嘎啦	0～1.0	1～2	2～3	1.0	2.5
洋梨:巴梨	0～1	2～3	0～1	—	—
凤梨	10～15	5	10	3	7
甜樱桃	0～5	3～10	10～12	—	20
无花果	0～5	5	15	—	8
猕猴桃	0～5	2～3	3～5	2	—
桃	0～5	1～2	5	2	20
李	0～5	1～2	0～5	2	20
草莓	0～5	5～10	10	—	—
梅子	0	2～3	3～5	—	—
栗子	0	3	6	—	—
香蕉	12～14	5～10	5～10	—	—
蜜橘	3	10	0～2	—	5
柿子	0～5	3～5	5～8	3	5
豌豆荚	0	10	3	4	—
菠菜	0	10	10	1	—
马铃薯	3	3～5	2～5	—	—
胡萝卜	0	2～4	5～8	4	—
杧果	10～15	3～4	4～5	—	5

3.2.2.3　食品在冷藏过程中的质量变化

食品在冷藏过程中会发生一系列变化,其变化程度与食品的种类、成分、食品的冷却冷藏条件密切相关。所有变化除了肉类在冷却过程中的成熟作用有助于提高肉的品质外,其他变化均不同程度地会使食品品质下降。所以研究和掌握这些变化将有助于改进食品冷却冷藏工艺,并可避免和减少冷藏食品品质的下降。

1. 水分蒸发

食品在冷却冷藏中，不仅食品的温度下降，食品中的水分在食品和冷空气处于热平衡状态下进行蒸发，特别是用能透过蒸汽的保护膜包装的，或表面上并无任何保护膜包装的食品，食品表面不但有热量散发出来，同时还有水分向外蒸发，促使失水干燥，这种现象称为水分蒸发，俗称干耗。干耗不仅导致了食品质量损失，还会导致食品的品质恶化。水果、蔬菜食品中的水分蒸发会导致其失去新鲜饱满的外观，当减重达到5%时，还会出现明显的凋萎现象，影响其柔嫩性和抗病性。肉类食品在冷却冷藏中发生干耗除会导致质量减轻外，肉的表面还会出现收缩、硬化，形成干燥的皮膜，肉色也有变化。在冷却贮藏中，鸡蛋因水分蒸发会造成气室增大，质量减轻，蛋品品质下降。干耗是一种不良现象，必须防止干耗发生。减轻干耗的方法包括良好的包装、冷库温度低且稳定、提高相对湿度和使用夹层冷库。

食品在冷却冷藏中所发生的干耗影响因素很多。与食品的种类有着密切关系，水果、蔬菜类食品在冷却冷藏时，因表皮成分、厚度及内部组织结构不同，水分蒸发存在着差异。如杨梅、龙须菜、葡萄、蘑菇、叶菜类食品在冷却冷藏中，水分蒸发作用较强；而桃子、李子、无花果、番茄、甜瓜、莴苣、萝卜在冷却冷藏中水分蒸发次之；苹果、柑橘类、柿子、梨、马铃薯、洋葱在冷却冷藏过程中水分蒸发较小。未成熟的果实要比成熟的果实的水分蒸发量大。肉类水分蒸发量与肉的种类、单位质量表面积的大小、表面形状、脂肪含量等有关。在实际操作中，食品的干耗还与食品和冷却介质空气的温差、空气介质的湿度及流速有关，甚至还与货堆形状、堆垛密度及装载量等都有关。一般来说，在冷却冷藏的初期，食品的水分蒸发的速度较大。

2. 冷害

在低温贮藏时，有些水果、蔬菜等的贮藏温度虽未低于其冻结点，但当贮藏温度低于某一温度界限时，这些水果、蔬菜就会表现出一系列生理病害现象，其正常的生理机能受到障碍失去平衡。这种由于低温所造成的生理病害现象称之为冷害。不同于冻害，冷害是发生在果蔬组织冰点以上的低温区域。特别是由于热带、亚热带果蔬和观赏园艺作物的系统发育处于高温的气候环境中，其对低温较敏感。在低温贮藏中，这些水果和作物易遭受冷害。低温贮藏对于温带果蔬的一些种类亦会发生低温病害。

冷害的症状是组织内部变褐和干缩，外表出现凹陷斑纹。一些外皮软薄或柔软的果蔬，则易出现水渍状斑块。冷害病常使果蔬不能正常成熟，并产生异味。一些果蔬发生低温冷害病后的症状见表3-7。防止冷害有适温贮藏、温度调节、温度锻炼、变温处理和间歇升温等方法。

冷害的机理普遍认为与生物膜相转移有关。冷害导致生物膜中呈液态的脂肪变成固态，使细胞膜发生相变，进而导致脂质凝固、黏度增大、原生质流动减缓、膜吸附酶活化能增加、膜透性增大等一系列代谢失调现象。引起冷害发生的因素很多，主要有果品蔬菜的种类、贮藏温度和时间。在同一种类果蔬中，引起低温冷害病的临界温度也并非绝对固定。随果蔬的品种、栽培地区气候和冷藏条件会发生一些波动，不同种类的果蔬对低温冷害病的易感性的大小也不同。另外，发生低温冷害病的情况与所采用贮藏温度低于其冷害临界温度的值和时间长短有关。如果采用的贮藏温度较其临界温度低得越多，冷害发生的情况就越严重。如果在冷害临界温度下经历时间较短，即使在临界温度以下，也不会出现冷害，因为水果、蔬菜冷害的出现还需要一定的时间。如香蕉在10℃、7.2℃和1.1℃下贮藏，冷害发生时间分别需要36 h、4 h和2 h。

表 3-7 部分果蔬种类的低温冷害病症状

果蔬种类	冷害病临界温度/℃	低温冷害病症状
苹果	2.2～2.3	内部褐变、褐心、湿裂，表皮出现软虎皮病
香蕉	11.7～13.3	出现褐色皮下条纹，表皮浅灰色到深灰色，延迟成熟甚至不能成熟，成熟后中央胎座硬化，品质下降
葡萄柚	无常值	外果皮出现凹陷斑纹，凹陷区细胞很少突出，相当均匀的褐变
柠檬	10.0～11.6	外果皮出现凹陷斑纹，退绿慢，油胞比周围色深，有红褐色斑点，果瓣囊膜变褐色
荔枝		果皮变黑
杧果	10.0～12.3	果皮变黑，不能正常成熟
番木瓜	6.1	果皮出现凹陷斑纹，果肉成水渍状
菠萝	6.1	变软，后熟不良，失去香味
橄榄	7.2	果皮变褐或暗灰色，果肉成水渍状，果蒂枯萎或易脱落，风味不正常，内部褐变
橘子	2.8	变软、褐变
青豆	7.2～10.0	变软、变色
黄瓜	7.2	表皮凹陷及水渍状斑点，腐烂
茄子	7.2	表皮烧斑、褐变、腐烂
甜瓜	7.2～10.0	表皮凹陷斑点、后熟不良
西瓜	4.4	变软、异常气味
青辣椒	7.2	表皮凹陷斑点，变软，种子发生褐变
马铃薯	3.4～4.4	褐变、糖分增加、甘化
南瓜	10.0	腐烂加快
甘薯	12.8	表皮凹陷斑点，变软、内部变色、腐烂加快
番茄（红）	7.2～10.0	变软、腐烂加快
番茄（绿）	12.2～13.9	后熟（催熟）色泽不良，腐烂
青豆角	7.2～10.0	表皮凹陷斑点，褐变

3. 后熟作用

许多水果和蔬菜类的果实离开母体或植株后向成熟转化的过程称为后熟作用。为了较长时间地贮藏水果、蔬菜，应当控制其后熟能力。低温能有效地推迟水果、蔬菜后熟。

水果按其成熟时是否伴随有呼吸高峰可分为两类：有呼吸高峰型的水果，如香蕉、苹果、菠萝和梨等；无呼吸高峰型的水果，如柑橘类、葡萄等。呼吸高峰型的水果如果在完全成熟后采收，将很快腐烂变质，几乎不能贮藏、加工和销售，所以这类水果一般都在成熟前适时采收。这样，在低温冷藏期间，水果将伴随着后熟作用的发生。在此过程中，水果在呼吸作用下可以逐渐向成熟转化，果实内的成分和组织形态也将进行一系列的转化。其具体表现为可溶性糖含量升高、糖酸比例趋于协调、可溶性果胶含量增加、果实香味变得浓郁、颜色变红或变艳、硬度下降等一系列成熟特征。后熟作用过程的快慢因果实种类、品种和贮藏条件而异。对低温冷藏的有呼吸高峰型的水果也可以对其进行人为控制的催熟，以方便适时的加工或鲜货上市的需要，无呼吸高峰型水果宜在完全成熟时采收，然后进行储藏加工。

4. 异臭和串味

在食品冷藏时，大多数食品都需要单独的贮藏室，但有时品种较多而数量不多，故不可能按一个品种单独存入一个冷藏间。这种混合贮藏就有一个相互吸收气味的问题。如果将有强烈气味的食品与其他食品放在一起冷却贮藏，这些强烈气味就可能串给其他食品。那些在冷藏中容易放出或容易吸收气味的食品即使贮藏期很短，也不宜将它们放在一个冷藏间内。如苹果不宜和芹菜、甘蓝、马铃薯或洋葱贮藏在一起；芹菜和洋葱会相互影响品质；苹果和柑橘的气味会迅速转给乳制品，乳制品最容易吸收其他气味；马铃薯也极易使其他食品产生异味，不宜和水果、鸡蛋、乳制品及坚果等共同贮藏；当鸡蛋和鱼或某些蔬菜一起贮藏时，就会变成异味蛋；蒜和苹果、梨放在一起冷藏，蒜的气味就会串到苹果和梨上面去。这样一来，食品原有的风味就发生变化，品质会下降。因此，凡是气味相互影响的食品应分别贮藏，或包装后进行贮藏。另外，冷藏库在长期使用后，它会有一些特有的臭味，称之为冷藏臭，也会转移给冷藏食品。

5. 肉的成熟

刚屠宰后动物的肉是柔软的，并且具有很高的持水性，经过一段时间的放置，肉质会变得粗硬，持水性大大降低，继续延长放置时间，则粗硬的肉又变成柔软的肉，持水性也有所恢复，而且风味也有极大的改善，肉的这种变化过程称之为肉的成熟。在冷却冷藏条件下，肉类在低温下缓慢地进行着成熟作用，一般是在 0～1℃的温度下进行的。动物的种类不同，成熟作用的表现也不同。对猪、家禽等的成熟作用就不十分明显，而对牛、绵羊、野禽等的成熟作用十分重要，因为对肉质软化与风味增加有显著的效果。

6. 寒冷收缩

牛羊鸡等畜禽在屠宰后，未出现僵直前（pH 未降低到 5.9～6.2）快速冷却，肌肉发生显著收缩，且不可逆，以后即使经过专门的成熟过程或烹煮，肉质也不会十分软化，这种现象叫寒冷收缩。一般来说，在宰后 10 h 内，肉温降到 8℃以下，容易发生寒冷收缩。其中牛和羊肉较严重，禽类肉较轻。但其温度与时间并不固定，成牛与小牛，或者同一头牛的不同部位的肉都有差异。如成牛肉温低于 8℃，而小牛则肉温低于 4℃。冷却温度不同，肉体部位不同，所感受的冷却速度也不同，如肉的表面容易发生寒冷收缩。肉类在冷却时若发生寒冷收缩，其肉质变硬、嫩度差。如果再经冻结，在解冻后会出现大量的汁液流失。近年来，由于冷却肉销售量不断扩大，国际上都在研究不引起寒冷收缩的冷却方法。一般通过增加冷却前的 ATP 和糖原分解、阻止肌肉纤维收缩这两种途径来防止寒冷收缩。

7. 脂肪的氧化

在冷却、冷藏过程中，食品中所含酶类会引起油脂发生水解、脂肪酸的自身氧化、聚合等复杂变化，同时使食品风味变差，味道恶化，出现变色、酸败、发黏等现象。这种变化严重时也称为“油烧”。脂肪氧化酶等在低温，甚至－20℃还有活性，脂肪酸自动氧化影响因素甚多，目前防止脂肪氧化的有效措施是真空包装或充入惰性气体包装。

8. 淀粉的老化

在接近0℃的低温范围中，糊化了的α-淀粉分子又自动排列成序，形成致密的高度晶化的不溶性淀粉分子，迅速出现了淀粉的β化，称为淀粉的老化。食品在冷藏过程中也会发生淀粉的老化。淀粉老化作用的最适温度为2～4℃。另外，有些食品根本不宜冷藏，面包、馒头等在冷藏时淀粉迅速老化，味道变差。而当贮藏温度低于－20℃时，不会发生淀粉老化现象。因为当温度低于－20℃时，淀粉分子间的水分急速冻结，形成了冰结晶，阻碍了淀粉分子间的相互靠近而形成氢键，所以不会发生淀粉老化现象。

9. 食品在冷却、冷藏中的其他变化

食品在冷却、冷藏中除可能发生以上几种不良变化外，还可能发生其他一些不良变化。如甜玉米糖分的转化；果蔬紧密度和脆性的丧失，营养物质的转移；红肉色泽的变化，鱼组织软化和出现滴液；面包和糕饼的陈化；颗粒食品的成团和结块、丧失风味以及一些特殊食品独有的和受到特殊败坏菌支配而导致的许多微生物性变质现象等。表3-8显示部分蔬菜冷藏中维生素C的损耗。

表3-8 部分蔬菜在冷藏中维生素C的损耗

蔬菜种类	贮藏时间/d	贮藏温度/℃	维生素C的损耗/%
芦笋	1	1.7	5
	7	0	50
青刀豆	1	7.8	10
	4	7.8	20
菠菜	2	0	5
	3	1.1	5

3.3 食品的冻结

食品的低温保藏包括两个方面：一是冷却(cooling or chilling)冷藏，如上所述；二是冻结(freezing)保藏。一般称冻结加工食品为冻结食品或冷冻食品(frozen foods)。冻结食品的含义通常包括以下4个方面：①冻结前经过预处理；②用速冻法冻结；③冻结后产品中心温度达到－18℃以下；④有适宜的包装并在冷链下运销。

3.3.1 食品的冻结过程

3.3.1.1 食品的冰点

当冷却食品的温度降至冰点以下时，食品中的水分便发生冻结，这时食品中液体的水转变成固体的冰，食品易变硬。冰晶开始出现的温度即是冰点或冻结点(freezing point)。食品中的水分不是纯水，大多是含有机盐或有机物的溶液，其冻结点较纯水的低。冻结点的高低不仅受水分含量的影响，而且受溶解食品成分的水分状态的影响。根据拉乌尔(Raoult)法则，冻结点的降低与溶质的浓度成正比，每增加1 mol/L，冻结点下降1.86℃。各种食品的成分存在差异，其冻结点也不相同（表3-9）。一般植物性食品，如果品、蔬菜的冻结点大多为−0.6～−3.8℃；有些食品的冻结点可能更低；尤其是在缓慢冻结过程中，溶液浓度逐渐增大，其冻结点还会下降。

表3-9 部分食品的冻结点和水分含量

品种	冻结点/℃	水分含量/%	品种	冻结点/℃	水分含量/%
牛肉	−0.6～−1.7	71.6	葡萄	−2.2	81.5
猪肉	−2.8	60	苹果	−2	87.5
鱼肉	−0.6～−2	70～85	橘子	−2.2	88.1
蛋白	−0.45	89	香蕉	−3.4	75.5
蛋黄	−0.65	49.5	青豆	−1.1	73.4
干酪	−8	55	菠菜	−0.56～−0.9	90.2

3.3.1.2 冻结过程与冻结曲线

当温度下降至冻结点，潜热（latent heat）被排除后，开始液体与固体之间的转变，进行结冰。结冰包括晶核的形成（nucleation）和冰晶体的增长（ice growth）两个过程。晶核的形成是极少部分的水分子有规则地结合在一起，即结晶的核心，这种晶核是在过冷条件达到后才出现的。冰晶体的增长是其周围的水分子有次序地不断结合到晶核上面去，形成大的冰晶体。只有温度很快下降至比冻结点低得多时，则各种水分几乎同时析出形成大量的结晶核，这样才会形成细小而分布均匀的冰晶体。

1. 冷冻时水的物理特性

水的冻结包括两个过程：降温与结晶。当温度降至冰点，接着排除了潜热时，游离水由液态变为固态，形成冰晶，即结冰；结合水则要脱离其结合物质，在经过一个脱水过程后，其才冻结成冰晶。

水的比热是4.184 kJ/(kg·K)。冰的比热是2.092 kJ/(kg·K)，冰的比热约为水的1/2。

水的冰点是0℃，而当0℃的水要冻结成0℃的冰时，要排除334.72 kJ/kg的热量；反过来，当0℃的冰解冻融化成为0℃的水，同样要吸收334.72 kJ/kg的热量。这就是水冻结（或冰融解）的潜热，其热量数值颇大。

水的热导率为0.554 W/(m·K)，冰的热导率为2.25 W/(m·K)，冰的热导率是水的4倍左右。当冻结时，冰层由外向里延伸。冰的热导率高，有利于热量的排出使冻结快速完成。但当采用一般的方法解冻时，却因冰由外向内逐渐融化成水，热导率降低，因而解冻速度慢。

水结成冰后，冰的体积比水增大约9%。当冰的温度每下降1℃时，其体积则会收缩0.01%～0.005%，二者相比，膨胀比收缩大，因此，含水量多的食品在体积在冻结后会有所膨大。

在冻结时，表面的水首先结冰，然后冰层逐渐向内伸展。当内部水分因冻结而膨胀时，会受到外部冻结了的冰层的阻碍，因而产生内压，这就是所谓“冻结膨胀压”。如果外层冰体受不了过大的内压时，就会破裂。冻品厚度过大、冻结过快往往会形成这样的龟裂现象。

2. 冻结温度曲线和冻结率

食品在冻结过程中，其温度逐步下降。显示食品温度与时间的关系曲线，称之为“冻结温度曲线”，见图 3-9。曲线一般分为 3 段(也可以说是冻结过程的 3 个阶段)。

(1)初阶段　即从初温至冻结点，这时放出的是“显热”，显热与冻结过程所排出的总热量比较，其量较少，故降温快，曲线较陡。其中还会出现过冷点(温度稍低于冻结点，见图 3-9 中的 *S* 点)。因为食品大多有一定厚度，冻结时其表面层温度降得很快，故一般食品不会有稳定的过冷现象出现。

(2)中阶段　此时食品中的水分大部分冻结成冰(一般食品从冻结点下降至其中心温度为 −5℃时，食品内已有 80%以上水分冻结)，由于水转变成冰时需要排出大量潜热，整个冻结过程中的总热量的大部分在此阶段放出，故当制冷能力不是非常强大时，降温慢，曲线平坦。

(3)终阶段　从成冰后到终温(一般是 −5～−18℃)，此时放出的热量，其中一部分是冰的降温，一部分是内部余下的水继续结冰，冰的比热比水小，其曲线应更陡，但因还有残余水结冰所放出的潜热大，所以曲线有时还不及初阶段陡峭。

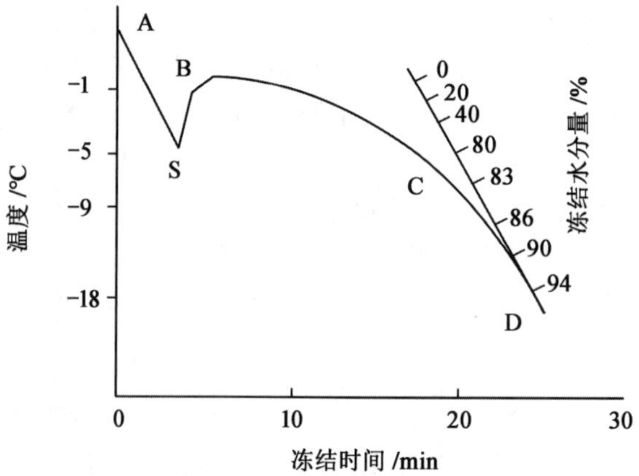

图 3-9　冻结温度曲线和冻结水分量(冯志哲等，1984)

在冻结过程中，要求中阶段的时间要短，这样的冻结产品质量才理想。中阶段冻结时间的快慢，往往与冷却介质传热快慢有很大关系。如在盐水中冻结就比在空气中冻结迅速，在流动的空气中就比静止的空气中的冻结得快。因此，速冻设备很重要，要创造条件使之快速冻结，尤其中阶段的冻结通过的时间要短，才能得到质量良好的速冻产品。

当大部分食品中心温度从 −1℃降至 −5℃时，近 80%的水分可冻结成冰，此温度范围称为“最大冰晶生成区”(zone of maximum ice crystal formation)，最好能快速通过此温度区域。这是保证冻品质量的最重要的温度区间。

冻结食品要在长期贮藏中能充分抑制微生物生长及降低生化反应速度，一般要求把水分冻结了 90%时才能达到目的，这是保证冻品质量的冻结率(frozen water ratio)。食品中的水分冻结量即为冻结率。冻结率与温度的关系可用如下近似式表示：

$$\omega=\left(1-\frac{t_{\mathrm{p}}}{t}\right)\times 100\%$$

式中：ω 为冻结率（%），t_p 为食品的冻结点（℃），t 为冷冻食品的温度（℃）。如食品的冻结点是−1℃，降到−5℃时的冻结率：

$$\omega=\left(1-\frac{-1}{-5}\right)\times 100\%=80\%$$

要求将食品内的水分全部冻结，温度最后要降至−60℃，此温度称为共晶点。这样低的温度在技术和经济有难度，在加工工艺上难以应用，一般只要求中心温度为−18～−30℃，相应的水分冻结率达94%～97%，这样就足以保证冻品的质量。

3.3.2　冻结速度与冻结时间

3.3.2.1　冻结速度

冻结速度的快慢一般可用食品中心温度下降的时间或冻结层伸延的距离来划分。

1. 时间划分

食品的中心温度从−1℃下降至−5℃所需的时间（即通过最大冰晶生成区的时间），在30 min以内，属于快速冻结，超过30 min则属于慢速冻结。一般认为，在30 min内通过−1～−5℃的温度区域内所冻结形成的冰晶对食品组织影响最小，尤其是果蔬组织质地比较脆嫩，冻结速度应要求更快。食品的种类、形状和包装等情况不同，这种划分方法对某些食品并不十分可靠。

2. 距离划分

冻结速度还可用单位时间内−5℃的冻结层从食品表面伸延向内部的距离来表示（冻结速度 v，cm/h）。由此而将冻结速度分为3类：快速冻结 $v>5\sim20$ cm/h；中速冻结 $v=1\sim5$ cm/h；慢速冻结 $v=0.1\sim1$ cm/h。

国际制冷学会对冻结速度的定义：

$$v=\frac{L}{t}$$

式中：L 为食品表面与温度中心点间的最短距离（cm）；t 为食品表面达0℃后，食品中心温度降至比冻结点低10℃所需的时间（h）。

目前，应用的各种冻结设备的性能各异，冻结速度也不同。如冷冻库为0.2 cm/h，送风冻结器为0.5～2 cm/h，悬浮冻结器（即流态床速冻器）为5～10 cm/h，液氮冻结器10～100 cm/h。前者属于慢速冻结，其次是中速冻结，后两者才属于快速冻结，由此可见冻结设备的重要性。

冻结速度与冰晶分布的状况有密切的关系。一般冻结速度越快，通过−1～−5℃温区的时间越短，冰层向内伸展的速度比水分移动速度越快时，其冰晶的形状就越细小、呈针状结晶，数量无数，冰晶分布越接近新鲜物料中原来水分的分布状态；冻结速度慢，由于其细胞外的溶液浓度较低，首先就在那里产生冰晶，水分在开始时即多向这些冰晶移动，形成了较大的冰晶，就造成冰晶体分布不均匀，如图3-10所示。

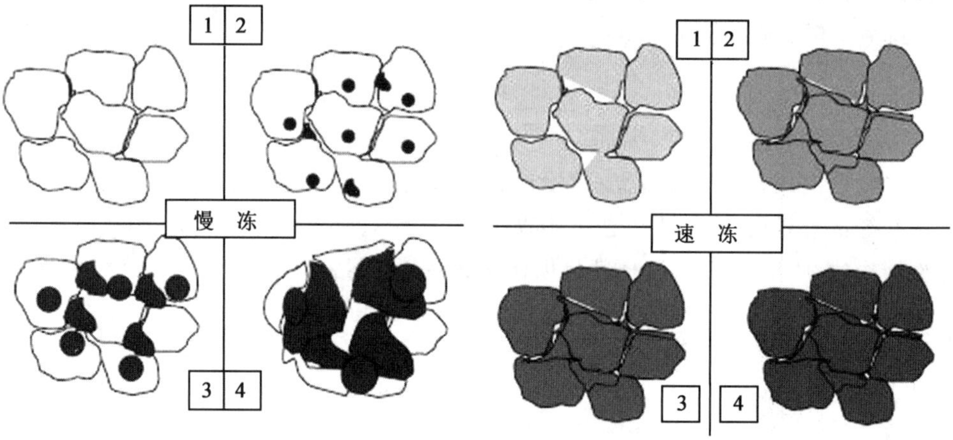

图 3-10 慢冻和速冻对冰晶体的形成和生长的影响
(Hosahalli Ramaswamy and Michèle Marcotte,2006)

从表 3-10 和表 3-11 可以看到,当采用不同的冻结方式或冻结介质时,冻结速度不同,形成冰晶的大小与状态也不一样。

表 3-10 冻结速度与冰晶状况的关系(鱼肉)

冻结速度(通过0～－5℃的时间)	冰结晶			数量	冰层伸展速度/I 水分移动速度/ω
	位置	形状	大小(直径×长度)/μm		
数秒	细胞内	针状	(1～5)×(5～10)	无数	$I\geqslant\omega$
1.5 min	细胞内	杆状	(0～20)×(20～500)	多数	$I>\omega$
40 min	细胞内	柱状	(5～100)×100 以上	少数	$I<\omega$
90 min	细胞外	块粒状	(50～200)×200 以上	少数	$I\leqslant\omega$

表 3-11 冻结速度与冰晶大小的关系(龙须菜)

冻结方法	冻结温度/℃	冻结速度次序	冰晶大小/μm		
			厚	宽	长
液氮	－196	1	0.5～5	0.5～5	5～15
干冰＋乙醇	－80	2	6.1	18.2	29.2
盐水(浸)	－18	3	9.1	12.8	29.7
平板	－40	4	87.6	163.0	320.0
空气	－18	5	324.4	544	920

3.3.2.2　冻结时间

1. 冻结时间的计算

食品冻结时间的计算是冻结装置设计和组织食品冻结生产时经常要遇到的问题。由于冻结过程受到许多变化的因子影响，冻结时间不容易用解析式求解。但利用普朗克公式(Plank's formula)可预测食品的冻结时间。

厚度为 L 的大平板状食品在温度为 T_∞ 的冷却介质中冻结，食品的表面温度为 T_s，见图 3-11。设食品的初始温度均匀一致并等于其初始冻结温度 T_f，冻结过程 T_f 保持不变，热导率等于冻结时的热导率，只考虑水的相变潜热而忽略冻结前后放出的显热，传热系数不变。经过一段时间后，冻结层离表面已有 x 距离。

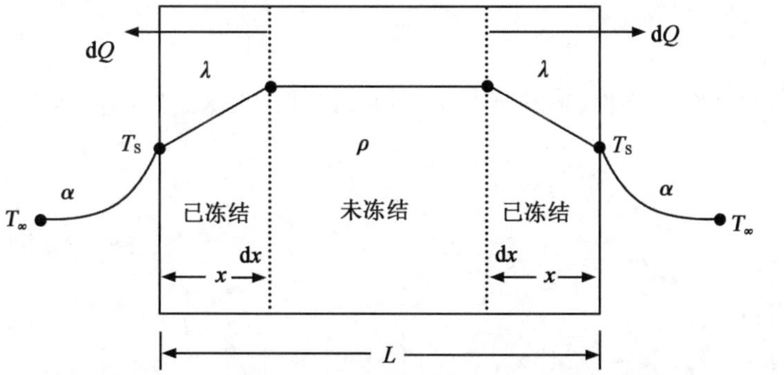

图 3-11　大平板状食品的冻结

在经 dt 时间后冻结层向内推进 dx 距离，其放出的热量(单位 J)为：

$$dQ = q_i \rho A\,dx$$

式中：q_i 为食品的冻结潜热(J/kg)，q_i 等于纯水的冻结潜热与食品水分百分含量 w 的积，即 $q_i = 334.72 \times 10^3 \times w$；$\rho$ 为食品的密度(容重，kg/m^3)；A 为食品的表面积(m^2)。

此热量经过厚度为 x 的冻结层，在表面处以对流换热的方式传至冷却介质：

$$dQ = \frac{T_f - T_\infty}{\dfrac{x}{\lambda A} + \dfrac{1}{\alpha A}} dt$$

式中：T_f 为食品的初始冻结温度(℃)；T_∞ 为冷却介质的温度(℃)；λ 为冻结层的热导率[$W/(m \cdot K)$]；α 为食品表面的传热系数[$W/(m^2 \cdot K)$]。

由上述两式可得：

$$dt = \frac{q_i \rho}{T_f - T_\infty}\left(\frac{1}{\alpha} + \frac{x}{\lambda}\right) dx$$

在 $0 \sim L/2$ 区间积分：

$$\int_0^t dt = \int_0^{\frac{L}{2}} \frac{q_i \rho}{T_f - T_\infty}\left(\frac{1}{\alpha} + \frac{x}{\lambda}\right) dx$$

得到大平板状食品的冻结时间 t(单位为 s)：

$$t=\frac{q_i\rho}{2(T_f-T_\infty)}\left(\frac{L}{\alpha}+\frac{L^2}{4\lambda}\right)$$

用类似的方法获得圆柱状和球状食品的冻结时间如下。

对于圆柱状食品，L 为直径，冻结时间为：

$$t=\frac{q_i\rho}{4(T_f-T_\infty)}\left(\frac{L}{\alpha}+\frac{L^2}{4\lambda}\right)$$

对于球状食品，L 为直径，冻结时间为：

$$t=\frac{q_i\rho}{6(T_f-T_\infty)}\left(\frac{L}{\alpha}+\frac{L^2}{4\lambda}\right)$$

对于不同形状的食品，引入形状系数 P 和 R，就可获得冻结时间的通用表达式：

$$t=\frac{q_i\rho}{(T_f-T_\infty)}\left(\frac{PL}{\alpha}+\frac{RL^2}{\lambda}\right)$$

大平板状食品：$P=1/2$；$R=1/8$

圆柱状食品：$P=1/4$ ；$R=1/16$

球状食品：$P=1/6$；$R=1/24$

对于方块或长方块状等食品，可通过查有关形状系数的图表(冯志哲等，1984)获得 P 和 R 值。

实际冻结时，还应考虑初温到冻结点的时间，冻结过程还有显热放出。因此，为改进精度，还可用食品初温的焓值 h_1 和终温的焓值 h_2(可由相关表格查得)的焓差 Δh 代替食品的冻结潜热 q_i，得到冻结时间计算修正公式：

$$t=\frac{\Delta h\rho}{(T_t-T_\infty)}\left(\frac{PL}{\alpha}+\frac{RL^2}{\lambda}\right)$$

2. 影响冻结时间的因素

影响食品冻结时间的因素有：①产品的大小和形状，尤其是产品的厚度；②产品的初温和终温；③冷却介质的温度：④产品表面的传热系数：⑤热焓的变化；⑥产品的热导率。

根据 Plank's 公式，缩短冻结时间的途径有：减小食品的厚度 L；减低冷冻介质的温度 T_∞；增大食品表面的传热系数 α 等。

3.3.2.3 冻结及冻结速度对冻品质量的影响

食品在冷冻中发生的变化大致可分为两类：物理性的变化，如干耗、冰晶体的膨大引起组织结构的变化等；化学的变化，如蛋白质变性和氧化变色等。

1. 冻结对食品组织结构(texture)的影响

冻结对食品组织结构的不利影响一般认为不是低温的直接影响，而是由于冰晶体的膨大而造成的机械损伤，细胞间隙的结冰引起细胞脱水、死亡，失去新鲜特性的控制能力，如造成的组织破坏，引起的软化、流汁(drip)等。目前的解释主要集中在机械性损伤、细胞的溃解和气体膨胀 3 方面。

(1)机械性损伤(mechanical damage theory)　在冷冻过程中,细胞间隙中的游离水一般含可溶性物质较少,其冻结点高,先形成冰晶,而细胞内的原生质体仍然保持过冷状态,细胞内过冷的水分比细胞外的冰晶体具有较高的蒸汽压和自由能,因而促使细胞内的水分向细胞间隙移动,不断结合到细胞间隙的冰晶核上面去。在这样的条件下,细胞间隙所形成的冰晶体会越来越大,产生机械性挤压,原来细胞间的相互结合发生分离,解冻后不能恢复原来的状态,不能吸收冰晶融解所产生的水分而流出汁液,组织变软。

(2)细胞的溃解(cell rupture theory)　植物组织的细胞内有大的液胞,水分含量高,易冻结成大的冰晶体,产生较大的"冻结膨胀压",而植物组织的细胞具有的细胞壁比动物细胞膜厚而又缺乏弹性,因而易被大冰晶体刺破或胀破,细胞即受到破裂损伤,解冻后组织就会软化流水。当冻结速度过快时,如在液氮等超急速冻结个体较大的食品时,产生的"冻结膨胀压"较大,有时容易产生破裂,所以液氮不宜冻结 5～10 mm 以上的大个体食品。速冻荔枝也容易产生裂果。

(3)气体膨胀(gas expansion theory)　组织细胞中溶解于液体中的微量气体在液体结冰时发生游离而体积增加数百倍,这样会损害细胞和组织,引起质地的改变。

植物性食品如果蔬的组织结构脆弱,细胞壁较薄,含水量高,当其冻结进行缓慢时,就会造成严重的组织结构的改变,故应快速冻结,以形成数量多体积细小的冰晶体,而且让水分在细胞内原位冻结,使冰晶体分布均匀,才能避免组织受到损伤。如速冻的番茄其薄壁组织在显微镜下观察,细胞内外和细胞壁中存在的冰晶体都非常小,细胞间隙没有扩大,原生质紧贴着细胞壁阻止水分外移,这种微小的冰晶体对组织结构的影响就很小。在较快的解冻中观察到对原生质的损害也极微,质地保存较完整,细胞膜未受损伤。保持细胞膜的结构完整是非常重要的,可以防止流汁和组织软化。

冷冻果蔬等食品的质地和外观与新鲜的原料比较,还是有差异的。组织的溃解、软化、流汁等的程度因原料的种类、成熟度、冷冻工艺和方法等的不同而异。

2. 化学变化

(1)蛋白质变性　食品中的结合水是与原生质、胶体、蛋白质、淀粉等结合。在冻结时,水分从其中分离出来而结冰,这也是一个脱水过程,过程往往是不可逆的,尤其是缓慢的冻结的脱水程度更大。冰晶体主要在细胞间隙中形成,胞内水分产生外移,原生质胶体和蛋白质等分子过多失去结合水,分子受压凝集,会破坏其结构,或者由于原生质体中无机盐因浓缩作用而使浓度提高,产生盐析作用而使蛋白质变性。水产品中的脂肪在耐低温的磷脂酶作用下水解产生不稳定的游离脂肪酸再进一步氧化产生醛、酮等产物,促使蛋白质变性,此作用在冻藏时较突出。这些情况都会使这些物质失掉对水的亲和力,在解冻以后,水分即不能再与之重新结合。蛋白质变性或不可逆的凝固,造成细胞死亡,解冻后组织解体,质地软化,流出汁液,风味下降等。

(2)变色　冻结产品的变色有褐变、黑变、褪色等,会影响产品外观和风味。常见的变色的原因有:美拉德(maillard)反应,如鳕鱼肉中的核酸系物质反应生成核糖,再与氨基化合物反应发生褐变;酪氨酸酶的氧化造成虾的黑变;肌肉的肌红蛋白受空气中的氧的作用而变色。

3.3.3 食品常用的冻结方法

用低温快速冻结食品是近年来食品冷冻技术发展的一个总的趋势，显示出它具有高质量的优越性，如结晶小、质地好、解冻后的可逆性大，不会导致细胞受损伤。用于食品冻结的装置和方法有多种，按使用的冷冻介质及与食品接触的状况，其形式可分为以下几类。

间接冻结：静止空气冻结；送风冻结；强风冻结；接触冻结。

直接冻结：冰盐混合物冻结；液氮及液态二氧化碳冻结。

3.3.3.1 间接冻结装置

1. 低温静止空气冻结装置

用空气作为冻结介质其热导性能差，而且空气与其接触的物体之间的传热系数也最小；但它对食品无害、成本低、机械化较容易。因此，它是最早使用的一种冻结方式。

静止空气冻结一般应用管架式，把蒸发器做成搁架，其上放托盘，盘上放置冷冻原料，靠空气自然对流及有一定接触面（贴近管架）进行热交换。

静止空气的热导率低，自然对流速度又低（一般只有 0.03～0.12 m/s），因此，原料的冻结时间长。产品的冻结往往要近 10 h 左右（视温度及原料的大小厚薄而定），一般效果差，效率低、劳动强度大。目前只在小库上应用，低温冰箱也属此类，在工艺上已落后。

2. 送风冻结装置

增大风速能使原料的表面传热系数提高，从而提高冻结速度。当风速达 1.5 m/s 时，可提高冻结速度 1 倍；当风速达 3 m/s 时，提高冻结速度 3 倍；当风速达 5 m/s 时，可提高冻结速度 4 倍。虽然送风会加速产品的干耗，但若加快冻结，产品表面形成冰层，可以使水分蒸发减慢，减少干耗，所以送风对速冻有利。但要注意的是，冻结装置内各点上的原料表面的风速一致，如图 3-12 所示。

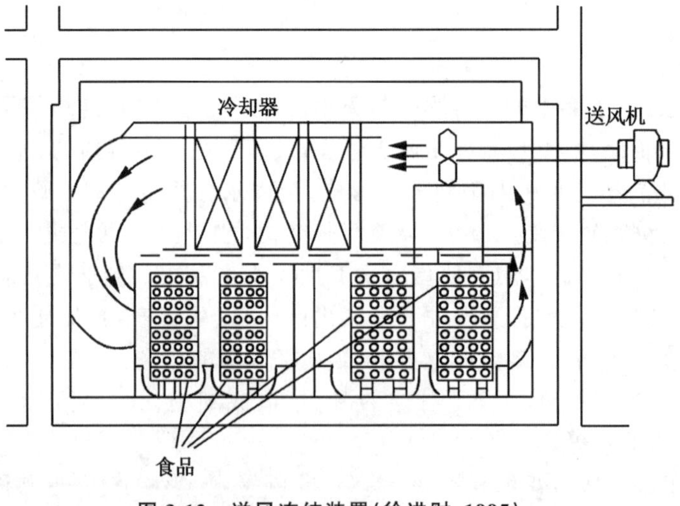

图 3-12 送风冻结装置（徐进财，1995）

在静止空气冻结装置上装上风机称为半送风冻结装置。但如果一般的冷风速度为 1～2 m/s 时，其各点上的风速会不均匀而造成温差，这在工艺上也颇为落后。

3. 强风冻结装置

以强大风机使冷风以 3～5 m/s 及以上的速度在装置内循环，强风冻结有多种形式。

（1）隧道式　可以用轨道小推车或吊挂笼传送，一般以逆向送入冷风，或用各种形式的导向板造成不同风向。生产效率及效果还可以，连续化生产程度不高。

（2）传送带式　传送带有各种形式。目前多用不锈钢网状输送带，原料在传送带上冻结，冷风的流向可与原料平行、垂直、顺向、逆向、侧向。传送带速度可根据冻结时间进行调节。

单向直走带式：在传送带底部与一冷冻板（蒸发器）相贴紧，上部还装有风机。

螺旋带式：此装置中间是一个大转筒，传送带围绕着筒形呈多层螺旋状，逐级将原料（装在托盘上）向上传送，如图 3-13 所示。冷风由上部吹下，下部排出并循环，冷风与冻品呈逆向对流换热。原料由下部送入，上部传出，即完成冻结。

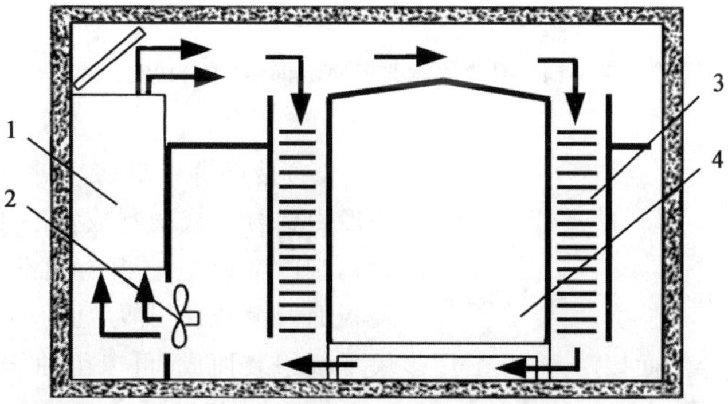

1. 蒸发器；2. 风机；3. 传送带；4. 转筒

图 3-13　螺旋带式连续冻结装置（冯志哲等，1984）

也有用链带形成传送装置，上挂托盘可以脱卸。头一段的托盘在最下层进入，逐层循链带呈 S 形旋转上升，至最上层时进入下一段，再逐级旋转下降，直至下一段的最下一层送出托盘，将之脱卸下来即完成整个冻结过程。装置内以多台风机侧向送入冷风。这类形式的冻结装置一般用于冻结厚度为 2.5～4 cm 的产品，在 40 min 左右能冻至－18℃，薄一些的还会更快。它可以连续进行生产，效率颇高，通风性强，适用于果蔬加工。

二维码 3-1　螺旋带式强风冻结装置

（3）悬浮式　其也称流态床冻结（fluidized bed freezing）装置。一般采用不锈钢网状传送带，并可分成预冻和急冻两段，以多台强大风机自下面向上吹出高速冷风，垂直向上的风速达到 6～8 m/s 以上，把原料吹起，使其在网状传送带上形成悬浮状态不断跳动，原料被急速冷风所包围，进行强烈的热交换，被急速冻结。一般在 5～15 min 就能使食品冻结至－18℃。其生产率高、效果好、自动化程度高。由于要把冻品造成悬浮状态需要很大的气流速度，故被冻结的原料大小受到一定限制。一般颗粒状、小片状、短段状的原料较为适用。由传送带的带动，原料是向前移动，在彼此不黏结成堆的情况下完成冻结，因此，被称为“单体速冻”（individual quick frozen，IQF），这是目前大多数颗粒状或切分的果蔬加工采用的一种速冻形式，见图 3-14。

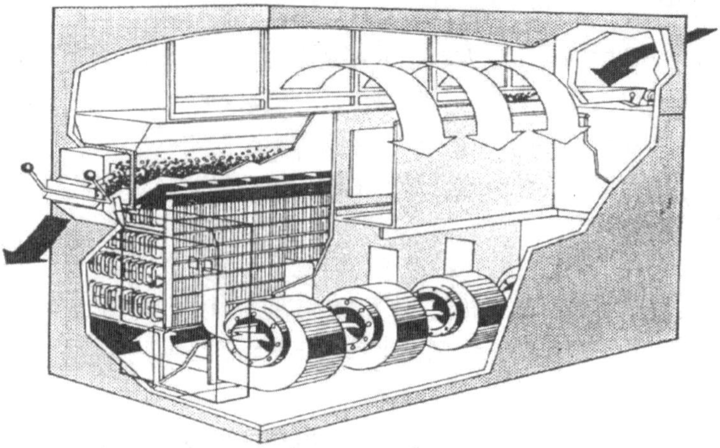

图 3-14　悬浮冻结装置(Mallett C. P. ,1993)

二维码 3-2　流态床冻结装置

(4)接触冻结装置　平板冻结机即属此类。一般由铝合金或钢制成空心平板(或板内配蒸发管),制冷剂以空心板为通路,从其中蒸发通过。使板面及其周围成为温度很低的冷却面。原料就放置板面上(即与冷却面接触)。一般用多块平板组装而成,可以用油压装置来调节板与板之间的距离,使空隙尽量减少,这样使原料夹在两板之间,以提高其热交换效率。由于原料被上下两个冷却面所吸热,故冻结速度颇快。厚为 6～8 cm 的食品,2～4 h 即完成冻结。要求原料形状应扁平,对厚度有限制,适用于小型加工,多应用于水产品,如鱼、虾等,因此,多应用于在渔船上加工,果蔬加工也可考虑采用。接触冻结装置属间歇生产类型,生产效率不算高,可用多个冻结器配合,因此,劳动强度较大些。

3.3.3.2　直接冻结装置

目前多应用浸渍冻结装置,即用高浓度低温盐水(其冰点可降至－50℃左右)浸渍原料,原料与冷媒接触,传热系数高,热交换强烈,故速冻快。但盐水很咸,只适应水产品,不能用于果蔬制品。

液氮(－196℃)和液态二氧化碳(－78.9℃)也用来作为速冻制冷工质,可以直接浸渍产品。一般多采用喷淋冻结装置,这种装置构造简单,可以用不锈钢网状传送带,上装喷雾器、搅拌小风机,即能超快速进行单体冻结。但工质不能回收,而且工质贵,它的运输及贮藏要应用特殊容器,成本高。大而厚的产品还会因超快速冻结而造成龟裂。这种方法生产效率高,产品品质优良,但目前主要存在的是成本问题。

各种食品的冻结方法和工艺因食品的种类、大小、制品的形状而不同。一般的冻结食品先冻结后包装冻藏,有些食品则先包装后冻结和冻藏。蔬菜类冻结产品一般采用速冻(quick freezing)法。

冻结食品一般要经过预处理,如冻结调理食品要经过调理工序方可进行冻结;蔬菜类原料要进行热烫处理(blanching),钝化酶的活性。经过预处理的原料要通过预冷,最好预冷至0℃,这样才能有利于加快冻结。许多速冻装置设计有预冷段的设施,或者在进入速冻前先在其他冷库预冷，然后陆续进行冻结。冻结速度往往由于食品的品种、块形大小、堆料厚度、进入速冻设备时品温、冻结温度等因素而有差异，其必须在工艺条件上及工序安排上考虑紧凑配合。

果蔬产品的速冻温度为－30～－35℃，风速应保持为3～5 m/s，这样才能保证冻结以最短的时间通过最大冰晶生成区，使冻品中心温度尽快达到－15～－18℃以下，能够达到这样的标准要求，才能称之为"速冻果蔬"。只有这样，才能使90%以上的水分在原来位置上结成细小冰晶，大多数均匀分布在细胞内，从而获得具有新鲜品质，而且营养和色泽保持良好的速冻果蔬。

速冻食品生产以采用半机械化或机械化连续作业生产方式为理想，速冻装置以螺旋式(链带)连续冻结器或流态床速冻器为好。

3.4 食品的冻藏

3.4.1 冻结食品的包装

通过对速冻食品包装，可以有效地控制冻结食品在长期贮藏过程中发生的冰晶升华，即水分由固体冰的状态升华而形成干燥状态；防止产品长期贮藏接触空气而氧化变色，便于运输、销售和食用；防止污染，保持产品卫生。在速冻品加工完成后，应进行质量检查及微生物指标检测。包装前要经过筛选。

速冻食品生产大多数采用先冻结后包装的方式。但有些产品为避免破碎可先包装后冻结。冻结食品的包装有大、中、小各种形式，包装材料要求除了达到一般食品的包装材料要求外，还要求其具有耐低温和耐高温的特性。冻结食品的包装材料有纸、玻璃纸、聚乙烯薄膜(或硬塑)及铝箔等。包装材料的选择主要为避免产品的干耗、氧化、污染而考虑采用透气性能低的材料。近年来已开发出能直接在微波炉内加热或烹调而且安全性能高的微波冷冻食品包装材料，此外还应有外包装，其中大多用纸箱，每件重为10～15 kg。包装的大小可按消费需求而定。半成品或厨房用料的产品可用大包装，家庭应用及方便食品要用小包装(袋、小托盘、盒、杯等)。在分装时，应保证在低温下进行工作，同时要求在最短时间内完成，重新入库。工序要安排紧凑。一般当冻品在－2～－4℃时，即会发生重结晶。

3.4.2 冻结食品的贮藏

速冻完成并包装好的冻品要贮于－18℃以下的冷库内，要求贮温控制在－18℃以下，或者更低些，而且要求温度要稳定，减少波动，并且不应与其他有异味的食品混藏，最好采用专库贮存。低温冷库的隔热效能要求较高，保温要好。一般应用双级压缩制冷系统进行降温。速冻产品的冻藏期一般可达10～12个月以上，条件好的可达两年。

冻结食品的流通运销要应用有制冷及保温装置的汽车、火车、船、集装箱专用设施，运输时间长的要控制在－18℃以下，一般可在－15℃，在销售时也应有低温货架与货柜。整个商品供应过程也应采用冷链流通系统(图3-15)。由冷冻厂或配送中心运来的冷冻产品在卸货后应立即转移到冻藏库中，不应在室内或室外的自然条件下停留。零售市场的货柜应保持低温，一般仍要求温度为－15～－18℃。

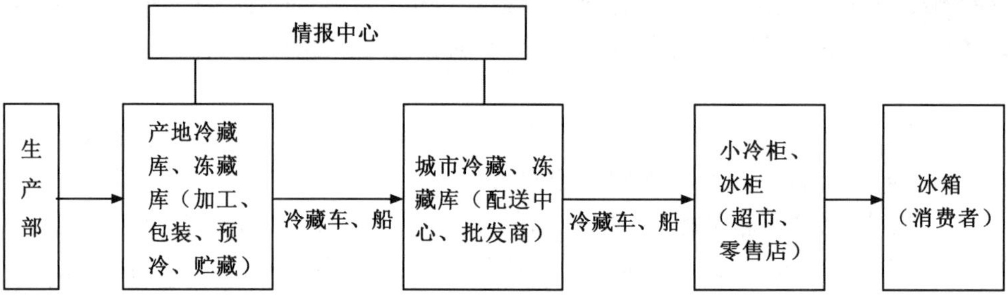

图 3-15 冷链流通系统模式

3.4.3 冷冻食品的质量与稳定性

一般在−12℃可抑制微生物的活动，但化学变化没有停止，甚至在−18℃下仍有缓慢的化学变化。食品在冻结和冻藏过程中，除了对组织结构有影响外，还可能发生色泽、风味等化学或生物化学变化，从而影响产品的质量。

3.4.3.1 冰晶的成长和重结晶

在冻藏过程中，未冻结的水分及微小冰晶会有所移动而接近大冰晶与之结合，或者互相聚合而成大冰晶。但这个过程很缓慢，若冻藏库温度波动，则会促进这样的移动，尤其细胞间隙中大冰晶成长加快，这就是重结晶现象。这样同样会造成组织的机械损伤，产品流汁。因此，采用低温速冻使食品的水分来不及转移就在原来位置冻结，保持冻藏库温度稳定，避免贮运温度波动，减少冰晶的成长和重结晶对食品质量带来的不良影响。

3.4.3.2 干耗

冻结食品在冷冻和冻藏过程中也会产生干耗，因冻藏时间长，干耗问题更为突出。冻结食品在冻藏过程中因温度的变化造成水蒸气压差，出现冰结晶的升华（sublimation）作用而引起表面干燥，质量减少，称为“干耗”。

冻藏库的隔热效果不好，外界传入热量多；冻藏库空气温度变动剧烈；空气冷却器蒸发管表面温度与冻藏库内空气温度之间温差太大；收贮了品温高的冻结食品；冻藏库内空气流动速度太快等都会使冻结食品的干耗加剧。根据食品表面对流传质理论可得干耗量为：

$$m=\alpha_m A(p_s-p_\infty)$$

式中：m 为单位时间内食品的干耗量（kg/s）；α_m 为对流传质系数[$kg/m^2/(s\cdot Pa)$]；A 为与空气接触的食品表面积（m^2）；p_s、p_∞ 为食品表面与其周围环境空气的水蒸气压力（Pa）。在计算时，食品表面水蒸气压力可取其温度下的饱和压力；环境空气水蒸气压力可由空气的干、湿球温度求出。

某一冻结食品的对流传质系数和表面积是一定的，所以升华量主要由水蒸气压差的值来决定。冰晶升华需要吸取升华热才能进行，因此，保持冻藏时具有足够的低温、减少温差、增大相对湿度、加强冻藏食品的密封包装或采取食品表层镀冰衣的方法，可以有效地减少冰晶升华引起的干耗。

3.4.3.3　冻结烧

冻结烧是冻结食品在冻藏期间因脂肪氧化酸败和羰氨反应所引起的结果。它不仅使食品产生哈喇味，而且发生黄褐色的变化，感官品质、风味、营养价值都变差。冻结烧一般随着冻结食品的冰晶升华而加剧。因为冰晶升华会使食品表面水分下降，长时间逐渐向里推进，达到深部冰晶升华，造成质量损失，同时形成较多的微孔，增加了食品与氧气的接触面积而引起氧化酸败。酸败产物含有羰基，与蛋白质、氨基酸等含氨基的成分发生羰氨反应，导致冻结烧。

冻结家畜肉脂肪较为稳定，不易产生冻结烧，禽类脂肪的稳定性稍次之，而鱼类脂肪最易引起冻结烧。采用较低的冻藏温度(一般不高于－18℃)、镀冰衣或密封包装等隔氧措施，均可以有效防止冻结烧的发生。

3.4.3.4　化学变化

如前所述，冻结过程会发生蛋白质变性、变色、变味等化学变化。这些变化在冻藏中同样可能出现，尤其是产品颜色的变化。

食品在冻藏过程中出现的变色变味等化学变化，许多都是与氧的存在和酶的活性相关。如前所述，在一般的冷冻加工贮藏条件下酶仍然保持其活性，只不过其催化的反应慢多了，但造成的质量下降是很明显的，如引起变色和变味，尤其是在解冻后更迅速，因为它提供了反应所需的条件。

脂肪含量丰富的鱼类，如带鱼、沙丁鱼等在冻藏中会发生褐变成为黄色。其主要原因是不饱和脂肪酸氧化产生游离基，加快了油脂氧化酸败的速度，生成中间产物，使鱼类变色变味。

金枪鱼肉和牲畜的肉类是红色的，其在冻藏中也会发生褐变。其主要原因是肉类的肌红蛋白或血红蛋白氧化成氧化肌红蛋白或氧化血红蛋白的结果。

箭鱼的鱼肉等肉类在冻藏中有时会发生绿变。其主要原因是肉类鲜度在降低时产生的硫化氢与血液中的血红蛋白、肌肉中的肌红蛋白发生反应，生成绿色的硫血红蛋白和硫肌红蛋白，从而失去了商品价值。

虾在冻藏中发生黑变主要原因是氧化酶使酪氨酸产生黑色素所致。氧化酶在虾的血液中活性最大，其他部位也存在。可采用去外壳、头、内脏、洗去血液或热处理钝化酶的活性等方法处理后再冻结。采用真空包装冻藏可减少氧化，也可用水溶性的抗氧化剂溶液浸渍后冻结，再用此溶液包冰衣冻藏。

有些无烫漂处理的果蔬在冻结和冻藏期间的果蔬组织中会累积羰基化合物和乙醇等，产生挥发性异味。含类脂物多的食品由于氧和脂肪氧化酶的氧化作用也产生异味。曾有研究报道，豌豆、四季豆和甜玉米在低温贮藏中发生类脂化合物的变化，它们的类脂化合物中游离脂肪酸等都有显著的增加。抗坏血酸作为研究冷冻果蔬的一个重要营养质量指标，是果蔬中最重要的维生素。图 3-16 是不同贮藏温度冷冻豌豆(无烫漂处理)维生素 C 的变化情况。说明果蔬在－12℃时维生素 C 还会损失，在－18℃的温度下的损失就慢得多。

在冻结前的热烫以及冻结冻藏期间，蔬菜由于加热、H^+、叶绿素酶、脂肪氧化酶等的作用，其中存在的叶绿素形成脱镁叶绿素，由绿色变为灰绿色或绿色减退。在烫漂溶液中加入碳酸钠等对保持绿色有一定效果，但有研究表明，这样做会降低热钝化酶效果而需延长热烫时间。

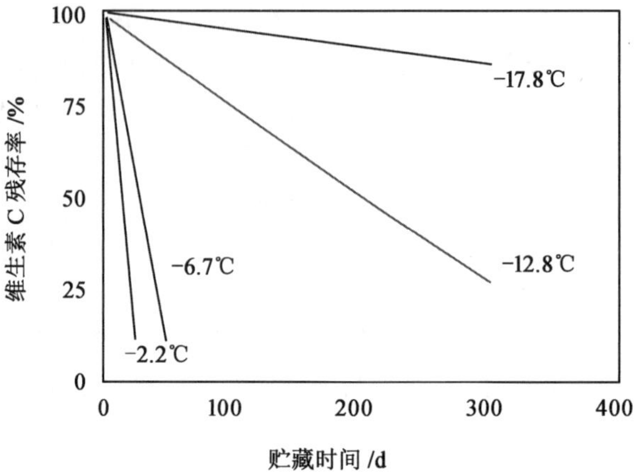

图 3-16 不同贮藏温度冷冻豌豆维生素 C 的残存率

(International Institute of Refrigeration, 1972)

与其他加工方法相比，冻藏本身对果蔬的营养成分保存有利，温度越低，保护作用越强。因为有机物质的化学反应速度与温度成正相关。原料在冷冻前的预处理，如洗涤、去皮、切分等工序，原料暴露于空气中，维生素 C 因氧化而减少，这些化学反应在冻藏中仍继续进行，不过速度要慢得多。

酶在解冻时，尤其是在其组织受到损伤时，其活性会大大加强，因而引起一系列生化反应，造成变色、变味、营养损失等变化。这需要在冻结前用热烫处理或化学处理等方法来将酶破坏或抑制。蔬菜一般用热烫处理。无烫漂处理的食品需要用硫处理或加入抗坏血酸作为抗氧化剂以减少氧化，或加入糖浆减少与氧接触的机会，以利于保护产品的风味和减少氧化。

3.4.4 冻结食品的早期质量与最终质量

3.4.4.1 TTT 概念

通过大量试验及生产的总结，冷冻食品从生产、贮藏至流通，其质量的优劣主要是由“早期质量”与“最终质量”来决定。从生产到消费的过程中，冷冻食品所经过的冻藏、输送、贩卖店的销售状况等保持的温度都不一致，自生产工厂出货时开始是同一温度和品质(早期质量)，但转到消费者手中时的品质(最终质量)将有不同。以品质第一为前提，保持一定温度的冷链系统的实施十分必要。

冷冻食品的早期质量受“PPP”条件的影响，也就是受到产品原料(product of initial quality)的种类(品种)、成熟度和新鲜度；冻结加工(processing method)包括冻结前的预处理、速冻条件；包装(package)等因素所决定。

冷冻食品的最终质量则受“TTT”条件的影响。所谓“TTT”是指速冻食品在生产、贮藏及流通各个环节中，经历的时间(time)和经受的温度(temperature)对其品质的容许限度(tolerance)有决定性的影响。早期质量优秀的速冻产品由于还要经过各个流通环节才能到消费者手中，如果在贮藏和流通过程中不按冷冻食品规定的温度和时间操作，如温度大幅度波动，也会失去其优秀的品质，也就是说冷冻食品最终质量还要取决于贮运温度、冻结时间和冻藏期的长短。从以上两个概念中可以看到在冷冻与冻藏中获得贮存期长的优质冷冻产品的关键环节。

在冷冻食品的“TTT”研究中，常用感官评价配合理化指标来测定。通过感官评价能感知品质变化，其间所经过的贮藏天数是依贮运中的品温而异，温度越低，能保持品质的不变化时间越久。贮藏期的长短与贮运温度的高低之间的关系，一般称之为品质保持特性(keeping quality characteristic)。如同一品温的冷冻橙汁(浓缩)与冷冻蔬菜比较，感知其品质变化时需较长的天数，如此食品置于同一条件下而呈不同的贮藏性，即为品质保持特性。

如果把初期品质优秀的冻结食品，放在流通过程中常见的各种温度范围内，并与放在−40℃冻藏的对照品相比较，随着时间的推移，放在各种温度下的冷冻食品的品质会逐渐降低，与放在−40℃冻藏的对照品比较，总有一天会产生差异。品质评定由熟练掌握品质评定标准的成员组成感官鉴定小组进行鉴定。方法有三样两同鉴别法(duo-trio test)或三角鉴别法(triangular test)。若其中有70%的成员能识别出这两者之间的品质差异，此时，冻结食品所经历的时间称为高品质冻藏期，又叫高品质寿命(high quality life，HQL)。实际上，在感官鉴定小组对冻结食品品质进行评定时，常把条件稍作放宽，降低到以不失去商品价值为标准，这就成为实用冻藏期(practical storage life，PSL)。高质量冻藏期通常从冻结结束后开始算起，而实用冻藏期一般包括冻藏、运输、销售和消费等环节。HQL和PSL的长短是由冻结食品在流通环节中所经历过的品温决定的，品温越低，HQL和PSL的时间越长。如是同样的贮藏期相比较，则品温低的一方品质保持较好。也就是说冻结食品的耐贮藏性是受所经历过的时间和品温影响的。

在TTT研究中除了采用感官鉴定的方法外，还结合进行理化方法的测定。冻结食品品温的变动，构成食品品质的诸要素：食味、香味、肉质、色泽、形状也发生了变化。由感官鉴定小组进行合理的评分，同时也可进行一些理化方法的检测，例如，测定维生素C的含量、叶绿素中脱镁叶绿素的含量、蛋白质变性、脂肪氧化酸败等，这可根据食品的种类选择测定的项目。由于感官鉴定小组对冻结食品的鉴定结果与理化方法检测的结果是一致的，而且对于食品来说，感官鉴定更为直接，因此，国外对感官鉴定小组所做出的鉴定结果是给予高度的信赖。

3.4.4.2　TTT计算

若知某种冻结食品在某冻藏温度下优质保持期(HQL)的时间 t，由感官评价感知冷冻食品品质开始变化的品质下降值设为1.0时，则每天的品质下降量 q，可由下式求出：

$$q=1.0/t$$

例如，品温为−18℃，冻结牛肉和猪肉的HQL的时间分别为400 d和300 d，故每天的品质下降量 q，牛肉为1.0/400=0.002 5，猪肉为1.0/300=0.003 3，q 值越大，即显示品质越容易变化。初期品质相同的牛肉若贮藏温度越高，q 值亦随之增大。

一种冷冻食品的优质保持期和实用冻藏期均可通过反复实验后获得。一般温度为−10～−40℃，设温度水平为4～5个。贮藏温度与冻藏期之间的关系曲线称为TTT曲线。把某种冻结食品在流通过程中所经历的温度和时间记录下来，根据TTT曲线按顺序算出各阶段的品质下降值，然后再确定冻结食品的品质，这种方法称为TTT计算法。例如，冻结牛肉在生产地冻藏、运输和销售各阶段的品温、经历天数和 q 值，见表3-12。

表 3-12 冻结牛肉的品温经历与 q 值

品温不同的阶段	品温/℃	经历时间/d	每天品质下降量 q
(A)生产地冻藏	−20	300	0.001 7
(B)输送期间	−10	3	0.011
(C)消费地冻藏	−15	50	0.004

各阶段的品质下降量为 Q，Q＝每天的品质下降量 q×天数 d。最终品质下降量为各阶段的品质下降量 Q 的合计值，根据该值大于 1.0 或小于 1.0，可以确定该冻结牛肉的品质。若该值小于 1.0，品质的变化未由感官评价感知，品质可认为优良。若该值大于 1.0，感官评价感知品质明显变化，超过 1.0 的值越大，品质越低劣。根据表 3-12 数据计算：

生产地冻藏 $Q=0.0017\times300=0.51$

输送期间 $Q=0.011\times3=0.033$

消费地冻藏 $Q=0.004\times50=0.2$

最终品质下降量为：$0.51+0.033+0.2=0.743$

即各阶段的品质下降量的合计值小于 1.0，品质的变化不能由感官评价感知，故可认为品质仍然优良。

TTT 计算方法是根据冻结食品的温度、时间经历所带来的影响累积变大的原则来进行计算的，而未考虑品温上升时微生物入侵导致的品质下降，温度的频繁波动引起重结晶、干耗等造成质地、风味劣变，光线和热源易引起的包装袋内冷冻食品干燥和变色等。故实际冻藏中质量的下降量要比 TTT 计算值大。尽管 TTT 计算法不能适用于所有冷冻食品，而且近年也受到冷冻食品玻璃转化理论的挑战，但对于大多数冷冻食品而言，其仍不失为推测品温与品质关系的有效方法。

3.4.4.3 TTT 概念的例外

食品的 TTT 计算是根据时间-温度对食品质量影响累积变大的原则进行的，但也有例外的情况，一般表现为实际的质量降低程度比按 TTT 计算的降低程度更大。如乳状或胶状的冻结食品的温度反复波动的次数增多，并且幅度较大的话，特别是达到该冻结食品的解冻温度后，再进行冻结，其质量降低的程度比用 TTT 计算所求得的降低量要大得多。明显的例子是若冰淇淋因温度升高融化，则气泡逸出，即使温度并没有升高至冰淇淋融化就再降温使之变硬，这种过程反复进行的话，冰结晶体也会变大，原来滑溜的舌触感觉变得粗糙而丧失商品价值，在这种情况下，就不能用 TTT 计算来判断其质量了。

当冻结食品与空气接触时，冰的升华会引起质量减轻和质量恶化。即使有了包装，如果冷藏室内空气温度的波动幅度较大而频繁，冻结食品与包装之间存在空隙及包装材料的透湿性，也会使食品发生干耗现象。干耗所引起的质量下降量比按 TTT 计算的数值要大得多。

冻结食品在受光的照射期间，其质量的劣变程度就比放在暗处更严重，即比按 TTT 计算的结果要大，如在商店柜台里陈列或装在透明的塑料袋里。

加盐冻结食品的贮藏寿命与温度的关系十分复杂。例如，腌制肉的品温为−5～−40℃，贮藏寿命反而随着温度的下降而缩短，其温度系数 Q_{10} 小于 1，与 TTT 概念恰恰相反。但如果品温下降到−40℃以下，则贮藏期随着品温的下降而延长，又符合 TTT 的计算。这种复杂关系被认为是由于食盐促进脂肪氧化酸败引起的。当温度为−5～−40℃时，随着温度下降，食品中水的结冰量进一步增大，盐液的浓度高度增加，会进一步加速其品质劣化的速度。

除了添加食盐的腌制肉外，添加各种调味料、香辛料等成分的方便冻结食品由于在冻藏过程中各成分的相互作用比较复杂，在应用 TTT 计算其贮藏寿命时就更要慎重。

3.5　冻结食品的解冻

冻结食品在消费或加工之前一般要经过解冻(thawing)过程。解冻是使冻结品融解，恢复到冻前的新鲜状态的工艺过程；另外冷冻食品食用前的煮熟也属于解冻。从某种意义上讲，解冻可视为冻结的逆过程。由于冻结食品自然放置下，其中的冰晶也会融解，所以解冻易被人们忽视。但是随着冻结食品上市量的增加，特别是冻结已经作为食品工业原料的主要保存手段，因此，必须重视解冻工序，使解冻原料在数量和质量方面都得到保证，才能满足食品加工业生产的需要，生产出高品质的后继加工产品。这也就是说质量好的冻结品如何使其在解冻时质量不会下降，以保证食品工业稳定地得到高质量的原料，就必须重视解冻方法以及了解解冻对食品质量的影响。

3.5.1　解冻过程

解冻是在冻结时食品中形成的冰结晶融解成水，所以可视为冻结的逆过程。在解冻时，冻结品处在温度比它高的介质中，冻品表层的冰首先融化成水，随着解冻的进行，融解部分逐渐向内部延伸。由于水的热导率(0℃：0.554 W/(m·K))仅是冰的热导率(0℃：2.25 W/(m·K))的1/4左右，因此，解冻过程中热量不断充分地通过已解冻部分传入食品内部。此外，为避免表面首先解冻的食品被微生物污染和变质，解冻所用的温度梯度也远小于冻结所用的温度梯度。解冻速度随着解冻的进行而逐渐下降，这和冻结过程恰好相反，解冻所需时间比冻结时间长。如厚为 10 cm 的牛肉块在 15.6℃的流水中解冻与在−35℃的平板冻结器中冻结的解冻曲线与冻结曲线比较，冻结只需 3 h，而解冻需 5.5 h。与冻结过程相类似，在解冻时，其温度为 0～−5℃时的曲线最为平缓。对于冻结来讲，0～−5℃是最大冰晶生成带；对于解冻来讲，0～−5℃是最大冰晶融化带，也希望尽快通过这一温度带，以避免出现不良变化。

冻结食品在消费或加工前必须解冻。解冻状态可分为半解冻和完全解冻，这需要根据解冻后的用途而定。用作加工原料的冻品半解冻即中心−5℃就可以了，以能用刀切断为准，此时汁液流失也少。解冻介质的温度不宜过高，以不超过 10～15℃为宜，但对植物性食品如青豆等为防止淀粉 β 化，宜采用蒸汽、热水、热油等高温解冻。冻结前经加热烹调等处理的方便食品，快速解冻比普通缓慢解冻好。无论半解冻，还是完全解冻，都应尽量使食品在解冻过程中品质下降最小，使解冻后的食品质量尽量接近于冻结前的食品质量。

3.5.2　常用的解冻方法

为防止解冻食品质量变化最好实现均一解冻，这就要求解冻品薄，表面积大。使用外部加热法解冻时应采用热传导性能良好的介质，同时流动的比静止的解冻介质热传导性要好。不同的食品要考虑适用其本身特性的解冻方法。常用的方法有：①空气或水以对流换热方式对食品解冻；②电解冻；③真空或加压解冻；④上述几种方式的组合解冻。

1. 空气解冻

空气解冻(air thawing)又称自然解冻,是一种最简便的解冻方法,多用于对畜胴体的解冻。空气解冻依靠空气把热量传递给冻品,使冻品升温、解冻。该方法不需要特殊设备,适用于任何大小和形状的食品,不消耗能源,最为经济。由于空气导热系数低,解冻缓慢;解冻时间常受空气的温度、湿度、流速和食品与空气之间的温差等影响,且受空气中灰尘、蚊蝇、微生物污染的机会较多。常在一定的装置中进行,通过改变空气的温度、相对湿度、风速、风向达到不同的解冻工艺要求,其中一般空气温度为14～15℃,相对湿度为95%～98%,风速为2 m/s以下。风向有水平、垂直或可换向送风。

2. 水解冻

水解冻(water thawing)由于水导热系数远大于空气,故把冻品放在水中解冻速度快,解冻时间明显缩短,为空气解冻的1/4～1/5(若使其流动,甚至1/10),而且避免了质量损失。但存在的问题有:①食品中的可溶性物质流失;②食品吸水后膨胀;③被解冻水中的微生物污染等。因此,适用于有包装的食品、冻鱼以及破损小的果蔬类的解冻。利用水解冻,可以采用静水浸渍、低温流动水或喷淋的方法使冻结食品解冻,水温一般不超过20℃。有时也采用盐水解冻,一般采用食盐水,主要用于海产品。盐水还可能对物料有一定的脱水作用,如用盐水解冻海胆时,海胆的适度脱水还可以防止其出现组织崩溃。

3. 电解冻

电解冻(electric thawing)包括高压静电解冻和不同频率的电解冻。不同频率的电解冻包括低频(50～60 Hz)解冻、高频(1～50 MHz)解冻和微波(915 MHz或2 450 MHz)解冻。低频解冻(electrical resistance thawing)是将冻结食品视为电阻,利用电流通过电阻时产生的焦耳热,使冰融化达到解冻目的。冰冻食品是电路中的一部分,要求食品表面平整,内部成分均匀,否则会出现接触不良或局部过热现象。一般情况下,利用空气解冻或水解冻,使冻结食品表面温度升高到－10℃左右,然后再利用低频解冻。这种组合解冻工艺不但可以改善电极板与食品的接触状态,同时还可以减少随后解冻中的微生物繁殖。高频解冻(dielectric thawing)和微波解冻(microwave thawing)是在交变电场作用下,利用冻结食品中的极性基团起作用,尤其是极性的水分子随交变电场变化而旋转的性质,相互碰撞,产生摩擦热使食品解冻。利用这种方法解冻,食品表面与电极并不接触,而且解冻更快,一般只需真空解冻时间的20%。其缺点是成本较高,因食品成分不均匀,含水量不一致,解冻不好控制。

4. 高压静电解冻

高压静电(电压5 000～100 000 V;功率30～40 W)解冻是一种有开发应用前景的解冻新技术,目前日本已用于肉类解冻。据报道,在解冻质量和解冻时间上远优于空气解冻和水解冻,解冻后的肉的温度较低(约－3℃);在解冻控制上和解冻生产量上又优于微波解冻和真空解冻。

5. 真空水蒸气凝结解冻

真空水蒸气凝结解冻(vacuum-steam thawing)是英国Torry研究所发明的一种解冻方法,利用真空状态下,压力不同,水就有不同的沸点。在真空室中沸腾时,水形成的水蒸气遇到更低的冻结食品时就在其表面凝结成水珠,蒸汽凝结时所放出的潜热,被冷冻品吸收,冻品温度升高而解冻。这种方法对各类果蔬、肉、蛋、鱼及浓缩状食品均可适用。它的优点是:①食品表面不受高温介质影响,而且解冻时间短,比空气解冻法提高效率2～3倍;②由于氧气浓度极低,解冻中减少或避免了食品的氧化变质,解冻后产品品质提高;③因湿度很高,食品解冻后汁液流失少。它的缺点是解冻食品外观不佳,且成本高。

3.5.3　食品在解冻过程中的质量变化

食品在解冻过程中常常出现的主要问题是汁液流失(drip loss),其次是微生物繁殖和酶促或非酶促等不良反应。

3.5.3.1　汁液流失

在冻结食品解冻时,内部冰结晶融化成水,如果不能回复到原细胞中去,不能被肉质吸收,这些水分就变成液滴流出来。液滴产生的原因主要是由肉质组织在冻结过程中产生冰结晶及冻藏过程中冰结晶成长所受到的机械损伤。当损伤比较严重时,肉质间的缝隙大。内部冰晶融化的水就能通过这些缝隙自然地向外流出,这称为流出液滴。当机械损伤轻微时,内部冰晶融化的水由于毛细管作用还能保持在肉质中,当加压的时候才往外流出。通常是把加0.1～0.2 MPa的压力而向外流出的液汁称为压出液滴。不论是流出液滴,还是压出液滴,都是食品中的蛋白质、淀粉等成分的持水能力因冻结和冻藏中的不可逆变化而丧失的。当解冻时不能与冰晶融化的水重新结合,造成液汁损失,一般是不可避免的。液滴中含有蛋白质、盐类、维生素类等水溶性成分,液汁流出就使食品的风味、食味、营养价值变差,并造成质量损失。因此,冻结食品解冻过程中流出液滴量的多少也是鉴定冻结食品质量的一个重要指标。

3.5.3.2　解冻时汁液流失的影响因素

在冻结食品解冻时,汁液流失是由冰晶体融化后,水分未能被组织细胞充分重新吸收的原因造成的。因此,影响汁液流失的因素即为影响蛋白质变性、细胞内外冰晶体大小和分布状况等因素以及其他方面影响细胞对水分重新吸收的因素,具体可归纳为以下4点。

1. 冻结的速度

缓慢冻结的食品由于冻结时造成细胞严重脱水,经长期冻藏后,细胞间隙存在的大型冰晶对组织细胞造成严重的机械损伤,蛋白质变性严重,以致在解冻时细胞对水分重新吸收的能力差,汁液流失较为严重。有试验表明,在−8℃、−20℃和−43℃3种不同温度的空气中冻结的肉块同在20℃的空气中解冻,肉汁损耗量分别占原质量的11%、6%和3%。

2. 冻藏的温度

在冻结温度和解冻温度相同的条件下,如果冻藏温度不同,也会导致解冻时汁液流失不一样。这是因为若在较高的温度下冻藏,细胞间隙中冰晶体生长的速度较大,形成的大型冰晶对细胞的破坏作用较为严重,在解冻时汁液流失较多;若在较低温度下冻藏,冰晶体生长的速度较慢,在解冻时汁液流失就较少。例如,在−20℃下冻结的肉块分别在−1～−1.5℃、−3～−9℃和−19℃的不同温度下冻藏3 d,然后在空气中缓慢解冻,肉汁的损耗量分别为原质量的12%～17%、8%和3%。

3. 生鲜食品的pH

蛋白质对水的亲和力与pH有密切的关系。在等电点时,蛋白质胶体的稳定性最差,对水的亲和力最弱，如果解冻时生鲜食品的 pH 正处于蛋白质等电点的附近，则汁液的流失就较大。因此，畜、禽、鱼、贝类等生鲜食品在解冻时的汁液流失与它们的成熟度(pH 随着成熟度不同而变化)有直接的关系。当 pH 远离等电点时，汁液的流失就较少，否则就增大。

4.解冻的速度

解冻速度有缓慢解冻和快速解冻之分：前者为解冻时品温上升缓慢；后者品温上升迅速。以何种速度解冻可减少汁液的流失，保持食品的质量则要视食品的种类、大小、用途而定。

一般认为，缓慢解冻可减少汁液的流失，其理由是细胞间隙的水分向细胞内转移和蛋白质胶体对水分的吸附是一个缓慢的过程，需要在一定的时间内才能完成。缓慢解冻可使冰晶体融化速度与水分移转及被吸附的速度相协调，从而减少汁液的损失；如果快速解冻，大量冰晶体同时融化，来不及转移和被吸收，必然造成大量汁液外流。有试验证明，在其他条件相同的情况下，用低温(0℃)水经 510 min 缓慢解冻的鳕鱼，解冻后的肌肉组织状态可完全复原；而在高温(30℃)经 30 min 快速解冻后，冰结晶孔的直径达 105 μm，几乎均在细胞外面，并且细胞分离，完全不能恢复正常的组织结构。

虽然缓慢解冻具有汁液流失较少的优点，但是由于解冻速度缓慢，通过最大解冻温度带的时间长，容易引起蛋白质变性和淀粉老化，不利于组织细胞对水分的重新吸收，而且长时间的缓慢升温还带来一系列不利的影响。如食品延长其氧化作用、酶促反应和微生物活动的时间等对保持食品原来的品质都是不利的。而快速解冻对保持食品的质量也有有利的一面，其理由如下。

①食品可迅速通过蛋白质变性和淀粉老化的温度带，从而减少蛋白质变性和淀粉老化。

②高温解冻从外围加热，如解冻与烹调同时进行。由于外部的蛋白质受热凝固，淀粉也变为 α-型，形成的外罩使内部冰晶体融化形成的汁液难以外流。

③利用微波等快速解冻法。食品内外同时受热，细胞内冰晶体由于冻结点较低首先融化，放在食品内部解冻时外部尚有外罩，则汁液流失也比较少。

④快速解冻由于解冻时间短，微生物的增量显著减少，同时由酶、氧气所引起的对品质不利的影响及水分蒸发量均较小，解冻后食品的营养价值、色泽、风味等品质较佳。

在家庭中采用下列解冻方法较为适宜：将欲烹调的冻结食品提前数小时至 1 d 左右(依冻结食品大小而定)从冰箱的冷冻室移至冷藏室(温度一般为 1～10℃)进行缓慢解冻，这样既可节约能源，又能保证解冻的质量；若急需使用冻结食品时，可利用微波炉进行快速解冻，无微波炉者，可在室温下或冷水中(但时间不宜过长)解冻，切勿在热水中解冻，否则会破坏食品的组织结构和引起大量汁液流失。

微生物繁殖和食品本身的生化反应速度随着解冻升温速度的增加而加速。关于解冻速度对食品品质的影响存在两种观点：一种认为快速解冻使汁液没有充足的时间重新进入细胞内；另一种观点认为快速解冻可以减轻浓溶液对食品质量的影响，同时也缩短微生物繁殖与生化反应的时间。因此，解冻速度多快为最好是一个有待研究的问题。一般情况下，小包装食品(速冻水饺、烧麦、汤圆等)、冻结前经过漂烫的蔬菜或经过热加工处理的虾仁、蟹肉、含淀粉多的甜玉米、豆类、薯类等多用高温快速解冻法，而较厚的畜胴体、大中型鱼类常用低温慢速解冻法。

造成汁液流失的原因还与食品的切分程度、冻结方式、冻藏条件以及解冻方式等有关。切分的越细小，解冻后表面流失的汁液就越多。如果在冻结与冻藏中冰晶对细胞组织和蛋白质的破坏很小，那么在合理解冻后，部分融化的冰晶也会缓慢地重新渗入到细胞内，在蛋白质颗粒周围重新形成水化层，使汁液流失减少，从而保持解冻后食品的营养成分和原有风味。

3.6 速冻保藏新技术

3.6.1 冻结新技术

1. 压力移动法(pressure-shift freezing)

神田幸忠等(1992)在豆腐冻结过程中引入了压力的因素，对形成的冰晶体及组织结构的影响进行了研究。他们根据水在 200 MPa 压力下其冻结点下降到－20℃以下的原理，把豆腐加压到 200 MPa 同时冷却到－20℃，此时豆腐中的水分未发生冻结，在此状态下迅速消除压力，物料温度远在冻结点温度以下，呈极不稳定的过冷却状态，进而水分瞬间在物料原来位置发生相转换，产生大量细微而且分布均匀的冰晶体，进一步冷却能使物料迅速、均匀地冻结，这种冻结方法一般称为压力移动冻结法。Otero 等(2000)将梨和芒果片在 200 MPa 下冷却至－20℃后，然后消除压力至常压(0.1 MPa)。由于此时样品处于超冷却状态而迅速均匀冻结，通过电镜扫描样品，没有观察到组织细胞有明显的破坏，能保持其植物性的微结构状态。Fernández 等(2006)研究了压力移动法冻结对花椰菜质构的影响。其结果表明，压力移动法冻结的花椰菜汁液流失率显著低于市售的商业产品。

二维码 3-3 压力移动冻结法

2. 超声冻结(ultrasonic freezing)

研究结果显示，在浓缩糖液冻结过程中，应用超声可以增加冰晶体的数量。超声波在媒介传布时产生的空化(穴)作用可以改变水分冻结时冰晶核的形成和冰晶体成长模式，也可以加速冻结进程。

3. 抗冻蛋白质和冰核活性蛋白质

抗冻蛋白质(antifreeze proteins，AFP)和冰核活性蛋白质(ice nucleation proteins，INP)都会影响冰晶体的形成和生长，因而受到研究者的重视。AFP 用于冷冻贮藏中降低冻结温度阻碍重结晶，而 INP 则用于提高冰晶体成核温度和减少过冷程度。当然，AFP 和 INP 直接添加于冷冻食品中必须考虑食品安全问题。

3.6.2 冻结预处理与质构调控

酶和钙硬化预处理：Van Buggenhout 等(2006)研究冻结前预处理和冻结解冻条件对草莓质构损失的影响，利用真空渗入果胶甲酯酶(pectinmethylesterase，PME)和 $CaCl_2$ 溶液进行硬化预处理，结合压力移动冻结法冻结草莓。其结果表明，经过预处理的草莓在解冻后会显著保持其质构硬度，同时能减少汁液流失。

二维码 3-4 冻结预处理与质构调控(草莓为例)

3.6.3 TTI在冷链中的应用

获得冷冻食品在流通过程中温度和时间的变化数据是冷冻食品质量控制的重要环节之一。近年来,已有不少研究报道TTI(时间温度标记物:time-temperature integrator/indicator)在冷链中的应用(Giannakourou,et al.,2006)。TTI作为一种结构简单、价格便宜、能够记录时间—温度变化的装置,用于追踪和监控冷冻食品质量工具,能够指示所监视的冷冻食品在冷链流通中经历的温度变化过程,进而能根据温度变化过程,估计食品的变质范围和剩余货架期,已经受到研究者和业界的重视。根据TTI的工作原理,它可以分为扩散型、聚合反应型和酶反应型。目前实际应用的TTI多为利用显色反应来判断冷冻食品经受的时间和温度变化。已有学者研究出TTI与射频示踪(RFID)标签结合可用于远程监控冷链上货物的货架寿命。目前TTI的应用主要受制于成本问题。随着TTI技术的完善,TTI的应用将越来越广泛。

二维码 3-5　时间温度标记物:TTI

思考题

1. 食品低温保藏的原理是什么?
2. 低温对微生物和酶的影响?
3. 食品的冷却目的和方法有哪些?
4. 食品的冷藏方法及其特点?
5. 食品冷藏过程中的质量变化表现在哪些方面? 其控制措施有哪些?
6. 简述食品的冻结过程及其常用的冻结方法。
7. 冻结食品在包装和贮藏方面应注意哪些问题?
8. 食品在冻藏过程中容易发生哪些变化? 如何对其进行控制?
9. 了解和掌握有关冷冻食品质量的PPP和TTT的概念及其重要性。
10. 简述冻结食品的解冻过程和方法,如何控制解冻过程中食品质量的变化。
11. 简述食品速冻保藏新技术。

参考文献

[1] 华泽钊.食品冷冻冷藏原理与设备.北京:机械工业出版社,1999.

[2] 冯志哲.食品冷冻工艺学.上海:上海科技出版社,1984.

[3] [美]若曼·N.波特.食品科学.北京:中国轻工业出版社,1990.

[4] 杨昌举.食品科学概论.北京:中国人民大学出版社,1999.

[5] 郑继舜.商品贮藏原理与应用.北京:中国财政经济出版社,1989.

[6] N.W.Desroier,J.N.Desroier.食品保藏技术.北京:中国食品出版社,1989.

[7] 高福成.现代食品工程高新技术.北京:中国轻工业出版社,1997.

[8] 天津轻工业学院,无锡轻工业学院.食品工艺学.北京:中国轻工业出版社,1984.

[9] 曹克嘉.食品加工与贮藏实用手册.天津:天津科学技术出版社,1987.

[10] 揭广川,贡汉坤.食品工业新技术及应用.北京:中国轻工业出版社,1995.

[11] 沈月新.水产品冷藏加工.北京:中国轻工业出版社,1996.

[12] 薛卫东.果蔬贮藏与保鲜.北京:电子科技出版社,1996.

[13] 余善鸣.水果、蔬菜冷藏与加工技术.哈尔滨:黑龙江科学技术出版社,1987.

[14] 孙君社.现代食品加工学.北京:中国农业出版社,2001.

[15] 徐进财.冷冻食品学.台北:复文书局,1995.

[16] Fernanda A. R. Oliveira,Jorge C. Oliveira. Processing Foods. Quality Optimization and process assessment. CRC Press LLC. Boca Raton,1999.

[17] Fernandez P. P,Prestamo G. ,Otero L. ,et al. Assessment of cell damage in high-pressure-shift frozen broccoli:comparison with market samples. European Food Research and Technology,2006,224(1):101-107.

[18] Giannakourou M. C,Taoukis P. S. ,Nychas G. J. E. Monitoring and Control of the Cold Chain. In:Sun D-W ed. Handbook of frozen food packaging and processing. CRC Press, Taylor & Francis Group,LLC,2006.

[19] Hosahalli Ramaswamy, Michèle Marcotte. Food processing:principles and applications. CRC Press,Taylor & Francis Group,LLC,2006.

[20] International Institute of Refrigeration. Recommendations for the Processing and Handling of Frozen Foods,(I. I. R. ,eds.)Paris,1972.

[21] Lester E. Jeremiah. Freezing Effects on Food Quality. Marcel Dekker Inc. New York,1995.

[22] Mallet C. P. Frozen Food Technology,Blanckie Academic & Professional. An imprint of Chapman & Hall. London,1993.

[23] Maestrelli A. ,Milan IVTPA. Fruit and Vegetables:the Quality of Raw Material in Relation to Freezing. In:Christopher J. Kennedy ed. Managing frozen foods. Woodhead Publishing Limited and CRC Press LLC,2000.

[24] Nesvadba P. Thermal Properties and Ice Crystal Development in Frozen Foods. In: Evans J. A. ed. Frozen Food Science and Technology. Blackwell Publishing Ltd. UK,2008.

[25] Otero L. ,artinoM. M. ,Zaritzky N,et al. . Preservation of microstructure in peach and mango during high-pressure-shift freezing. Journal of Food Science, 2000, 65 (3): 466-470.

[26] Van Buggenhout S. ,Messagie I. ,Maes V. ,et al. . Minimizing texture loss of frozen strawberries:Effect of infusion with pectinmethylesterase and calcium combined with different freezing conditions and effect of subsequent storage/thawing conditions. European Food Research and Technology,2006,223(3):395-404.

原《食品工艺学导论》编写人:胡卓炎(华南农业大学);曾凡坤(西南大学);
秦波涛(河南农业大学)
《食品加工与保藏原理》编写人:胡卓炎(华南农业大学);曾凡坤(西南大学);
赵雷(华南农业大学)

第4章

食品罐藏

学习目的与要求

1. 熟悉罐藏及罐头食品的含义。
2. 掌握微生物的耐热性及影响因素。
3. 了解温度对食品中酶活性的影响。
4. 掌握食品罐藏的基本工艺过程。
5. 掌握罐藏食品杀菌时间的计算方法及杀菌工艺条件的确定。
6. 熟悉罐藏食品的变质原因及防止方法。

4.1　罐头食品及罐藏概述

罐藏是将食品原料经预处理后密封在容器或包装袋中，通过杀菌工艺杀灭大部分微生物的营养细胞，在维持密闭和真空的条件下，得以在室温下长期保存的食品保藏方法。我国罐头食品安全国家标准(GB 7098—2015)指出“罐头食品是以水果、蔬菜、食用菌、畜禽肉、水产动物等为原料，经加工处理、装罐、密封、加热杀菌等工艺程序加工而成的商业无菌的罐装食品。”所谓商业无菌是指罐头食品经过适度热杀菌后，不含致病微生物，也不含在通常温度下能在其中繁殖的非致病微生物的状态。

二维码 4-1　罐头食品安全国家标准 GB 7098—2015

1810 年，法国人阿培尔(Nicholas Appert)发表专著《密封容器贮藏食品之方法》，提出了加热和密封的食品保藏法，但由于对引起食品腐败变质的主要因素——微生物还没有认识，故技术上进展缓慢。1864 年，法国科学家巴斯德(Louis Pasteur)发现了微生物，确认一切食品腐败变质的主要原因是微生物生长繁殖的结果，从理论上弄清了罐藏的原理。1874 年，发明了从外界通入蒸汽并配有控制设施的高压杀菌锅，从而缩短了杀菌时间并提高了操作的安全性，罐藏技术得到了普遍的推广。1920—1923 年，比奇洛(Bigelow)和鲍尔(Ball)根据微生物耐热性和罐头容器及罐内食品的传热特性资料，提出了用数学方法来确定罐头食品合理杀菌的温度和时间的关系。1948 年，斯塔博和希克斯(Stumbo and Hicks)进一步提出了罐头食品杀菌的理论基础 F 值，从而使罐藏技术趋于完善。目前，罐藏工业已经实现了产品生产的连续化、自动化，包装容器所用材料及制作的形状也由之前的焊锡罐演变为电阻焊缝罐、层压塑料蒸煮袋等。

目前，世界罐头生产销售总量已达到 9 000 万 t，品种已有 3 500 种。在欧美国家的常用食品中，罐头已占到 1/4。我国的罐头工业创建于 1906 年，新中国成立前仅在沿海的少数大城市有一些设备简单的罐头食品厂，年产量近 500 t。新中国成立后得到较快的发展，到 20 世纪 80 年代初，罐头食品年产达 50 万 t。1995—2015 年是罐头工业发展最快的 20 年，罐头总产量从 1995 年的百万吨增长到现在的千万吨以上，产品出口到世界超过 150 个国家和地区，出口量超过 300 万 t，一批拳头品种，如芦笋、竹笋、黄桃、橘子的加工量和出口量始终保持在全球市场第一。我国已经成为当今世界的罐头生产和出口大国。

罐头食品主要优点有：①食用方便，无需另外加工处理；②已经过杀菌处理，无致病菌和腐败菌存在，安全卫生；③可以在常温下保存 1～2 年；④对于新鲜易腐原料，加工制成罐头食品可以起到调节市场，保证周年供应的作用。罐头食品更是航海、勘探、军需、登山、井下作业及长途旅行者的方便食品。

4.1.1　食品罐藏的原理

罐头食品的基本保藏原理是利用热处理技术杀灭了食品的腐败微生物，达到商业无菌的目的；同时，应用真空技术原理，抑制了可能残存的芽孢的生长繁殖，使罐头内的食品保持相当长的货架期。罐内的真空条件还可以防止因氧化作用而导致的食品成分的化学变化。另外，在腌渍蔬菜罐头或干果罐头加工中亦存在着低水分活度和食盐的保藏作用。

4.1.1.1 高温对微生物的影响

一般微生物都有其生长繁殖维持生命活动的最低温度、最适温度和最高温度。根据适应生长的温度范围，可将微生物分为嗜冷微生物（psychrophiles），生长温度为－10～30℃，最适生长温度为 10～20℃；嗜温微生物（mesophiles），生长温度为 10～45℃，最适生长温度为 25～40℃；嗜热微生物（thermophiles），生长温度为 25～80℃，最适生长温度为 50～55℃。当微生物所处的环境温度超过其最高温度时，微生物的生命活动会受到影响，对热较敏感的微生物可能会立即死亡。如大多数细菌、酵母菌和霉菌的营养细胞在 50～65℃ 的温度条件下时，100 min 内可致死。

4.1.1.2 微生物的耐热性

温度是影响微生物生命活动的主要环境因素之一。超过生长温度范围的高温，将对微生物产生抑制或杀灭作用。微生物的耐热性是指微生物对热的抵抗力。不同微生物的耐热性是有差异的。嗜冷微生物对热最敏感，其次是嗜温微生物，而嗜热微生物的耐热性最强；同属嗜热微生物，其耐热性因种类不同而有明显差异，通常产芽孢细菌比非芽孢细菌更耐热，微生物的芽孢也比其营养细胞更耐热。细菌的营养细胞大多在 70℃ 加热 30 min 死亡，而其芽孢在 100℃ 下加热数分钟甚至更长时间才会死亡。部分微生物在较高的温度下仍能生存一段时间。如腐生嗜热脂肪芽孢杆菌（*Bac. stearothermophilus*）能在 80℃ 生长，120℃ 条件下 12 min 才会死亡；霉菌的孢子比营养细胞耐热性强，温度为 76～80℃，10 min 才会死亡，细菌的芽孢耐热性更强。噬菌体较寄主耐热性强。在 45℃ 以上的温度环境中仍可以进行代谢活动的微生物统称嗜热微生物，与食品有关的嗜热微生物主要是芽孢杆菌和梭状芽孢杆菌属，其次是链球菌属和乳杆菌属。

为什么嗜热微生物能在高温中生长繁殖？有人认为嗜热微生物具有相对热稳定性和抗热性的特殊物质（如酶类）。如嗜热脂肪芽孢杆菌的 α-淀粉酶在 70℃ 持续 24 h 后仍能保持酶原有的特性。另一方面，嗜热微生物细胞内脂肪类物质较多，由于脂肪凝固温度较高，所以这类微生物生长所需要的温度也高。嗜热细菌的鞭毛具抗热性，在 70℃ 中不被破坏，而嗜温菌的鞭毛在 50℃ 时被破坏。

嗜热微生物的生长曲线中的延迟期非常短，有时几乎难以测出，对数生长期的持续时间也非常短，生长速度较快，有些嗜热微生物高温生长条件下的增代时间仅 10 min，同时，它们没有特别明确的稳定期，在对数期过后迅速进入衰亡期，微生物很快就会死亡，其生理代谢速度比嗜温和嗜冷微生物快得多（图 4-1）。

微生物在超过最高生长温度时，致死原因主要是由于高温对微生物体内的蛋白质、核酸等物质产生影响，造成原生质凝固变性、酶的结构发生变化、酶系统被破坏。如蛋白质中较弱的氢键受热容易被破坏，使蛋白质变性凝固。不同微生物因细胞结构特点、原生质性质及酶的差异，造成了它们的耐热性也不同。

微生物的芽孢具有较强的耐热性，但其耐热性机理迄今仍未完全搞清楚。有人认为原生质的脱水、矿化作用及热适应性是主要原因。其中，原生质的脱水作用对孢子的耐热性最为重要。微生物的芽孢的原生质由一层富含 Ca^{2+} 和吡啶二羧酸的细胞质膜包裹，Ca^{2+} 和吡啶二羧酸形成凝胶状的钙-吡啶二羧酸盐络合物。孢子的耐热性与原生质的含水量（确切地说是游离水含量）有很大的关系，而上述带凝胶状物质的皮膜在营养细胞形成芽孢之际产生收缩，使原生质脱水，从而增强了芽孢的耐热性。另外，芽孢菌生长时所处温度越高，所产生的芽孢越耐热。原生质中矿物质含量的变化也会影响到芽孢的耐热性，但它们之间的关系尚无明确结论。

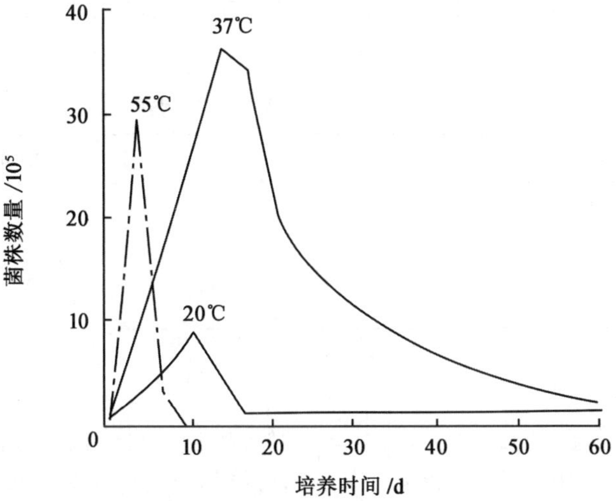

图 4-1　嗜热菌株在 20℃、37℃和 55℃下生长曲线

4.1.1.3　微生物耐热性的影响因素

1. 微生物的相关特性

(1)遗传特性　如前所述，微生物的耐热性同其温度适应类型、菌种有密切的关系，而且，即使是同一菌种的不同菌株，其耐热性也有较大的差异。在各种细菌芽孢中，嗜热菌的芽孢耐热性最强，厌氧菌的次之，需氧菌的芽孢耐热性最弱。

(2)初始活菌数　初始活菌数越多，微生物的耐热性越强。表 4-1 表示了加热杀菌效果与初始活菌数之间的关系。从表 4-1 中可以看到，在相同的热处理条件下，初始活菌数越多，玉米罐头杀菌效果越差，产品发生平酸腐败的可能性也越大。初始活菌数高之所以能增强细菌的耐热性，原因可能是细菌的细胞分泌出较多类似蛋白质的保护物质以及细菌存在耐热性差异。

表 4-1　初始菌数和玉米罐头杀菌效果的关系

121℃时的杀菌时间/min	玉米罐头平酸腐败的比例/%		
	不含糖	60 个平酸菌/10 g 糖	2 500 个平酸菌/10 g 糖
70	0	0	95.8
80	0	0	75.0
90	0	0	54.2

引自：曾名湧.《食品保藏原理与技术》.

(3)微生物的生理状态　微生物细胞的耐热性因其菌体的发育阶段不同而变化。细菌芽孢和霉菌的一些孢子和休眠体比它们的营养体耐热性强；一般处于稳定生长期的微生物营养细胞比处于对数期者耐热性强；刚进入缓慢生长期的细胞也具有较高的耐热性，进入对数期后，其耐热性将逐渐下降至最低。细菌芽孢的耐热性与其成熟度有关，成熟后的芽孢比未成熟者更为耐热。

(4)培养温度　无论是微生物还是微生物芽孢,其耐热性随培养温度的升高而增强。Lechowich 和 Ordal 通过实验证明,当孢子形成温度升高时,枯草芽孢杆菌和凝结芽孢杆菌两者孢子的耐热性也增强。表 4-2 的结果也证明了这一点。

表 4-2　培养温度对枯草芽孢杆菌芽孢耐热性的影响

培养温度/℃	100℃加热死亡时间/min
21～23	11
37	16
41	18

2. 食品的成分组成

(1)水分　水分活度、加热环境的相对湿度对微生物的耐热性有显著的影响。一般情况下,水分活度越低,微生物的耐热性越强。其原因可能是蛋白质在潮湿状态下加热比在干燥状态下加热变性速度更快,从而对微生物产生更大的影响。另外,水分活度对细菌的营养体及其芽孢以及不同细菌和芽孢的影响明显不同,如图 4-2 所示。随着水分活度的增大,肉毒梭菌(E 型)的芽孢死亡速度加快,而嗜热脂肪芽孢杆菌的芽孢的死亡速度受水分活度的影响要小得多。

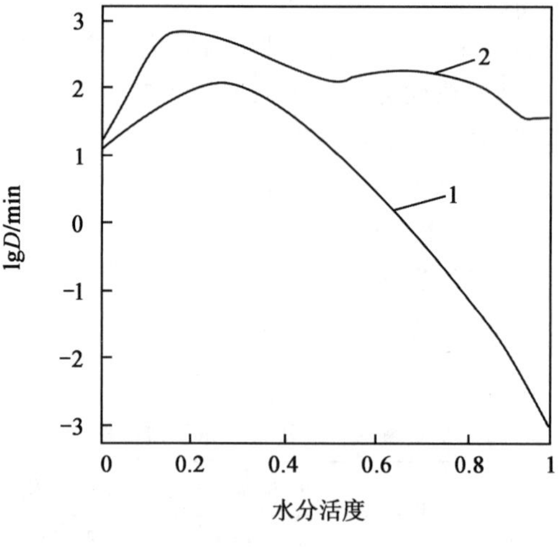

1. 肉毒梭菌(E 型);2. 嗜热脂肪芽孢杆菌。

图 4-2　细菌芽孢在 110℃加热时死亡时间(D 值)和水分活度的关系

(2)食品的 pH　微生物的耐热性在中性或接近中性的环境中最强,偏酸性或偏碱性的条件都会降低微生物的耐热性。其中,尤以酸性条件的影响更为强烈。大多数芽孢杆菌在 pH 中性范围内有很强的耐热性。但在 pH<5 时,细菌芽孢的耐热性就很弱了。粪便肠球菌在某个近中性的 pH 下具有最强的耐热性,而偏离此值的 pH 均会降低其耐热性,尤以酸性 pH 的影响更为显著(图 4-3)。因此,在加工蔬菜及汤类食品时,常添加柠檬酸、醋酸及乳酸等酸类,提高食品的酸度,以降低杀菌温度和减少杀菌时间,从而保持食品原有的品质和风味。依据产品

pH 的不同，罐头食品可以分为高酸性、酸性及中酸性和低酸性，对应的 pH 及产品如表 4-3 所示。

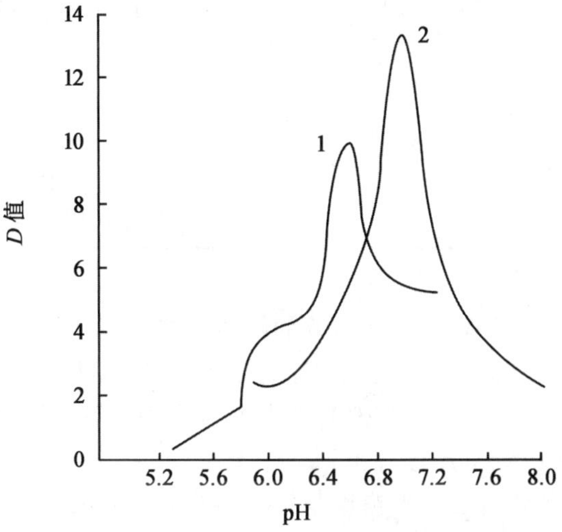

1. 柠檬酸盐-磷酸盐缓冲液；2. 磷酸盐缓冲液。

图 4-3　pH 对粪便肠球菌耐热性的影响(60℃)

表 4-3　基于 pH 的食品分类

分类	pH	产品
高酸性	<3.7	果汁、苹果、红樱桃、李子、泡菜、醋等
酸性及中酸性	3.7～4.5	果酱、葡萄、番茄、番茄酱、桃子、菠萝、蔬菜汁等
低酸性	>4.5	所有的肉、鱼、蔬菜、八宝粥等

罐头食品工业生产中，依据食品的最终 pH 进行分类。其中，低酸性食品是指除酒精饮料以外，最终平衡后 pH 大于 4.6，水分活度(A_w)大于 0.85 的食品。特别需要指出的是，最终平衡后 pH 小于 4.7 的番茄及其制品不属于低酸性食品。

罐头食品工业中将 pH 4.6 作为酸性食品和低酸性食品的分界线，主要是由肉毒芽孢杆菌的生长习性决定的。肉毒芽孢杆菌只有在 pH 大于 4.6 的食品中才能生长，pH 低于 4.6 时生长受到抑制。肉毒芽孢杆菌通常被用作低酸性罐头食品的杀菌指示菌。肉毒芽孢杆菌为抗热厌氧土壤菌，在自然界中广泛分布，存在于罐头食品原料中的可能性很大。肉毒芽孢杆菌有 A、B、C、D、E、F 六种类型，食品中常见的有 A、B、E 三种。其中 A、B 型芽孢的耐酸性较 E 型强。肉毒芽孢杆菌在适宜条件下生长时能产生致命的外毒素，对人的致死率可达 65%。罐头食品内的缺氧条件又对它的生长和产毒颇为适宜，因此对罐头食品而言，杀菌时破坏它的芽孢为最低的要求。

(3)脂肪　脂肪的存在可以增强细菌及芽孢的耐热性。如在油、石蜡及甘油等介质中存在的细菌及芽孢，温度需为 140～200℃下经 5～45 min 方可杀灭。脂肪使细菌的耐热性增强是通过减少细胞的含水量来达到的。因此，增加食品介质的含水量，即可部分或基本消除脂肪的热保护作用。另外，对肉毒梭状杆菌的实验表明，长链脂肪酸比短链脂肪酸更能增强细菌的耐热性。以埃希氏杆菌为例，它在不同的含脂食物中的耐热性如表 4-4 所示。

表 4-4 埃希氏杆菌在不同介质中的热致死温度(加热时间为 10 min)

食品介质	热致死温度/℃
奶油	73
全乳	69
脱脂乳	65
乳清	63
肉汤	61

引自:曾名湧《食品保藏原理与技术》

(4)盐类　盐的种类、浓度等均会对微生物的耐热性产生不同的影响。食盐是对细菌耐热性的影响较显著的盐类。浓度低于 4%的食盐能增强细菌的耐热性,食盐浓度超过 4%时,随浓度的增加,细菌的耐热性明显下降。其他的盐类如氯化钙、硝酸钠、亚硝酸钠等对细菌的耐热性有一定的影响,但其作用效果比食盐弱。

(5)糖类　糖对微生物耐热性的影响也与糖的种类及浓度有关。以蔗糖为例,浓度较低时,对微生物的耐热性的影响很小。但浓度较高时,则会增强微生物的耐热性。不同糖类即使在相同浓度下对微生物的耐热性的影响也是不同的。相同浓度条件下,几种常见的糖对受热细菌的保护作用由强到弱的顺序如下:蔗糖>葡萄糖>果糖。

(6)蛋白质　食品中蛋白质(包括明胶、血清等)的存在,将对受热的微生物起保护作用。将细菌芽孢放入 pH 6.9 的磷酸和 1%~2%明胶的混合液中,其耐热性比没有添加明胶时高两倍。因此,要达到同样的杀菌效果,含蛋白质多的食品要比含量少的进行更大程度的加热处理。

除上述提到的成分外,食品中的其他成分也会影响微生物的耐热性。如防腐剂的使用就会降低微生物的耐热性。

3. 热处理条件

热处理温度和时间也会影响微生物的耐热性。热处理温度越高则杀菌效果越好,这可从图 4-4 中得到证实。炭疽杆菌芽孢在 90℃加热时的死亡率远远高于在 80℃加热时的死亡率。但是加热时间的延长,有时并不能使杀菌效果提高。因此,在杀菌时,保证足够高的温度比延长杀菌时间更为有效。

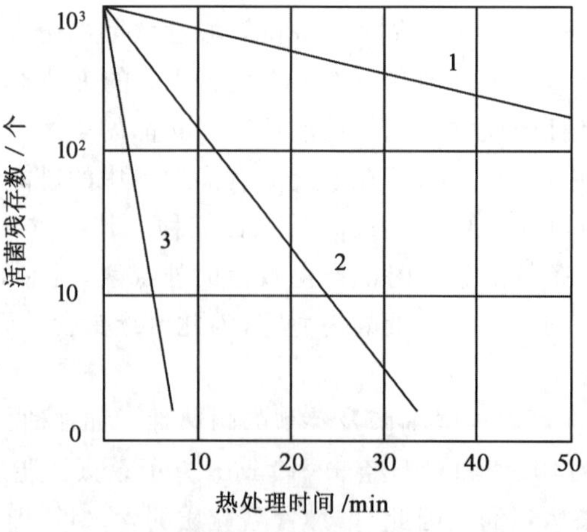

1. 80℃; 2. 84℃; 3. 90℃。

图 4-4　不同温度下炭疽杆菌芽孢的活菌残存数

引自:曾名湧《食品保藏原理与技术》

4.1.1.4　微生物耐热性的测定及表示方法

1. 加热时间与微生物/芽孢致死率之关系——D 值及 TRT 值

一定加热温度下微生物/芽孢的死亡率与加热时间的关系符合指数递减或按对数循环下降的规律。以嗜热脂肪芽孢杆菌的芽孢 121℃处理的加热时间与对应的残存活菌数之关系为例，如图 4-5 所示。此关系在半对数坐标图中为一直线，称为热力致死速率曲线或残存活菌数曲线。

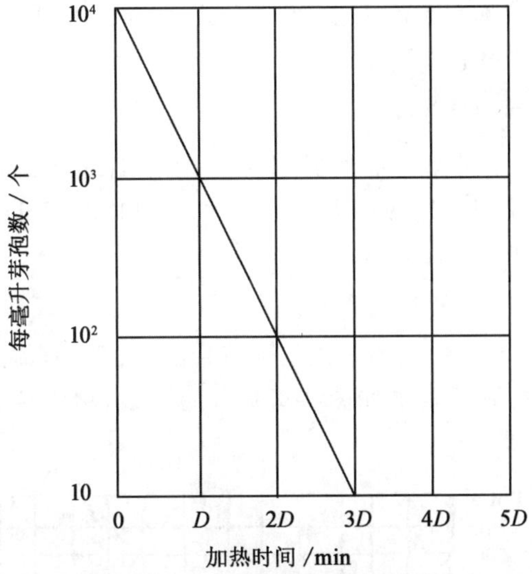

图 4-5　热力致死速率曲线

假如某食品初始活菌数的对数为 lg a，杀菌过程结束时残存活菌数的对数为 lg b，则加热时间 τ 可用下式计算：

$$\tau=\frac{1}{m}(\lg a-\lg b) \tag{4-1}$$

式中：m 为热力致死速率曲线的斜率。

式(4-1)即为一定的致死温度下的热力致死速率方程。如果假定 $\lg a=\lg 10^3$，而 $\lg b=\lg 10^2$，则式(4-1)就变成

$$\tau=\frac{1}{m} \tag{4-2}$$

此时，式(4-2)实际上是指热力致死速度曲线越过一个对数循环所需要的时间，即指数递降时间(decimal reduction time，D 值)，它在数值上等于直线斜率的倒数。D 值的定义可表述为在一定的环境和热力致死温度下，杀死某种微生物原有残存活菌数的 90%所需要的加热时间。如以 110℃处理某细菌，每杀死其原有残存活菌数的 90%所需时间为 5 min 则 $D_{110℃}=5$ min。

在图中，D 值是细菌死亡率(直线斜率)的倒数，因此，它是表示细菌耐热性强弱的指标。D 值越大，则细菌死亡速率越慢，细菌的耐热性就越强，反之就越弱。D 值与细菌的耐热性成正比。D 值与初始活菌数无关，但因热处理温度、菌种、微生物所处环境等因素而异。

D 值可从热力致死速率曲线图中直接求得，也可根据式(4-1)计算如下：

$$D=\frac{\tau}{\lg a-\lg b} \tag{4-3}$$

例：初始活菌数为 1×10^4，在 110℃下热处理 3 min 后残存的活菌数为 1×10^2，求其 D 值。

解：由式(4-3)得：$D_{110℃}=\dfrac{3}{\lg1\times10^4-\lg1\times10^2}=1.5\ \text{min}$

即该细菌的 $D_{110℃}$ 为 1.5 min。

热力指数递减时间(Thermal reduction time，TRT)是 D 值概念的外延。它是指在任何特定热力致死温度下将细菌或芽孢数减少到原有残存活菌数的 $1/10^n$ 时所需的加热时间(min)，以 TRT 表示，指数 n 称为递减指数(Reduction exponent)，并表示在"TRT"的右下角。

根据式(4-1)，TRT_n 可用下式计算

$$TRT_n=\tau=D(\lg10^n-\lg10^0)=nD$$

如果 $n=1$，也即热力致死速率曲线越过一个对数循环所需加热时间，则 $TRT_1=D$。$TRTn$ 就是该曲线越过 n 个对数循环所需加热时间，即 $TRT_n=nD$。因此，TRT 值本质上与 D 值相同，也表示了细菌耐热性的强弱。

2. 加热温度与微生物/芽孢的致死率的关系

以加热温度为横坐标，其所对应的杀死某一菌种的全部营养体或芽孢所需最短加热时间为纵坐标，在半对数坐标图中可做出如图 4-6 所示的曲线，称为热力致死时间曲线(thermal death time curve)。

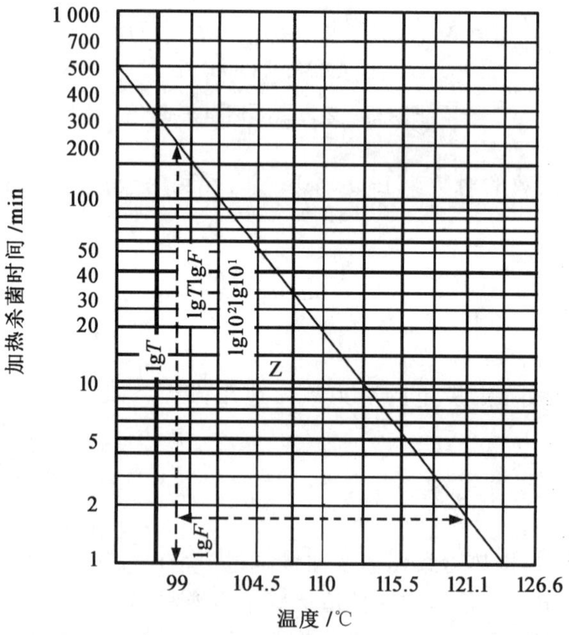

图 4-6 热力致死时间曲线

该曲线为一直线，说明两者之间的关系同样遵循指数递减规律，可按 Arrhenius 法则表示如下：

$$\lg\frac{\tau}{\tau'}=\frac{t_0-t}{Z} \tag{4-4}$$

式中：t_0 和 t 分别为标准温度和杀菌温度，τ' 和 τ 分别为在 t_0 和 t 温度下的致死时间，而 Z 则

为 $\lg\frac{\tau}{\tau'}=1$ 时的 (t_0-t) 值，即热力致死时间曲线越过一个对数循环所对应的温度差。

通常采用 121℃（国外 250°F）为标准温度，与此对应的热力致死时间 τ' 称为 F 值，也叫杀菌致死值。式(4-4)就变成：

$$\lg\frac{\tau}{F}=\frac{121-t}{Z} \tag{4-5}$$

或

$$\frac{1}{Z}=\frac{\lg\tau-\lg F}{121-t} \tag{4-6}$$

3. D 值、F 值和 Z 值三者之间的关系

以 D 值的对数值为纵坐标，以加热温度为横坐标，在半对数坐标图中可以做出如图 4-7 的曲线，称为仿热力致死时间曲线(Phantom-TDT curve)。

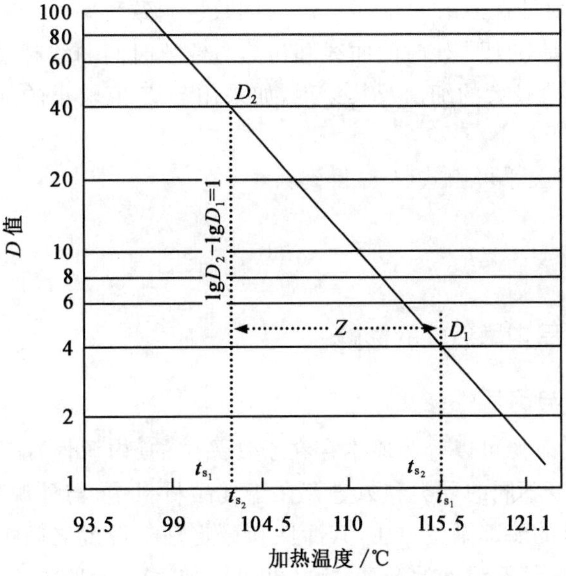

图 4-7　仿热力致死时间曲线

从图 4-7 中我们可以得到以下关系式：

$$\lg D_2-\lg D_1=\frac{t_1-t_2}{Z} \tag{4-7}$$

假如 $\lg D_2-\lg D_1=1$，则该直线的斜率为 Z 值的倒数，即

$$\tan a=\frac{\lg D_2-\lg D_1}{Z}=\frac{1}{Z} \tag{4-8}$$

又根据前述 TRT 概念可知，$\mathrm{TRT}_n=nD=\tau_n$。如果 $\tau=\tau_n=nD$，则式(4-5)变成下式：

$$\lg\frac{nD}{F}=\frac{121-t}{Z} \tag{4-9}$$

$$Z=\frac{121-t}{\lg\frac{nD}{F}} \tag{4-10}$$

或

$$D=\frac{F}{n}\times 10^{\frac{121-t}{Z}} \tag{4-11}$$

因此，在121℃时求得的D值乘以n就可得到F值。n的大小应根据工厂卫生状况、食品污染的细菌种类和数量等因素来确定。在美国，一般要求肉毒杆菌的每毫升芽孢数应从10^{12}降到10^{0}，即$n=12$；对P. A. 3679（生芽孢梭状芽孢杆菌3679），要求从每毫升10^{5}减少到每毫升10^{0}，即$n=5$；而对嗜热芽孢杆菌，则要求从每毫升10^{6}降到10^{0}，即$n=6$。

F值可用来比较Z值相同的细菌的耐热性，F值越大则表明细菌耐热性越强。非标准温度下的F值须在其右下角标明温度，如$F_{105}=4.5$ min，表示在加热温度为105℃下的F值为4.5 min。标准温度下则可直接用F表示。F的倒数也叫致死率。

另外，因为Z值就是热力致死时间曲线和仿热力致死时间曲线越过一个对数循环时所需改变的温度，所以对Z值较大的细菌及其芽孢，如采用与Z值较小的细菌及其芽孢相同的温度杀菌时，则效果就会变差。

F值与Z值之间的关系可由式(4-5)得到：

$$F=\tau\times 10^{\frac{t-121}{Z}} \tag{4-12}$$

4.1.2 高温对食品中酶活性的影响

4.1.2.1 热处理与酶活性钝化

食品中的酶按照其来源可以分为原本存在于食品中的（内源性）酶和添加到食品中的（外源性）酶。内源酶通常以不同的种类和数量存在于食品材料中，与外源酶相比，内源酶的控制面临更大的挑战。所有的酶都是蛋白质，其活性和稳定性与温度之间关系密切。如前所述在低于最适的温度范围内，随着温度的升高，酶活性也增加，Q_{10}一般为2～3。大多数酶在30～40℃的范围内显示最大的活性，不过要指出的是，任何酶的最适温度都不是固定的，会受到所处环境的pH，共存盐类等因素的影响。

与微生物的热力致死时间曲线相似，也可以绘制酶的热失活时间曲线，并以D值、F值及Z值表示酶的耐热性。其中，D值表示在某个恒定的温度下酶失去其原有活性的90%时所需要的时间；Z值是使酶完全钝化的热失活时间曲线越过一个对数循环所需改变的温度；F值是指在某个特定温度和不变环境条件下使某种酶的活性完全钝化所需要的时间。从图4-8可以看出，过氧化酶的Z值大于细菌芽孢的Z值，这表明升高温度对酶活性的损害比对细菌芽孢的损害更轻。

对于温度与酶催化反应速度之间的关系，可用Arrhenius方程定量描述：

$$k=A\mathrm{e}^{-E_a/RT} \tag{4-13}$$

式中：k和E_a分别为反应速度常数和活化能，A为频率因子或Arrhenius因子。对式(4-13)

两边取对数即得：

$$\lg k = \lg A - \frac{E_a}{2.3RT} \tag{4-14}$$

E_a 与温度有关，但是在一个温度变化较小的范围内考察温度对催化反应速度的是 $\lg k$ 与 $\frac{1}{T}$ 之间呈直线关系。

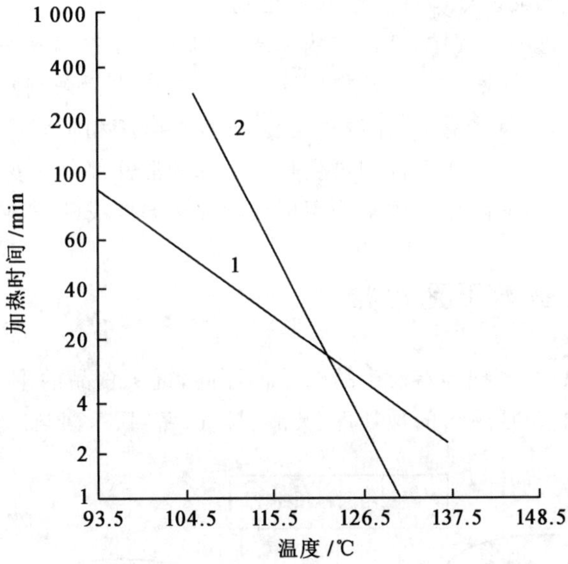

1. 过氧化物酶；2. 细菌芽孢。

图 4-8　过氧化物酶的热失活时间曲线

引自：曾名湧《食品保藏原理与技术》

图 4-9 和图 4-10 分别表示了温度对酶的稳定性和对催化反应速度的影响。从图中可以清楚地看出当温度超过 40℃后，酶将迅速失活。另外，温度超过最适温度后，酶催化反应速度急剧降低。

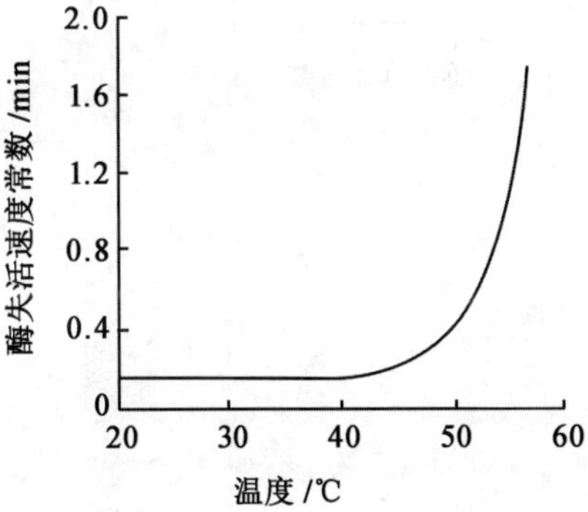

图 4-9　温度对酶稳定性的影响

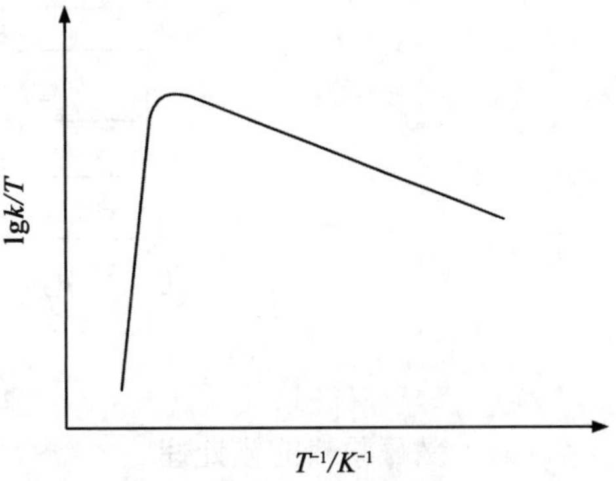

图 4-10　温度对酶催化反应速度的影响

4.1.2.2 酶的耐热性的影响因素

食品中酶的耐热性主要受到酶的种类及食品组分的影响。不同酶的耐热性有较大的差异。酶的耐热性的一般规律是酶蛋白分子越小、肽链数越少、二硫键和盐桥数越多其热稳定性越好。大多数与食品加工有关的酶在45℃以上时即逐渐失活。但是牛肝的过氧化氢酶在温度达到35℃时即不稳定,而核糖核酸酶即使在100℃的温度下,其活力仍可保持几分钟。

食品的成分组成也会影响酶的耐热性。食品中蛋白质浓度越高,酶的耐热性越好。pH也会对酶的耐热性产生影响。如碱性磷酸酶和植物过氧化物酶在pH中性条件下比较耐热,在乳品和中性果蔬热处理的过程中,其他的酶和微生物大都在这两种酶被完全钝化前就已被破坏。因此,在乳品工业和果蔬加工时常根据这两种酶是否失活来判断巴氏杀菌和热烫是否充分。特别需要注意的是,有些酶类,如过氧化酶、碱性磷酸酶和脂酶等,在热钝化后的一段时间内,其活性可部分再生。这种酶活性的再生是由于酶的活性部分从变性蛋白质中分离出来。为了防止这种现象的发生,实际生产中常采用更高的加热温度或延长热处理时间。

4.2 食品罐藏的基本工艺过程

用于罐藏的食品原料、罐藏容器及产品的品种不同,罐头食品的生产工艺也有所不同,但基本工艺过程是相同的,包括原料的预处理、装罐、排气、密封、杀菌与冷却等(图4-11)。

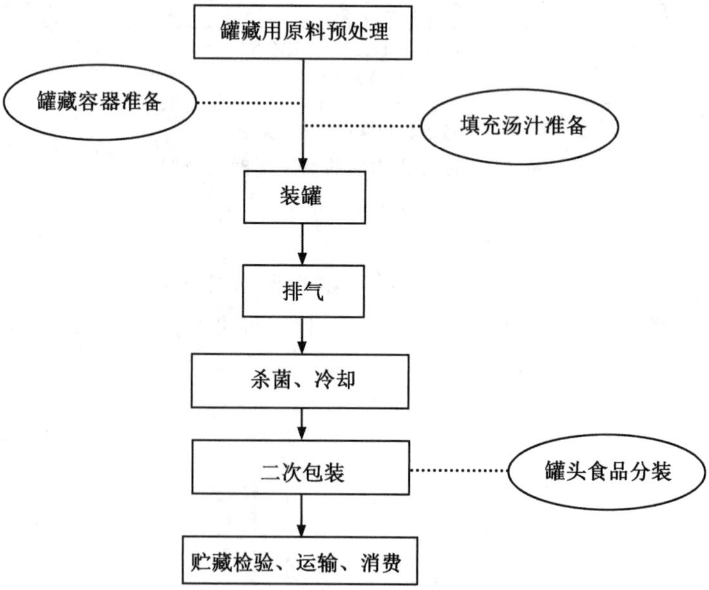

图4-11 罐头食品生产基本工艺流程

4.2.1 罐藏原料的预处理

罐头食品原辅料生产的养殖场、种植场应建立良好的农业规范(GAP),以控制种子、空气、土壤、水、饲料、肥料中的农药、兽药及其他化学残留物质的污染,经主管机构注册、登记或备案；否则其生产的原辅料不能作为罐头食品加工。

很多农产品原料都可用于罐藏食品的加工。由于不同的原料其质构、营养、安全等方面的稳定性差异比较大，所以其预处理方法及程序方面也有比较大的差异。根据原料来源，用于罐头食品生产的原辅料可以分为植物源和动物源两大类。

1. 植物源

适用于罐头食品加工的植物性原料比较多，采用新鲜果蔬原料加工时，应对原料从采摘到进厂加工时间进行控制。结合植物性原料采收后仍然具有呼吸作用的特点，植物性原料多采用低温冷藏或气调贮藏，一些原料，如蘑菇等还需采用化学法进行保鲜护色处理。适用的蔬菜类原料主要是根茎和果菜类原料。核果、仁果类、浆果、柑橘类等多个水果品类都可用作罐头的原料，水果类原料应选择适宜的成熟度进行采收，水果未成熟时，酸度高，质地比较硬，制作的罐头食品口感不好；成熟度过高，原料质地松软，易腐烂，不宜制作罐头。

2. 动物源

可用于罐头食品加工的动物源原料很多，不同原料的特性差异也比较大；而且，动物源原料多采用冻藏或者冷藏后的原料。水产品原料必须是非常新鲜的，鱼体必须是完整的。鱼贝类与畜肉相比，肌肉中含水分多，容易损伤，容易产生化学变化，同时细菌也很容易侵入肌肉内，处理时必须严加注意。畜肉在屠宰后，由于死后僵硬，肌肉明显收缩、发硬，因此作为罐头食品原料，必须采用经过僵硬期后的肉（一般说，牛肉为 12～24 h，小牛肉为 4～8 h 后）。动物性的原料多采用低温保藏（冻藏或冷藏）技术进行运输和贮藏。畜禽肉类、水产类原料在冷冻保藏时，要注意运输和贮藏过程中对中心温度的控制，以保证产品的感官品质和安全品质；对某些冷藏鱼类原料，要通过对运输和贮藏过程中的温度控制实现有效阻止组胺危害的发生；为有效控制毒素的危害，贝类及某些鱼、虾、蟹类原料需进行适当的净化处理。动物源原料在进入生产之前必须经过微生物检验、理化检验及物理感官检验（包括色泽检验、组织与形态检验、气味和滋味检验）。

根据原辅料的性质，还可以采用干燥保藏、密封包装等方法。原辅料需经严格挑选和分级，剔除不合格的原料，并根据原料质量、新鲜度、色泽、大小等分为若干等级，以利于加工工艺条件的确定。挑选分级后的原料，根据原料的特点分别经清洗，拣选，分级，剔除缺陷（如植物类原料的霉斑）、不可食部分（如去鳞、去头尾、去内脏、去核）；去囊衣等处理，然后根据各类产品规格要求，分别进行切块、切条、切丝、打浆、榨汁、浓缩、预热、烹调等处理后备用。

4.2.2　装罐和预封

4.2.2.1　罐藏容器及其准备

1. 罐藏容器

罐藏容器应对人体无毒害，具有良好的密封性能和耐腐蚀性能，并且适合于工业化的生产的要求。依据罐体材料的不同，罐藏容器可以分为金属罐、玻璃瓶（罐）及复合材料容器。

（1）金属罐　具有良好的密封性和阻光性，可以保护罐内食品的营养品质和安全品质不受外界环境的影响。同时，易于装罐和密封的机械化、自动化。其在生产效率、商品的保存性和流通性等方面都具有较大的优势，至今仍是全球范围应用最为广泛的罐装容器。

按照罐型，金属罐可分为圆罐和异型罐（如方罐、椭圆罐、梯形罐、马蹄形罐等）。按生产方式可分为两片罐和三片罐。两片罐是指整个包装罐由罐身和罐盖两件组成，其罐身是金属薄板经冲床拉伸成型，罐底罐身为一体，罐盖单独加工。三片罐的整个包装罐由罐身、罐底和罐盖三部分组成，通常情况下，三片罐的罐底和罐盖的形状、尺寸及制造方法完全相同，统称为罐盖。金属罐多采用卷开罐、易拉盖的方式。使用最多的是镀锡铁罐及涂料镀锡铁罐，还有铝罐和镀铬铁罐。

①镀锡薄钢板罐（镀锡铁罐）：又称马口铁罐。罐体由镀锡薄钢板制成。镀锡薄钢板（简称镀锡薄板或镀锡板，俗称马口铁）是在薄钢板上镀锡制成的一种薄板，它以钢基为中心，上下各分布着合金层、镀锡层、氧化膜及油膜，表面的锡层有很好的延展性，可以保证制罐中不脱落、不裂开，保护钢基免受腐蚀的作用，还能够经久地保持非常美观的金属光泽。即使有微量的锡溶解而混入食品内，对人体几乎不会产生毒害作用。镀锡薄钢板是一种理想的制罐材料。

②铝合金罐（铝罐）：罐体材料为铝合金薄板、铝箔。由于纯铝的强度和硬度较低，铝合金是铝和硅、铜、锰等元素制成的二元或三元合金，以增强铝罐的硬度和强度。铝合金板材具有良好的压延性，常被用于制造扁平冲底罐和深拉冲拔罐。铝罐多为具有易拉盖的两片罐，特别是常见的含气易拉罐。铝罐具有轻便、美观、耐腐蚀性好、隔热性好等优点，但也存在机械性能差、焊接性差等问题。

③镀铬薄钢板罐（镀铬铁罐）：罐体材料为镀铬薄钢板，也称为无锡钢板、镀铬板，是在低碳薄钢板上镀一层薄的金属铬层而形成的，其铬层较薄，故价格较低。

金属罐在盛装不同的食品时，有些是需要使用涂料的。镀锡铁罐作为鱼类、贝类、肉类等含硫蛋白质食品的容器时，会由于加热杀菌过程中会产生硫化物，导致罐壁上产生硫化斑或硫化铁，使食品遭到污染；镀锡铁罐盛装有色水果时，内容物可能在罐内二价亚锡离子的作用下会发生褪色现象。在镀锡铁罐内壁上涂布涂料可以避免上述现象的反应，达到保证食品质量和延长罐头保存期的目的。镀铬钢板的抗腐蚀性比镀锡板差，也需要在内、外涂料后使用。涂料是为了改善金属罐的稳定性和密封性而在罐体内、外壁使用的材料，主要原料包括油料、树脂、颜料、增塑剂、稀释剂和其他辅助材料。其中，油料和树脂是主要成膜物质，是涂料的基础，颜料、增塑剂等是次要的材料。

(2)玻璃罐　其是最早的罐藏容器，由瓶身、瓶盖、瓶圈（密封圈）组成。

玻璃罐的瓶身材料是玻璃，是石英砂、纯碱、石灰石按比例混合后于1 500℃熔融冷却成型铸成。玻璃的化学性质稳定，具有良好的阻隔性，水分、空气、气味成分和微生物均无法穿透；其具有透明性，可使内容物一目了然；玻璃的硬度和耐压性强，可耐高温杀菌，便于包装操作。同时，玻璃罐可回收循环利用，有利于降低成本。但玻璃罐罐体本身自重较大，运输费用较大，且玻璃不耐机械冲击和突发性的冷热冲击，容易破碎。

(3)复合材料容器　这是近年发展非常快的包装容器。容器主要由聚酯、铝箔、聚烯烃等薄膜复合而成，此类容器包装的罐头食品通常称为软罐头。

复合材料容器根据形状的不同可以分为袋状（俗称蒸煮袋）、盘（盒）状（俗称蒸煮容器）和圆筒状。通常情况下，复合材料容器的材料由外层保护层、阻隔层和密封层3种功能层组成，外层材料多用尼龙、聚酯，阻隔层多用聚偏二氯乙烯、铝箔、乙烯-乙烯醇共聚物，密封层则多用聚丙烯、特殊聚乙烯等。不同材料层数的组合，会有不同的性能，实际应用中，在满足杀菌及贮藏要求的前提下，优先选用层数较少的组合。复合材料容器中具有代表性的是由三层材料复合而成的铝箔袋（蒸煮袋），主要由聚酯薄膜（PET，外层）、铝箔（阻隔层）、聚丙烯（PP，内层，密封层）复合而成，铝箔袋可作为多种类食物的包装材料，其袋内食品保存时间可长达2年。

与传统金属罐或玻璃罐相比，复合材料容器袋薄，杀菌中与介质的接触面积大，传热快，可以有效缩短杀菌时间；容器密封性能好，可以做到不透气、不透光、不透水，内容物几乎不发生化学作用；封口开启简便，解决了传统的金属罐和玻璃罐的"开口难"问题。目前，在罐头食品领域有着很广泛的应用。

2. 罐藏容器的准备

在罐头食品加工中，首先要根据食品种类、物性、加工方法、产品要求及有关规定选择合适的罐藏容器。由于容器上附着有灰尘、微生物、油脂等污物及残留的焊药水等，食品在装罐前必须进行罐藏容器的洗涤和消毒。

（1）金属罐的洗涤和消毒　应在装罐前以恰当的方式进行清洁，如将容器倒置后用蒸汽、水等手段清洗并沥干水分。现代化工厂一般采用洗罐机洗罐和消毒。洗罐机的种类很多，有链带式、滑动式、旋转式等，基本程序是先用热水冲洗空罐，然后用蒸汽进行消毒。

（2）玻璃罐的洗涤和消毒　应经倒置冲洗，彻底清除内部的玻璃碎屑等杂物后使用。一般都采用热水浸泡或冲洗，使附着在玻璃罐上的杂质膨胀后脱落，再经清水清洗后使用；对于回收的旧玻璃罐，由于罐壁上常附着有油脂、食品碎屑等污物，则需先用40～50℃的2%～8%的氢氧化钠溶液洗涤去除油污，然后再用漂白粉或高锰酸钾溶液消毒，最后再用热水浸泡冲洗、冷水清洗后使用。

罐藏容器消毒后，应将容器沥干并立即装罐，以防止再次污染。

4.2.2.2　食品的装罐

罐头食品内容物及罐藏容器都准备好之后，应尽快进行装罐（灌装），装罐过程应执行相关产品的工艺规程，控制装罐量、pH、顶隙、装罐温度等，并注意保持封口处的清洁（特别是软包装罐头）。

1. 工艺要求

装罐时应力求质量一致，并保证净重和固形物含量的要求。净重是指罐头的总质量与罐藏容器的净质量的差值，它包括固形物和汤汁；固形物含量是指固形物在净重中的质量百分数。罐头的固形物含量一般为45%～65%，因食品种类、加工工艺等不同而异。不同种类的罐头食品其固形物含量的检测方法也不尽相同。

二维码4-2　罐头食品的检验方法GBT 10786—2006

二维码4-3　罐头食品分类GBT 10784—2006

装罐时还必须留有适当的顶隙。顶隙是指罐内食品表面或液面与罐盖内壁间所留空隙的距离。装罐时应保持适当的顶隙，以保证杀菌后罐内形成一定的真空度。顶隙大小将直接影响到食品的装填量、卷边的密封性能、产品的真空度，还会进一步影响食品的色泽稳定性、金属容器的变形及腐蚀等。如果装罐量过大,顶隙过小,会造成杀菌时食品膨胀,引起罐内压力增加,影响卷边的密封性,还可能造成铁罐永久变形或凸盖,影响销售。顶隙过大,净重不足,且因顶隙内残留空气较多而促进金属罐体的腐蚀或形成氧化圈,并引起表层食品变色、变质。通常情况下,对进行二重卷边密封的金属罐,装罐时食品表面与容器翻边一般相距 4～8 mm,待封罐后顶隙高度为 3～5 mm。

2. 装罐的方法

根据产品的性质、形状和要求,装罐的方法可分为人工装罐和机械装罐两种。

(1)人工装罐　一般来说,肉类、禽类、水产、水果、蔬菜等块状或固体产品等的装罐,大多采用人工装罐。这一类产品的原料形状不一,大小不等,色泽和成熟度也不尽相同,而产品要求每罐的内容物大致均匀,质量一致,为了达到这个要求,目前多采用熟练工人来挑选搭配装罐。

(2)机械装罐　一般用于颗粒状、粉末状、流体及半流体等为内容物的罐头食品的装罐。如青豌豆、果酱、果汁、调味汁和糜状食品等。机械装罐速度快,装罐效率高,装填量均匀,能保证食品卫生。目前,使用的装罐机可分为半自动和全自动两大类。

除了流体食品、糊状胶状食品、干装类食品外,装罐后都要加注液体(汤汁),称为注液。不同种类的罐头食品其注液的成分及目的也有差异。汤汁的风味及主要成分可分为水性汤汁(主要用于水果和蔬菜类罐头,风味有甜味、咸味、酸味之分)和油性汤汁(主要用于水产和畜禽肉制品)。罐头食品的注液可增进食品风味,排除罐内部分空气,减小杀菌时的罐内压力,提高食品初温,促进对流传热,改善加热杀菌效果。注液方法包括人工注液和采用注液机注液。

3. 预封

预封是在食品装罐后进入加热排气之前一道工序。对于金属罐,预封是用封罐机初步将罐盖钩卷入到罐身翻边下相互钩连的操作。钩连的松紧程度以能允许罐盖沿罐身自由旋转而不脱开为宜,以便在排气时,罐内空气、水蒸气及其他气体能自由地从罐内逸出。

预封的目的是避免排气箱冷凝水滴入罐内而污染食品;预防因固体食品膨胀而出现汁液外溢;防止从排气到封罐的过程中顶隙温度降低和外界冷空气侵入,确保在较高温度下进行封罐,从而保证罐头的真空度。

预封可采用手扳式或自动式预封机。预封时,罐内食品汤汁在离心力作用下容易外溅。因此,采用压头式或罐身自由转动式预封机时,转速应稍慢些,可用下式估算:

$$n = 60\frac{\sqrt{H}}{R} \tag{4-15}$$

式中:n 为转速(r/min);H 为顶隙(m);R 为罐藏容器内径(m)。

4.2.3 罐头的排气

4.2.3.1 排气的目的

排气是在装罐或预封后,将罐内顶隙间和原料组织中残留的空气排出罐外的技术措施。排气的目的主要有以下几方面。

①防止或减轻因加热杀菌时内容物的膨胀而使金属罐变形或破损,影响卷边和缝线的密

封性，防止玻璃罐跳盖。

②防止罐内好气性细菌和霉菌的生长繁殖。

③控制或减轻罐藏食品在贮藏过程中出现的金属罐的内壁腐蚀。

④避免或减轻罐内食品色、香、味的不良变化和维生素等营养物质的损失。

4.2.3.2　排气的效果

1. 排气与微生物生长发育的关系

杀菌后能在罐内存活的微生物大多为需氧菌，它们需要有相当量的游离氧才能生长发育。如灰绿青霉菌的最少需氧量为 0.06～0.68 mg/L。排出罐内氧气是抑制罐内需氧菌生长发育的重要途径。

1919 年 Hunter 曾在 530 个卷边良好、未腐败、未胀罐的罐头食品中发现有 237 个存在活菌，并从其中的 224 罐中分离出马铃薯芽孢杆菌（*Bacillue mesenteriue*），该菌能引起鲤鱼的蛋白质分解而腐败变质。然而原来的罐头却未曾因有活菌存在而腐败变质，其原因显然是因为罐内缺少氧气，需氧菌生长受到抑制之故。1922 年，Savage 从 21 个外观良好的罐头中取出 17 个，打孔后通入无菌空气进行恒温培养 5～16 d，再行焊封，其中有 16 个罐头出现微生物生长和腐败变质。这些试验结果表明，罐头中存在活菌，但需要有氧气存在时才能生长。排气是有效防止罐内残存的微生物生长繁殖和控制食品腐败变质的重要措施。

2. 排气与加热杀菌时罐头变形破损的关系

对金属罐藏容器而言，其密封性及变形等问题都和加热杀菌过程中的罐内外的压差有很大的关系。如果罐内外的压力差过大，密封的二重卷边结构就会变得松弛，甚至会漏气、暴溢而成为废品。罐内外压力差与顶隙、食品种类、封罐时内容物的温度、是否排气及杀菌锅压力等因素有关。未排气的罐头食品在加热杀菌时，罐内空气、水蒸气和内容物均受热膨胀，以致罐内压力显著增加。装罐时的顶隙与加热杀菌过程中的罐内外压差之间的关系，如图 4-12 所示。

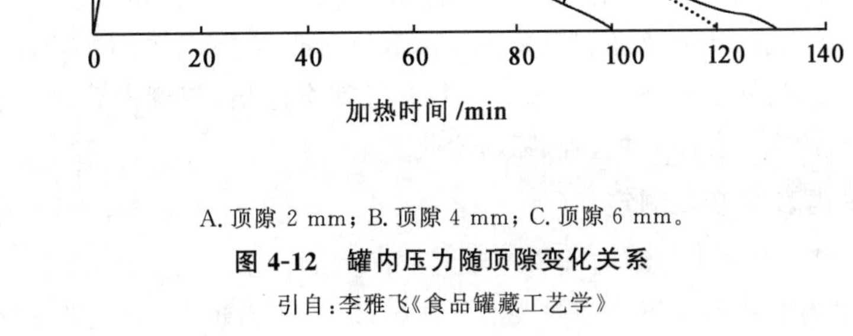

A. 顶隙 2 mm；B. 顶隙 4 mm；C. 顶隙 6 mm。

图 4-12　罐内压力随顶隙变化关系

引自：李雅飞《食品罐藏工艺学》

青刀豆、马铃薯、带骨禽类等罐头食品在加热过程中还会不断产生气体，使罐内压力不断上升，难以稳定，也易造成罐内外压差过大而产生罐头凸角等异常现象。

研究表明，高温密封的罐头在相同的杀菌温度下，罐内的压力要低于低温密封的罐头。Magoon 和 Culpeper 发现 80℃密封的罐头在 121℃杀菌时，罐内压力为 182.5 kPa，而在 50℃密封的罐头在同样温度下杀菌时，罐内压力为 204.8 kPa。因此，排气良好的罐头，在杀菌时一般不会产生罐内外压差过大的情况。但在杀菌结束，蒸汽供应停止并开始冷却的那段时间内，由于杀菌锅的压力急剧降低，而罐内压力却停留不降，或下降极缓慢，导致罐内外压差迅速增大，造成罐头凸角、凸盖及变形等现象。为此，必须采用反压冷却。

排气良好的罐头食品有利于选用较高的杀菌温度，缩短杀菌时间，提高设备利用率和产品质量，杀菌时罐内外压差小，不易出现严重凸盖或卷边松驰等问题。排气良好的罐头因内压低于外压，底、盖呈内凹状。食品腐败变质时，除平盖酸败外常产生气体，使罐内压力上升，真空度下降，严重时底、盖外凸形成胀罐。因此，人们常通过外观检查来初步判断罐头是否变质。如果排气不充分，就难以从外观上识别罐头食品质量的好坏。但是，罐头排气后，罐内真空度也不宜过高，以免因罐外压力过高而发生瘪罐，对大型罐尤其应注意。

3. 排气与罐头食品内壁腐蚀的关系

马口铁罐内壁腐蚀是罐头食品贮藏过程中常见的现象。腐蚀属电化学反应，是由阳极和阴极反应所决定的。如果罐内有氧气存在，则阴极反应强烈，并促进阳极反应，反应式如下：

$$2H^+ + \frac{1}{2}O_2 + 2e \rightarrow H_2O_2$$

可见有氧时促进罐壁腐蚀，但不产生氢气。

无氧存在时，其反应式为：

$$2H^+ + 2e \rightarrow 2H \rightarrow H_2 \uparrow$$

由于氢原子的产生，阴极反应缓慢，阳极反应也随之缓慢，从而罐壁腐蚀也就缓慢，但这种反应产生氢气，有可能使罐头产生膨胀。Baker 于 1912 年就发现排气能有效防止罐内壁的腐蚀。Huenink，Bigelow 等都证明了罐内氧的存在将促进罐壁腐蚀。美国制罐公司则证明氧的存在会促进水果中有机酸对罐内壁的腐蚀。为此，水果罐头应充分排气，尽量减少罐内残氧量。要求真空封罐时密封温度不低于 70℃，真空度不低于 0.5×10^5 Pa。

4. 排气和罐头食品色、香、味的关系

食品长期暴露在空气中，易发生氧化反应而导致色、香、味的变化。含脂多的食品，由于氧化酸败，将使食品表面发黄和产生哈喇味。苹果、梨、桃、蘑菇等果蔬的切断面与空气接触就会发生褐变。果酱、果冻、果汁等色泽和香味也会因氧化而改变。一般来说，食品组织、水及液汁中均有氧存在。当罐头处于真空条件下时，这些氧气就会逸出，使罐内残氧减少。因此，真空排气可以明显地减轻罐头食品的色、香、味的变化。

4.2.3.3 罐内真空度及测定

罐头排气后，罐外大气压与罐内残留气压之差即为罐内真空度，单位以 Pa 表示。罐内真空度主要取决于罐内的残留气压。罐内残留气体越多，其压力越大，则真空度就越低。罐内真空度可用真空表直接测定。

4.2.3.4　排气方法

目前，常见的罐头排气方法有 3 种：加热排气法、真空封罐排气法及蒸汽喷射排气法。

1. 加热排气法

这是最经典的、最基本的排气方法。其基本原理是将预封后的罐头通过蒸汽或热水进行加热，或将加热后的食品趁热装罐，利用空气、水蒸气和食品受热膨胀的原理，将罐内空气排除掉。目前，加热排气法有两种形式：热装罐法和排气箱加热排气法。

(1)热装罐法　即将食品预先加热到一定温度后，立即趁热装罐并密封的方法。该法只适用于流体或半流体食品及食品组织不因加热时的搅拌而被破坏的食品，如番茄汁、番茄酱、草莓酱等。该法的关键是保证装罐时食品的温度，否则封罐后罐内真空度就会降低。采用此法时，要及时杀菌，这是由于食品装罐时的温度(一般为 70～75℃)非常适合嗜热性细菌的生长繁殖，如不及时杀菌，食品可能在杀菌前就已开始腐败变质。

热装罐法还可先将食品装入罐内，另将配好的汤汁加热到预定的温度，然后趁热装入罐内，并立即封罐。此种情形下，食品温度不得低于 20℃，汤汁温度不得低于 90℃，否则将得不到所要求的真空度。

(2)排气箱加热排气法　食品装罐后，将罐头送入排气箱内，在预定的排气温度下，经过一定时间的加热，使罐头中心温度达到 70～90℃，使食品内部的空气充分外逸。加热排气可以间歇地或连续地进行，目前多用连续式排气。常用的排气装置有齿盘式和链带式两种。后者更常用。

排气温度的设定应以罐头中心温度为准，一般为 90～100℃，6～15 min，各种罐头的排气温度和时间，根据罐头食品的种类和罐型而定。大型罐头或填充紧密、传热效果差的罐头，排气时间可延长到 20～25 min。从排气效果看，低温长时间的加热排气效果要好于高温短时间的加热排气。

加热排气法能较好地排除食品组织内部的空气，获得较好的真空度，还能起某种程度的脱臭和杀菌作用。但是过长时间的加热排气，会导致食品色、香、味和营养成分的损失，对食品的色、香、味有不良影响，对于某些水果罐头有不利的软化作用，且热量利用率较低。因此，对加热排气而言，应综合考虑排气效果和食品质量等方面的因素，来确定罐头食品的合理排气温度和时间。

2. 真空封罐排气法

在封罐过程中，利用真空泵将密封室内的空气抽出，形成一定的真空度，当罐头进入封罐机的密封室时，罐内部分空气在真空条件下立即被抽出，随即封罐。这种方法可使罐内真空度达到$(3.33\sim4.0)\times10^4$ Pa，甚至更高些。这种排气法主要依靠真空封罐机来完成。封罐机密封室的真空度可根据各类罐头的工艺要求、罐内食品的温度等进行调整。

真空封罐排气法可在短时间内使罐头达到较高的真空度，生产效率很高；能适应各种罐头食品的排气，尤其适用于不宜加热的食品；真空封罐机体积小占地少。但这种排气法不能很好地将食品组织内部和罐头中下部空隙处的空气加以排除；封罐时易产生暴溢现象造成净重不足，有时还会造成瘪罐现象。

真空封罐排气法已广泛应用于肉类、鱼类和部分果蔬类罐头等的生产。汤汁少而空气含量多的罐头，采用此法的效果很好。

3. 蒸汽喷射排气法

该法是向罐头顶隙喷射蒸汽，赶走顶隙内的空气后立即封罐，依靠顶隙内蒸汽的冷凝来获得罐头的真空度，是近几十年来出现的新排气法。

这种排气法由蒸汽喷射装置来喷射蒸汽，如图 4-13 所示。要求喷射的蒸汽有一定的温度和压力，在赶走顶隙内的空气的同时，防止外界空气侵入。喷蒸汽应一直持续到卷封完毕。

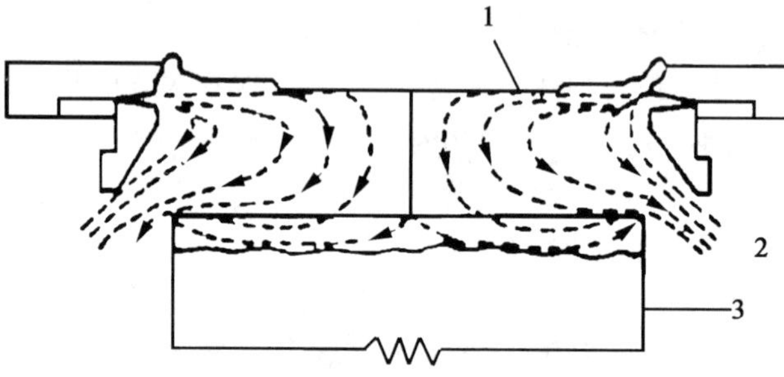

1. 罐盖；2. 蒸汽；3. 罐体。

图 4-13 喷蒸汽封罐示意图

引自：李亚飞《食品罐藏工艺学》

喷蒸汽排气时，罐内顶隙必须大小适当。顶隙小时，密封冷却后几乎得不到真空度，顶隙较大时，则可以得到较好的真空度。为了保证获得适当的罐内顶隙，可在封罐之前增加一道顶隙调整工序。即用机械带动的柱塞，将罐头内容物压实到预定的高度，并让多余的汤汁从柱塞四周溢出罐外，从而得到预定的顶隙度。

食品的温度对蒸汽排气封罐后的罐内真空度也有一定影响。图 4-14 表示美国 No. 2 罐（532 mL 罐）装番茄酱的顶隙度为 9.53 mm 时，封罐温度对真空度的影响。如图 4-14 所示，要获得较高的真空度，可预先将罐头加热至较高温度再喷蒸汽封罐。蒸汽喷射排气法适用于大多数加糖水或盐水的罐头食品和大多数固态食品等，但不适用于干装食品。

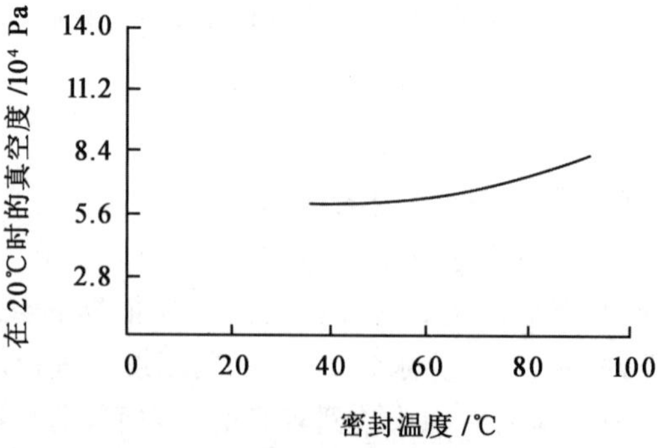

图 4-14 封罐温度对真空度的影响

引自：李亚飞《食品罐藏工艺学》

蒸汽喷射时间较短，除表层食品外，罐内食品并未受到加热。即使是表层食品，受到加热程度也极轻微。因此，这种方法对食品感官及营养品质的保持比较好。同时，这种方法难以将食品内部的空气及罐内食品间隙中的空气排除掉。显然要获得良好的真空度，空气含量较多的食品不宜采用蒸汽喷射排气法。这类食品如要采用此种方法，应在喷蒸汽之前进行抽真空处理，将食品内部空气排除掉，再喷蒸汽排气密封，方可获得满意的真空度。

4.2.4 罐头的密封

罐头食品之所以能够长期保藏的两个主要因素，一是充分杀灭罐内的致病菌和腐败菌；二是使罐内食品与外界完全隔绝，不再受到外界空气和微生物的污染而腐败变质。为了保持这种高度密封状态，对不同的罐装容器必须采用相应的方法进行密封。封罐是罐头生产工艺中非常重要的工序。封罐方法因罐藏容器种类不同而异。

4.2.4.1 金属罐的密封

金属罐的密封由封罐机完成。封罐机将罐身和罐盖的边缘紧密卷合的工艺称为二重卷边。金属罐的密封是由封罐机的头道卷封(使罐盖卷边和罐身翻边相互钩合，如图 4-15 和 4-16 所示)和二道卷封(将罐盖身钩紧压在一起，并将盖钩皱纹压平，使密封胶很好地分布在卷边内)组合的二次卷边操作来完成，这也是“二重卷边”的来由。金属罐密封时罐头和封口机部件的相对位置如图 4-17 所示。二重卷边操作时罐身翻边和罐盖卷曲边相互钩合形成牢固的机械结构。二重卷封是由三层罐盖厚度和二层罐身厚度构成，并在二重卷边叠层内充填适量的密封胶，以保证其密封性。二重卷边要求结构光滑均匀，卷边部位不得有快口、假卷和大塌边，也不应有卷边不完全、卷边牙齿、滑封、跳封、卷边碎裂、填料挤出、锐边、垂唇、双线等缺陷。

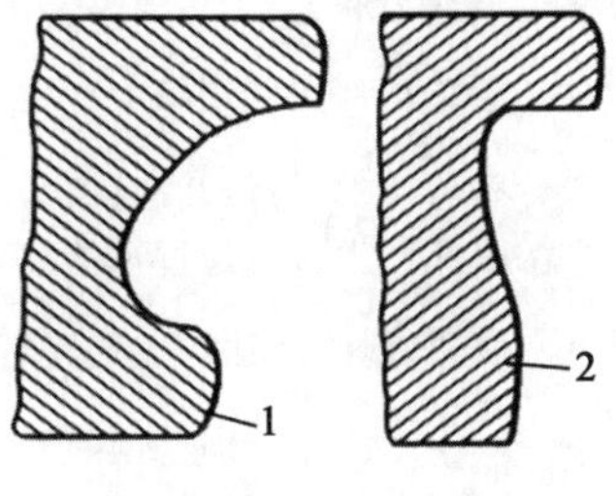

1. 头道滚轮；2. 二道滚轮。

图 4-15 滚轮转压槽结构

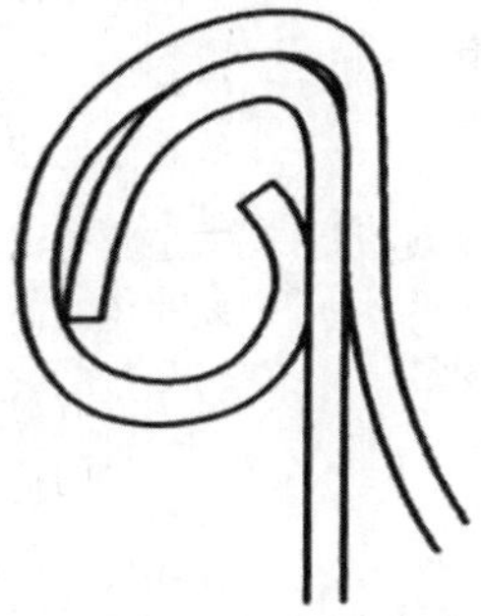

图 4-16 头道卷边的结构

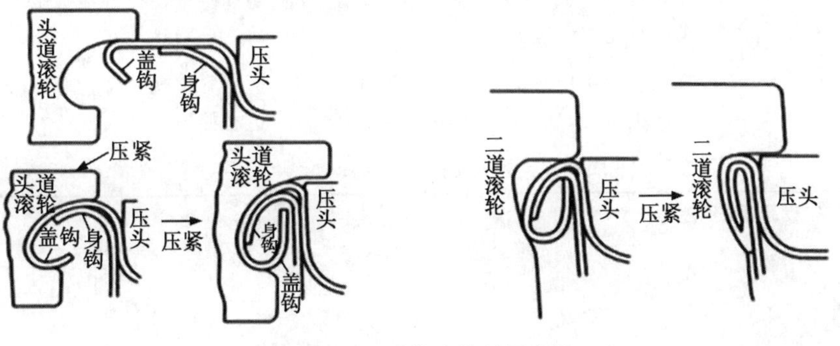

图 4-17 二重卷边卷封示意图

引自：翟玮玮《食品加工原理》

金属罐的密封与空罐的封底原理、方法和技术要求基本相同。但所用封罐机的种类、结构不完全一样。封罐机有手扳封罐机、半自动封罐机、自动封罐机、真空封罐机及蒸汽喷射封罐机等。封罐过程中所产生的质量问题如表 4-5 所示。在实罐的密封时，应注意清除黏附在翻边部位的食品，以免造成密封不严。如果在排气之前预封，也可避免食品尤其是骨、皮等附着在罐口上。

表 4-5　常见卷边质量问题

卷边缺陷	引起的原因	特征
卷边过长	头道辊轮滚压不足	盖的钩边短，整个卷边伸长
卷边过短	头道辊轮滚压过度，二道辊轮滚压不足	卷边内侧边缘上产生快口，或急弯卷边松弛，钩边带有皱纹
卷边松弛	二道辊轮滚压不足	卷边太厚而长度不足，钩边成弓形状态叠接不紧密，有起皱现象
卷边不均匀	辊轮磨损，辊轮与压头的锤面或其他机件相碰，头道及二道辊轮滚压过度	卷边松紧不一
罐身钩边过短	托底板压力太小；辊轮和压头间距过大	罐头较高，罐身钩边缩短，卷边顶部被滚压成圆形
垂边过度	身缝叠接处堆锡过多，辊轮靠得太紧，托底压力太大	垂边附近盖钩过短，垂边的下缘常常被辊轮切割或划痕
盖钩边过短	头道辊轮滚压不足	卷边较正常者长，罐身钩边正常，可能形成边唇
盖钩边过长	头道辊轮滚压过度	卷边顶部内侧边缘上产生快口
钩边起皱、埋头度过深	二道辊轮滚压不足，托底板压力太小，辊轮与压头间距太大，压头凸缘太厚	卷边松弛，钩边卷曲，埋头度过深，常因此产生盖钩边过短情况
翻边损坏	罐头没有放在压头中心，在运输及搬运时造成的损伤	翻边破坏，无法与盖钩紧密结合
打滑	托底板压力太小，压头磨损；托底板压力太大或弹簧不正；托底板或压头有油污；头道及二道辊轮滚压过度	部分卷边过厚，且较松
快口	托底板压力太大；头道辊轮滚压过度；压头与辊轮间距过大；压头磨损	身缝附近快口特别明显
边唇	头道辊轮滚压不足，二道辊轮滚压过度；托底板压力较弱；罐身翻边过宽	边唇常出现在身缝附近，边唇附近钩边叠接不足
跳封	二道辊轮缓冲弹簧疲劳受损，压头有问题	

引自：曾名湧《食品保藏原理与技术》

4.2.4.2 玻璃罐的密封

玻璃罐本身因罐口边缘造型不同,罐盖的形式也不同,因而其封口方法也各异。密封方法主要有卷边式密封法、旋转式密封法、套压式密封法和抓式密封法等。目前使用最多的是旋盖式玻璃罐。

1.卷边式密封法

卷边式密封法是依靠玻璃罐封口机的辊轮的滚压作用,将马口铁盖的边缘卷压在玻璃罐的罐颈凸缘下,以达到密封的目的。它多用于500 mL仿苏玻璃罐(又称胜利罐)的密封。其特点是密封性能好,但开启困难,现以很少使用。

2.旋转式密封法

旋转式密封法有三旋、四旋、六旋和全螺旋式密封法等,其主要依靠罐盖的螺旋或盖爪扣紧在罐口凸出螺纹线上,罐盖内壁垫有塑料垫圈或加注滴塑以加强密封性能。装罐后,由旋盖机把罐盖旋紧,便得到良好的密封。该法的特点是开启容易,且可重复使用,广泛用于果酱、糖浆、果冻、番茄酱、酸黄瓜、花生酱等罐头的密封。

3.套压式密封法

套压式密封法是依靠预先嵌在罐盖边缘内壁上的密封胶圈,密封时由自动封口机将盖子套压在罐口凸缘线的下缘而得到密封。其特点是开启方便,已用于小瓶装蘑菇罐头等。此外还有抓式密封法,靠抓式封罐机将罐盖边缘压成“爪子”,紧贴在罐口凸缘的下缘而得以密封,适用于果酱、糖浆、酱菜类罐头的密封。

4.2.4.3 复合材料包装容器(蒸煮袋)的密封

蒸煮袋即软罐头,一般采用真空包装机进行热熔密封。依靠内层密封材料(如聚丙烯)的热熔性能,在加热时熔合成一体而达到密封的目的。复合材料的封口效果取决于密封材料的性能,热熔合时的温度、时间、压力及封边处是否有附着物等因素。

4.2.5 罐头的杀菌和冷却

根据杀菌原理的不同,食品的杀菌方法通常分为采用热技术的热杀菌或不采用加热处理的其他物理措施,如辐射、加压、微波、阻抗等方法,其中,应用热处理杀菌是目前最常见、应用最为广泛的杀菌方法。而热杀菌技术根据加工工艺的需求及食品物料的状态,可以分为罐装食品杀菌(in-container sterilization,bulk canning)和无菌灌装(aseptic sterilization)两种技术。其中,无菌灌装技术主要应用于液态乳制品及果蔬汁等汁液制品的加工中,在此重点介绍罐装食品的热杀菌技术。

4.2.5.1 罐头食品的传热

1.罐头食品中常见的传热方式

罐头食品的杀菌过程就是装罐密封后的食品不断从外界吸收热量升高温度的过程,杀菌效果与罐头食品的传热过程有很大的关系。罐头食品在受热升温过程中温度最低的点称为冷点(该点通常也是降温过程的温度最高点)。罐头食品的杀菌时间通常就是从冷点温度达到杀菌温度开始计时的。罐头食品热杀菌过程中的传热方式主要有导热、对流及导热与对流混合3种方式。

(1)导热　由于物体各部分温度不同,造成了分子产生的振动能量也不同,依靠分子的振动与相互碰撞,热量从高能量分子向邻近的低能量分子依次传递,这样的传热方式称为导热。导热可分为稳定导热和不稳定导热,前者是指物体内温度的分布和传热速度不随时间而变化,后者则是指温度的分布和传热速度随时间变化,温度分布和传热速度为时间的函数。

在加热杀菌或者杀菌后冷却的过程中,罐内壁和罐头几何中心之间会出现温度梯度,在该温度梯度的作用下,热量将由高温处向低温处传递。即在加热杀菌时,热量将由加热介质向罐内几何中心顺序传递;冷却时,热量由罐头几何中心向罐壁传递。罐内各点的受热程度不同。以导热为传热主要方式的罐头食品的最后到达杀菌温度的点通常在罐头的几何中心处,此点为冷点,如图 4-18(1)所示。

食品的导热性较差,以导热方式传热的罐头食品加热杀菌时,冷点温度的变化比较缓慢,因此热力杀菌需时较长。属于导热方式传热的罐头食品主要是固态及黏稠度高的食品。

(2)对流换热　借助于液体和气体的流动传递热量的方式,即由于流体各部位的质点发生相对位移而产生的热交换。对流有自然对流与强制对流之分,罐头食品内的对流通常为借助于液体的自然对流。

罐内液态组分在加热介质与食品间温差的影响下,部分位置的组分受热迅速膨胀,密度下降而向上升,而未被加热的由于密度较大会向下降,如此持续就形成了液体循环流动,并不断进行热交换。这样方式的传热速度较快,罐内各处的温差较小,升温所需加热时间短。属于对流换热方式的罐头食品有果汁、汤类等低黏度液态罐头食品。这类罐头食品的冷点在中心轴上离罐底 20～40 mm 的部位上,如图 4-18(2)所示。

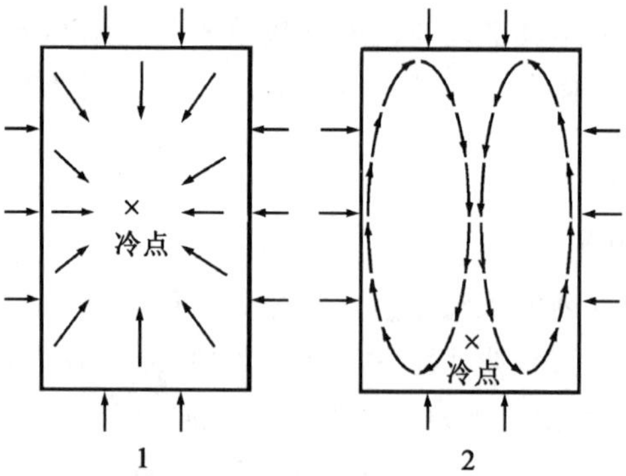

1. 导热；2. 对流传热。

图 4-18　导热和对流加热食品的冷点

(3)对流导热混合型传热　许多情形下,罐头食品的传热方式是对流和导热同时存在,或相继出现。糖水水果、清水或盐水蔬菜等果蔬罐头是典型的导热和对流同时存在。糊状玉米等含淀粉较多的罐头食品、盐水玉米、稍浓稠的汤和番茄汁等是典型的先对流后导热传热方式,原因是淀粉受热糊化后产品的黏度增加,对流受阻,即由对流转变为导热。苹果沙司等有较多固体颗粒的罐头食品,则属于先导热后对流型。混合型传热情况是相当复杂的。

如果将上述传热过程表示在以加热时间为横坐标,罐头食品的中心温度与杀菌温度的差值的对数值为纵坐标的半对数坐标图中，则可得到一条曲线，即杀菌加热曲线。如果在杀菌过程中是单一的传热方式(导热或对流)，则加热曲线为一条直线，如图 4-19 所示，称为简单加热曲线。

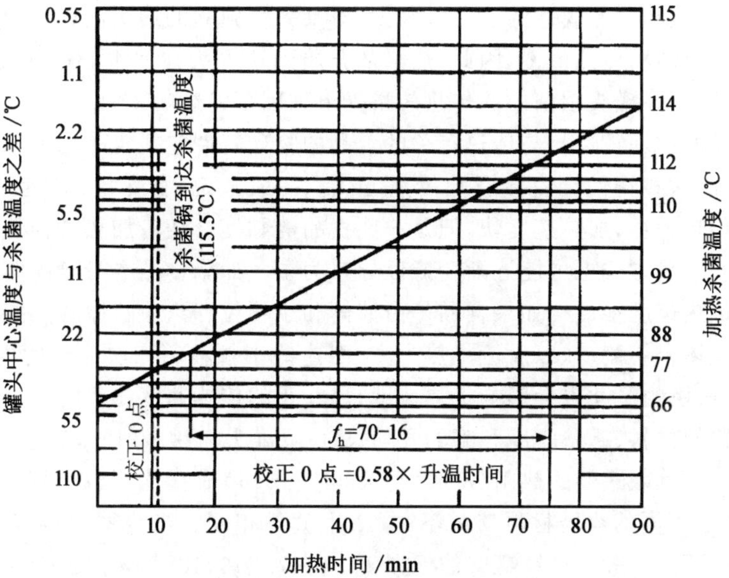

图 4-19　简单加热曲线

该曲线的斜率(f_h)的物理意义就是杀菌温度与罐头中心温度之差减少到 1/10 时所需要的加热时间，以此即可判断加热速度的快慢。如果食品的传热方式是混合型的，则加热曲线就由两条斜率不同的直线组成，中间会出现一个“转折点”，如图 4-20 所示。

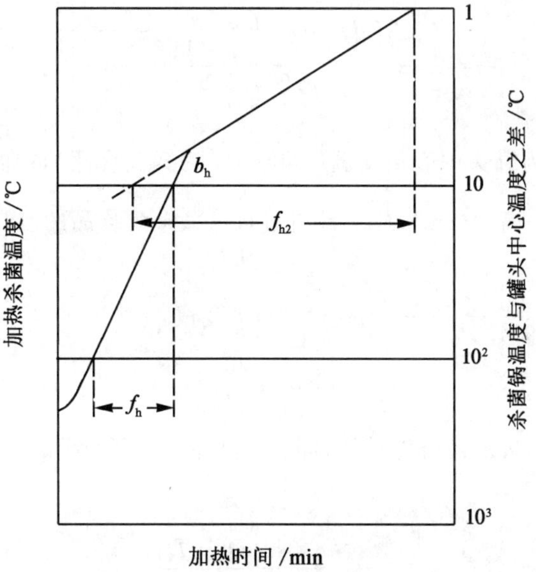

图 4-20　转折加热曲线

引自：李亚飞《食品罐藏工艺学》

2.影响罐头食品传热的因素

罐头在杀菌锅内加热杀菌时，通过介质(热水或蒸汽)供应热量，热量从罐头外侧表面向罐内的传递是遵循导热和对流规律的。一般来说，对某一个独立的罐头而言，其几何中心附近到达杀菌温度的时间最晚，传热最慢，因此，热量从介质到达罐头几何中心的速度是决定杀菌效果和速度的重要因素。罐头杀菌中的传热效果受下列因素的影响。

(1)罐头食品的物理特性　与传热有关的食品的物理特性包括食品的形态、形状、大小、浓度、密度及黏度等，这些特性会直接影响传热方式。一般来说，黏度越小的食品，其流动性越好，主要以对流传热为主，加热速度快，但是一些食品的黏度会随着加热过程的进行而增大，导致其流动性变差，传热方式也可能逐渐变成以导热为主。如果食品本身是固体食品，则传热方式基本是导热，传热速度很慢。如果食品是由液体和小颗粒、条、块状原料共同组成，则在加热杀菌时，罐内的液体容易流动，以对流传热为主，而这些小颗粒、条、块原料的内部则以导热为主，另外，颗粒、条、块的尺寸也会影响传热速度，尺寸小的传热速度比大的条、块状食品快。

(2)罐藏容器的材料、罐壁厚度和罐的几何尺寸　罐头加热杀菌时，热量由罐外向罐内传递的过程中，首先要克服罐壁的热阻(R)。而 R 与壁厚(δ)成正比，与材料的导热系数(λ)成反比，即 $R=\delta/\lambda$。不同的容器材料其 λ 不同，R 也就不相同。当容器材料相同时，即 λ 相同时，R 便取决于 δ 了。一般马口铁罐壁的 R 为$(5.1\sim7.7)\times10^{-6}\ \mathrm{m^2/(K/W)}$，而玻璃罐壁的 R 为$(3.4\sim10)\times10^{-3}\ \mathrm{m^2/(K/W)}$。因此，玻璃罐壁的热阻比马口铁罐壁的热阻大数百倍甚至上千倍。仅考虑罐藏容器的热阻时，3 种常用的罐藏容器中传热最快的是铝罐，马口铁罐次之，玻璃罐最慢。

罐头容器的几何尺寸和容积也影响传热。根据扎丹(В. ЭЖ. адан)的推导结果，圆形罐头的加热时间可用下式计算：

$$\tau=\frac{(8.3HD+D^2)\left(19-\frac{1}{\lg\delta-0.01}\right)}{974.2\lambda} \tag{4-16}$$

式中：$\delta=\frac{T_\mathrm{m}-T_\mathrm{i}}{T_\mathrm{s}-T_\mathrm{j}}$；$T_\mathrm{m}$ 为罐头中心最高温度(K)；T_i 为罐头食品的初温(K)；T_s 为杀菌锅内介质的温度(K)；H 为罐头高度(cm)；D 为罐外径(cm)；λ 为食品的导热系数[W/(m/K)]。

假如以 A 表示$\frac{19-\frac{1}{\lg\delta-0.01}}{974.2\lambda}$，则式(4-16)可变成：

$$\tau=A(8.3HD+D^2) \tag{4-17}$$

假如罐头内容物相同，杀菌条件一样，即 A 值相同时，则两种罐型的罐头所需加热时间与罐头尺寸之间的关系如下：

$$\frac{\tau_1}{\tau_2}=\frac{8.3H_1D_1+D_1^2}{8.3H_2D_1+D_2^2} \tag{4-18}$$

从式(4-17)和式(4-18)可以清楚地看出，当其他条件相同时，加热时间与罐头容器的高度和直径成正比(图 4-21)。

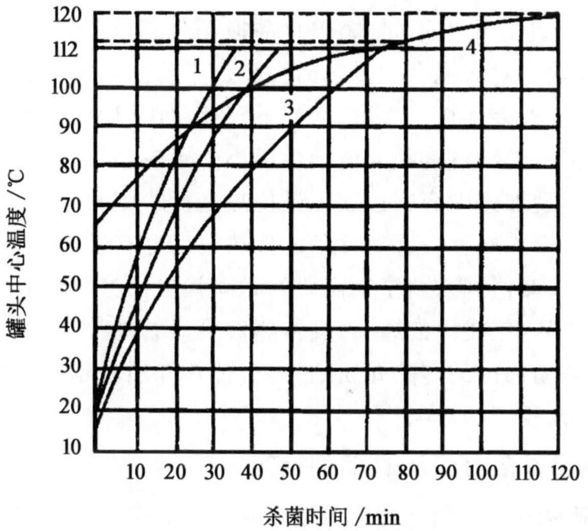

1. 容积为 141.6 mL；2. 容积为 250.0 mL；3. 容积为 477.7 mL；4. 容积为 3 033.0 mL。

图 4-21　不同容积的鱼类罐头杀菌时的加热曲线

引自：李亚飞《食品罐藏工艺学》

罐头容器的 H/D 比对杀菌过程的传热也有影响。从单位时间加热的容积即相对加热速度 $v/\tau=\dfrac{v}{A(8.3HD+D^2)}$ 公式出发，如果令 $A=1$，罐径(D)不变，而罐高(H)增加 n 倍，则相对加热速度变为：

$$\frac{v_1}{\tau_1}=\frac{nv}{8.3nHD+D^2}=\frac{v}{8.3HD+\dfrac{D^2}{n}} \tag{4-19}$$

如果 H 不变，而 D 增加 n 倍，则相对加热速度变为：

$$\frac{v_2}{\tau_2}=\frac{n^2v}{8.3nHD+(nD)^2}=\frac{v}{\dfrac{8.3HD}{n}+D^2} \tag{4-20}$$

可见，如果罐头容积增加，相对加热速度也需要相应增大。至于 v_1/τ_1 和 v_2/τ_2 哪个大，则取决于 $8.3HD$ 和 D^2 的大小，即 H/D。H/D 越小时，$8.3HD$ 对 v/τ 的影响也越小，也就是 v/τ 将越大。这里实际上存在一个使 τ 为最小值的 H/D，该值为 0.25 左右。如果 H/D 值小于或大于 0.25 时，τ 都将增大。按 H/D 为 0.25 加工的罐头容器，其加热杀菌时间最短，或者说相对加热速度最快。但是，实际的罐型不可能都是 H/D 为 0.25 的。

(3)罐头食品的初温　罐头食品的初温是指杀菌开始时罐内冷点的平均温度。初温与杀菌温度之差越小，加热到杀菌温度所需要的时间越短，特别是对传热方式以导热型为主的罐头食品。传热方式为对流型的食品的初温对加热时间的影响比较小，所以初温对该类食品的杀菌工艺影响不大，对导热型食品，热装罐比冷装罐更有利于缩短加热杀菌时间。

(4)杀菌锅的形式和罐头在杀菌锅(釜)中的位置　常用的杀菌锅的形式有静置式、回转式或旋转式两大类。回转式杀菌锅的传热效果要优于静置式。回转式杀菌锅的回转方式不同时，罐头在杀菌锅中的运动方式也不同，罐内食品搅动状态也随之不同，传热效果也有差异。回转式杀菌对于加快导热与对流混合型传热的食品及流动性差的食品的传热尤其有效。回转式杀菌锅的转速应适当。如果太快或太慢，均起不到搅动作用，也就不能实现加快食品传热的目的。此外，对于午餐肉一类黏稠度很大流动性很小的罐头食品，由于内容物基本没有办法实现流动，回转也就无法实现加速内容物运动促进传热进行的目的。

在静置式杀菌锅中，罐头所处位置对食品的传热效果也有影响。对卧式静置杀菌锅而言，距离蒸汽喷嘴越远的罐头其达到杀菌温度需要的时间就越长。如果杀菌锅内的空气未排除干净，存在空气袋，那么处于空气袋内的罐头，其传热效果就更差。

除了上述因素外，杀菌锅内的传热介质的种类，传热介质在锅内的循环速度、热量分布情况等对传热效果也有不同程度的影响。

4.2.5.2 罐头食品杀菌时间及 *F* 值的计算

用于罐头食品杀菌时间及 F 值计算的方法一直在发展中。1920 年比奇洛(Begelow)学派首先创立了罐头杀菌理论，1923 年鲍尔(Ball)根据罐头食品在加热杀菌时的罐头中心部位的加热效果，提出了用积分方法计算杀菌效果的理论，在罐头工业中得到了广泛的应用，为了简化积分计算方法，1939 年奥尔森(Olsen)、史蒂文斯(Stevens)及舒尔茨(Schultz)提出了改进的方法，1948 年斯顿博(Stuonbo)提出了把细菌特性的影响考虑在内的杀菌时间的计算方法。

1. 安全 F 值的估算

通过杀菌前对罐内食品微生物的检验，明确罐头食品被污染的腐败菌的种类和数量，并切实地制定生产过程中的卫生要求，以控制污染的最低限量，然后选择耐热性最强的或对人体危害性最大的腐败菌的 F 值为依据(即选择确切的指示菌)，这种用分析、检测、计算方法估算出来的 F 值，称为安全杀菌 F 值。计算 F 值的代表指示菌(对象菌)，国外一般采用肉毒杆菌或 P. A. 3679，其中以肉毒杆菌最常用。

安全杀菌的 F 值大小，取决于所选择的对象菌及生产实际的卫生状况这两个条件。如果已知某种罐头食品杀菌时所选对象菌的 D 值，则安全杀菌 F 值可由下式计算求得。

$\tau=(\lg a-\lg b)$。假设杀菌温度为 121℃，则杀菌时间 τ 与 F 值相等，于是安全 F 值可用下式求得：

$$F_0=D(\lg a-\lg b) \tag{4-21}$$

例：某罐头厂在生产蘑菇罐头时，选择嗜热脂肪芽孢杆菌为对象菌。经检验每克罐头食品在杀菌前含对象菌数不超过 2 个。经过 121℃杀菌和保温贮藏后，允许腐败率为 0.05%以下，试估算 425 g 蘑菇罐头在标准温度下的 F_0 值。

解：已知嗜热脂肪芽孢杆菌 $D_{121℃}=4.00$ min，

$a=425\times2=850$(个/罐)，$b=5/10\ 000=5\times10^{-4}$(个/罐)

则 $F_0=D(\lg a-\lg b)=4\times(\lg850-\lg5\times10^{-4})=24.92$ min

即 425 g 蘑菇罐头在标准温度下的安全 F 值为 24.92 min。

2. 实际杀菌条件下 F 值的计算

假设 t_m、t_0 分别为杀菌温度、标准温度，而 τ_m、F 分别为相应的致死时间，则由本章 1.1.4

微生物耐热性的测定及表示方法中热力致死时间曲线图得出下式：

$$\frac{\lg \tau_m - \lg F}{\lg 10^2 - \lg 10} = \frac{t_0 - t_m}{Z} \tag{4-22}$$

上式经简化、整理后可得到：

$$F = \tau_m \times 10^{-\frac{(t_0 - t_m)}{Z}} \tag{4-23}$$

设 $10^{-\frac{(t_0 - t_m)}{Z}} = L_m$，那么：　　$F = \tau_m L_m$　　(4-24)

L_m 为任意杀菌温度下微生物的致死率，表示任意温度下杀菌效率的换算系数，即罐头在某个杀菌温度 t_m 下的杀菌效率值，相当于在标准温度 121℃下的杀菌效率值的几分之几或几倍。

比如，某种芽孢的 Z 值为 10，那么在 t_m 等于 121℃时，$L_m = 10^{-\frac{121-121}{10}} = 1$；而当 t_m 小于 121℃时，$Lm < 1$；t_m 大于 121℃时，$L_m > 1$。

对于低酸性食品，杀菌的对象菌为肉毒梭菌，$Z = 10$℃，因此可将 $L_m = 10^{-\frac{(t_0 - t_m)}{Z}}$ 写成：

$$L_m = 10^{-\frac{(121 - t_m)}{10}} \tag{4-25}$$

或

$$\lg L_m = \frac{t_m - 121}{10} \tag{4-26}$$

根据公式(4-25)即可算出每一个温度下的 L_m 值。

如果考察一个充分短的加热时间内的杀菌状况，就可以认为罐头中心温度是恒定值。因此，在一个无限小的加热时间内，杀菌效率值：

$$dF = L_m d\tau \tag{4-27}$$

将罐头中心温度下所有 dF 值相加，即可得出杀菌过程的总杀菌效率 F 值：

$$\begin{aligned} F &= \int_0^t dF = \int_0^t L_m d\tau = \\ &\Delta\tau (L_{m_1} + L_{m_2} \cdots + L_{m_n}) = \\ &\Delta\tau \sum L_{m_n}, n = 1, 2\cdots \end{aligned} \tag{4-28}$$

3. 加热杀菌时间的一般计算法

1920 年，Bigelow 根据细菌致死率和罐头食品传热曲线推算出杀菌时间，这种方法被称为基本推算法(the general method)。

基本推算法的关键是找出罐头食品传热曲线与各温度下细菌热力致死时间的关系。为此 Bigelow 提出部分杀菌效率值，以 A 表示。假如某细菌在 t 温度下致死时间为 τ_1，而在该温度下加热时间为 τ，则 τ/τ_1 就是部分杀菌效率值。比如肉毒杆菌在 100℃下致死时间为

300 min，加热时间为 10 min，那么在该加热时间内的杀菌效率值为：$A=\tau/\tau_1=10/300=0.033$。这表明在 100℃下加热杀菌 10 min，仅能杀灭罐内全部细菌的 3.3%。

基于以上分析，总的杀菌效率值就是各个很小温度区间内的部分杀菌效率值之和，即：

$$A=A_1+A_2+\cdots+A_n \text{或} A=\int_0^{\tau}\frac{1}{\tau}\mathrm{d}\tau \tag{4-29}$$

由式(4-29)即可推算出合理的杀菌时间。当 $A=1$ 时，杀菌时间最合适。

Bigelow 从上述基本理论出发，把微生物致死时间和罐头食品的传热过程绘成传热曲线和致死时间曲线，如图 4-22 所示。然后以此为基础来推算杀菌时间。图 4-22a 曲线上的每一点代表罐头中心温度，横坐标表示加热时间，图 4-22b 下横坐标表示致死时间，上横坐标表示致死率。如果以加热时间为横坐标，以致死率为纵坐标，则可得到致死率曲线图，如图 4-23 所示。用积分方法求出致死率曲线所包含的面积，即为杀菌效率值 A。当 $A=1$ 时，说明杀菌时间正好合适；$A<1$ 时，说明杀菌不充分；当 $A>1$ 时，说明杀菌时间过长。

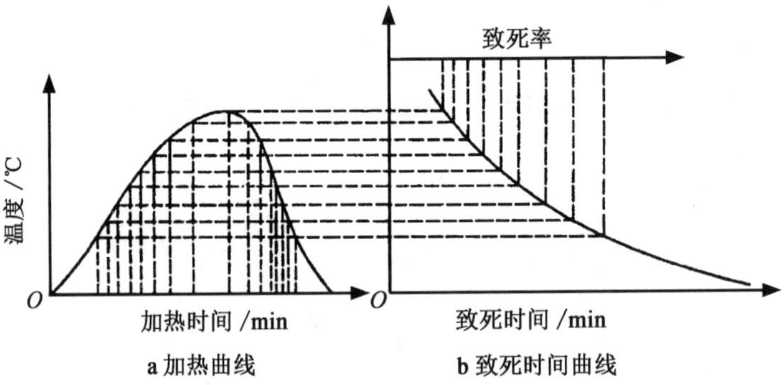

图 4-22　加热曲线与致死时间曲线

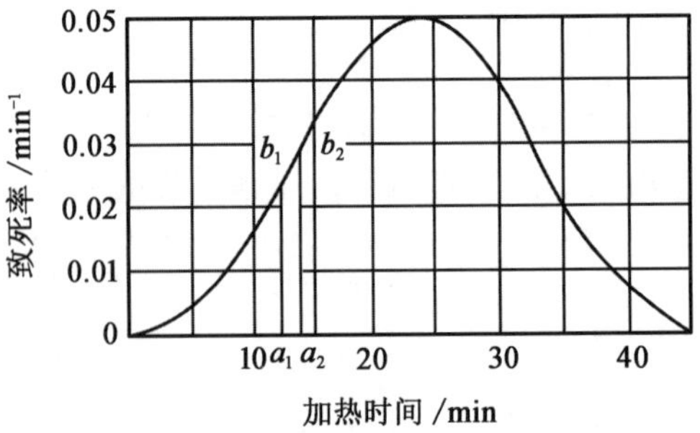

图 4-23　致死率曲线

引自：曾名湧《食品保藏原理与技术》

计算加热致死率曲线下所包含的面积的方法有两种，即图解法和近似计算法。前者相当烦琐，这里不再赘述。近似计算法是根据加热间隔时间，把致死率曲线相应地分成若干小区间，每个小区间的面积就是该加热时间内的杀菌效率值。利用梯形求面积公式计算出各个小面积 A_i 值，其总和就是杀菌效率值 A。

$$A_{i,n}=\frac{L_{i,n}+L_{i,n+1}}{2}\Delta\tau_{i,n} \tag{4-30}$$

$$A=\sum A_{i,n} \tag{4-31}$$

全粒甜玉米罐头的加热时间和中心温度如表 4-6 所示，试求其合理的加热杀菌时间。

表 4-6 全粒甜玉米罐头的加热时间与罐中心温度等的关系

加热时间 /min	罐头中心温度 /℃	加热致死时间 /min	致死率 /min^{-1}	$A_{i,n}$	A	t
0	27.8	∞	0.000 0	0.000 0	0.000 0	—
2	102.8	670	0.001 5	0.001 5	0.001 5	2
4	110	129	0.007 8	0.009 2	0.010 7	2
6	111.7	88	0.011 4	0.019 1	0.029 9	2
8	111.7	88	0.011 4	0.022 7	0.052 6	2
10	108.9	165	0.006 1	0.017 4	0.070 0	2
14	111.1	100	0.010 0	0.032 1	0.102 1	4
17	113.9	53	0.018 9	0.043 3	0.145 4	3
20	115.6	36	0.027 8	0.070 0	0.215 4	3
24	116.7	28	0.035 7	0.127 0	0.342 4	4
29	118.3	19	0.052 6	0.220 9	0.563 2	5
32	118.9	16.7	0.059 9	0.168 8	0.732 0	3
35	119.5	14.8	0.067 6	0.191 2	0.923 2	3
40	120.0	13	0.076 9	0.361 2	1.284 4	5
45	120.3	12.4	0.080 6	0.393 9	1.678 3	5

解：根据公式(4-30)和(4-31)分别计算出 $A_{i,n}$ 和 A 值，如表 4-6 所示。因为 $A=1$ 时的杀菌时间最合理，从表 4-6 中数据看，当加热时间为 35 min 时，$A=0.923$，所以 $A=1$ 时的杀菌时间应为 36 min 左右。

4. 罐头杀菌时间和 F 值的公式计算法

Bigelow 杀菌时间的推算法，对象菌致死量需要根据罐型、杀菌温度及内容物初温等条件下得到的传热曲线才能推算，不能用于比较不同杀菌条件下的加热效果。比如，该方法无法对比 121℃下杀菌 70 min 和 115℃下杀菌 85 min 的杀菌效果。Ball 提出了杀菌值或致死值(leathality)的概念，即可将各温度下的致死率转换成标准温度下(121℃)的加热时间，即 F 值。而进行不同杀菌条件的效果的对比。

F 值可用如下公式计算：$\lg\frac{\tau}{F}=\frac{121-t}{Z}$，如果热力致死时间曲线通过 121℃时，则 F 值为

1 min，则该式就变换成：

$$\lg \tau=\frac{121-t}{Z} \text{或} \tau=\lg^{-1}\left(\frac{121-t}{Z}\right) \tag{4-32}$$

由于致死时间的倒数为致死率，根据上述通过 $F=1$ min 这一点的特定 TDT 曲线，就可以得到致死率 L 的计算式：

$$L=\frac{F}{\tau}=\frac{1}{\tau}=\lg^{-1}\left(\frac{121-t}{Z}\right) \tag{4-33}$$

根据公式(4-33)就可计算出在 $F=1.0$ min 条件下其他各温度时相应的 L 值。

Ball 还根据罐头传热曲线，推导出加热杀菌时间的基本计算公式。

将半对数坐标图中的传热曲线单独引出用于公式的推导，如图 4-24 所示。设 D 点为杀菌温度 t_s，B 点为罐头中心温度 t_c，Q 点为杀菌开始时的罐头初温 t_i。从图 4-24 中不难得出：

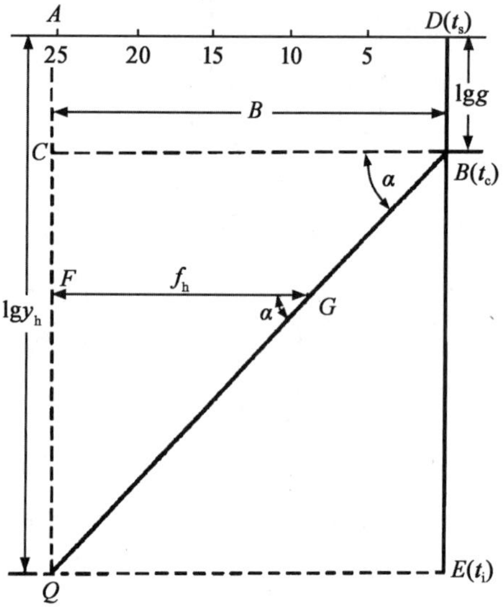

图 4-24　推导公式用图

$$BD=\lg g=t_s-t_c \tag{4-34}$$

$$AQ=\lg y_h= AC+CQ \tag{4-35}$$

因为 $CQ=BC \cdot \tan \alpha$，$AC=\lg g$，代入上式得：

$$\lg y_h=\lg g+BC \tan \alpha=\lg g+\tau_t \tan \alpha \tag{4-36}$$

式中：τ_t 为将罐头从初温 t_i 加热到罐头中心温度 t_c 所需的时间，该中心温度比杀菌温度 t_s 低 g℃。

现取 F 点，使 F 点至 Q 点之间为一个对数循环，并假设 F 点为 lg10，Q 点为 $\lg 10^2$。从 F 点作平行于横轴的直线 FG，如以 f_h 表示传热曲线的斜率，I 表示杀菌温度与罐头食品初温之差，则 $FG=f_h$，于是：

$$\tan\alpha=\frac{FQ}{f_h}=\frac{\lg10^2-\lg10}{f_h}=\frac{1}{f_h}$$

将该式代入式(4-36)得

$$\lg Y_h=\tau_t/f_h+\lg g$$

或：
$$\tau_t/f_h=\lg(y_h/g) \tag{4-37}$$

又因为 $y_h=t_s-t_i=I$ 则：

$$\tau_t/f_h=\lg(I/g)\quad 或\quad \tau_t=f_h(\lg I-\lg g) \tag{4-38}$$

由于升温时间的42%具有杀菌效力，为此，我们将罐头升温时间的58%时的罐头温度，称为罐头食品的假拟初温(图4-19)，以 t'_i 表示，它与实际初温并不相同。这样 y_h 就等于 $t_s-t'_i$，令

$$j=\frac{t_s-t'_i}{t_s-t'_i}=\frac{t_s-t_i}{I}\quad 或\quad jI=t_s-t_i=y_h \tag{4-39}$$

将上式代入式(4-39)则得：

$\lg jI=\tau_t/f_h+\lg g$ 变换后可得：

$$\tau_t/f_h=lg(jI/g) \tag{4-40}$$

公式(4-40)就是加热杀菌时间的基本计算公式。

式中：τ_t 为杀菌温度下的加热时间(min)；f_h 为半对数传热曲线越过一个对数循环所需要的加热时间(min)；g 为杀菌锅杀菌温度与加热结束时罐内冷点上能达到的最高温度之差(℃)；I 为杀菌锅杀菌温度与杀菌开始前罐头食品初温的差值(℃)；j 为加热滞后因素，$jI=t_s-t'_i$；t'_i 为罐头食品假拟初温，即由升温时间×0.58所得值引出的垂直线与传热曲线相交点所对应的温度(℃)。

4.2.5.3 罐头食品杀菌工艺条件的确定

罐头杀菌的工艺条件即杀菌规程(杀菌式)，由杀菌温度、时间及反压等因素组成，一般表示成下列形式：

$$\frac{\tau_h-\tau_p-\tau_c}{t_s}P \tag{4-41}$$

式中：τ_h 为升温时间(min)，杀菌锅内的介质由初温升高到规定杀菌温度所需的时间；τ_p 为恒温时间(min)，指在杀菌温度下保持的时间；τ_c 为冷却时间或降温时间(min)，杀菌锅内介质由杀菌温度降低到出罐温度所需的时间；T_s 为规定的杀菌温度(℃)；P 为加热或冷却时杀菌锅所用反压(kPa)。

杀菌温度与杀菌时间之间存在互相依赖的关系。对某一特定的食品，杀菌温度低时，杀菌时间应适当延长，而杀菌温度高时，杀菌时间可相应缩短。因此，存在低温长时间和高温短时间两种不同的杀菌工艺。一般而言，高温短时热力杀菌有利于保存或改善食品感官和营养品质，但难以达到钝化酶的要求，也不宜用于导热型食品的杀菌。

确定合理的杀菌规程，是杀菌操作的前提。合理的杀菌规程，必须首先保证食品的安全性，其次要考虑到食品的营养价值和商品价值。

4.2.5.4 罐头食品常用的杀菌方法

依据杀菌环境的压力情况，罐头食品的热力杀菌方法有常压杀菌和高压杀菌两大类。常压杀菌的温度低于100℃，根据杀菌温度的不同，常压杀菌可分为巴氏杀菌、沸水杀菌等。高压杀菌的温度高于100℃，高压杀菌根据传热介质的不同又可分为高压水杀菌和高压蒸汽杀菌。罐头食品经热杀菌处理后，应尽快冷却至适宜的温度。处理不当会造成产品色泽和风味的变劣，组织软烂，降低商品价值。此外，未及时冷却还会造成产品长时间处于高温状态，可能造成嗜热菌的生长繁殖，影响产品的稳定性和安全性，也可能加剧罐头内壁的腐蚀。罐头冷却的最终温度一般控制在38～40℃，过高会影响罐内食品质量，过低则不能利用罐头余热将罐外水分蒸发，易造成金属罐外壁生锈。目前常用的热杀菌及冷却方法如下。

1. 常压沸水杀菌与冷却

适用于酸性及高酸性罐头食品，如大多数水果和部分蔬菜罐头，杀菌设备多为立式杀菌锅。杀菌时先在杀菌锅内注入适量的水，然后通入蒸汽加热。待锅内水沸腾时，将装满罐头的杀菌篮放入锅内。杀菌操作前最好先将玻璃罐头预热到60℃左右再放入杀菌锅内，以免杀菌锅内水温急剧上升导致玻璃罐破裂。当锅内水温再次升到沸腾时，开始计算杀菌时间，并保持水的沸腾直到杀菌终结。

常压杀菌也有采用连续式杀菌设备的。罐头由输送带送入杀菌器内，杀菌时间可通过调节输送带的速度来控制。

常压杀菌法常采用锅外冷却，卧式杀菌器常采用锅内冷却；按冷却介质不同可分为空气冷却和水冷却，以水冷却效果为好。水冷却时为加快冷却速度，一般采用流水浸冷法。冷却用水必须清洁。对玻璃容器，其冷却速度不宜太快，常采用分段冷却的方法，即80℃、60℃、40℃ 3段，以免玻璃罐爆裂。

2. 高压蒸汽杀菌与冷却

适用于低酸性食品，如大多数蔬菜、肉类及水产类罐头，杀菌温度均为100℃以上的高温，加热介质为高压蒸汽。杀菌操作时通常是将装有罐头的杀菌篮放入杀菌锅内，关闭杀菌锅的门或盖，关闭进水阀和排水阀，打开排气阀和泄气阀，然后打开进气阀使高压蒸汽进入杀菌锅内，快速彻底地排出其中的空气，并使锅内温度上升。在充分排气后，须将排水阀打开，排出锅内的冷凝水。冷凝水排除结束后，关闭排水阀和排气阀，杀菌锅内压力随着高压蒸汽的持续通入而上升，达到规定的杀菌温度时，开始计算杀菌时间。杀菌过程中通过调节进气阀和排气阀来保持恒定的杀菌温度。

3. 高压水杀菌与冷却

适用于低酸性食品，如肉类、鱼贝类的大直径扁罐及玻璃罐。杀菌操作时将装好罐头的杀菌篮放入杀菌锅内，关闭锅门或盖。关掉排水阀，打开进水阀，向杀菌锅内注水，并使水位高出最上层罐头15 cm左右。然后关闭所有排气阀和溢水阀。放入压缩空气，使锅内压力升至比杀菌温度对应的饱和水蒸气压高出(54.6～81.9)kPa为止。然后通入蒸汽，将水温快速升至杀菌温度，并开始计算杀菌时间。

对采用高压蒸汽或者高压水杀菌的罐头食品，杀菌结束后，通常采用反压冷却法冷却罐头食品。操作过程如下：杀菌结束后，关闭所有的进气阀和排气阀。然后一边迅速打开压缩空气阀，使杀菌锅内保持规定的反压，一边打开冷却水阀放入冷却水。由于锅内压力将随罐头的冷却而不断下降，因此应不断补充压缩空气以维持锅内反压。在冷却结束后，打开排气阀放掉压缩空气使锅内压力降低到大气压，罐头继续冷却至终点。如果罐头采用了玻璃容器，冷却过程中要注意冷水不能直接接触玻璃罐，应采用分段冷却，以免玻璃罐爆裂。

4. 罐头食品的非热杀菌技术

加热杀菌技术虽然应用历史悠久、使用简便，但是，它存在加热时间长、能量利用率较低、对食品色、香、味及营养价值的损坏作用大等缺陷。为此，研究人员一直在探索新的杀菌技术，先后推出了辐照杀菌、超高压杀菌、微波杀菌、阻抗杀菌、高频杀菌和无菌包装等技术。超高压杀菌技术在罐头工业中已获得了实质性的应用。具体内容详见第 9 章超高压杀菌技术。

4.2.6　罐头的检验、包装和贮藏

冷却后的罐头应放在冷凉通风处，未经冷凉不宜入库装箱。

4.2.6.1　罐头的检验

罐头食品的检验是罐头质量保证的最后一个工序，检验的内容包括物理感官检验、化学检验和微生物检验 3 个方面。其中，罐头食品的物理感官检验主要包括罐头的外观、真空度、顶隙度、净重、固形物含量、可溶性固形物含量、产品的感官、产品 pH、容器内壁等。化学检验并没有统一的要求和规定，生产中应根据产品特性以及质量控制的需要确定化学检验的项目，化学检验的主要指标包括重金属含量、亚硝酸钠(盐)的含量、油脂过氧化值、腹泻性贝类毒素、黄曲霉毒素、苯并芘等的含量，实际生产中可根据罐头食品的特点确定需要检验的项目及检测频率。微生物检验同化学检验相类似。生产中应根据产品特性以及质量控制的需要确定微生物检验项目。微生物检测指标包括商业无菌的检验、菌落总数、大肠菌群、沙门氏菌、志贺氏菌、金黄色葡萄球菌、溶血性链球菌、肉毒梭菌和肉毒素、酵母菌和霉菌等。

二维码 4-4　进出口罐头食品检验规程——灌装 SNT 0400.5—2005

二维码 4-5　进出口罐头食品检验规程——容器 SNT 0400.4—2005

二维码 4-6　进出口罐头食品检验规程——成品 SNT 0400.7—2005

4.2.6.2　罐头食品的包装和贮藏

罐头的包装主要是贴商标、装箱、涂防锈油等。涂防锈油的目的是为隔离水与氧气，防止罐壁生锈。主要的种类有羊毛脂防锈油、磺酸钙防锈油、硝基防锈油。防止罐头生锈除了涂防锈油外还应注意控制仓库温度与湿度变化，避免罐头“出汗”。装罐的纸箱要干燥，商标纸的黏合剂要无吸湿性和腐蚀性。贮藏一般有两种形式，散装堆放和有包装堆放。无论采用何法都必须符合防晒、防潮、防冻，环境整洁，通风良好的要求。

4.3 罐藏食品的变质

4.3.1 罐内食品的变质

罐头食品在贮藏运输过程中经常会出现各种腐败变质，主要有胀罐、平酸败坏、黑变和发霉等。此外，有时还会发生因食用罐头食品而中毒即食物中毒的事故。

4.3.1.1 胀罐

正常情况下罐头底盖呈平坦或内凹状，但是由于物理、化学和微生物等因素致使罐头出现外凸状，这种现象称为胀罐或胖听。根据底盖外凸的程度又可分为隐胀、轻胀和硬胀 3 种情况。隐胀罐头外观正常，若用硬棒扣击底盖的一端或将罐头的底或盖向桌面猛击一下，则它的另一端底盖就会外凸，如用力将凸端慢慢地向罐内揿压，罐头则又重新恢复原状。轻胀罐头的底或盖常呈外凸状，若用力将凸端揿回原状，则另一端随之而外凸，即它的胀罐程度稍严重一些。如若罐头底盖同时坚实地或永久性地外凸，胀罐就达到硬胀的程度。如再进一步发展，它的焊锡接缝就会爆裂。至于玻璃罐的跳盖是由于玻璃罐内的气体压力骤然升高，以致罐盖与罐身相互脱离所造成。造成罐头食品胀罐的主要原因有以下 3 种。

1. 物理性胀罐

又称假胀，由于罐内食品装量过多，没有顶隙或顶隙很小，杀菌后罐头收缩不好，一般杀菌后就会出现，例如午餐肉罐头就极易出现假胀罐的现象；或罐头排气不良，罐内真空度过低；因环境条件如气温、气压改变而造成，如低海拔地区生产的罐头运到高海拔地区或贮藏于高空飞行的飞机；寒带运往热带；以及采用高压杀菌，冷却时没有反压或卸压太快，造成罐内外压力突然改变，内压远远超过外压。

2. 化学性胀罐

因罐内食品酸度太高，罐内壁腐蚀，锡、铁溶解并产生氢气，大量氢气聚积于顶隙，经过一段贮藏时间会出现。这种由于罐壁的酸腐蚀产生氢气造成的胀罐也称为“氢胀”。酸性或高酸性水果罐头最易出现氢胀现象，开罐后罐内壁或罐盖有严重酸腐蚀斑，若内容物中锡、铁含量过高，还会出现严重的金属味。这种情况下虽然内部的食品没有失去食用价值，但是与细菌性胀罐很难区别，因此也被列为败坏的产品。

3. 细菌性胀罐

由于微生物生长繁殖而出现食品腐败变质所引起的胀罐称为细菌性胀罐，是最常见的一种胀罐现象，其主要原因是杀菌不充分残存下来的微生物或罐头裂漏从外界侵染的微生物繁殖生长的结果。

低酸性食品罐头胀罐时常见的腐败菌大多数属于专性厌氧嗜热芽孢杆菌和厌氧嗜温芽孢菌一类，在前一类中常见的是嗜热解糖梭状芽孢杆菌，它最适宜的生长温度为 55℃，温度低于 32℃时生长很缓慢。罐内若残留有该菌的芽孢时，只要气温不高，就不会迅速繁殖，其一旦处于高温贮运环境中，就开始生长繁殖并导致食品腐败变质。在后一类中常出现的腐败菌有肉毒杆菌、生芽孢梭状芽孢杆菌以及腐化梭状芽孢杆菌(*Clostridium putrefacieus*)和双酶梭状芽孢杆菌(*Clostridium bifermentans*)等。

酸性食品罐头胀罐时常见的腐败菌有专性厌氧嗜温芽孢杆菌,如巴氏固氮梭状芽孢杆菌、酪酸梭状芽孢杆菌等解糖菌,经常出现于梨、菠萝、番茄罐头中。它们的耐热性虽然不高,但在酸性食品罐头中常会因杀菌不足而残留下来,导致食品腐败。需氧菌或兼性厌氧嗜温菌在这类胀罐中出现的可能性很小,即使存在,在酸性食品和罐内缺氧环境中不一定能生长。在桃子、番茄、青豆和芦笋罐头中曾分离出多黏芽孢杆菌和软化芽孢杆菌,这可能是裂漏后入侵所致。

高酸性食品罐头胀罐时常见的腐败菌有小球菌以及乳杆菌、明串珠菌等非芽孢杆菌。杀菌不足是其存在的原因。常见菌中酵母菌类型很多,其中膜酵母菌为需氧菌,它只有在真空度低的罐内利用有机酸在液面上繁殖生长。罐头食品内除曾出现过白丝衣和黄丝衣霉菌外,其他霉菌很少见到(表 4-7)。

4.3.1.2　平酸败坏

平酸败坏的罐头外观一般正常,但是由于细菌活动其内容物酸度已经改变,呈轻微或严重酸味,其 pH 可下降至 0.1～0.3。导致平酸败坏的微生物称为平酸菌,它们大多数为兼性厌氧菌,在自然界中分布极广,糖、面粉及香辛料等辅助材料是常见的平酸菌污染源。食品罐头的平酸败坏需开罐或经细菌分离培养后才能确定,但是食品变酸过程中平酸菌常因受到酸的抑制而自然消失,不一定能分离出来。特别在那些贮存期越长、pH 越低的罐头中平酸菌最易消失,这就需要仔细做涂片观察,寻找细胞残迹,以便获得确证。

低酸性食品中常见的平酸菌为嗜热脂肪芽孢菌(*Bacillus stearothermophilus*),它们的耐热性很强,能在温度为 49～55℃中生长,最高生长温度为 65℃。嗜温性平酸菌如环状芽孢杆菌(*Bacillus Circulans*)的耐热性不强,因此低酸性食品中很少会出现平酸变质问题。先后发现过平酸败坏的低酸性食品罐头中有青豆、青刀豆、芦笋、蘑菇以及猪肝酱、卤猪舌、红烧肉等。

酸性食品中常见的平酸菌为嗜热酸芽孢杆菌(*Bacillus thermoacidurans*),过去被称为凝结芽孢杆菌(*Bacillus Coagulans*)。它能在 pH 4.0 或略低的介质中生长。它在 pH 4.5 的番茄汁中生长时能使 pH 下降到 3.5,但当 pH 下降到 4.0 或更低一些时,就不会再产生芽孢,并迅速自行消失。该菌的适宜生长温度为 45℃或 55℃,最高生长温度可达 54～60℃,温度低于 25℃时仍能缓慢生长。它是番茄制品中常见的重要腐败变质菌。

4.3.1.3　黑变

含硫蛋白质含量较高的罐头食品在高温杀菌过程中产生挥发性硫或者由于微生物的生长繁殖致使食品中的含硫蛋白质分解并产生唯一的 H_2S 气体,与罐内壁铁质反应生成黑色硫化物,沉积于罐内壁或食品上,以致食品发黑并呈臭味,这种现象称为黑变、硫臭腐败或硫化物污染,如海产品罐头、肉类罐头、蔬菜罐头等有时候会发生。这类腐败变质罐头外观正常,有时也会出现隐胀或轻胀,敲检时有浊音。导致这类腐败变质的细菌为致黑梭状芽孢杆菌(*Clostridium nigrificans*)。它的适宜生长温度为 55℃,在 35～70℃温度范围内都能生长,其芽孢的耐热性比平酸菌和嗜热厌氧腐败菌低。这类腐败变质现象在正常杀菌条件下并不常见,只有杀菌严重不足时才会出现。

4.3.1.4 发霉

罐头内食品表面上出现霉菌生长的现象称为发霉，但一般并不常见。只有容器裂漏或罐内真空度过低时，才有可能在低水分及高浓度糖分的食品中出现。果酱及糖浆水果中曾出现过的霉菌有青霉菌、曲霉菌等，它们能在糖浓度67.5%以下的食品中生长。果酱类食品酸化到pH 3.0时，青霉菌和曲霉菌的生长就受到抑制。果酱内可溶性固形物达到70%～72%，而酸度达到0.8%～1.0%时，它们就不易生长。霉菌中除了个别青霉菌株稍耐热外，大多数为不耐热菌，极易被杀死。

此外，还有由于肉毒杆菌、金黄葡萄球菌等产毒菌分泌外毒素导致食用罐头后引起的食物中毒现象发生，危及人体健康。产毒菌中除肉毒杆菌耐热性较强，其余均不耐热。因此，罐头食品杀菌通常以肉毒杆菌作为杀菌对象以防止罐头食品中毒。

表 4-7 罐头食品中常见的腐败菌及腐败特征

食品类型	腐败菌类型	腐败类型	腐败特征	常见腐败食品
低酸性食品（pH>4.6）	嗜热脂肪芽孢杆菌	平酸腐败	产酸不产气或产微量气体，不胀罐，食品有酸味	青豆、刀豆、芦笋、蘑菇、红烧肉、猪肝酱等
	嗜热解糖梭状芽孢杆菌	高温缺氧发酵	产气（CO_2 和 H_2，没有 H_2S），胀罐；产酸（酪酸）	芦笋、蘑菇、蛤
	致黑梭状芽孢杆菌	致黑腐败	产 H_2S，平盖或软胀，有硫臭味，食品罐内壁有黑色沉积物	青豆，玉米
	肉毒杆菌A型和B型	缺氧腐败	不产毒素、产酸、产气和 H_2S，胀罐，有臭味	肉类、肠制品、油浸鱼、青刀豆、芦笋、蘑菇等
	生芽孢梭状芽孢杆菌（P. A3679）		产酸、不产气、不胀罐、变味	肉类、鱼类（不常见）
酸性食品（pH 3.7～4.6）	嗜热酸芽孢杆菌（或凝结芽孢杆菌）	平酸腐败	产酸、不产气、不胀罐、变味	番茄及其制品
	巴氏固氮梭状芽孢杆菌	缺氧发酵	产酸（酪酸）、产气（CO_2+H_2）、胀罐	菠萝、番茄
	酪酸梭状芽孢杆菌		与上同	整番茄
	多黏芽孢杆菌，软化芽孢杆菌	发酵变质	产酸、产气、也产生丙酮和酒精胀罐	桃、番茄及其制品
高酸性食品（pH<3.7）	乳酸菌，明串珠菌	胀罐	产酸、产气（CO_2）胀罐	水果及其制品
	球拟酵母菌，假丝酵母菌，啤酒酵母菌	缺氧发酵	产气（CO_2）浑浊及沉淀，风味改变	果酱、果汁、含糖饮料等
	霉菌（一般）	发酵	食品表面上长霉菌	果酱、糖浆、水果
	纯黄丝衣霉，纯白丝衣霉	发酵	分解果胶，使果实柔软和解体，产生 CO_2 胀罐	水果

4.3.2　罐头容器的损坏和腐蚀

4.3.2.1　罐头容器内壁的腐蚀

1. 均匀腐蚀

罐头内壁锡面在酸性食品的腐蚀下常会全面而均匀地出现溶锡现象，致使罐头内壁锡层晶粒外露，在热浸镀锡薄板内壁上会出现羽毛状斑纹，在电镀锡薄板内壁出现鱼鳞斑状腐蚀纹，这种斑纹用高倍金相显微镜观察时，显示是小型羽毛状锡晶粒体构成，这种现象就是均匀腐蚀的表现。罐壁发生均匀腐蚀时，食品中会出现比较高的溶锡量。如果含量不超过标准要求的 200 mg/kg，食品中不出现金属味，对食品质量并无妨害。但是贮藏时间延长，腐蚀不断发展，严重时会造成罐壁锡层大片剥落，钢基外露。可能出现铁皮表面腐蚀时会形成大量氢气造成氢气胀罐，造成胀裂。

2. 局部腐蚀

罐头食品在开罐后，常会在顶隙和液面交界处发现有暗褐色腐蚀圈存在称为氧化圈，这是由于在顶隙中残存氧气的作用下，对铁皮产生腐蚀的结果。这种现象是属于局部腐蚀，根据部颁标准是允许存在的，但应尽量避免其产生。

3. 集中腐蚀

在罐头内壁上出现有限面积的溶铁现象，就是集中腐蚀的表现，如蚀孔、蚀斑、麻点、黑点，严重时在罐壁上出现的穿孔就是集中腐蚀的结果。铁皮穿孔时就为微生物入侵创造了条件，从而造成食品变质腐败。在一般情况下，罐内壁出现了空隙点、麻点、露铁点，并不造成食品的污染问题。如果与高硫食品接触就会产生硫化物，致使食品污染，从而影响食品的品质。在低酸性食品中或含空气多的水果罐头(如苹果)中常会产生集中腐蚀的现象。集中腐蚀的主要现象值得注意的是，集中腐蚀引起罐头食品的损失常比均匀腐蚀引起的损失多得多。原因是集中腐蚀所需时间短，而均匀腐蚀导致罐头报废所需时间一般来说要长得多。

4. 异常脱锡腐蚀

某些食品内含有特种腐蚀因子，与内壁接触时容易起化学反应，导致罐内壁短时间内出现面积较大的脱锡现象，脱锡过程往往在 2～3 个月内就会发生，初期罐内真空度下降很慢，从外形观察，棒击检查或真空测定均属正常，但当脱锡后就会迅速造成氢胀，这种食品称为脱锡型罐头食品。如橙汁、番茄制品、刀豆等罐头。

5. 硫化腐蚀

打开贮藏时间较长的罐头，可以看见空罐内壁或底盖上，会出现青紫色，灰黑色，甚至于呈黑色的现象，严重时内壁上黑色物质还会析离出来，污染食品引起食品变色，造成产品不合格，这种现象称为硫化腐蚀。少数罐头内有硫化斑点，这种硫化物一般对人体无害，又不污染内容物时是允许存在的。在白烧鸭、蟹、虾等罐头中常会出现硫化变黑现象。水果罐头中的糖液如用二氧化硫漂白的砂糖配制时也会出现这种硫化腐蚀的现象。主要是由于这些食品中含有大量蛋白质，在杀菌和贮藏过程中放出硫化氢或含有巯基(—SH)的其他有机硫化物，这些物质与铁、锡作用就会产生黑色的化合物。以上现象统可称为硫化腐蚀现象。

6. 其他腐蚀

罐头食品的腐蚀变质是很复杂的，除以上常见的几种现象外，罐头内部腐蚀变质还受到很多因素的影响。装入的食品，品种繁多，所含成分也各异，有的腐蚀性强，有的腐蚀性弱。如樱桃、酸黄瓜、葡萄柚、菠萝汁等具有较强的腐蚀性；桃、梨、笋、肉类等腐蚀性就较弱。

在通常情况下，食品酸度越高，腐蚀性就越强，罐头寿命也就短一些，但是它们之间的关系也不是成比例而增减。食品中酸的组成是不同的，如柑橘所含的酸主要是柠檬酸，苹果中所含的酸主要是苹果酸，在菠萝中则含有草酸，葡萄中则以酒石酸为主。试验结果证明，草酸具有强烈的腐蚀性。

在食品装罐时，还经常添加各种调味料，如糖水、盐液，有的加番茄酱，还有加酱油、醋和各种辛香料。这些调味料的添加就会促使罐内壁腐蚀进一步复杂化。如糖液中含有硫就是促进腐蚀的因素。关于盐的腐蚀性问题，有人对氯离子导致集中腐蚀的机理进行了讨论，认为氯离子及其他卤素离子对钢基面上的钝化膜有破坏作用，或有防止钝化膜形成的作用，因此对盐的腐蚀问题，也应当加以注意。

硝酸盐的存在可引起罐内壁急剧溶锡腐蚀的现象。当罐头内容物的硝酸根离子或亚硝酸根离子含量高于正常情况时，只要几周至几个月的时间，会造成罐头内壁严重腐蚀，若食品中锡含量高达 300～500 mg/kg 时就会出现锡中毒。近年来，国外就有因为番茄汁、橘子汁罐头中溶锡量过高而引起急性腹泻的中毒事故。

鱼肉中含有氧化三甲基铵能还原成三甲基铵，这是鱼形成腥臭味的原因。它能强烈地侵袭锡层，使镀锡薄板腐蚀到合金层而不产生氢气。含氧化三甲基铵的鱼在腐蚀锡层的同时形成了三甲基铵，就会严重损害罐头食品的风味，还有一些物质，如低甲氧基果胶、半乳糖醛酸，这类物质都有加速溶锡的作用，而使番茄罐头的保存期大大缩短。

抗坏血酸在加工过程中很容易转化成为脱氢抗坏血酸，就可能成为一个腐蚀性很强的因子。在生产浓缩番茄酱时，如加工时间过长，就会增加脱氢抗坏血酸的形成，因而促进番茄酱罐内壁锡层的腐蚀。所以番茄制品一般都采用内壁涂料罐来包装，并尽量缩短加工过程，快速装罐、杀菌、冷却，以减少脱氢抗坏血酸形成。

花青素存在于樱桃、浆果类等红色水果中，对罐头的腐蚀也很强。它是一种还原物质，在阴极反应中作用为去极剂，因而会促进腐蚀。花青素为锡的接受体，使锡在溶液中沉淀出来，花青素同样也是氢的接受体，当氢产生于铁皮表面时，就会很快地为花青素接受而消除金属面的积留，这样就促使锡的不断腐蚀，最后就造成铁皮面的大量暴露，形成局部电偶，继续产氢并使铁皮穿孔。

总之，引起罐头内壁腐蚀的因素很多，导致出现的腐蚀现象也不尽相同，在罐头生产时应该给予充分的重视。否则就会给生产带来很大的损失。

4.3.2.2 罐头外壁腐蚀

罐头外壁的锡面和空气中的氧接触就会形成黄锈斑，这种腐蚀现象称为罐壁锈蚀或生锈。它不但会影响外观，降低商品价值，严重时还会促使罐壁穿孔导致食品腐败变质。

1. 罐头外壁的“出汗”引起的锈蚀

低温罐头遇到高温空气或贮存于温度较高的仓库时，罐外壁表面上就会形成冷凝水，这种现象叫作“出汗”。空气中的饱和水蒸气含量随着温度变化而不同，温度越高，空气中饱和水蒸气含量越大，温度降低，水蒸气含量也就随之降低。因此，如果空气中含有同样多的水蒸气，在高温时处在不饱和状态，当温度降低到某一温度时就会处于饱和状态，并开始会有水分冷凝出来，这一温度就称为露点。如温度再降低，空气中超过该温度的饱和水蒸气含量的水蒸气就会冷凝下来。罐头表面出汗就是由于罐头表面温度低，仓库的温度比较高，空气中的水蒸气就会冷凝在罐头表面上形成水滴，此时罐头表面就出汗了。因为空气中含有 CO_2、SO_2 等氧化物，冷凝水分就成为罐外壁表面上的良好电介质，为罐外壁表面上锡、铁偶合建立了场所，因而出现了锈蚀的现象，这就造成了罐头在贮藏过程中常会发生生锈的原因。

为了避免罐头“出汗”，可以采取一些措施。罐头在进仓库时温度不能太低，一般罐头温度和仓库温度相差 5～9℃为宜，温度相差超过 11℃，就很容易“出汗”；仓库温度应基本保持稳定，不能忽高忽低；仓库通风应良好，必要时将湿空气排出去，一般维持库内空气相对湿度 70%～75%为最好。如遇气候潮湿，可以关闭门窗，以免外面潮湿空气影响仓库内的湿度。

2. 杀菌锅内存在空气而引起的锈蚀

杀菌时由于杀菌锅内空气未排除干净，空气和水蒸气就成为罐外壁锈蚀的良好条件。因此，在升温阶段要求尽量把锅内空气排除出去，在杀菌过程中应开启锅上各部位的排气阀，以保证将锅内空气完全排出锅外。

3. 杀菌、冷却用水引起的锈蚀

杀菌和冷却用水的化学成分对锈蚀有很大的影响，如水中氯化钙、氯化镁、硫酸钠和氯化钠等含量过高，由于这些盐类的吸湿性，可以从空气中吸收水分导致罐外壁锈蚀。另外，冷却用水如呈碱性或微酸性，也容易发生锈蚀，而且水温和冷却时间也会迅速对锈蚀产生影响，温度越高，水的腐蚀作用越强。因此应该避免使用温水长时间冷却罐头食品。

4. 其他原因引起锈蚀

罐头冷却过度，表面的水不能蒸发掉，包装材料，如纸箱、纸板等没有充分干燥，罐外壁吸附有吸湿物质如食盐、糖浆等，商标纸用胶黏剂的酸碱性不适宜等，它们常成为锈罐产生的原因。

4.4　罐藏新技术

罐藏技术的进展主要体现在食品杀菌技术的提高。近年来，一些食品杀菌新技术正在不断被开发和应用。

4.4.1　新含气调理加工

该技术是由日本小野食品机械公司针对目前普遍使用的真空包装、高温高压灭菌等常规加工方法存在的不足而开发的一种适合于加工各种方便菜肴食品、休闲食品或半成品的新技术。食品原料预处理后，装在高阻氧的透明软包装袋中，抽出空气后注入不活泼气体并密封，然后在多阶段升温、两阶段冷却的调理杀菌锅内进行温和式杀菌，用最少的热量达到杀菌目的，较好地保持了食品原有的色、香、味和营养成分，并可以在常温下保存和流通长达6～12个月，可广泛应用于传统食品的工业化加工，应用前景十分广阔。

新含气调理杀菌锅由杀菌罐、热水贮罐、冷却水罐、热交换器、循环泵、电磁控制阀、连接管道及高性能智能操作平台等部分组成。与传统的高温高压杀菌相比，新含气调理杀菌的主要特点如下。

4.4.1.1 采用波浪状热水喷射方式

从设置于杀菌锅两侧的众多喷嘴向被杀菌物直接喷射扇状、带状、波浪状的热水，热扩散快，热传递均匀，见图4-25。

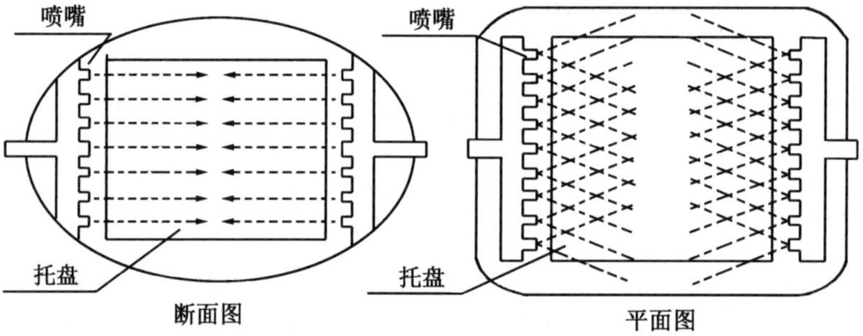

图4-25 杀菌锅

4.4.1.2 多阶段升温、两阶段冷却方式

采用多阶段升温的方式，以缩小食品表面与中心之间的温度差。从图4-26可以看出，第3阶段的高温域较窄，从而改善了高温高压灭菌因一次性升温及高温、高压时间过长(图4-27)而对食品造成的热损伤及出现蒸煮异味和糊味的弊端。一旦杀菌结束，冷却系统迅速启动，经5～10 min的两阶段冷却，被杀菌物的温度急速下降到40℃以下，从而使被杀菌物尽快脱离高温状态。

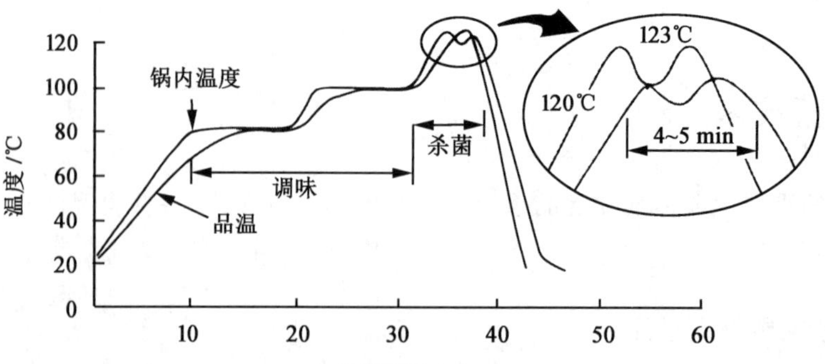

图4-26 新含气调理杀菌温度-时间曲线

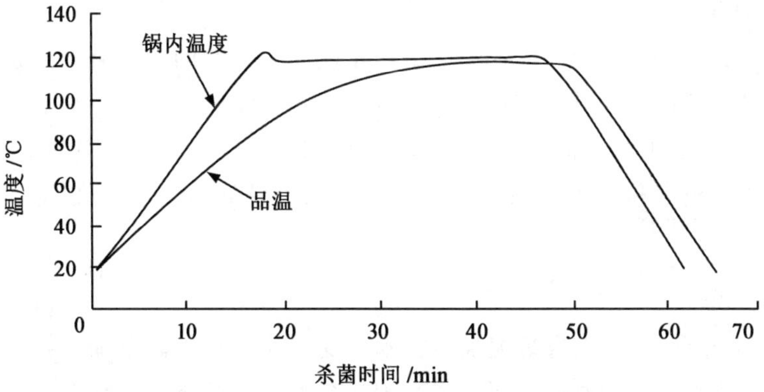

图 4-27　高温、高压杀菌温度-时间曲线

4.4.1.3　模拟温度压力调节系统

模拟温度控制系统控温准确，升降温迅速。根据不同食品对灭菌条件的要求，随时设定升温和冷却程序，使每一种食品均可在最佳的状态下进行调理灭菌。压力调理装置自动调整压力，并对易变形的成型包装容器通过反压校正，防止容器的变形和破裂。整个杀菌过程的温度、压力、时间全由电脑控制。

4.4.1.4　配置 *F* 软件和数据处理系统

F 值软件每隔 3 s 秒进行一次 *F* 值计算。所有的杀菌数据，包括杀菌条件、*F* 值、时间-温度曲线、时间-压力曲线等均可通过数据处理软件处理后进行保存，以便于生产管理。

4.4.2　真空低温加工技术

4.4.2.1　定义

Sous Vide 源自法语，意为的“under vacuum”，其被定义为“把食材或者食材和配料放入抽真空的耐热性袋中，精确控制时间和温度的一种烹饪方法”。这种真空低温加工系统来自 1974 年法国厨师 George Pralus，他最初的目的是为了减少其制作的鹅肝酱馅饼在加工过程中的重量损失。这个系统包含以下几个流程：如图 4-28 所示，高品质原料的预处理，真空密封，较低温度的加工（一般在 60～90℃），快速冷却（在水中 90 min 内迅速冷却至 4℃），低温贮藏（0～4℃ 可贮藏 21 d），最终产品如需要可以加热至 70℃ 使用。

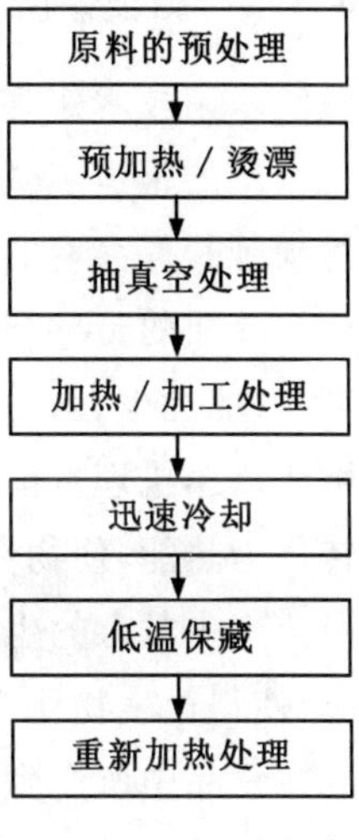

图 4-28　真空低温加工技术

早期的定义为餐饮加工系统，一些生的或者待加工的食物放入真空袋或者固定的容器中抽真空处理，然后进行加热烹调，迅速冷却，进行冷藏或冻藏处理。随后，在食品工业中将这项技术逐渐在罐藏食品中发展起来，尤其是软包装的罐藏食品中，其定义为真空蒸煮袋烹饪，或真空低温烹调。

4.4.2.2 原理

真空低温加工技术基于 3 个基本原理：①首先使用耐热性的软包装对经预处理的食物进行包装，既要防止食物的污染，同时有效保持食物主要成分（水、维生素、香气成分和易挥发物，这些在传统的加工过程中容易流失的成分）；②抽真空密封，除去食品中的空气，防止食品氧化；③精确控制加工温度和时间，加工和贮藏过程中采用较低的温度，可以降低食品的热分解现象。

4.4.2.3 应用

自 20 世纪 90 年代以来，真空低温加工技术备受关注。真空低温加工技术是最大化体现食材自身风味、最小化减少食材加工的烹饪方式，符合当下流行的消费观念和未来的发展前景。越来越多的消费者、中高档餐厅、中央厨房、食品加工企业也逐渐开始关注真空低温加工技术，并在蛋制品、牛排、海鲜、传统菜肴等产品上展开了研究和应用。

这种加工方法需要保证微生物安全和保持食物的感官质量，可结合栅栏技术、HACCP 质量控制体系等来延长加工食品的货架期，保证产品的质量与安全。

4.4.3 高静压杀菌

高静压技术(high hydrostatic pressure，HHP)始于 19 世纪末，作为一种新兴的物理处理技术正受到广泛的关注，也称超高压技术（ultra high pressure processing，UHPP)，是指将食品原料包装后密封于高静压容器中（常以水或其他流体介质作为传递压力的媒介物），利用 100 MPa 以上的高静压（常用 200～600 MPa）在一定的温度下加工适当的时间，达到灭菌、物料改性或改变食品某些理化反应速度的一种加工方法。在高静压处理过程中，食品在液体介质中体积被压缩，压力快速、均匀地传递到整个食品，引起食品成分非共价键（氢键、离子键和疏水键等）的破坏或形成，使食品中的酶失活，蛋白质和淀粉等生物高分子物质变性和糊化，并杀死食品中的细菌等微生物，还可以改善食品的组织结构以达到改善食品品质的目的。

4.4.4 微波杀菌

微波杀菌技术作为一种新型的杀菌技术被广泛认可和接受，已有较多的微波技术在工业生产中应用的报道。微波杀菌是指将食品经微波处理后，使食品中的微生物丧失活力或死亡，从而达到延长保存期的目的。在微波杀菌时食品本身成为加热体，食品内外同时升温，不需要利用传热介质的传导和对流传热。因此，相对传统热杀菌来说，微波杀菌具有加热时间短、升温速度快、能耗少、杀菌均匀、食品营养成分和风味物质破坏和损失少等特点。

微波杀菌机理目前尚不明确，主要有热效应和非热效应两种。生物体受到微波辐射后，微波能转化为热能，使物料的温度升高，产生热效应，通过热量来达到杀菌的目的。微波与生物体作用会产生复杂的生物学效应，通过使细菌功能性障碍或者破坏细菌的细胞壁等复杂的生物效应，使得微生物死亡，达到杀菌的效果。关于微波杀菌的机理有一定的争议，较普遍的认为微波在食品中所产生的热效应起到主要的杀菌作用，但又有一些情况下，因微波可在较低的温度下或较短的时间内达到或更优于传统方法的杀菌效果，无法用热效应来解释，因此也认为存在非热效应。由于无法对非热力效应杀菌效果的增强作用进行量化，为保证加工食品的微生物学安全性，在工艺设计过程中通常只考虑热力效应。

4.4.5 欧姆杀菌

欧姆杀菌(Ohmic Heating)是一种新型热杀菌的加热方法，将电流直接通入食品中，利用食品本身的介电性质产生热量达到杀菌的目的，特别适合带颗粒的流体食品。对于带颗粒的流体食品如使用常规的杀菌方法，要使颗粒内部达到杀菌温度，其周围液体必须过热，从而影响产品的品质，但采用欧姆杀菌，由于流体食品中的颗粒加热速度几乎与流体的加热速度相近，因此可以避免过热对食品品质的破坏。这种技术首先由英国 APV 公司开发成功，目前一些国家已将该技术应用到食品的加工中。对于带颗粒的食品，采用欧姆加热，加热速度为 1～2℃/s，可缩短加工时间，得到高品质产品。

目前，欧姆杀菌技术能够处理的食品颗粒的最大尺寸限制了该技术在大颗粒物料上的应用。由于欧姆加热的适用性由食品物料的电导率来决定，因此对于一些脂肪、油、酒精、骨、纯净水或晶体结构(如冰)等非离子化的食品不适宜该技术。欧姆杀菌技术在罐头食品中主要应用于果蔬汁类罐头食品的杀菌。另外，还有振荡脉冲磁场、脉冲强光等一些新技术。

当前消费者对罐头食品的消费还存在一些误区，二维码 4-7 介绍了关于该消费误区的一些思考。

二维码 4-7 关于罐头、预制食品产业消费误区问题的思考

思考题

1. 影响微生物耐热性的因素有哪些？
2. 温度对食品中酶活性有哪些影响？
3. 罐头为何要排气？常见的排气方法有哪些？
4. 封罐时应注意哪些问题？
5. 罐头常见的传热方式有哪几类？哪些因素会影响传热效果？
6. 如何计算罐头的合理杀菌时间？
7. 什么是安全 F 值？它与实际杀菌时间有何关系？
8. 罐头食品常用的杀菌方法有哪些？
9. 高压杀菌的规程和注意事项有哪些？
10. 简述罐头食品胀罐的类型及原因。
11. 分析罐内食品变质原因，生产中应如何防止变质现象发生？
12. 分析罐头容器腐蚀的类型、原因，如何采取防制措施？
13. 新含气调理食品的生产原理是什么？
14. 罐头、预制食品(菜)发展过程中出现一些消费误区，被贴上“防腐剂”“不健康”“没营养”的标签，对此你有何见解和建议？

参考文献

[1] 夏文水. 食品工艺学. 北京：中国轻工业出版社，2007.

[2] 费斐，薛风照，王学辉. 罐头食品杀菌技术研究进展. 海军医学杂志. 2010.

[3] 李雅飞，等. 食品罐藏工艺学. 上海：上海交通大学出版社，1988.

[4] 李忠毅，江莉霞. 罐头食品发展研究. 肉类工业。2015.

[5] 汪秋宽. 食品罐藏工艺学. 北京：科学出版社，2016.

[6] 曾名湧. 食品保藏原理与技术. 青岛：青岛海洋大学出版社，2000.

[7] Norman N. Potter，Joseph，H. Hotchkiss. 王璋，钟芳，徐良增，等译. 食品科学. 5 版. 北京：中国轻工业出版社，2001.

[8] P. J. Fellows. Food Processing Technology：Principles and Practice. Woodhead publishing，2009.

原《食品工艺学导论》编写人：孟宪军（沈阳农业大学）；蒲彪（四川农业大学）；
廖小军（中国农业大学）
《食品加工与保藏原理》编写人：梁建芬（中国农业大学）；赵雷（华南农业大学）

第 5 章

食品的干制保藏

学习目的与要求

1.掌握食品干藏的原理。
2.理解食品的干制过程。
3.了解影响食品干制的因素。
4.了解食品干制过程中发生的变化。

5.1 食品干藏的原理

5.1.1 基本概念

1.食品水分含量

食品水分含量是指食品中所含的水质量与食品质量之比(质量分数)。常用含水量或含水率表述。物料含水率的表示方法有两种:湿基表示法和干基表示法。湿基表示法是以物料质量为基准计算的,而干基表示法是以物料中固体干物质为基准计算的。

2.食品脱水

食品脱水(dehydration)就是在不会导致或几乎不引起食品性质的其他变化(除水分外)的条件下,在人工控制条件下从食品中除去水分。由于食品中最终含水量及产品的性质不同,可以将食品的脱水分为浓缩(concentration)与干燥(drying)两种类型;浓缩是指脱水后最终产品为液态,含水量一般在15%以上;而干燥是指脱水后最终产品是固态,具有固体特性,含水量低,浓缩一般为干燥的前处理。依据脱水原理的不同,浓缩和干燥可以通过在常温下或真空下加热让水分蒸发,依据食品组分的蒸气压不同而分离去除水分;另外,还可以依据分子大小不同,用膜来分离水分,如渗透、反渗透、超滤,主要是浓缩。

3.干制

干制就是在人工控制条件下,采用加热蒸发脱水,几乎完全除去食品中的水分,使水分含量降低至15%以下,而食品的其他性质在此过程中几乎没有或极小的发生变化的过程。

4.干制食品

食品的干燥或脱水统称为食品的干制,所得产品则称之为干制食品。

5.食品干藏

食品干藏指在自然条件或人工控制条件下,使食品中的水分降低到足以防止腐败变质的水平后并始终保持低水分进行长期储藏的方法。在该干制食品的水分含量水平下,一定时间内微生物和酶的活动以及害虫等引起的质量下降可以忽略。

食品干藏是一种最古老的食品保藏方法。在我国北魏的《齐民要术》一书中记载用阴干的方法加工制造肉脯;在《本草纲目》中记载了用晒干的方法制桃干;1780年有人用热水处理蔬菜,再风(晒)干或将蔬菜放在烘房的架子上进行人工干燥。人工干燥在室内进行,不再受气候条件的限制,干燥时间缩短,易于控制,产品质量显著提高,成为主要的干燥方法。大批量生产的干制方法是在1875年出现,将片状蔬菜堆放在室内,通入40℃热空气进行干燥,这就是早期的干燥保藏方法,差不多与罐头食品生产技术同时出现。到20世纪初,热风干燥生产的脱水蔬菜已大量工业化生产。现在许多著名的土特产,如红枣、柿饼、葡萄干、金针菜、梅菜干、蕨菜、香菇、笋干等都是这样的干制品。通常,干制品在室温下可以贮藏一年以上。

二维码 5-1 常见干制品实验

食品干藏具有产品容易保藏,既可大规模工

业化生产又可进行自然干燥，只有设备简单，可因陋就简，生产费用低等特点。干制食品为有时不能得到新鲜食物或不适合其他方式保藏的食品提供了一定的便利。

6. 水分活度

水分活度是指系统中水分存在的状态，即水分的结合程度（游离程度），可用水分子的逃逸趋势（逸度）来反映，将食品中水的逸度与相同温度下纯水的逸度之比称为水分活度（water activity，A_w）。水分活度是对系统中水的能量测量，水分活度值越高，结合程度越低；水分活度值越低，结合程度越高。

$$A_w=\frac{f}{f_0} \tag{5-1}$$

式中：f 为食品中水的逸度；f_0 为纯水的逸度。

在低压或室温时，水分逃逸的趋势通常可以近似地用水的蒸气压（P）来表示，f/f_0 和 P/P_0 之数值差别小于1%，故可以用 P/P_0 来定义 A_w。

在食品加工中，水分活度通常被定义为食品表面的水蒸气压（P）与相同温度下纯水的饱和蒸气压（P_0）之比，但这个定义仅适合于理想溶液和热力学平衡体系。在通常情况下大多数食品不符合这些假设，因此依据蒸气压得到的水分活度仅是一个近似值。

$$A_w=\frac{P}{P_0} \tag{5-2}$$

由于蒸气压与相对湿度有关，因此食品的 A_w 与该产品环境的平衡相对湿度（ERH）相关，也就是说，A_w 可以用 ERH 来表示。

$$A_w=\frac{P}{P_0}=ERH \tag{5-3}$$

在数值上，A_w 与用百分率表示的平衡相对湿度值相等，但两者的含义不同，A_w 是食品的固有性质，反映了食品中水分的结合状态；ERH 则反映了与食品相平衡时周围的空气状态或大气性质。

P/P_0 是可以测定的。将试样放置在一个密闭的容器内，待达到平衡后测定容器内的相对湿度，这个测定值就等于 P/P_0。水分活度测定仪就是基于这样的原理。也可以根据试样冰点下降的数据来测定。目前 A_w 测定的精确性为2%。

应当注意，当 A_w 或水分含量很低时，测量食品上方的蒸气压不能准确测出其真实的 A_w，因为产品与空气平衡所需时间可能要数月到数年。水分活度反映了水与非水组分结合的强弱大小，自由水产生的 A_w 为1，结合水产生的 A_w 小于1。A_w 从热力学角度描述了水在食品中和非水组分相互作用的程度。

二维码5-2　水分活度测定实验

5.1.2　食品中水分存在的形式

食品中的水和非水组分共存于食品的组织细胞中，由于水分子是一个偶极分子，它与食品中的离子和离子基团、亲水性溶质、非极性物质之间存在相互作用，这些相互作用使水被缔合或束缚或结合，根据与食品组分结合能力或程度的大小，可以将食品中水的存在形式分为结合水和自由水(非结合水)。

5.1.2.1 结合水或被束缚水

结合水或被束缚水(bound water，immobilized water)是指不易流动、不易结冰(即使在-40℃下)，不能作为外加溶质的溶剂，其性质显著地不同于纯水的性质，这部分水被化学或物理的结合力所固定。

化学结合水是经过化学反应后，按严格的数量比例，牢固地同固体间结合的水分，只有在化学作用或特别强烈的热处理下(如煅烧)才能除去，除去它的同时会造成物料物理性质和化学性质的变化，即品质的改变。化学结合水存在于某些物料中且含量较小为5%～10%，如乳糖、柠檬酸晶体中的结合水。一般情况下食品物料干燥不能也不需要除去这部分水分。化学结合水的含量通常是干制品含水量的极限标准。

吸附结合水是指在物料胶体微粒内、外表面上因分子吸附力而被吸着的水分。胶体食品物料中的胶体颗粒与其他胶体相比，同样具有微粒分散度大的特点，使胶体体系中产生巨大的内表面积，从而有极大的表面自由能，靠这种表面自由能产生了水分的吸附结合。应该指出，处于物料内部的某些水分子受到各个方向相同的引力，作用的结果使受力为零；而处在物料内胶体颗粒外表面上的水分子在某种程度上受力不平衡，具有自由能；这种自由能的作用又吸引了更外一层水分子，但该层水分子的结合力比前一层要小，所以，胶体颗粒表面第一单分子层的水分结合最牢固，且处在较高的压力下(可产生系统压缩)。吸附结合水具有不同的吸附力，在干燥过程中除去这部分水分时，除应提供水分汽化所需要的汽化潜热外，还要提供脱吸所需要的吸附热。

结构结合水是指当胶体溶液凝固成凝胶时，保持在凝胶体内部的一种水分，它受到结构的束缚，表现出来的蒸气压很低。果冻、肉冻凝胶体即属此例。

渗透压结合水是指溶液和胶体溶液中被溶质所束缚的水分，这一作用使溶液表面的蒸气压降低。溶液的浓度越高，溶质对水的束缚力越强，水分的蒸气压越低，水分越难以除去。

5.1.2.2 自由水或游离水

自由水或游离水(free water)是指食品或原料组织细胞中易流动、容易结冰也能溶解溶质的这部分水，又称为体相水，可以把这部分水与食品非水组分的结合力视为零。

这些水在食品组织中通常被一些物理力所截留，当组织化食品被切割或剁碎时仍然不会流出，整体流动被严格地限制。这些水分主要有食品湿物料内的毛细管(或孔隙)中保留和吸附着的水分以及物料外表面附着的湿润水分。这些水分依靠表面附着力、毛细管力和水分黏着力而存在于湿物料中，这些水分上方的饱和蒸气压与纯水上方的饱和蒸气压几乎没有太大的区别，在干燥过程中既能以液体形式又能以蒸气的形式移动，这部分水在食品加工时所表现出的性质几乎与纯水相同。

食品中的水分所被利用的难易程度主要是依据水分结合力或程度的大小而定，游离水或自由水最容易被微生物、酶、化学反应所利用，而结合水难以被利用，结合力或程度越大，则越难被利用。

5.1.3 水分活度与微生物的关系

5.1.3.1 水分活度与微生物的发育

大量研究的结果表明，各种微生物都有它自己生长最旺盛的适宜的 A_w。微生物的发育与水分活度之间的关系如图 5-1 所示。从图 5-1 中可以看出，微生物的生长发育在不同的水分活度下存在明显差异。一般情况下，每种微生物的生长发育均有其最适的水分活度和最低的水分活度，它们取决于微生物的种类、食品的种类、温度、pH 以及是否存在润湿剂等因素。通常细菌类生长发育的最低水分活度为 0.90，酵母菌类及真菌类分别为 0.88 和 0.80。

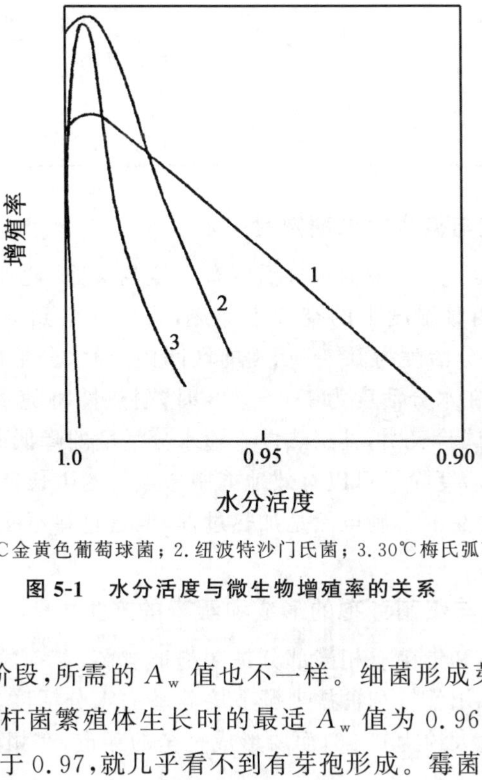

1. 30℃金黄色葡萄球菌；2. 纽波特沙门氏菌；3. 30℃梅氏弧菌。

图 5-1　水分活度与微生物增殖率的关系

微生物在不同的生长阶段，所需的 A_w 值也不一样。细菌形成芽孢时所需的 A_w 值比繁殖生长时要高，如魏化芽孢杆菌繁殖体生长时的最适 A_w 值为 0.96，而芽孢形成的最适宜的 A_w 值为 0.993，A_w 值若低于 0.97，就几乎看不到有芽孢形成。霉菌孢子发芽的 A_w 值则低于孢子发芽后菌丝生长所需的 A_w 值，如灰绿曲霉发芽时的 A_w 值为 0.73～0 75，而菌丝生长所需的 A_w 值在 0.85 以上，最适宜的 A_w 值必须为 0.93～0.97。有些微生物在繁殖中还会产生毒素，微生物产生毒素时所需的 A_w 值高于生长时所需的数值，如黄曲霉生长时所需 A_w 值为 0.78～0.80，而产生毒素时要求的 A_w 值高达 0.83。表 5-1 列出了一些微生物生长发育的极限水分活度。

从表 5-1 中可以看出，与细菌和酵母菌相比，霉菌能够忍受更低的水分活度，因此霉菌是干制品中常见的腐败菌。为了抑制微生物的生长，延长干制品的储藏期，必须将其水分活度降到 0.70 以下。

表 5-1 微生物生长的极限水分活度及典型的食品

水分活度	抑制的微生物种类	典型的食品
1.00	无	绝大多数新鲜及高含水量的食品
0.95	革兰阴性杆菌如大肠杆菌和芽孢杆菌的孢子	40%的蔗糖或7.5%的盐溶液;面包屑及煮香肠
0.91	绝大多数球菌和乳酸杆菌、芽孢杆菌的营养细胞	55%的蔗糖或12%的盐溶液;火腿
0.88	大多数酵母菌	65%的蔗糖或15%的盐溶液;腊肠;鱼粉
0.80	大多数霉菌	小麦粉;甘谷类和干豆类;干香肠;水果蛋糕
0.75	大多数嗜盐菌	26%盐溶液;果酱;未干燥的盐腌鱼
0.65	嗜干霉菌	果汁软糖;含水量5%的鱼粉;未加盐的鳕鱼干等
0.60	嗜渗酵母菌	甘草;盐干鱼

5.1.3.2 水分活度与微生物的耐热性

微生物的耐热性与其所处环境的水分活度有一定的关系,比如将嗜热脂肪芽孢梭菌的冻结干燥芽孢放在不同的相对湿度下的空气中加热,可以观察到该菌的耐热性在水分活度为0.2～0.4时最高,而在水分活度为0.8～0.4的区间内,随水分活度的降低,耐热性将逐渐增大。不过饶有意味的是,在水分活度为1.0～0.8时,耐热性将随水分活度的减小而降低。另外,对霉菌孢子的耐热性试验表明,其耐热性有随水分活度的降低而呈增大的倾向。

由上所述,降低水分活度除了可以有效地抑制微生物的生长外,也将使微生物的耐热性增大。这一事实也说明了食品的干制虽然是加热过程,但是它并不能代替杀菌,或者说脱水食品并非无菌。

5.1.3.3 水分活度与细菌芽孢的形成和毒素的产生

食品中存在的腐败菌和毒菌有相当部分是芽孢形成菌,芽孢的形成一般需要比营养细胞发育更高的水分活度。如用蔗糖和食盐来调节培养基的水分活度,可观察到突破芽孢梭菌的发芽发育的最低水分活度大约为0.96,而要形成完全的芽孢,在相同的培养基中,则水分活度必须高于0.98。

中毒菌的毒素产生量一般随水分活度的降低而减少,当水分活度低于某个值时,尽管它们的生长并没有受到很大的影响,但毒素的产生量却急剧下降,甚至不产生毒素。以黄金色葡萄球菌C-243株产生肠毒素B与培养基的水分活度之间的关系为例,当水分活度下降到0.93～0.96时,金色葡萄球菌事实上已不产生肠毒素B。因此,如果食品原料所污染的食物中毒菌在干制前没有产生毒素,那么干制后也不会产生毒素。但是,如果在干制前毒素已经产生,那么干制将难以破坏这些毒素,食用这种脱水食品后很有可能会导致食物中毒。

5.1.4 水分活度与酶的关系

5.1.4.1 水分活度与酶活性的关系

研究表明,酶是引起食品变质的主要因素之一。酶作用的大小或者说酶活性的高低,与很多条件有关，如温度、水分活度、pH、底物浓度等，其中水分活度的影响非常显著。食品中酶的来源多种多样：有食品的内源性酶、微生物分泌的胞外酶及人为添加的酶。水分活度对酶活性的影响主要通过以下途径：①水作为运动介质促进扩散作用；②稳定酶的结构和构象；③水是水解反应的底物；④破坏极性基团的氢键；⑤从反应复合物中释放产物。酶活性随 A_w 的提高而增大，通常在 A_w 为 0.75～0.95 的范围内酶活性达到最大，在 $A_w<0.65$ 时，酶活性降低或减弱，但要抑制酶活性，A_w 应在 0.15 以下，因此，通过降低 A_w 来抑制酶活性不是很有效。在低水分的干制品中，特别是在它吸湿后，酶仍会缓慢地活动，从而引起食品品质恶化或变质。

一般来说，只有干制品水分降低到 1%以下时，酶的活性才会完全消失。以乌麦脂酶的活性与水分活度之间的关系为例，如图 5-2 所示，当水分活度降低到单分子层吸附水所对应的值以下时，酶基本无活性；当水分活度高于该值之后，则酶活性随水分活度的增加而缓慢增大；但当水分活度超过多层水所对应的值后，酶的活性显著增大，这就说明当食品所含水分不足以形成单分子吸附层时，酶因为没有可利用的水而受到完全的抑制；当食品中含有较多的体相水时，酶可以借助溶剂水与底物充分接触，从而表现出较高的活性。

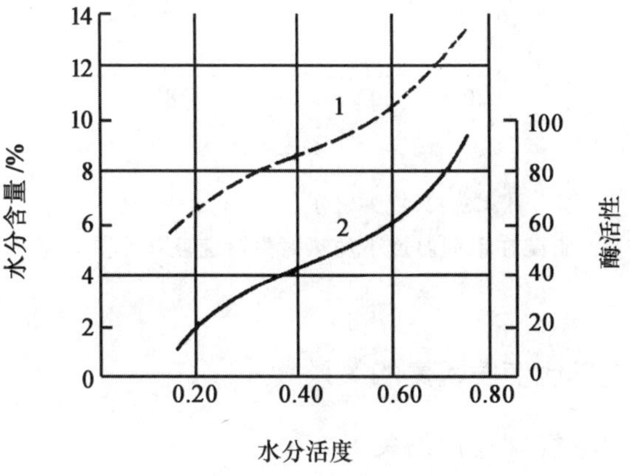

1. 水分吸附等温线；2. 酶活性。

图 5-2　脂酶活性与水分活度的关系

实验还表明，酶要起作用，必须高于某个水分活度才行，即每种酶起作用都存在一个最小水分活度，如多酚氧化酶要引起儿茶酚的褐变，反应体系的最小水分活度为 0.25，如果水分活度低于 0.25，褐变反应就不会发生。

另外，通过实验还发现，食品中的酶反应除了与整个食品体系的水分活度有关外，还与局部的水分子存在状态有关，如在面团糊与淀粉酶的混合体系中，在水分活度小于 0.70 时淀粉就不分解，但是，当把富含毛细管的物质加入该混合体系时，水分活度只要达到 0.46 时，面团就会发生酶解反应，这种现象也称作局部效应。

酶起作用的最低水分活度还与酶的种类有关，例如同是大麦磷脂分解酶，磷脂酶 D 的最低水分活度为 0.45，而磷脂酶 B 则为 0.55。

5.1.4.2　水分活度与酶的热稳定性的关系

实验表明，酶的热稳定性与水分活度之间存在一定的关系，如图 5-3 所示。从图 5-3 中可看出，将黑麦放在不同的温度下加热时，其所含磷脂的起始失活温度随水分含量而异，水分含量越高，酶的起始失活温度越低。也就是说，酶在较高的水分活度环境中更容易发生热失活，这一事实说明脱水食品中的酶并未完全失活，这也是造成脱水食品在储藏过程中质量变化的重要原因。因此为了控制干制品中酶的活动，就有必要在干制前对食品进行湿热或化学钝化处理，以达到使酶失活的目的。为了鉴定干制食品中残留酶的活性，可用接触酶或过氧化物酶作为指示酶。

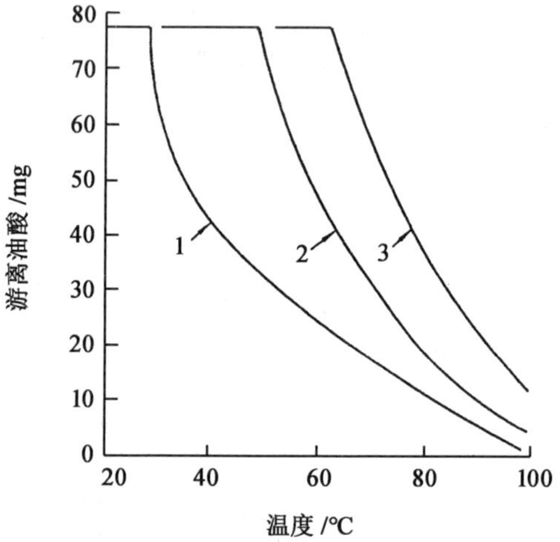

1. 水分 23%；2. 水分 17%；3. 水分 10%。

图 5-3　脂酶在不同温度下加热时失活速度与水分含量的关系

5.1.5　水分活度与其他变质因素的关系

5.1.5.1　水分活度与氧化作用的关系

很多食品都含有丰富的脂肪和色素等性质活泼的成分，它们在干制过程中容易发生氧化作用而变质。脂肪氧化是食品变质的主要反应之一，氧化作用与水分活度之间的关系如图 5-4 所示。从图中可以得知，A_w 不能抑制氧化反应，即使水分活性很低，含有不饱和脂肪酸的食品放在空气中也极容易氧化酸败，甚至水分活度低于单分子层水分对应的水分活度值也很容易氧化酸败；随着水分活度增加到 0.30～0.50，脂肪自动氧化速率和量却减小；此后，随着水分活度增加，氧化反应速率也增加。因为氧化反应是自由基反应，A_w 小于 0.1 的干燥食品因氧气与油脂结合的机会多，氧化速度非常快；当 $A_w>0.55$ 时，水的存在提高了催化剂的流动性而使油脂氧化的速度增加；A_w 在 0.30～0.40 时，食品中水分子与过氧化物发生氢键结合，减缓了过氧化物分解的初期速率；水能与微量的金属离子结合，产生不溶性金属水合物而使其失去催化活性或降低其催化活性。

出现上述现象的原因主要是当食品所含水分低于单分子吸附水时，部分极性基团由于失去了水的保护作用而与氧直接接触，迅速发生氧化反应；当食品含水量达到单分子吸附水时，由于极性基团均以等摩尔比与水分子结合而受到强烈保护，另一方面，水与金属离子发生水化作用而显著降低了金属催化剂的催化活性，同时水还可以与氢过氧化合物结合使游离基消失，从而抑制了脂质的氧化反应；当食品含水量继续升高时，由于大分子发生肿胀而暴露出更多的催化部位，酶及金属催化剂的流动性提高，氧的溶解度增加，使脂质的氧化速度逐渐加快。

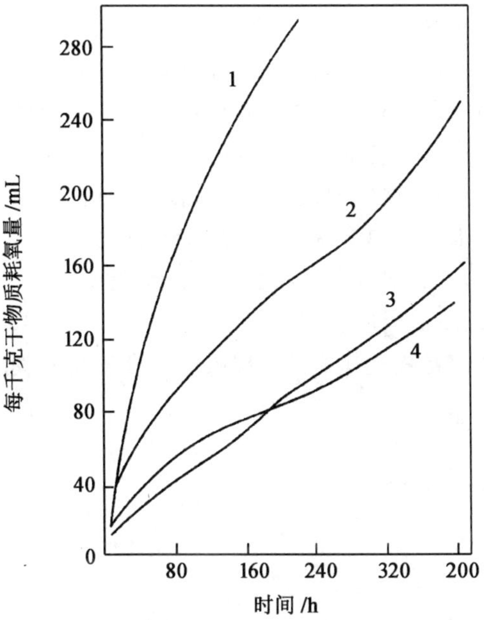

1. 水分活度 0.75；2. 水分活度 0；3. 水分活度 0.51；4. 水分活度 0.2。

图 5-4　脂质氧化与水分活度之关系

需要特别指出的是，类胡萝卜素等色素具有较多的共轭双键，它与不饱和脂肪一样容易发生自动氧化。当它与不饱和油脂共存时，将会引发两者的共轭氧化，产生 β-紫罗酮，使制品的色泽变成紫色，鲑、鳟等鱼类干制时就容易出现这种变化。

5.1.5.2　水分活度与非酶褐变的关系

褐变是食品干制过程中经常遇到的现象。褐变有酶褐变与非酶褐变之分，酶褐变与水分活度之关系已如前述，非酶褐变是食品变质的又一重要反应，非酶褐变与水分活度之间的关系可见图 5-5。从图中可以看出，食品的水分活度为 0.60～0.80 时，非酶褐变的反应速度最快。Labuza(1970)曾经指出，美拉德褐变的最大速度出现在水分活度为 0.6～0.9；在水分活度小于 0.6 或大于 0.9 时，非酶褐变速度将减小；当水分活度为 0 或 1 时，非酶褐变即停止。一般果蔬制品发生非酶褐变的水分活度范围是 0.65～0.75；肉制品褐变的水分活度一般为 0.30～0.60；干乳

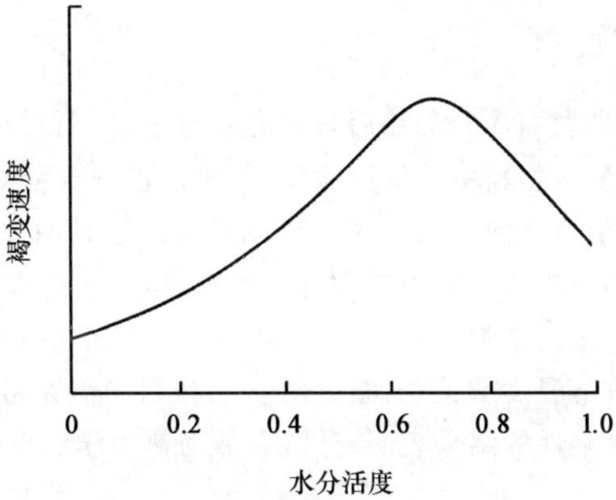

图 5-5　非酶褐变速度与水分活度的关系(54℃)

制品主要是非脂干燥乳褐变的水分活度大约在 0.70。由于食品成分的差异，即使同一种食品，加工工艺不同，引起褐变的最适水分活度也有差异。

非酶褐变与水分活度的关系表现出上述变化的原因可以认为是由于水分活度的增大使参与褐变反应的有关成分在水溶液中的浓度增加，在食品内部的流动性逐渐改善，使它们相互之间的反应概率增大，褐变速度因此逐渐加快。当水分活度超过 0.9 后，与褐变有关的物质被稀释，且水分为褐变产物之一，水分增加将使褐变反应受到抑制。

综上所述，水分活度是影响脱水食品贮藏稳定性的最重要因素。降低干制品的水分活度，能够抑制微生物的生长发育、酶促反应、氧化作用及非酶褐变等变质现象，使脱水食品的贮藏稳定性增加。当食品的水分活度减至其单分子层吸附水所对应值时，脱水食品将获得最佳的贮藏质量。

5.2 食品的干制过程

5.2.1 干燥机制

干燥就是指在热空气中食品水分受热蒸发后被去除的过程，该过程中包括两个方面：一是由于物料表面与空气之间存在的蒸气压差，使水分子就立即转移扩散到空气中（水分转移）；二是热量从热空气传到食品表面，再由表面再传到食品内部（热量传递）。因此，食品干燥过程既有质（水分）的转移也有热的传递，即湿热传递。

在干制过程中，在简单情况下，食品表面水分受热后首先由液态转化为气态（即水分蒸发），而后水蒸气从食品表面向周围介质中扩散，于是食品表面水分含量低于它的内部，随即在食品表面和内部区间建立了水分差或水分梯度，促使食品内部水分不断地向表面转移，这样不仅减少了表面水分，而且也使内部水分不断减少。但在复杂情况下，水分蒸发也会在食品内部某些区间甚至于全面进行，食品内部水分就有可能以液态或蒸气状态向外扩散转移。同时，当食品置于热空气的环境或条件下，食品与热空气接触，热空气中的热量就会首先传到食品表面，使表面的温度高于食品内部，于是在食品表面和内部就会出现相应的温度差或温度梯度，随着时间的延长，食品内部的温度会达到与表面相同的温度，这种温度梯度的存在也会影响食品干燥过程。

5.2.1.1 导湿性

在干制过程中，潮湿食品表面水分受热后首先有水分蒸发，而后水蒸气从食品表面向周围介质中扩散，此时表面湿含量比物料中心的湿含量低，出现水分含量的差异，即存在水分梯度。同时，食品高水分区的水分子就会向低水分区转移或扩散。这种由于水分梯度使得食品水分从高水分处向低水分处转移或扩散的现象常称为导湿现象，也可称它为导湿性。

导湿系数是食品物料的比例常数，但在干燥过程中并非稳定不变，它随着食品水分含量和温度的变化而异。导湿系数与温度的关系：温度对食品物料导湿系数具有明显的影响。米纽维恰等研究硅酸盐类物质导湿性的结果表明，导湿系数与热力学温度的 14 次方成正比，即

$$K=\left(\frac{T}{290}\right)^{14} \tag{5-4}$$

通过这种关系可以得到启示,若将导湿性小的物料在干制前加以预热,可以提高导湿系数,显著地加速干制过程。在具体操作时,为了在加热时避免食品物料表面水分蒸发,可以将食品物料先在饱和湿空气中加热。

5.2.1.2　导湿温性

在空气对流干燥中,食品物料表面受热温度高于它的中心,在物料内部会建立一定的温度梯度。雷科夫首先证明温度梯度将促使水分(不论液态或气态)从高温处向低温处转移,这种由温度梯度引起的导湿温现象被称为导湿温性。

导湿温性是在许多因素影响下产生的复杂现象,主要是高温促使液体黏度和它的表面张力下降,蒸气压上升;此外,高温将使食品间隙中的空气扩张,空气扩张会挤压毛细管内水分顺着热流方向转移,由于热流的方向与水分梯度的方向相反,因此温度梯度是食品干燥时水分减少的阻碍因素。

5.2.1.3　导湿性与导湿温性引起的食品干燥

在干制过程中,食品湿物料内部同时会有水分梯度和温度梯度存在,因此,水分的总流量是由导湿性和导湿温性共同作用的结果。在两者共同的推动下水分总流量将为两者之和,即

$$|I_{总}|=|I_{湿}|+|I_{温}| \tag{5-5}$$

对于对流干燥而言,热量由物料表面向中心传递,而水分流向正好相反,即温度梯度和水分梯度的方向恰好相反,两者的符号也相反。

$$|I_{总}|=|I_{湿}|-|I_{温}| \tag{5-6}$$

则导湿温性将成为水分沿水分梯度扩散的阻碍因素,即水分扩散受阻。

若导湿性比导湿温性强,水分将按照物料水分减少方向转移;若导湿温性比导湿性强,水分则随热流方向转移,并向水分增加方向移动,则食品水分含量减少变慢或停止,这种情况常在面包焙烤的初期阶段出现。在大多数情况下,导湿温性常成为内部水分扩散的阻碍因素。

在对流干燥的降速阶段也常会出现导湿温性大于导湿性,于是物料表面水分就会向它的深层转移,而物料表面仍进行水分蒸发,以致它的表面迅速干燥而温度也迅速上升,这样水分蒸发就会转移到物料内部深处。只有物料内层因水分蒸发而建立了足够的压力,才会改变水分转移的方向,以蒸汽的形式扩散到物料表面。这样不利于物料干燥,延长了干燥时间。

如果物料内部无温度梯度存在,水分将在导湿性影响下向物料表面转移,在它的表面进行蒸发。此时水分蒸发速率取决于加热介质参数以及物料内部和它表面间水分扩散率的关系。干燥过程若能维持相同的物料内部和外部水分扩散,就能延长恒速干燥阶段并缩短干燥时间。

这些情况进一步表明,降速阶段内的干燥速率主要受食品内部水分扩散和蒸发的因素如食品温度、温度差、食品结合水分以及它的结构、形状和大小等的影响。因此,空气流速及其相对湿度的影响逐渐消失,而空气温度的影响增强。

5.2.2　干制过程的湿热传递

食品的干制过程实际上是食品从外界吸收足够的热量使其所含水分不断向环境中转移,从而导致其含水量不断降低的过程。该过程包括了两个基本方面,即热量交换和质量交换(水分及其他挥发性物质的逃逸),因而也称作湿热传递过程。湿热传递过程的特性和规律就是食

品干制的机理。

5.2.2.1 食品的热物理学性质

食品干燥的快慢取决于食品与环境之间热交换和质量交换的速度，而它们与食品的热物理学性质有密切关系。

1. 食品的比热

食品的比热一般用食品中干物质的比热容 $c_{干}$ 与其所含水分的比热 $c_{水}$ 的平均值来表示。假设食品的含水量为 $W(\%)$，则食品的比热 $c_{食}$ 可用下式表示，即

$$c_{食}=[c_{干}(100-W)+c_{水}W]/100=c_{干}+(c_{水}-c_{干})W/100 \tag{5-7}$$

通常，$c_{水}$ 为 4.19 kJ/(kg·K)，食品中干物质的比热 $c_{干}$ 为 1.257～1.676 kJ/(kg·K)。显然，食品的比热与其含水量之间呈线性关系。

应该指出 $c_{食}$ 与 W 之间的关系并非单纯的线性关系，而是带有转折的线性关系。出现此种现象的原因可能是：①在不同的含水量范围内，食品干物质发生了不同的物理变化；②由于食品的孔隙度、固体间架中的空气、水的液相与气相之比等因素的影响。

尽管如此，在很多情形下，上述因素对比热的影响并不十分严重，因此，在近似计算时仍可按式(5-7)来计算食品的比热。

2. 食品的导热系数

食品是一种多相态混合体系，与单一相态物体的传热有较大的区别。热量在食品中的传递既可以通过内含空气和液体的孔隙以对流方式进行，也可通过食品的固体间以导热方式进行，还可通过孔隙与壁之间的辐射等方式来进行。这样就产生了真正导热系数 λ 与当量导热系数 $\lambda_{当}$ 两个不同的概念。λ 即傅里叶方程中的比例系数，而 $\lambda_{当}$ 则是表示食品以上述各种方式传递热量的能力，即

$$\lambda_{当}=\lambda_{固}+\lambda_{混}+\lambda_{对}+\lambda_{水}+\lambda_{辐} \tag{5-8}$$

式中：$\lambda_{固}$ 为食品固形物的导热系数(kJ·m^{-1}·h^{-1}·℃$^{-1}$)；$\lambda_{混}$ 为食品孔隙中以稳定状态存在的液体和蒸气混合物的传热系数；$\lambda_{对}$ 为食品内部空气的对流传热系数；$\lambda_{水}$ 为食品内部水分质量迁移时的传热系数；$\lambda_{辐}$ 为辐射传热系数。

实验表明，$\lambda_{当}$ 与 λ 在大多数情形下是不相等的，只有在 G_r 与 P_r 的乘积小于 10^3 时，它们才相等。

食品的导热系数主要取决于它的含水量和温度，因而在干燥过程中是可变的。随着水分含量的降低，导热系数将不断地减小。这显然是因为在水分蒸发后，空气代替水分进入食品中，从而使其导热性变差。导热系数与水分含量的关系因食品种类而异，以麦粒的干燥为例，在含水量为 10%～20%时，它们之间的关系可用下式来表示，即

$$\lambda=0.07+0.002\,33W \tag{5-9}$$

食品的导热系数与温度之间大体上呈线性关系，即随温度升高，导热系数增大。

3. 导温系数

导温系数是表示食品加热或冷却快慢的物理量，用 α 表示，可用下式来计算：

$$\alpha = \lambda / c\rho \qquad (5\text{-}10)$$

式中：ρ 为食品的密度，在很大程度上取决于含水量。因此，温度和含水量仍是影响导温系数的主要因素。导温系数与含水量之间的关系如图 5-6 所示。从图中可以看出，在某个含水量下，小麦的导温系数会出现极大值。导温系数与温度之间也存在一定的关系，通常温度升高，导温系数将增大。

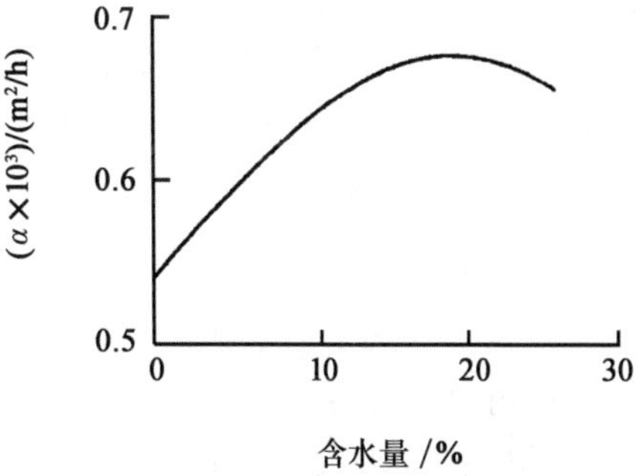

图 5-6 小麦导温系数与含水量的关系

5.2.2.2 影响湿热传递的因素

食品在干燥过程中湿热传递的速度除了受其比热、导热系数及导温系数等内在因素影响以外，还要受食品表面积、干燥工艺参数等外部条件的影响。

1. 食品的表面积

食品表面积的增大将使湿热传递的速度加快。这是因为食品表面积增大后，它与加热介质的接触面增大，水分蒸发外逸的面积也增大，所以食品的传热和传质速度将同时加快。另外，相同容积的食品，如果表面积增大，就意味着传热和传质的距离缩短，这也将使湿热传递的速度加快。

2. 干燥介质的温度

食品的初温一定时，如果干燥介质温度越高，也就是传热温差越大，则传热速度越快。然而，干燥介质为空气时，则温度所起的作用有限。此时空气的相对湿度和空气流动速度的影响非常显著。

3. 空气流速

以空气作为传热介质时，空气流速为影响湿热传递速度的重要因素。这是因为空气流速的加快，不仅能够使对流换热系数增大，而且能够增加干燥空气与食品接触的频率，从而能够吸收和带走更多的水分，防止在食品表面形成饱和空气层。

4. 空气的相对湿度

空气的相对湿度越低，则食品表面与干燥空气之间的水蒸气压差越大，水分蒸发随之加快。空气的相对湿度除了能够影响湿热传递的速度以外，还决定了食品的干燥程度。因为食品干燥后所能达到的最小水分含量与干燥空气的相对湿度相对应。在选择干燥工艺条件时必须注意这个问题。

5. 真空度

如果食品处于真空条件下干燥时，水分就可以在比较低的温度下蒸发。如果在保持温度恒定的同时提高真空度，就可以加快水分蒸发的速度。因此，采用加热真空容器的方法使食品中的水分快速蒸发。

5.2.2.3 干燥过程中食品的湿热传递

当待干食品从外界吸收热量使其温度上升到蒸发温度后，其表层水分将由液态变成气态并向外界转移，结果造成食品表面与内部之间出现水分梯度。在水分梯度的作用下，食品内部的水分不断向表面扩散和向外界转移，从而使食品的含水量逐渐降低。因此，整个湿热传递过程实际上包括了水分从食品表面向外界蒸发转移和内部水分向表面扩散转移两个过程，前者称作给湿过程，后者称为导湿过程。

1. 给湿过程

当环境空气处于不饱和状态时，给湿过程即存在。食品表层在水分向外界蒸发后又被源源不断的内部水分所润湿，当待干食品中含有大量水分时，这种情形与自由液面的水分蒸发相似，此时给湿过程中待干食品的水分蒸发强度可用道尔顿公式来计算。

$$q_m = \alpha_m (P_{饱} - P_{空蒸}) \frac{760}{P} \tag{5-11}$$

式中：q_m 为食品表面水分蒸发强度或给湿强度[kg/(m^2/h)]；α_m 为食品给湿系数；$P_{饱}$ 为与食品表面湿球温度相对应的饱和水蒸气压(kPa)；$P_{空蒸}$ 为热空气的水蒸气压(kPa)；P 为当地的大气压(kPa)。

食品的给湿系数是表示食品表面蒸发水分能力的物理量，主要取决于干燥介质的流速及流向。一般情况下，给湿系数随介质流速的增大而成正比例增加，两者的关系可近似地表示为 $a_m = 0.0229 + 0.0174\,v$。另外，蒸发表面的状况对给湿系数也有一定的影响，粗糙的蒸发表面比光滑的蒸发表面具有更大的给湿系数。

在恒率干燥阶段，由于 $P_{饱}$、$P_{空蒸}$ 及 a_m 均可视作不变，因此 q_m 是一个恒定值，其大小取决于空气的温度、相对湿度、流速、待干食品与水分蒸发有关的特性如蒸发面积和形状等因素。

2. 导湿过程

给湿过程的进行导致了待干食品内部与表层之间形成了水分梯度，在它的作用下，内部水分将以液体或蒸气形式向表层迁移，这就是所谓的导湿过程。导湿过程中的水分迁移量可用下式来计算：

$$q_{md} = -a_{md} \rho_0 \,\mathrm{grad}u \tag{5-12}$$

式中：q_{md} 为水分的流通密度，即单位时间内流过等湿面的水分量[kg/(m^2·h)]；ρ_0 为单位体积待干食品中绝对干物质的重量(kg/m^3)；grad$u$ 为水分梯度[kg/(kg·m)]；a_{md} 为水分扩散系数或叫导湿系数(m^2/h)。

水分扩散系数是与导温系数相似的物理量，表示待干食品的水分扩散能力，取决于食品的温度和含水量。水分扩散系数与温度之间的关系可用米纽维恰等推导的公式表示：

$$a_{md} = a_{md}^0 \left(\frac{T}{273 + t_0} \right)^n \tag{5-13}$$

式中：n 为自然数，其值可达 10～14。

按照 a_{md} 与温度的关系提供了这样的启示：由于大多数食品的水分扩散系数比较小，因此干燥速度较慢，如果在干燥之前将它们预热，那么其干燥速度就可以加快。

a_{md} 与含水量之间的关系主要取决于水分与食品的结合方式，非常复杂。以胶体毛细管多孔体的水分扩散系数与其含水量之间的关系为例，如图 5-7 所示。图中线段 1 表示毛细管水以液体形式迁移，水分扩散系数保持不变；线段 2 相当于渗透吸附水靠扩散作用的脱水过程；随着待干食品的含水量降低，毛细管水主要以蒸气形式扩散，而且蒸发面逐渐向内部深入，使水分在食品内部的迁移阻力增加，导致水分扩散系数不断下降(线段 3 和 3′)。

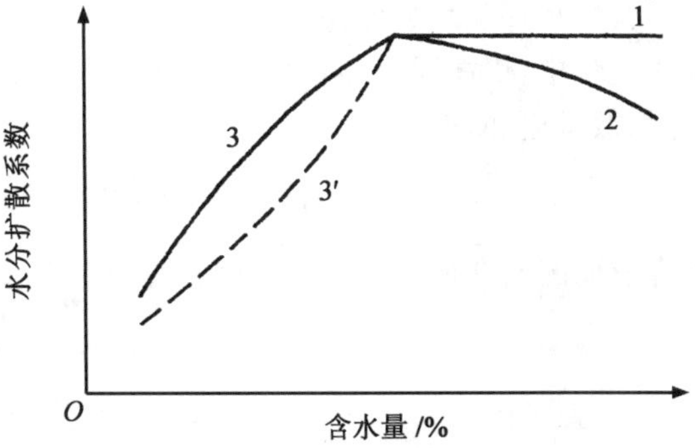

图 5-7　水分扩散系数与含水量的关系

在普通的加热干燥条件下，食品中不仅存在水分梯度，而且还存在温度梯度。因此，水分既会在水分梯度的作用下迁移，也会在温度梯度的作用下扩散。后者被称作热湿传导现象或雷科夫效应。雷科夫效应是在多种因素作用下产生的复杂现象，主要包括下列具体表现。

①水分子的热扩散　它主要是以蒸气分子的流动形式进行的，这种流动是因为食品中的冷热层分子具有不同的运动速度而产生的。

②毛细管传导　它取决于毛细管势的变化，而毛细管势与表面张力有关，表面张力随温度的升高而降低，从而使毛细管势增加，水分就以液体形式由较热层进到较冷层。

③水分在毛细管内夹持空气的作用下发生迁移　由于温度升高使毛细管内部夹持空气的体积膨胀，把水分挤向温度较低处。

由热湿传导现象引起的水分流量与温度梯度成正比，可用下式计算：

$$q_{m\theta} = -a_{md}\rho_0\delta \mathrm{grad}\theta \tag{5-14}$$

式中：$q_{m\theta}$ 为水分热湿传导的流量密度[kg/(m^2 · h)]；a_{md} 为水分扩散系数 (m^2/h)；ρ_0 为单位体积食品中绝对干物质的质量(kg/m^3)；δ 为热梯度系数[kg/(kg · ℃)]；gradθ 为温度梯度(℃/m)。

δ 又被称为食品的热湿传导系数，相当于温度梯度为 1℃/m 时食品内部所建立的水分梯度。与水分扩散系数相似，热梯度系数取决于食品的含水量，它们之间的关系如图 5-8 所示。

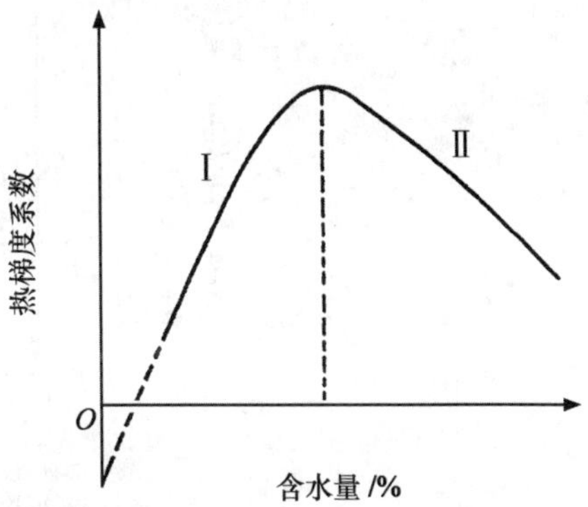

图 5-8　热梯度系数与含水量的关系

热梯度系数与含水量的关系依赖于食品的结构和水分迁移方式。对于毛细孔物料，在含水量较低时，热梯度系数随水分的增加而呈线性上升，并达到最高值。其原因是该含水量范围内的水分主要以蒸气形式扩散，随着含水量的降低，空隙逐渐被空气充满，阻碍了蒸气的热扩散。在最高点之后，水分主要以液体形式运动。如果水分主要靠夹持空气的作用以液体形式运动，则热梯度系数随食品水分的增加而下降。这是因为随着毛细孔物料水分的增加，空隙逐渐被水充满，夹持空气的数量减少，故热梯度系数随之下降。如果空隙完全被液体饱和时，即没有夹持空气时，热梯度系数趋于零。如果水分是在渗透压或毛细管势的作用下以液体形式运动，则热梯度系数保持不变。

综上所述，在食品的干燥过程中，可能同时存在导湿现象和热湿传导现象。因此，食品的水分扩散总量等于两者水分扩散量之和，即

$$q_{m}=q_{md}+q_{mq} \tag{5-15}$$

在对流干燥时，食品内部形成的温度梯度与湿度梯度正好相反，阻碍水分由内部向外表扩散，水分总扩散量应为：

$$q_{m}=q_{md}-q_{m\theta}=-a_{md}\rho_{0}(\mathrm{grad}u-\delta\mathrm{grad}\theta) \tag{5-16}$$

如果温度梯度与湿度梯度的方向一致，则水分扩散总量为：

$$q_{m}=q_{md}+q_{m\theta}=-a_{md}\rho_{0}(\mathrm{grad}u+\delta\mathrm{grad}\theta) \tag{5-17}$$

通常在实际干燥时，温度梯度和湿度梯度的方向相反，而且温度梯度起着阻碍水分由内部向表层扩散的作用。但是在对流干燥的降速干燥阶段，往往会出现热湿传导现象占主导地位的情形。此时食品表面的水分就会向它的内部迁移，由于其表面蒸发作用仍在进行，导致其表面迅速干燥，温度上升。只有当食品内部因水分蒸发而建立起足够高的压力时，才能改变水分传递的方向，使水分重新扩散到表面蒸发。这种情形不仅延长了干燥时间，而且会导致食品表面硬化。

5.2.2.4 干燥过程的特性

食品干燥过程的特性可以用干燥曲线、干燥速率曲线及温度曲线等来进行分析和描述，如图 5-9 所示。

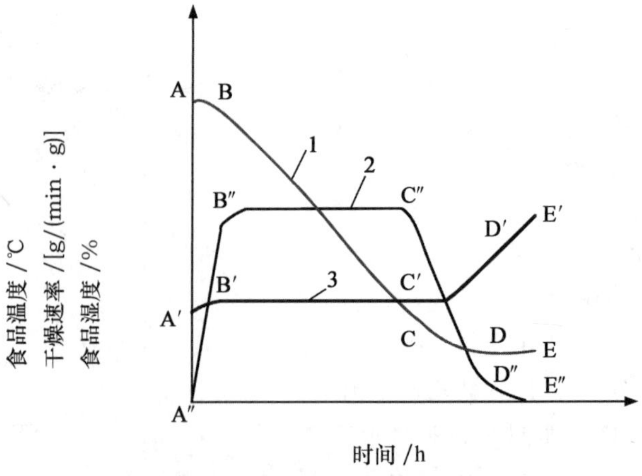

1. 干燥曲线；2. 干燥速率曲线；3. 食品温度曲线。

图 5-9 食品干燥过程曲线

1. 干燥曲线

干燥曲线是指食品含水量随干燥时间而变化的关系曲线，如图5-9曲线1所示。由A、B、C、D、E线段组成。当潮湿食品被置于加热的空气中进行干燥时，首先食品被预热，食品表面受热后水分开始蒸发，但此时由于存在温度梯度会使水分的迁移受到阻碍，因此水分下降较缓慢(AB)；随着热量从外向内的传递，温度梯度减小或消失，则食品中的自由水(毛细管水分和渗透水分)蒸发和内部水分迁移快速进行，水分含量快速下降，几乎是直线下降(BC)；当达到较低水分含量(C点)时，水分下降减慢，此时食品中水分主要为多分子层吸附水，水分转移和蒸发则相应减少，该水分含量被称为干燥的第一临界水分；当水分减少趋于停止或达到平衡(DE)时，最终食品的水分含量达到平衡水分。平衡水分取决于干燥时的空气状态，如温度、相对湿度等。水分含量曲线特征的变化主要由内部水分迁移与表面水分蒸发、外部水分扩散所决定。

2. 干燥速率曲线

干燥速率曲线是表示干燥过程中任何时间的干燥速率与该时间的食品绝对水分之间的关系曲线。典型的干燥速率曲线如图5-9曲线2所示。由A″B″C″D″E″组成。食品被加热，水分开始蒸发，干燥速率由0到大一直上升，随着热量的传递，干燥速率很快达到最大值(A″B″)，为升速阶段；达到B″点时，干燥速率为最大，此时水分从表面扩散到空气中的速率等于或小于水分从内部转移到表面的速率，干燥速率保持稳定不变，是第一干燥阶段，又称为恒率干燥阶段(B″C″)。在此阶段，食品内部水分很快移向表面，并始终为水分所饱和，干燥机理为表面汽化控制，干燥所去除的水分大体相当于物料的非结合水分。干燥速率曲线达到C″点，对应于食品第一临界水分(C)时，物料表面不再全部为水分润湿，干燥速率开始减慢，由恒率干燥阶段到降速干燥阶段的转折点C″，称为干燥临界点。干燥过程跨过临界点后，进入降率干燥阶段(C″D″)，这就是第二干燥阶段的开始。

干燥速率的转折标志着干燥机理的转折，临界点是干燥由表面汽化控制到内部扩散控制的转变点，是物料由去除非结合水到去除结合水的转折点。该阶段开始气化物料的结合水分，干燥速率随物料含水量的降低，迁移到表面的水分不断减少而使干燥速率逐渐下降。此阶段的干燥机理已转为被内部水分扩散控制。当干燥速率下降到D″点时，食品物料表面水分已全部变干，原来在表面进行的水分气化则全部移入物料内部，气化的水蒸气要穿过已干的固体层而传递到空气中，使阻力增加，因而干燥速率降低更快。在这一阶段食品内部水分转移速率小于食品表面水分蒸发速率，干燥速率下降是由食品内部水分转移速率决定的，当干燥达到平衡水分时，水分的迁移基本停止，干燥速率为零，干燥就停止，为干燥停止阶段(E″)。

3. 温度曲线

温度曲线是表示干燥过程中食品温度与其含水量之间关系的曲线，是由雷科夫提出来的。典型的温度曲线如图5-9曲线3所示，由A′B′C′D′E′组成。加热阶段(A′B′)：干制初期食品接触空气传递的热量，温度由室温逐渐上升达到B′点。恒温阶段(B′C′)：达到B′点，此时干燥速率稳定不变，该阶段热空气向食品提供的热量全部消耗于水分蒸发，食品物料没有受到加热，故温度没有变化。物料表面温度等于水分蒸发温度，即和热空气干球温度和湿度相适应的湿球温度。在恒率阶段，食品物料表面温度等于湿球温度并维持不变(B′C′)。升温阶段(C′D′)：达到C′点时，干燥速率下降，在降速阶段内，水分蒸发减小，由于干燥速率的降低，空气对物料传递的热量已大于水分气化所需的潜热，因而物料的温度开始不断上升，物料表面温度比空气湿球温度越来越高，食品温度不断上升（C′D′）；同温阶段（E′）：当干燥达到平衡水分时，干燥速率为零，食品温度则上升到和热空气温度相等。我们把食品温度上升到和热空气温度相等时的温度称为空气的干球温度（E′）。

5.2.2.5 食品干制工艺条件的选择

干制品的质量在很大的程度上取决于所用的干制工艺条件，因此，如何选择干制工艺条件是食品干制的最重要问题之一。食品干制工艺条件因干制方法不同而异，用空气干制时主要包括空气温度、相对湿度、流速和食品的温度等；用真空干燥时主要包括干燥温度、真空度等；用冷冻干燥时则主要包括冷阱温度、真空度、蒸发温度等。不论使用何种干燥方法，其工艺条件的选择都应尽可能满足这样的要求，即干制时间最短、能量消耗最少、工艺条件的控制最简便以及干制品质量最好。满足上述要求的工艺条件也被称为最佳工艺条件。但是，在实际的干燥中，最佳工艺条件几乎是达不到的。因此，我们应遵循绿色发展、促进人与自然和谐共生的原则，根据实际情况选择或组合相对合理的工艺条件，推动发展绿色低碳干制加工技术，生产高质量产品。

合理的干制工艺条件因食品种类和干制方法而异，不存在一个统一的规定。事实上，重要的不是知道某个食品的具体干燥工艺条件，而是掌握如何选择合理工艺条件的方法。选择干燥工艺条件时，应遵循下述原则。

①所选择的工艺条件应尽可能使食品表面的水分蒸发速度与其内部的水分扩散速度相等，同时避免在食品内部形成较大的温度梯度，以免降低干燥速度和出现表面硬化现象。特别是在干燥导热性较差和体积较大的食品时，尤其需要注意。此时可以适当降低空气温度和流速，提高空气的相对湿度，这样就能够控制食品表面的水分蒸发速度，降低食品内部的温度梯度，提高食品表面的导湿性。

②在恒率干燥阶段，由于食品所吸收的热量全部用于水分的蒸发，表面水分蒸发速度与内部水分扩散速度相当，因此，可以采用适当高些的空气温度，以加快干燥过程。一般情况下，除含淀粉或胶质较多的食品外，生鲜食品在干燥初期时均可以采用较高的空气温度。含淀粉或胶质较多的食品如果采用较高的空气温度干燥时，其表层极易形成不透水薄层干膜，阻碍水分的蒸发，因此只能使用较低的空气温度。

③在干燥后期应根据干制品预期的含水量对空气的相对湿度加以调整。如果干制品预期的含水量低于与空气温度和相对湿度所对应的平衡含水量时，就必须设法降低空气的相对湿度。否则，将达不到预期的干制要求。

④在降速干燥阶段，由于食品表面水分蒸发速度大于内部水分扩散速度，因此表面温度将逐渐升高，并达到空气的干球温度。此时，应降低空气温度和流速，以控制食品表面水分蒸发的速度和避免食品表面过热，对于热敏性食品尤其应予以重视。

5.2.3 食品干制时间的计算

食品干制时间是指将食品从初始含水量干燥到预定含水量所需要的时间。由前述食品干制过程的特性可知，食品的干制过程包含恒率干燥和降率干燥两个阶段，食品干制时间即等于恒率干燥时间与降率干燥时间之和。由于恒率干燥与降率干燥之间存在显著的差异，因此需用不同的方法来计算各自所需时间。

5.2.3.1 恒率干燥时间的计算

假设食品的初始含水量为 W_1，恒率干燥期结束时的含水量为 W_τ，恒率干燥期的干燥速

度为 υ，如果不考虑干燥初期的升温过程，则恒率干燥时间 τ 可用下式计算：

$$\tau_\tau=\frac{W_1-W_\tau}{\upsilon} \tag{5-18}$$

恒率干燥期的干燥速度可用下式计算：

$$\upsilon=100(q_m/R)\rho_0 \tag{5-19}$$

式中：R 为食品厚度的 1/2(m)；ρ_0 为单位容积食品中绝对干物质的质量(kg/m^3)；q_m 为给湿强度，由公式(5-11)计算。

公式(5-11)中的给湿系数可用努谢尔特准数来计算：

$$N_u=\alpha_m l/\lambda_m \tag{5-20}$$

式中：l 为蒸发表面的特征尺寸(m)；λ_m 为蒸气导热系数；α_m 为给湿系数。

努谢尔特准数的计算方法如下：

$$N_u=AR_e{}^nP_r{}^{0.33}G_u{}^{0.135}(T_{介}/T_{发})^2 \tag{5-21}$$

式中：R_e 为雷诺准数，$R_e=\rho\upsilon d/\mu=\upsilon d/\upsilon$，其中 ρ 为介质的密度，υ 为介质流速，d 为介质流域截面的特性尺寸，μ 为动力黏度，υ 为运动黏度；P_r 为普朗特准数，$P_r=\upsilon/a$；G_u 为古赫曼准数，$G_u=(t_{干}-t_{湿})/t_{干}$，$t_{干}$ 为介质的干球温度，$t_{湿}$ 为介质的湿球温度；$T_{介}$，$T_{发}$ 分别为介质与蒸发表面的温度(℃)；A，n 为取决于雷诺准数的常数。

当 $R_e=3\ 150\sim22\ 000$ 时，$A=0.49$，$n=0.61$

当 $R_e=22\ 000\sim315\ 000$ 时，$A=0.025$，$n=0.90$

在公式(5-18)中，W_τ 仍为未知数。它的计算方法如下：

$$W_\tau=100u_\tau+100qR/\varphi a_m\rho_0 \tag{5-22}$$

式中：u_τ 为恒率干燥期末的食品含湿量(kg/kg)；φ 为形状系数，对片状食品，$\varphi=3$，对圆柱状食品，$\varphi=4$，对球状食品，$\varphi=5$；ρ_0 为单位容积食品中绝对干物质的质量(kg/m^3)；a_m 为导湿系数。

由式(5-22)看出，W_τ 取决于食品的特征尺寸、导湿系数及干燥强度，需要注意的是，当干燥特征尺寸较大的食品时，W_τ 有可能大于其初始含水量，这表明实际的干燥过程只能在降率干燥期内进行。

5.2.3.2　降率干燥期的干燥时间

降率干燥期的干燥时间可以用下式来计算：

$$\tau_\tau=\frac{G}{A}\int_{W_2}^{W_1}\frac{\mathrm{d}W}{N_1} \tag{5-23}$$

式中：G 为待干食品的重量(kg)；A 为待干食品的蒸发面积(m^2)；N_1 为降率干燥速度；W_1 为降率干燥阶段结束时食品的含湿量(kg/kg)；W_2 为降率干燥开始时食品的含湿量(kg/kg)。

上式必须在通过实验得到干燥速度曲线之后，才能用于实际计算，而这是很烦琐的。下面我们给出几种特殊形状食品的降率干燥时间的计算公式。

片状食品：

$$\tau_\tau=\frac{0.084\ 8\delta^2}{a_m}\ln(\frac{W_\tau-W_e}{W-W_e}) \tag{5-24}$$

圆柱状食品：

$$\tau_{\tau}=\frac{0.637r^{2}}{a_{m}}\ln(\frac{W_{\tau}-W_{e}}{W-W_{e}}) \tag{5-25}$$

球状食品：

$$\tau_{\tau}=\frac{0.0506R^{2}}{a_{m}}\ln(\frac{W_{\tau}-W_{e}}{W-W_{e}}) \tag{5-26}$$

上述各公式中：δ 为片状食品的厚度(m)。r 为圆柱状食品的半径(m)；R 为球状食品的半径(m)；W_{τ} 为临界含水量(%)；W_{e} 为平衡含水量(%)；W 为干燥结束时食品的含水量(%)。

5.2.4 影响食品干制的因素

有许多因素影响干燥速率，这些因素与两个方面相关。一是在干燥过程中的加工条件，由干燥机类型和操作条件决定；二是与置于干燥机中的食品性质有关。加速湿热传递的速率，提高干燥速率是干燥的主要目标。

5.2.4.1 干制条件的影响

1. 温度

在进行食品干燥时，提高空气温度，干燥加快。由于温度提高，传热介质与食品间温差加大，热量向食品传递的速率越大，水分蒸发扩散速率也越大，从而使恒率干燥阶段的干燥速率增加。对于一定相对湿度的空气，随着温度提高，空气相对饱和湿度下降，这会使水分从食品表面扩散去除的动力更大；另外，温度越高，内部水分扩散速率就越快，也就是说，水分在高温下转移更快，从而内部干燥也增加，这对于在降速阶段也同样有效。因此，增加温度可以通过影响内部水分迁移(降率阶段)和外部水分扩散(恒率阶段)使干燥加快。然而，需注意的是：若以空气作为干燥介质，温度的作用是有限的。因为食品内水分以水蒸气的形式外逸时，将在食品表面形成饱和水蒸气层，若不及时排除掉，将阻碍食品内水分进一步外逸，从而降低了水分的蒸发速度，故温度的影响也将因此而下降；其次，过高的温度会对食品引起不必要的化学和物理反应，故干燥的温度不可能太高，为了保持高质量食品都必须有一个实际控制的干燥温度。

2. 空气流速

若以空气为加热介质，及时排除食品表面的饱和水蒸气层是很重要的，因此空气流速就成为影响干燥速率的另一个重要因素。空气流速加快，由边界层理论可知，流速越大，气膜越薄，越有利于增加干燥速率。这不仅是因为热空气所能容纳的水蒸气量将高于冷空气而吸收较多的蒸发水分，而且还能及时将聚集在食品表面附近的饱和湿空气带走，以免阻止食品内水分的进一步蒸发；同时还因为与食品表面接触的空气量增加，对流质量传递速度提高，而显著地加速食品中水分的蒸发。因此，空气流速越快，食品干燥也越迅速，会使干燥恒速期缩短。然而，由于降速期的干燥通常不受外部条件限制，故增加空气流速一般对降速期没有什么影响。

3. 空气相对湿度

在脱水干制时，如果用空气作为干燥介质，空气相对湿度越低，食品干燥速率也越快。因为食品表面和干燥空气之间的水分蒸气压差是影响外部质量传递的推动力，对于一种给定食品(已知表面蒸气压或水分活度)，空气相对湿度增加会降低推动力，近于饱和的湿空气进一步吸收蒸发水分的能力远比干燥空气差，饱和湿空气不能再进一步吸收来自食品的蒸发水分；相反，降低空气相对湿度会加快干燥恒速期的干燥速率。然而，相对湿度一般对于由内部质量传递控制的降速期来讲，其干燥速率没有影响。注意空气的相对湿度也决定最终平衡水分，这可通过干燥的解吸等温线预测出来。当空气湿度和食品水分一旦达到平衡，干燥就不再发生。

在脱水干制时，食品的水分下降程度也是由空气湿度所决定。干燥的食品极易吸水。食品的水分始终要和周围空气的湿度处于平衡状态。食品水分不同，其表面附近蒸气压随之而异。食品的水分低，则其蒸气压相应下降。脱水干制后，低水分食品表面的蒸气压也随之而下降。此时，如果物料表面与其水分相应的蒸气压低于空气的蒸气压，则空气中水蒸气不断向物料表面附近扩散，而物料则从它的表面附近空气中吸收水蒸气而增加其水分，直至表面上附近蒸气压和空气蒸气压相互平衡，物料也不再吸收水分。因蒸气压随温度而异，故在不同温度时各种食品水分有它自己相应的平衡相对湿度。因此，平衡相对湿度就是在一定温度中食品既不从空气中吸取水分，也不向空气中蒸发水分时的空气湿度。如低于这空气湿度则食品将进一步干燥，反之，则食品不再干燥，却会从空气中吸取水分。和平衡相对湿度相应的食品水分则称为平衡水分。干制时最有效的空气温度和相对湿度可以从各种食品的吸湿等温线上选择。

4. 大气压力和真空度

气压影响水的平衡关系，进而能影响干燥。当在真空下干燥时，空气的气压减少，水的沸点也就相应下降，气压越低，沸点也越低，如仍用和大气压力下干燥时相同的加热温度，则将加速食品水分的蒸发，使恒速期的干燥发生更快；然而，当干燥受内部质量传递控制时，真空操作对干燥速率影响不大。或者说，在真空室内加热干制时，可以在较低的温度条件下进行，适合热敏物料的干燥；此外，真空干燥还能使干制品具有疏松的结构。操作条件对干燥速率的影响总结见表 5-2。

表 5-2　操作条件对于干燥速率的影响

操作条件	恒速干燥阶段	降速干燥阶段
温度上升	干燥速率增加	干燥速率增加
空气流速上升	干燥速率增加	无变化
相对湿度下降	干燥速率增加	无变化
真空度上升	干燥速率增加	无变化

5.2.4.2　食品性质的影响

1. 表面积

水分子在食品内必须行走的距离决定了食品干燥速度的快慢，当食品被切成具有更高表面积的小片状时，水分子必须行走到达表面的距离变短，表面积增大，有利于干燥。同时，食品被切割成薄片或小块后大大减少了食品的粒径或厚度，缩短了热量向食品中心传递的距离，增大了加热介质与食品接触的表面积，为水分的蒸发扩散提供了更大空间，从而加速了水分的蒸发和食品的脱水干制。食品表面积越大、料层厚度越薄、干燥效果越好、这几乎适用于所有类型的食品干燥。

2. 组分定向

食品微结构的定向影响水分从食品内转移的速率。水分从食品内转移在不同方向差别较大，这取决于食品组分的定向。例如在蔬菜芹菜的纤维结构中，水分沿着长度方向比横穿细胞结构的方向干燥要快得多；在肉类蛋白质纤维结构中，也存在类似行为。

3. 细胞结构

在大多数食品中，细胞内含有部分水，而剩余水在细胞外，细胞结构间的水分比细胞内的水更容易除去。因为细胞内的水穿过细胞边界有一个额外的阻力，当细胞结构破碎时，有利于干燥。天然动植物组织是具有细胞结构的活性组织，在其细胞间、细胞内均维系着一定的水分，具有一定的膨胀压，以保持其组织的饱满与新鲜状态，当动植物死亡，其细胞膜对水分的可透性加强，尤其是受热(如漂烫或烹调)时，细胞蛋白质失去对水分的保护作用，因此，经热处理的果蔬与肉、鱼类的干燥速率要比其新鲜状态时快得多。但细胞破碎会引起干制品的可接受性下降，如会发生复水后软塌等现象，使干制品质量变差。

4. 溶质的类型和浓度

食品组成决定了干燥时水分子的流动性，特别是在低水分含量的时候，食品中的溶质如糖、淀粉、盐和蛋白质与水相互作用，会抑制水分子的流动性。在高浓度溶质(低水分含量)时，溶质会影响水分活度和食品的黏度。食品中增加黏度和减少水分活度的溶质如糖、淀粉、蛋白质和胶，典型地降低水分转移速率，从而降低干燥速率。溶质的存在提高了水的沸点，影响了水分的汽化，另外，像糖等溶质浓度高时容易在外层形成硬壳而阻碍水分的汽化。因此，溶质浓度越高，维持水分的能力越大，相同条件下干燥速率下降。

总之，影响干燥速率的因素很多，对于对流干燥，除了与干燥介质的状态如温度、湿度、流速、水分的蒸气压、扩散系数等和物料的性质与形状如包括物理结构、化学组成、形状大小、料层厚薄及水分活度有关外，还和介质与物料的接触状况有关，主要是指介质的流动方向，当流动方向垂直于物料表面时，干燥速率最快。

由于影响干燥的因素很多，所以只能通过实验来研究干燥动力学。根据实验时条件的不同，可分为恒定干燥和变动干燥两种情况。恒定干燥指干燥过程中热空气的温度、湿度以及它与物料的接触情况和相对流速均保持不变，或在真空干燥时保持传热条件和真空度恒定，否则就称为变动干燥。

5.3 食品常用的干燥方法

食品干燥方法分为自然干燥法和人工干燥法两大类。自然干燥法是利用太阳的辐射能使食品中的水分蒸发而除去，或利用寒冷的天气使食品中的水分冻结，再通过冻融循环而除去水分的干燥方法。自然干燥法简单、费用低廉，不受场地限制，虽然干燥时间长、容易变色、受气候条件限制、容易污染灰尘、蝇、鼠等，仍然是目前食品特别是水产品和某些传统粮食谷物、菜干和果干制品如干枣、柿饼、火腿等干燥中常用的方法。人工干燥法则是利用特殊的装置来调节干燥工艺条件，使食品的水分脱除的干燥方法。人工干燥方法依热交换方式和水分除去方式的不同，又可分成常压对流干燥法、传导干燥法、真空干燥法和辐射干燥法 4 类。下面主要介绍几种常用的人工干燥法。

5.3.1 常压空气对流干燥法

这种方法也叫空气干燥法，它是以热空气作为干燥介质，通过对流方式与食品进行热量与水分的交换，来使食品获得干燥。

常压空气对流干燥法是最常用的食品干燥方法，根据干燥介质与食品流动接触方式，可分为固定接触式对流干燥和悬浮式接触干燥两大类。

5.3.1.1 固定接触式对流干燥法

固定接触式对流干燥的共同特点是食品堆积在容器或其他支持器件上进行干燥。固定接触式对流干燥的具体实施方式很多，如箱式干燥、隧道式干燥、带式干燥、贮仓式干燥、泡沫干燥、滚筒干燥等。下面简要介绍几种常见的固定接触式对流干燥法。

1. 箱式干燥法

箱式干燥法(图5-10)是最简单的固定接触式对流干燥法。它的工作过程是把食品放在托盘中，再置于多层框架上，热空气在风机的作用下流过食品，将热量传给食品的同时带走水蒸气，从而使食品获得干燥。该法操作简单，用作小批量生产时，易控制干燥条件。但是只能间歇操作，操作费用较高，干燥不均匀，生产效率较低，不适宜于大规模生产。

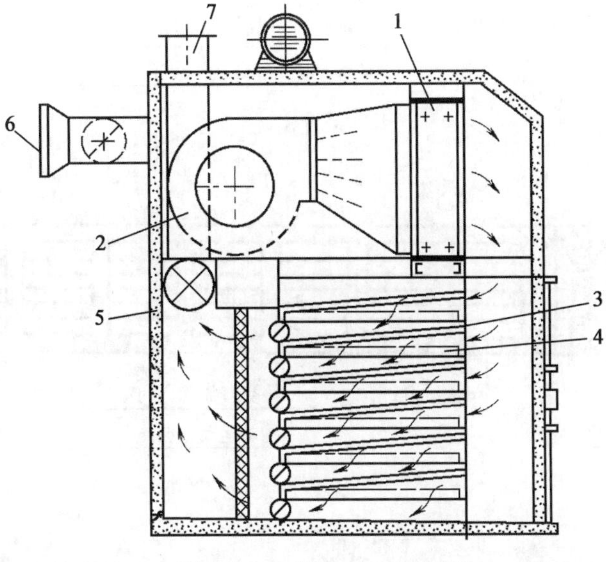

1. 加热器；2. 循环风机；3. 干燥板层；4. 支架；5. 干燥器箱体；6. 吸气口；7. 排气口。

图5-10 箱式干燥器

2. 隧道式干燥法

隧道式干燥法是使用最广泛的干燥方法之一，适用于各种大小及形状的固态食品的干燥。它的干燥过程是把待干食品放在料盘中，再置于料车上，料车在矩形的干燥通道中运动，并与流动着的热空气接触，进行热湿交换而获得干燥。隧道式干燥法操作简便，干燥速度较快，干燥量大，干燥均匀，干制品的质量较好，适用范围广。

隧道式干燥法的效果主要取决于料车与热空气的相对流动方向。根据料车与热空气流动方向分为3种隧道干燥方式：即顺流、逆流和混合式(图5-11)。顺流是指料车与热空气的流动方向相同，逆流是指两者的流动方向相反。顺流干燥的特点是前期干燥强烈，可能出现收缩现象；后期干燥缓慢，容易出现开裂或多孔结构，且制品最终的水分含量较高，一般不低于10%，吸湿性较强的食品不宜选用顺流式。逆流干燥的特点则是前期干燥缓慢，不易出现表面硬化和收缩现象；后期干燥强烈，制品最终含水量也较低，可达 5%以下。此外，在逆流干燥时，装载量不要超过设备的额定量，否则在干燥前期食品不但不脱水，反而会吸收水分，从而使干燥过程延长，更严重的是可能引起食品的发酸发臭等变质。混合式则具有顺流和逆流隧道干燥二者的优点，由第一阶段顺流干燥（湿端水分蒸发速率快）和第二阶段逆流干燥（后期干燥能力强）组合而成，各干燥阶段的空气温度可独立调节，顺流干燥采用较高的温度，逆流干燥则采用较低的温度，但混合式投资和操作费用高于单一隧道干燥器。

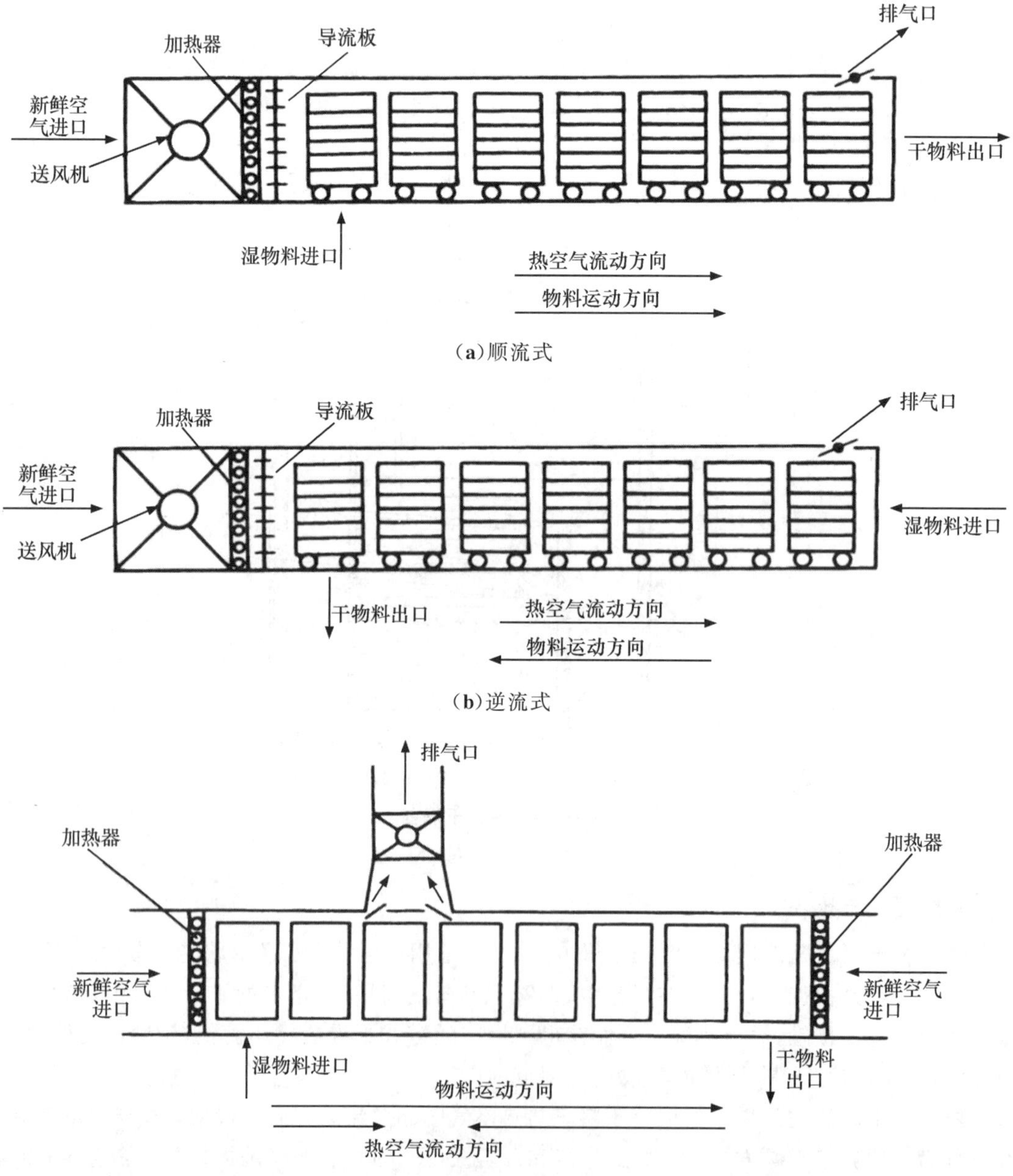

图 5-11 隧道干燥

二维码 5-3　顺流干燥

二维码 5-4　逆流干燥

3. 带式干燥法

带式干燥法是将待干食品放在输送带上，热空气自下而上或平行吹过食品，进行湿热交换而获得干燥。输送带可以是单带式，也可以布置成上下多层（图 5-12）。输送带最好用钢丝网带，以便干燥介质顺利流通。湿料在干燥前必须制成适当的分散状态，以便空气能穿流上行。带式干燥法由于物料干燥表面积大，蒸发距离短，物料与空气紧密接触，生产效率高，干燥速度快，但被干燥的湿物料必须事先制成分散的状态，使空气能顺利穿过带子上的物料层，特别适合单品种、整季节生长的块片状食品干燥。

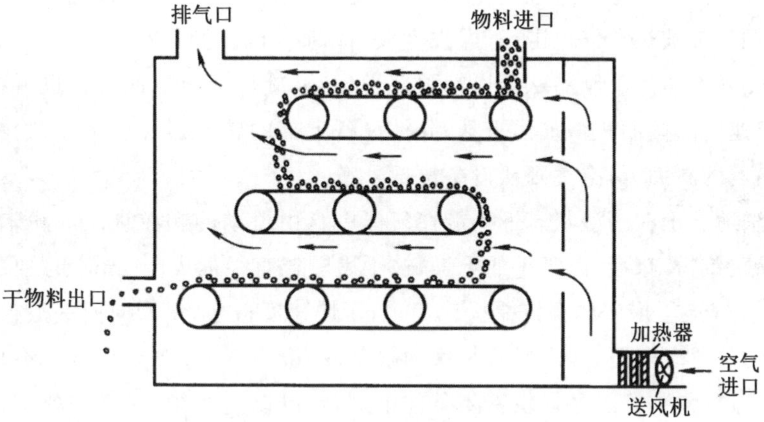

图 5-12　多层输送带式干燥

4. 泡沫干燥法

泡沫干燥法主要用于液体食品如果汁的脱水，先将液态或浆汁状的食品制成均匀稳定的泡沫状结构，然后将其铺开在某种支持物上成一极薄层，厚度不超过 1.5 mm，增加干燥表面积，再采用常压空气对流干燥的方法干燥。

这种干燥方法的效果取决于泡沫结构和干燥工艺条件。泡沫的结构与原料的种类、料液的浓度、料液的黏度、发泡稳定剂的种类及浓度、发泡温度及时间等因素有关。合适的料液浓度依种类而异，一般为 30%～60%。黏度较大者在发泡时可以不加或加入少量的乳化剂，如硬脂酸甘油酯、可溶性大豆蛋白等；而黏度较小者应加入适量的增稠剂，如瓜儿豆胶、甲基纤维素等。最佳发泡温度及时间因料液种类、发泡稳定剂的种类和浓度而异。在适当的温度下，用机械连续搅拌原料液，在搅入空气的同时，添加发泡稳定剂，使料液形成稳定的泡沫。发泡后的料液密度以 0.4～0.6 g/mL 为宜。

干燥空气参数对干燥速度的影响也很大。在干燥初期，干燥速度主要受温度和流速的影响；而在干燥后期，干燥速度主要受空气相对湿度的影响。所以泡沫干燥宜采用两段式干燥法：第一段用顺流干燥，第二段用逆流干燥。泡沫干燥法除具有一般热空气干燥法的优点以外，还具有干燥速率快、产品含水量低、干制品质量好、可以形成多孔结构、干制品复水性好等优点。但泡沫干燥只有在泡沫结构均匀一致且在干燥过程中保持一致，干燥效果才好，如微波能作为干燥介质效率好。而常规热风泡沫干燥、真空泡沫干燥时间长、能源消耗也大。

5.3.1.2 悬浮接触式对流干燥法

这类干燥法的共同特点是将固体或液体颗粒食品悬浮在干燥空气流中进行干燥。常见的悬浮接触式对流干燥法有 3 种类型，即气流干燥法、流化床干燥法及喷雾干燥法。

1. 气流干燥法

气流干燥法是将粉末状或颗粒状食品悬浮在热空气流中进行干燥的方法。它的干燥过程如下：颗粒状或粉末状的食品通过振动给料器进入干燥管的下端，被从下方进入的热空气向上吹起。在两者一起向上运动的过程中，彼此之间充分接触，进行强烈的湿热交换，食品迅速获得干燥。每个颗粒都被热空气包围，干燥强度大，特别在干燥管的进料口附近。设备散热面积小，热损失小，热效率高。干制品从干燥管顶部送出，经旋风分离器回收。也可在顶部增加干燥管直径，气流速度随截面积增加而下降，并被设备上部的转向器导向下降，物料遂与气流分离，沉积在收集器的斜面上，空气则从设备顶部外逸。

气流干燥法适合于在潮湿状态下仍能在气体中自由流动的颗粒食品或粉末状食品，如面粉、淀粉、葡萄糖、鱼粉、味精、肉丁等的干燥，被干燥颗粒直径最大 10 mm，且要求原料的含水量不超过 35%。气流干燥法的优点是操作简单，干燥速度极快，干燥时间一般仅为数秒钟，物料在干燥管内的停留时间短，受干燥管长度的限制，一般为 0.5～2.0 s，最长不超过 5 s；可以把干燥、粉碎、输送、包装等工序均在密闭条件下进行，既防止污染，又提高效率。其缺点是气流速度大，系统阻力大，动力消耗大；易产生颗粒磨损，对晶体形状有一定要求的产品不宜采用；干燥管较长，一般 10 m 或 10 m 以上，设备体积较大。

2. 流化床式干燥法

流化床式干燥法是将颗粒状食品置于干燥床上，使热空气以足够大的速度自下而上吹过干燥床，食品在流化态下获得干燥的方法(图 5-13)。流化床干燥适宜处理粉粒状食品物料。

流化床式干燥法的优点是食品与热空气接触面积大，颗粒的表面积都是蒸发面积，湿热交换十分强烈，干燥速度快、效率高，单位体积设备的处理能力大。流化床内温度分布较均匀，可采用较高的温度而不引起食品的损伤。可通过调节出口处挡板的高度，控制颗粒在床内的停留时间，达到控制干制品水分含量的效果。其缺点是热空气的利用率较低，颗粒食品易被气流带走而损耗掉，颗粒在干燥器内停留时间不均匀，导致干制品含水量不均匀；由于颗粒在床层中高度混合，可能会引起物料的返混和短路，对操作控制要求较高。

为了保证干燥均匀，又要降低气流压力，根据物料特性选择不同结构的流化床干燥器。食品工业常用的有单层流化床、多层流化床、卧式多室流化床、振动流化床等。

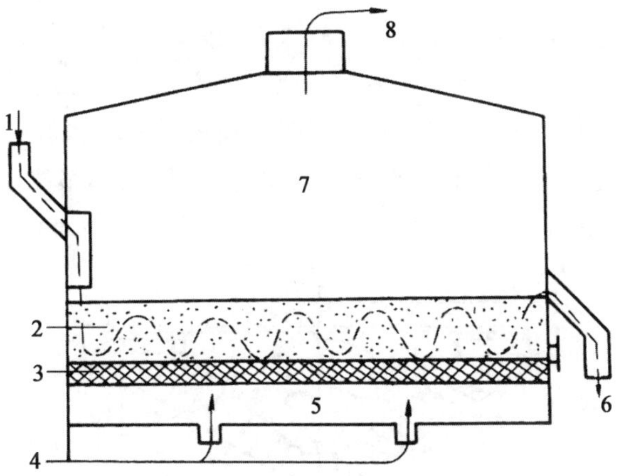

1. 湿物料进口；2. 流化床；3. 空气分布板；4. 热空气进口；5. 通风室；6. 干物料出口；7. 干燥室；8. 排气口。

图 5-13　流化床干燥

3. 喷雾干燥法

喷雾干燥法是将液态或浆状食品喷成雾状液滴，悬浮在热空气中进行干燥的方法。喷雾干燥设备由干燥室、雾化系统、空气加热系统、空气和粉末分离系统、供料和通风系统、控制系统等组成，其中喷雾系统和干燥系统是核心。基本组成和工艺流程如图 5-14 所示。

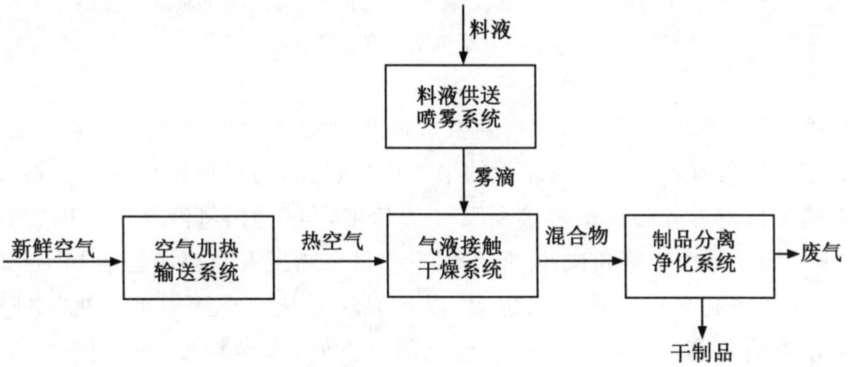

图 5-14　喷雾干燥系统的组成和工艺流程

(1)喷雾系统　喷雾系统通过雾化器将液态或浆质状态食品喷成雾状液滴，常见的喷雾系统有 3 种形式，即压力式、气流式和离心式。

二维码 5-5　喷雾干燥

①压力式喷雾系统的工作原理：其是在数十至数百个大气压的作用下，使液体食品或浆质状态食品通过直径为 0.5～1.5 mm 的喷孔喷出，与空气发生强烈的摩擦而雾化成极细小的液滴。压力式喷雾系统主要由喷嘴、喷芯、喷嘴套及联接螺母等组成，喷芯的头部刻有各种形式的导流沟槽。喷嘴和喷芯连接后，芯与嘴之间将留下一个空隙，称为旋流室，如图 5-15 所示。压力式喷雾的

工作过程如下:液料在高压作用下沿导流沟槽进入旋流室进行旋流运动。由于旋流室为锥形,越接近喷嘴空间截面越小,料液的旋流速度越来越快,而压力则越来越低。在旋流到达喷孔时,压力可降到甚至低于大气压,此时外界空气即可从喷孔中心处进入旋流室形成空气心,料液则成为围绕空气心的环状薄膜从喷孔喷出。离开喷嘴后的环状薄膜在离心力的作用下,将继续张开变薄,同时与空气摩擦撕裂成细丝,继而断裂成小液滴,最终形成了中央雾滴少,四周雾滴密集的空心圆锥形料雾。

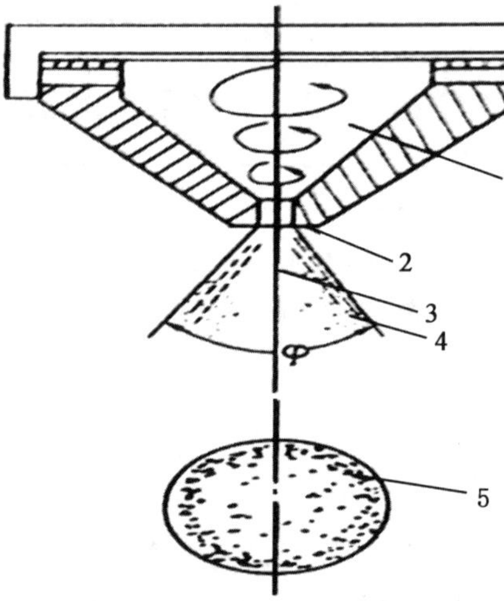

1.旋流室;2.环状液膜;3.空气心;4.锥形薄膜;5.喷炬截面。

图 5-15 旋流室与空心锥状雾

压力式喷雾的效果可用流量、喷射角及雾滴粒度等参数来描述。流量与压力、料液密度及喷孔大小等因素有关。流量与压力的平方根成正比,与料液密度的平方根成反比。喷雾角是指喷嘴出口附近空心锥形料雾所张开的角度,与压力、料液黏度等因素有关。一般情况下,随着压力的增大喷雾角减小,但程度不明显。黏度升高则喷雾角减小,如黏度极高时,喷射角将会缩小到只能形成一条射束,以致无法雾化。雾滴粒度取决于进料量、喷射角、压力、黏度及喷孔直径。进料量在额定范围以下时,雾滴粒度将随进料量的增大而减小。而进料量超过额定范围将使雾滴粒度增大。喷雾角大时雾滴粒度小。压力增大,雾滴粒度减小。在中等压力范围,雾滴粒度与压力的−0.3 次方成比例。在很高的压力范围,增大压力实际上对雾化不产生影响。雾滴粒度与料液黏度的 0.17～0.2 次方成比例,与喷孔直径的平方成正比。

②气流式喷雾的喷雾原理:液膜在高速气流的摩擦分裂作用下而雾化成细小液滴。它的雾化过程是:料液由供料泵送入喷雾器的中央喷管,形成速度较慢的流体。压缩空气则以极高的流速从中央喷管周围的环隙中流过,在中央喷管出口处,压缩空气流与料液流之间由于存在很大的相对速度,从而产生混合与摩擦,将料液撕裂成雾滴。

气流式喷雾的效果可用流量、喷雾角及料雾粒度来表示。流量及喷雾角的影响因素与压力式喷雾相似。料雾粒度与空气/料液质量比、空气/料液相对速度、黏度、空气密度及喷嘴结

构等因素有关,可用下式表示:

$$D = A/(V_{相对}^2 \rho_a)^\alpha + B(M_{气}/M_{液})^{-\beta} \tag{5-27}$$

式中:D 为平均料雾粒度(mm);$V_{相对}$ 为空气与料液的相对速度(m/s);ρ_a 为空气的密度(kg/m^2);$M_{气}/M_{液}$ 为空气与料液的质量流量比,通常为 0.1～10;A,B 为与喷嘴结构及料液特性有关的常数;α,β 分别为与喷嘴结构有关的参数。

③离心式喷雾的原理:其是料液送到高速旋转的圆盘后,在离心力的作用下沿盘上的沟槽被甩出,与空气发生摩擦而碎裂成雾滴。离心式喷雾系统的核心是转盘。常见的转盘形式有喷枪式和圆盘式,如图 5-16 所示。

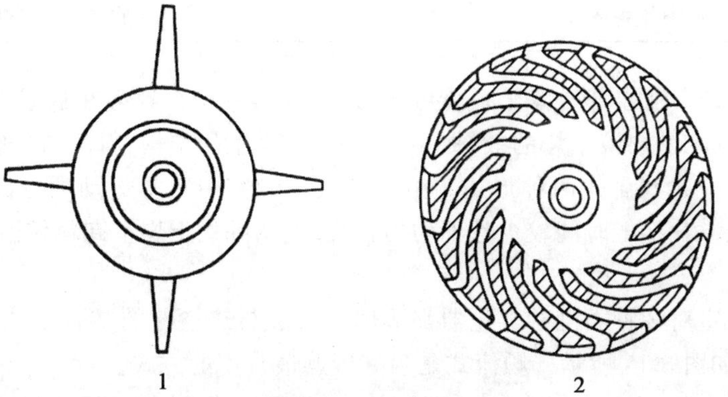

1. 喷枪式;2. 叶板圆盘式。

图 5-16　离心喷雾转盘示意图

离心式喷雾的雾化效果用喷射角、雾滴粒度等参数来描述。喷射角是指料液离开转盘时的运动方向与该点切线方向之间的夹角,不同于前述的喷雾角。由于转盘的转速极高,可达 3 000～20 000 r/min,故喷射角一般都很小,为 5°～6°。雾滴粒度与盘型、盘径、转速、进料量、料液密度、黏度和表面张力等因素有关。其中盘的转速、进料量、黏度等是主要影响因素。转速越大,则雾滴粒度减小且均匀化,而进料量增大和黏度升高将使雾滴粒度增大。3 种雾化器的特点见表 5-3。

表 5-3　3 种雾化器的特点

类型	优点	缺点
离心式	①操作简单,对物料适应性强,适宜于高浓度、高黏度物料的喷雾。 ②操作弹性大,在液量变化为±25%时,对产品质量和粒度的分布均无多大影响。 ③不易堵塞,操作压力低。 ④产品颗粒呈球形,外观规则整齐。	①喷雾器结构复杂、造价高、安装精度高,设备占地大。 ②仅适用于立式干燥机,且并流操作。 ③干燥机塔径大。 ④制品松、密度小。

续表 5-3

类型	优点	缺点
压力式	①喷嘴结构简单、制造费用低、维修方便。 ②可采用多个喷嘴(1～12 个)提高设备生产能力。 ③可用于并流、逆流、卧式或立式干燥机。 ④动力消耗低。 ⑤制品蓬松。 ⑥塔径较小。	①需要高压泵，喷嘴易堵塞、腐蚀和磨损。 ②不适宜处理高黏度物料。 ③操作弹性小。
气流式	①可制粒径 5 μm 以下的产品，可处理黏度较大的物料。 ②塔径小，结构简单。 ③并流、逆流操作均适宜。	①动力消耗大。 ②不适宜大型设备。 ③产品颗粒均匀性差。

(2)喷雾干燥室　料雾离开雾化系统后，即进入干燥系统。料雾在这里与热空气充分接触，迅速被干燥成粉末。料液干燥的效果主要取决于干燥室的结构、料液与热空气接触的方式等因素。干燥室有立式和卧式两种形式。由于卧式干燥室中料雾运动的方向与重力方向垂直，行程较短，与热空气接触时间较少且不均匀，再加上从卧式干燥室卸料较困难，现代喷雾干燥室均不采用此种形式。

立式喷雾干燥室对 3 种类型的雾化器都适用。料液与热空气的结合方式有顺流、逆流及混流等 3 种形式，如图 5-17 所示。顺流式是喷雾干燥最常用的方式。

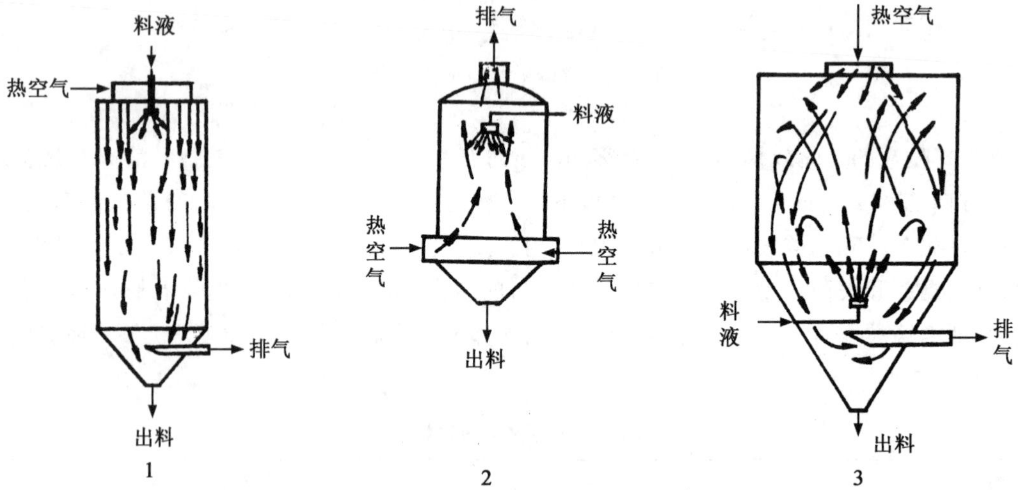

1. 顺流式；2. 逆流式；3. 混流式。

图 5-17　喷雾干燥室示意图

在顺流式干燥时，料雾与热空气以相同的方向进入干燥室，初期干燥迅速，后期干燥缓慢，与干粉接触的介质温度较低，可采用高温干燥介质来提高干燥的热效率和干燥强度；而逆流干燥正好相反，与干粉接触的是高温空气，受热空气的浮力作用，料雾将在干燥室中停留较长时间，且与热空气混合较充分，能量利用率高，干燥效果较好，但不适合干燥热敏性的食品。混流式干燥则是同时进行顺流干燥和逆流干燥。

干燥好的粉末制品大部分落在干燥室的底部,少部分随排气排到分离器中分离。分离器有旋风式、滤袋式、静电沉降式、重力沉降式及洗涤式等类型。这些分离器的分离原理及效果不同,适用场合也不一样,以旋风式及滤袋式分离器的应用较为普遍。另外,喷雾干燥在使用时常与流化床干燥结合起来,组成两段式干燥。即先用喷雾干燥法将料液干燥成含水量 6% 左右的粉末,再用流化床干燥到含水量为 2%左右的最终制品。这样不仅可以改善制品的质量,而且可以节约能源。

喷雾干燥法的最大优点是干燥速度极快。由于料液被雾化成极细的液滴,使其蒸发表面积大大增加,传热和传质过程非常迅速,一般仅需几秒至几十秒就可完成干燥过程,具有瞬间干燥的特点。此外,喷雾干燥还具有制品品质好,生产过程简单,操作控制方便,适合于连续生产的特点。该法的缺点主要是单位制品的耗热量大,热效率低,仅为 30%~40%,与滚筒干燥相比投资费用也较高。

5.3.2　接触式干燥法

接触式干燥法是将食品放在热壁上加热干燥的方法,它可以在常压和真空两种条件下进行。该干燥法的主要设备有滚筒干燥器、真空干燥箱、带式真空干燥器等。

5.3.2.1　滚筒干燥

滚筒干燥是将浆状、泥状、糊状、膏状、液态等黏稠状的待干食品涂抹或喷洒在加热滚筒表面进行干燥,如图 5-18 所示。滚筒干燥既可在常压下进行,也可在真空中进行。有单滚筒与双滚筒之分。滚筒表面的温度一般维持在 100℃以上。待干食品在滚筒表面停留干燥的时间为几秒到几十秒。

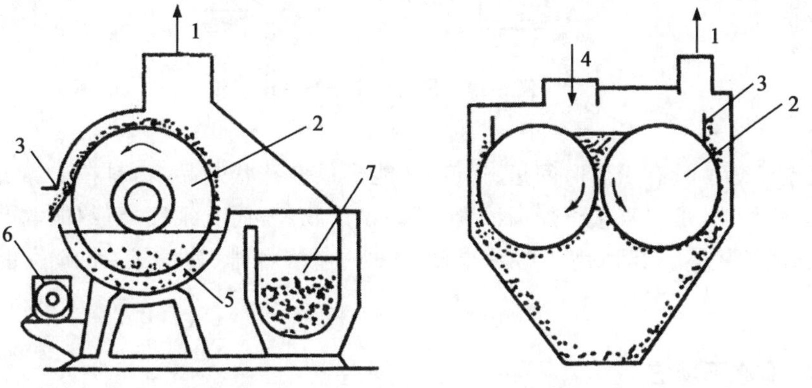

单滚筒式　　　　双滚筒式

1.空气出口;2.滚筒;3.刮刀;4.加料口;5.料槽;6.螺旋输送器;7.贮料槽。

图 5-18　滚筒干燥设备

滚筒干燥设备的结构较简单,干燥速度快,热量利用率较高。但常压滚筒干燥滚筒表面温度高可能会引起制品色泽及风味的劣化。在干制热塑性食品时,处于高温状态下的干制品会发黏并呈半熔化状态,干燥后很难刮下或即使刮下也难以粉碎,对此可在刮料前先行冷却,或在真空滚筒干燥设备中进行,而真空滚筒干燥的成本太高。另外,滚筒干燥法的适用范围比较窄,主要用于某些黏稠食品的干燥。

5.3.2.2 带式真空干燥

带式真空干燥是在一个封闭的真空容器中进行的连续干燥。图 5-19 为连续输送带式真空式干燥示意图。由干燥室、加热与冷却系统、原料供给、输送和抽气系统等部分组成。工作过程是液状或浆状的原料先行预热，经供料泵均匀地置于干燥室内的输送带上，带下有加热和冷却装置，分为蒸气加热、热水加热和冷却 3 个区域，加热区域又分为四或五段，第一、二段用蒸气加热为恒速干燥段，第三、四段为减速干燥，第五段为制品均质段，都用热水加热。按原料性质和干燥工艺要求，各段的加热温度可以调节。原料在带上边移动边蒸发水分，干燥后形成泡沫片状物品，然后通过冷却区，再进入粉碎机粉碎成颗粒状制品，由排出装置卸出。干燥室内的二次蒸气用冷凝器凝结成水排出。

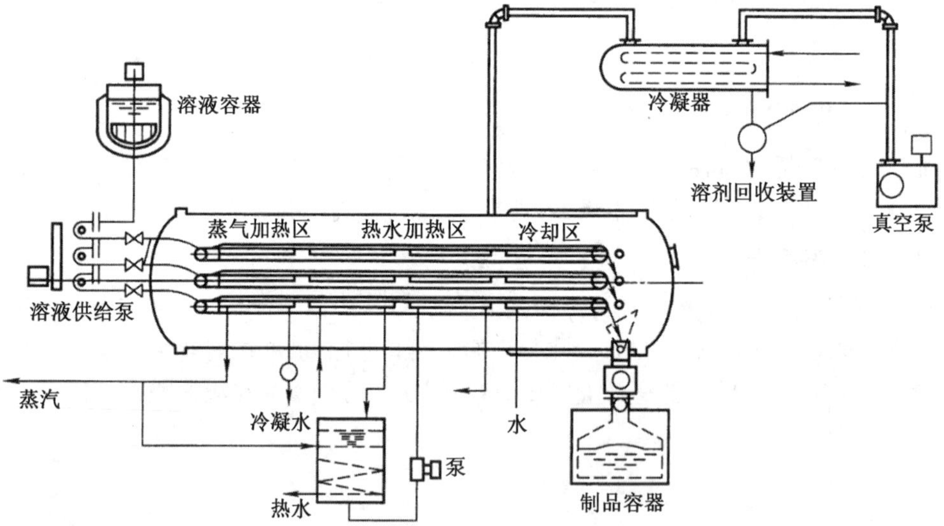

图 5-19 带式真空干燥系统

带式真空干燥法具有干燥时间短、速度快，能形成多孔状制品，物料在干燥过程中能避免混入异物，防止污染，可以直接干燥高浓度、高黏度的物料，简化工序，节约能源等优点。但设备结构复杂，成本较高。其适用于各种果汁、牛奶、速溶咖啡、速溶茶、水解鱼蛋白等食品的干燥。

5.3.3 冷冻干燥法

冷冻干燥法也叫升华干燥法，实际上是一种特殊形式的真空干燥法，它是将食品预先冻结后，在真空条件下通过升华方式除去水分的干燥方法。升华干燥最初是用于生物材料的脱水保藏，到第二次世界大战之后才用于食品的干燥。由于该法具有很多独特的优点，近来获得了较快发展，成为目前最有发展潜力的食品干燥方法之一。

5.3.3.1 冷冻干燥原理

根据水的相平衡关系，我们知道，在一定的温度和压力条件下，水的 3 种相态之间可以相互转化。当水的温度和压力与其三相点温度和压力相等时，水就可以同时表现出 3 种不同相态。而在压力低于三相点压力(611 Pa)时，或在温度低于三相点温度(0.01℃)时，改变温度或压力，就可以使冰直接升华成水蒸气，这实际上就是冷冻干燥的原理。但实际的操作条件要苛刻得多，通常在50～150 Pa的真空度和－25℃左右温度下，才能保证冷冻干燥过程的顺利进行。

5.3.3.2 冷冻干燥过程

冷冻干燥包含两个过程，即冻结和升华过程。冻结的目的是使食品具有合适的形状与结构，以利于升华过程的进行。升华过程是食品吸热升华成水蒸气，通过冷凝系统而除去的过程。

冻结方法有自冻法和预冻法两种。自冻法是利用食品在真空下闪蒸吸收汽化潜热，使食品的温度降到冰点以下而自行冻结的方法。如能迅速造成高真空度，则水分就会在瞬间大量蒸发而吸收大量的热量，使食品很快完成冻结过程。不过自冻法常出现食品变形或发泡现象，因此不适合于外观和形态要求较高的食品，一般仅用于粉末状干制品的冷冻。预冻法是采用常见的冻结方法如空气冻结法、平板冻结法、浸渍冻结法、挤压膨化冻结法等，预先将食品冻结成一定的形状的方法。该法可较好地控制食品的形状及冰晶的状态，因此适合大多数食品的冻结。

在食品冷冻升华干燥过程中必须考虑：首先如何保证冻干过程的顺利进行，其次如何减少冻干过程对食品品质的影响，再是如何降低食品冻干过程的能耗。

冻结过程对食品的升华干燥效果会产生一定的影响。当冻结过程较快时，食品内部形成的冰晶较小，冰晶升华后留下的空隙也较小，这将影响内部水蒸气的外逸，从而降低升华干燥的速度。但是，由于食品组织所受损伤较轻，所以干制品的质量更好。如果冻结过程较慢，则情况与上述相反。不过，冻结过程对食品升华干燥效果究竟有何影响，目前尚存争议。一方面，在许多情形下，决定升华干燥速度的因素是传热速度而非水分扩散速度；另一方面，冻结速度对冻干制品质量的影响因食品种类而异。就鱼肉的升华干燥而言，冻结速度对制品质量的影响非常大，但就凉粉的升华干燥来说，冻结速度的影响是有限的。

食品冻结后即在干燥室内升华干燥。冰晶升华时要吸收升华热，因此，干燥室内有加热装置提供这部分热量。加热的方法有板式加热、红外线加热及微波加热等。从操作形式上，冷冻干燥设备又可分为间歇式(图5-20)和连续式(图5-21)。间歇式冷冻干燥设备适用于多品种、小批量生产。特别适合季节性强的食品生产，物料干燥时的温度和真空度易于控制，因此食品工业采用极为广泛。缺点是装卸料操作都要单独占时间，设备利用率低；要满足一定产量的要求往往需要多台单机，并要配备相应的附属系统。连续式冷冻干燥设备从进料到出料连续进行，处理能力大，适合单品种生产，尤其适用浆液状、颗粒状食品物料的干制。整个生产过程连续，便于实现自动化，但设备复杂、庞大、投资费用高。连续式冷冻干燥设备的结构，关键在于连续进料和卸料时要保持干燥室内的真空不被破坏。

5.3.3.3 冷冻干燥法的特点

冷冻干燥法具有许多显著的优点：①整个干燥过程处于低温和基本无氧状态，干制品的色、香、味及各种营养素的保存率较高，非常适合极热敏和极易氧化的食品干燥；②由于食品在升华之前先被冻结，形成了稳定的骨架，该骨架在冰晶升华之后基本维持不变，因而干制品能够保持原有结构及形状，且能形成多孔状结构，具有极佳的速溶性和快速复水性；③由于冻结对食品中的溶质产生固定作用，因此在冰晶升华后，溶质将留在原处，避免了一般干燥方法中

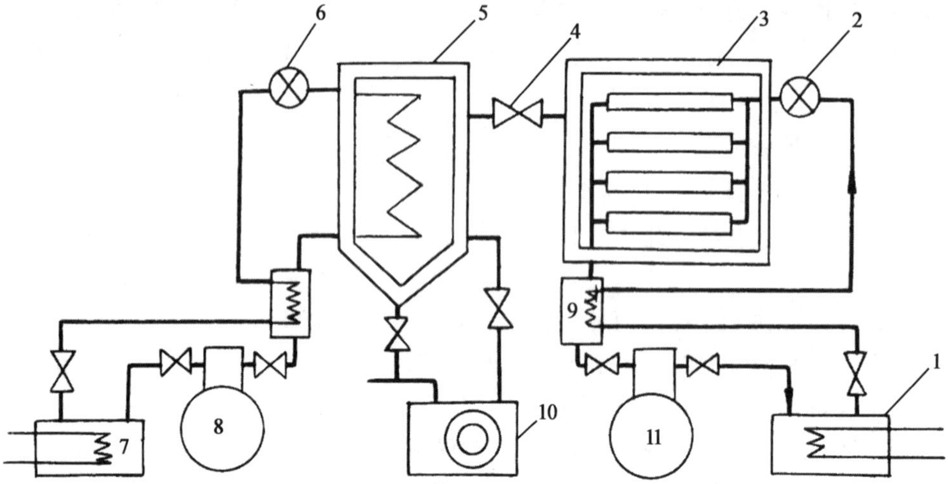

1. 冷凝器；2. 膨胀阀；3. 干燥室；4. 水汽冷凝进口阀；5. 冷阱；6. 膨胀阀；7. 冷凝器；
8. 制冷压缩机；9. 热交换器；10. 真空泵；11. 冷压缩机。

图 5-20 间歇式冷冻干燥设备

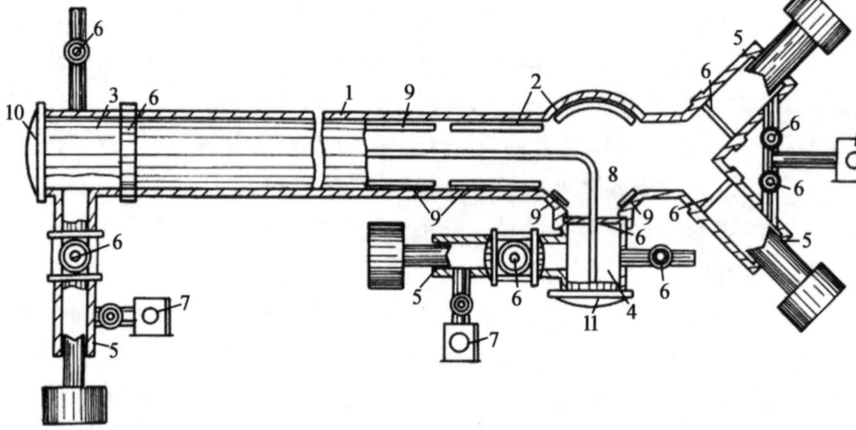

1. 干燥箱；2. 加热板；3. 进口闭风室；4. 出口闭风室；5. 冷阱；6. 阀门；7. 真空泵；8. 输送器轨道；
9. 加热板；10. 物料入口；11. 出料口。

图 5-21 隧道式连续冷冻干燥设备

常出现的因溶质迁移而造成的表面硬化现象；④冷冻干燥制品的最终水分极低，因此具有极好的贮藏稳定性，在有良好的包装情况下，储藏期可达 2～3 年；⑤冷冻干燥过程所要求的加热温度较低，干燥室通常不必绝热，热损耗少。当然，冷冻干燥法也有明显的缺点，主要是成本高，干制品极易吸潮和氧化，因而对包装有很高的防潮和透氧率的要求，如充氮包装等。

目前，冷冻干燥已在肉类、水产品、禽蛋类、速溶咖啡、速溶茶、水果粉、香辛料等食品的干燥中获得广泛的应用，在某些特殊食品如军需食品、登山食品、宇航食品、保健食品、旅游食品及婴儿食品等中的应用潜力也很大。

5.3.4 辐射干燥法

辐射干燥法是利用电磁波作为热源使食品脱水的方法。根据使用的电磁波的频率不同，辐射干燥法可分为红外线干燥和微波干燥两种方法。

5.3.4.1 红外线干燥法

利用红外线作为热源，直接照射到食品上，使其温度升高，引起水分蒸发而获得干燥的方法。红外线因波长不同而有近红外线与远红外线之分，但它们加热干燥的本质完全相同，都是因为它们被食品吸收后，引起食品分子、原子的振动和转动，使电能转变成热能，水分便吸热而蒸发。因为食品中很多成分在3～10 μm的远红外区有强烈的吸收性，所以食品干燥往往选择远红外线进行加热。

虽然红外线干燥装置形式有多种，但差别主要表现在红外线辐射元件上。红外线辐射元件有灯泡式和金属或陶瓷式辐射器两种。灯泡式辐射器采用普通照明灯泡或专用灯泡来发射红外线，其优点是没有热贯性，且操作简单安全，缺点是电能消耗大。金属或陶瓷式辐射器有金属或陶瓷的基体、基体表面发射远红外线的涂层以及使基体涂层发热的热源组成。由热源产生的热量通过基体传到涂层，使涂层发射出远红外线。发射红外线的涂层由氧化钴、氧化锆、氧化铁、氧化钇等氧化物的混合物及氮化物、硼化物、硫化物和碳化物等制成。热源可以是电加热器，也可以是天然气加热器。这种红外线辐射器的优点是对不同原料的干燥效果相同，操作控制灵活，能量消耗较少。缺点是结构较复杂，有热惯性。

红外线干燥器的主要特点是干燥速度快，干燥时间仅为热风干燥的10%～20%，因此生产效率较高。由于食品表层和内部同时吸收红外线，因而干燥较均匀，干制品质量较好。设备结构较简单，体积较小，成本也较低。图5-22是远红外干燥器的示意图。待干燥的食品依次通过预热装置、第一干燥室、第二干燥室，不断地吸收红外线而获得干燥。

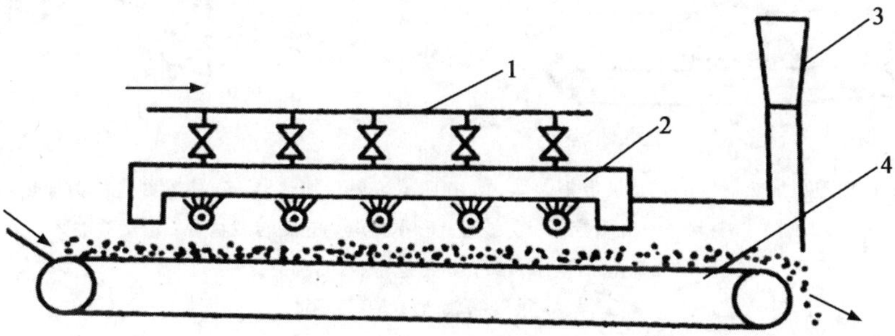

1. 预热装置；2. 第一干燥室；3. 第二干燥室；4. 红外加热元件。

图5-22 远红外线干燥装置

5.3.4.2 微波干燥法

微波是一种频率为300～3 000 MHz的电磁波，是以食品的介电性质为基础进行加热干燥的。根据德拜理论，介质中的偶极子在没有外加电场的情况下，因布朗运动而杂乱无章地取向，总偶极矩为零。当有外加电场后，偶极子将克服周围偶极子的摩擦阻力而呈外加电场方向的取向。由于外加电场是微波产生的，因而电场方向将发生周期性的改变。在微波频率区间内，偶极子极化强度的变化将滞后于电场强度的变化，因此，一部分电能将用于克服偶极子间的摩擦而转变成热量。这种现象也称作介质的松弛损耗,它是微波加热的本质。

微波因被介质吸收而发生松弛损耗所产生的热量可用下式来计算:

$$Q=\frac{5}{9}fE^{2}\varepsilon\ \tan\delta\times10^{-10} \tag{5-28}$$

式中:Q 为微波在单位体积的食品中所产生的热量(W/m^2);f 为微波频率(Hz);E 为电场强度(V/m);ε 为介质常数;$\tan\delta$ 为介质损耗角的正切,可由下式表示:$\tan\delta=\varepsilon'/\varepsilon$,$\varepsilon'$为介质损耗因子,表示介质将微波能转化为热量的能力,与水分含量及温度有关。

从公式(5-28)中可以推知,微波加热时所产生的热量与频率、电场强度的平方及介质损耗因子成正比。由于微波的频率极高,因而微波产生的热量是巨大的。

微波干燥器的类型很多,按其工作特性和适用的食品可将其分成谐振腔型、波导型、辐射型及漫波型 4 种类型,如图 5-23 所示。

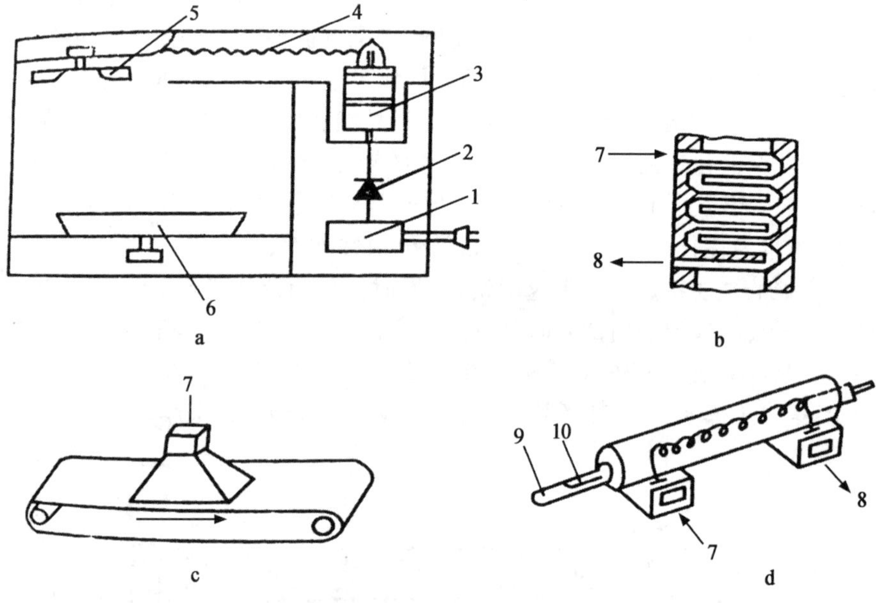

a. 谐振腔型加热器　b. 蛇形波导加热器　c. 喇叭式辐射型加热器　d. 螺旋线漫波型加热器

1. 变压器; 2. 整流器; 3. 磁控管; 4. 波导; 5. 搅拌器; 6. 旋转载物台; 7. 微波输入;

8. 输出至水负载; 9. 传送带; 10. 食品。

图 5-23　微波加热干燥器

小型谐振腔型微波加热干燥器也叫微波炉,大型的则可做成隧道式,通常由矩形谐振腔微波发生器、反射板、搅拌器及载物台或食品传送带等部分组成。把食品放在载物台或传送带上,吸收微波而获得大量的热量,水分即迅速蒸发而被干燥。在波导加热干燥器中,微波从波导加热器的一端输入,另一端连接吸收多余能量的水负载,微波在波导内无反射地从输入端向水负载一端馈送。食品从波导内通过而获得均匀加热。辐射型加热干燥器主要由喇叭式微波发生器和传送带等部分组成。食品置于传送带上,在喇叭式微波发生器下通过,吸收微波能而获得干燥。漫波型加热干燥器由柱型谐振腔、微波发生器、传送带等部分组成。食品置于传送带上通过柱型谐振腔,吸收大量的微波能而被迅速干燥。

在实际的干燥操作中，如何选择合适的微波加热器是一个很重要的问题。选择微波加热器主要从两方面考虑，即微波频率和加热器的型式。

根据公式(5-28)，频率是影响微波加热的重要因素。频率越高，微波产生的热量越大，加热速度就越快。但选择频率时，必须考虑到两点限制条件：其一是在食品工业生产中仅允许使用 915 Hz 和 2 450 Hz 两种频率的微波；其二是微波频率与其穿透能力有密切的关系。微波的穿透能力可用穿透深度 D 来表示，它有两种表示法，一种是半功率穿透深度 D_{50}，是指当微波入射能被食品吸收一半时所能穿透的距离，可按公式(5-29)计算；另一种是 e 功率穿透深度 De，为微波能衰减到入射能的 $1/e$ 时所穿透的距离，可由公式(5-30)计算，即

$$D_{50} \approx 0.189\lambda_0/[\varepsilon(1+\tan^2\delta)^{1/2}-\varepsilon]^{1/2} \tag{5-29}$$

$$De \approx 0.225\lambda_0/[\varepsilon(1+\tan^2\delta)^{1/2}-\varepsilon]^{1/2} \tag{5-30}$$

式中：λ_0 为微波在空气中的波长。从上面两个公式中可以看出，穿透深度与微波频率成反比，即频率为 2 450 MHz 的微波，其穿透深度要小于频率为 915 MHz 的微波。由于微波加热主要依靠微波穿透到食品内部引起偶极子的摆动而产生热效应，因此必须使所选频率的微波具有与食品大小相适合的穿透能力。

此外，选择频率时还应考虑设备的功率及体积等因素。因为从频率为 915 MHz 的磁控管可获得 30 kW 或更高的功率，而从频率为 2 450 MHz 的磁控管只能获得 5 kW 左右的功率，另外，915 MHz 磁控管的工作效率一般要比 2 450 MHz 的高 10%～20%。为此，在干燥大批食品或干燥初期烘干大量水分时，应选用 915 MHz 的微波，而在干燥小批量食品或在食品干燥后期时，应选择 2 450 MHz 的微波。这样不但效率较高，而且总成本也较低。微波加热器的体积大体上与频率成反比，因此，要选择体积小的设备，就要选择 2 450 MHz 的微波加热器。

微波加热器的型式主要依据待干食品的形状、数量及工艺要求等因素来选择。当待干食品的体积较大或形状较复杂时，应选用隧道式谐振腔型加热器；对于如鱼片、土豆片之类的薄片状食品的干燥，可采用波导型加热器或漫波型加热器；对于液体或浆质状食品的干燥，可用管状波导加热器；而对于小批量生产或实验性的干燥，则可用微波炉。

微波干燥的优点是：①干燥速度极快。微波干燥基本不存在内部传热现象，所以干燥速度极快，一般只需常规干燥法 1/10～1/100 的时间。②食品加热均匀，制品质量好。微波干燥时，食品内部及表面同时吸收微波而发热，避免了常规加热干燥时常出现的表面硬化和内外干燥不匀的现象，因此，制品的外观较好。③具有自动热平衡特性。在食品中水的介质损耗因子远大于干物质，因此在干燥时，微波能将自动集中于水分上，而干物质所吸收的微波能极少。这样就避免了已干物质因过热而被烧焦。④容易调节和控制。与常规加热法需要较长时间才能达到所要求的温度不同，微波加热可迅速达到所要求的温度。而且微波加热的功率、温度等都可在一定范围内随意调节，自动化程度高。⑤热效率高。微波遇金属会反射，遇空气、玻璃、塑料薄膜等则透过而不被吸收，也不产生热量，故热损失很少，热效率高达 80%。

微波干燥的主要缺点是耗电量较大，干燥成本较高。为此，可以采用热风干燥与微波干燥相结合的方法，以降低干燥费用。即先用热风干燥法将食品的含水量干燥到 30%左右，再用微波干燥法完成最后的干燥过程。如此既可使干燥时间比单纯用热风干燥时缩短 3/4，又可使能耗比单独用微波干燥时减少 3/4。另外，微波加热时，热量易向角及边处集中，产生所谓

的尖角效应，而产生“热点”，也是其主要缺点之一。

5.3.5 其他干燥方法

5.3.5.1 热泵干燥

热泵是一种从低温热源吸取热量，使其在较高温度下作为可以利用的有用能源的装置。热泵技术的基本工作原理属于逆卡诺循环，采用电能驱动，将湿空气冷却到露点温度以下，析出水分后，放出潜热，再利用这部分热量加热去湿后的干空气，从而达到除湿加热的目的，节能效果显著。热泵干燥机主要由蒸发器、冷凝器、压缩机、膨胀阀和干燥室等组成。其工作原理为：压缩机把热泵系统内的工作介质提高压力和温度后，输送到冷凝器中放热液化为液态，液态的工作介质经过膨胀阀膨胀，在蒸发器中吸收热量蒸发，转化成低温低压的气态，气态的工作介质进入压缩机从而完成热泵工作介质的闭路循环；经冷凝器加热的干空气进入干燥室内，干燥物料受热水分蒸发，水分进入空气中成为湿热空气，然后进入排湿系统把水分排到机外，温度和湿度降低的干空气再次经冷凝器加热进入干燥室，对湿物料进行干燥，出干燥室的湿空气再经蒸发器将部分显热和潜热传给工作介质，达到回收余热目的，同时湿空气温度降低至露点析出冷凝水，从而完成空气的闭路循环(图 5-24)。

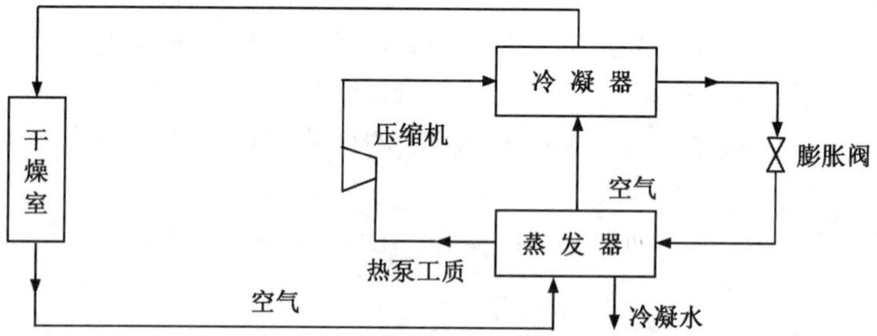

图 5-24 热泵干燥工作原理

热泵干燥设备可分为间歇式(图 5-25)和连续式(图 5-26)。间歇式热泵干燥机，物料放在置于干燥室内部的料盘上，在主风机的推动下，物料的湿空气通过热泵的去湿加热系统蒸发器和冷凝器后，达到所要求的水分和湿度，在循环风机作用下，通过在固定床上的待干燥物料，一旦干燥到要求的含水量，就移走干物料，然后再进行下一批干燥。间歇式干燥适合较小的生产速率，但操作费用较高。

连续热泵干燥系统装料和卸料过程较快，劳动强度低。冷空气经过由蒸发器和冷凝器后，得到低湿的热空气。而被干燥的物料放置于输送筛网上，热空气流过物料表面，实现干燥。输送带的速度可以控制，获得不同含水率的物料。干燥模式的选择主要依据物料干燥特性和承载能力。

1. 热泵干燥法的优点

(1)高效节能　热泵干燥介质的热量主要来自于回收干燥过程中排出的温湿空气的显热和潜热，需要输入的能量只是压缩机的耗能，热泵具有消耗少量能量而获得大量热量的特点。热泵干燥可 24 h 不停地运转，连续干燥加工出产品。虽然一次性投资大，但其生产效率高，运行成本低，故总费用反而减少。在同等条件下干燥，热泵干燥能节能 20%～50%。

(2)干燥产品品质好　热泵干燥方式比较温和,接近自然干燥。表面水分蒸发速度与内部水分迁移速度比较接近,得到的产品色泽好、质量好、品质高。

(3)温度可调,自动化程度高　热泵干燥的温度可调,较宽的温度范围使热泵能够对不同的果蔬进行干燥;热泵干燥过程中,干燥的温度、湿度及循环的风速均可有效和精确地进行控制,自动化程度高,且干燥成品的质量比一般对流干燥的高。

(4)环境友好　热泵采用环保型工作介质,不会对大气臭氧层造成破坏。热泵干燥介质可实现封闭循环,无物料粉尘、挥发性成分及异味随干燥废气向外排放而造成的污染,干燥室排气中的余热被热泵回收来加热干燥介质,机组对环境没有造成污染。

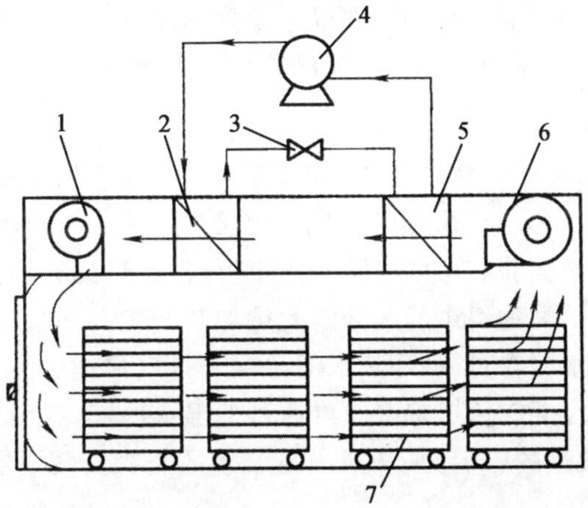

1.循环风机;2.冷凝器;3.膨胀阀;4.压缩机;5.蒸发器;6.主风机;7.料盘。

图 5-25　间歇式热泵干燥系统示意图

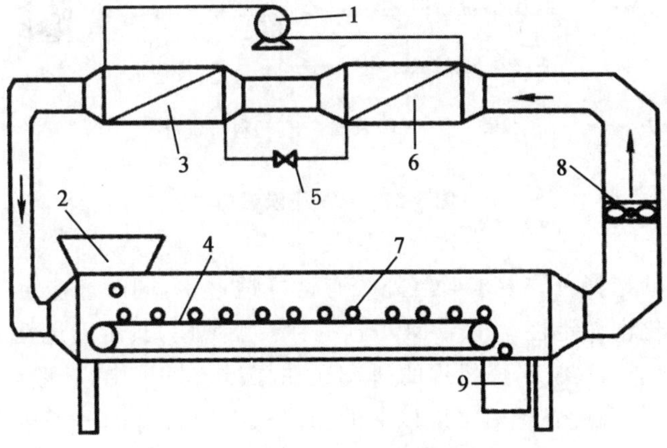

1.压缩机;2.加料口;3.冷凝器;4.输送带;5.膨胀阀;6.蒸发器;7.物料;8.风机;9.出料口。

图 5-26　连续式热泵干燥系统示意图

2.热泵干燥法缺点

(1)环境保护问题　如果在热泵干燥系统中应用 R_{22},CFCs 作为制冷剂,工作介质的泄漏会造成大气臭氧层的破坏和温室效应。针对这一问题,生产上已开始应用对环境影响小的制冷剂或氨和水等自然制冷剂，这样就减小因环境问题给热泵干燥的应用带来的不利影响。

(2)维修保养问题　由于制冷工作介质的泄漏会对热泵系统的工作性能造成很大的影响，为了保持热泵干燥装置处于最佳工作状态，必须定期对压缩机、过滤器、冷凝器、蒸发器等进行保养维护。一旦发现制冷剂的泄漏，就应及时补充。对热泵干燥系统泄漏的检查是一项要求高、技术性强的工作，对维修人员的技术水平有一定要求。

(3)干燥周期长　热泵干燥的优点就是温度低，一般不超过 60℃，通常在 45℃以下，适应热敏性物料，但这也使得干燥时间过长，生产能力下降，生产周期加长。另外，热泵除湿干燥在电价高的地区使用会受到影响，特别是使用单热源热泵，会出现节能不省钱的现象。

目前，热泵干燥研究与发展主要集中在提高干燥温度、采用新型绿色热泵工质、改进热泵性能、联合式和辅助热源(如太阳能、地热、废热等)热泵干燥系统、自动控制等方面。

5.3.5.2　RW 干燥

RW 是 refractance window 缩写，意为“折射窗”或“偏流窗”。RW 干燥是一种新的干燥脱水技术，它属于传导、辐射、薄层干燥相结合的干燥方式。RW 干燥采用循环热水(95～97℃)作为干燥的热源，湿物料被喷涂到聚酯薄膜传送带上，传送带以设定速度运转，热水的红外能量透过传送带进入湿物料，湿物料中的水分因此被加热蒸发并通过抽风扇排走。物料的干燥时间取决于物料的厚度、水分含量、循环热水的温度和排气风速。随着干燥进行，物料水分含量逐渐减小至干燥终点，在干燥传送带末段再通过低温水冷却，有助于物料与聚酯薄膜分离，还可以减少温度对产品质量的影响。RW 干燥设备基本框架见图 5-27。

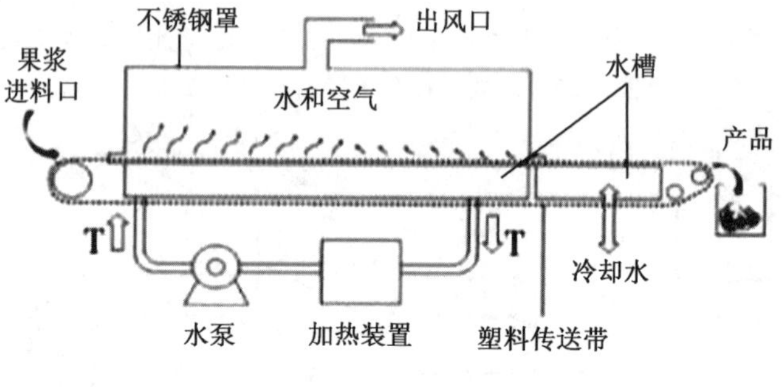

图 5-27　RW 干燥设备

传送带/膜材质的选择首先要求对红外线有良好透过率，同时还应具有低的导热系数，良好的强度、耐热性和化学稳定性。由于 Mylar(一种聚酯薄膜)具有上述性能，商业 RW 干燥常采用其作为传送带材质。RW 干燥机理的研究还在探讨与发展中，一般认为是红外辐射和热传导共同作用的结果。温度在绝对零度以上的物体都会因自身的分子运动而辐射出红外线。红外线具有光的一般性质，如直线传播、反射、折射等。其折射遵循 Snell’s 定律。空气、水、聚酯膜的折射率分别为 1.0、1.33、1.52。在 RW 干燥体系中，循环热水的表面被导热不良 Mylar 所覆盖，循环水的蒸发作用及其带来的热量损失被阻断，而薄膜可以将水辐射出的红外线反射回来，此时存在的只有热传导。但当湿物料置于此透明薄膜上时，湿接触面类似于一个“折射窗”，“折射窗”开启让红外线通过，这种红外辐射不但可以使物料在低温下蒸发，而且可以补偿膜低的热传导率。此时热能同时以传导和辐射的方式传送到样品上，使样品中的水分蒸发。当样品干燥后，物料和聚酯薄膜之间的水膜变为一空气薄层，空气膜相对于水膜会产生较大的折射角，较易发生全反射，“折射窗”关闭，热能只能以传导的方式传送，由于塑料为热的不良导体，因此避免了样品的过度加热。

RW 干燥技术具有以下几个独特的优点：①采用循环热水作为热源，改善干燥效率；②干燥条件温和，产品温度相对较低，大约维持在 70℃；③低温和常压条件下操作，能很好地保持产品的色泽和营养成分，减少产品被氧化的程度；④干燥时间短，3～5 min；⑤对所干燥物料的状态要求不高，可以对果汁进行浓缩，也可以对水果蔬菜泥进行干燥，可干燥大多数液态物料，适用于不能进行喷雾干燥、需要在较低温度下干燥的热敏强的浆状物料的干燥，如果浆、蔬菜泥、植物调味料；⑥采用模块化设计，可连续操作；⑦低能源消耗；⑧RW 作为间接干燥过程，产品不直接与热传递介质相接触，交叉污染并不存在。RW 干燥相关理论仍需进一步完善，如干燥模型的拟合、根据物料的状态和干制品品质的变化确定 RW 干燥工艺条件等。

5.3.5.3　联合干燥技术

近年来，食品干燥设备设计更多的是以产品质量和能耗作为干燥性能的主要评价指标。新的干燥技术要求在能量利用率、产品质量、安全性、环境影响、操作成本和生产能力等几个方面拥有更显著的优势。联合干燥技术是根据物料的特性，将两种或两种以上的干燥方式组合起来优势互补，多是采用现有的、常见的干燥技术进行组合，如热风-冷冻联合干燥、热风-微波联合干燥、热风-微波-冷冻联合干燥等，分阶段或同时进行的一种复合干燥技术，它是热风干燥、微波干燥、真空干燥、冷冻干燥等各种干燥方式相结合而发展的产物，涉及物理学、流体力学、低温制冷、传热传质学、自动控制等学科，是一项综合性极强的应用性技术。联合干燥能够较好地控制整个干燥过程，可以充分利用各种干燥技术的优点，在不同的干燥阶段采用不同的干燥方法，分别以蒸发或升华等方式除去大部分游离水和胶体结合水。联合干燥的优点是提高干燥效率、减少干燥时间、降低能耗、提高质量、便于操作、利于环保、安全高效，可最大限度地降低成本和保持食品品质，尤其适用于一些对热敏感、易氧化的物料。

目前，联合干燥技术的发展还有难点，如技术组合的顺序、最佳转换点的确定等。由于不同食品组织状态相差很大，因此需要大量试验来确定联合干燥时不同干燥方法的最佳工艺转换点。若要将联合干燥技术做到自动控制，就需要建立合理的数学模型，尽管目前已有大量的模型研究，但理论模型的通用性和实际的干燥过程还相差很大，许多参数还需深入研究和通过试验获得，这也是此项技术广泛应用的一个难点。另外，联合干燥技术设备也需要不断改进，设备本身能耗高、操作条件难控制、在线检测困难等问题以后还需要进一步研究解决。

5.4　食品在干制过程中的变化

食品在干制过程中，随着热传递的进行，食品物料不断失水，在水分脱除的同时，食品自身的物化特性，比如组织结构、表面状态、营养成分、色泽、风味等也在发生变化。这些变化可归纳为物理变化和化学变化。

5.4.1　物理变化

食品在干制过程中因受热脱水，其物理性质会发生显著变化，常见的物理变化有干缩、干裂、表面硬化、溶质的迁移、多孔性形成和热塑性出现等。

5.4.1.1 干缩

食品在干制时,因水分被脱除而导致体积缩小,食品物料组织细胞的弹性部分或全部丧失的现象称为干缩。新鲜食品物料的细胞失去活力后,其组织结构仍保持着不同程度的弹性。但如果受力超过弹性极限时,即使受力消失,细胞组织也不再恢复原有的状态。干缩正是物料失去弹性时出现的一种变化,也是食品干制时最常见、最显著的一种变化。

干缩有两种情形,即均匀干缩和非均匀干缩。有充分弹性的细胞组织在缓慢脱水时,会产生均匀干缩,也就是物料将随着水分消失均衡地进行线性收缩,物料大小,包括长度、面积和容积,都均匀地按比例缩小。但实际上,被干燥的物料不是完全具有弹性,干制时内部水分难以被均匀排出,所以食品干制时均匀干缩较为少见。大多数物料在干制过程中,随着水分消失不能成比例地收缩,都在进行非均匀干缩。无论是均匀干缩还是非均匀干缩,干缩之后细胞组织的弹性都会或多或少地丧失,只不过均匀干缩能够较好保持物料原有形态,而非均匀干缩容易使干制品丧失原有形态。

干缩的程度与食品的种类、干燥方法及条件等因素有关。一般情况下,含水量多、组织脆嫩者干缩程度大,而含水量少、纤维质食品的干缩程度较轻。与常规干燥制品相比,冷冻干燥制品几乎不发生干缩。在热风干燥时,高温干燥比低温干燥所引起的干缩更严重;缓慢干燥比快速干燥引起的干缩更严重。

5.4.1.2 干裂

高温快速的干制方式往往会使物料形成轻度内凹、干硬的表面和较多内裂纹与气孔的内部组织状态,这种现象称之为物料的干裂。而缓慢干制则使物料具有深度内凹的表面层和较高疏密度的内部状态。相比较而言,快速干制品表面干硬、内部密度较大,食用时复水性较差,但体积较小使得包装材料和贮运费用较为节省,而慢速干制品质地疏松,复水性较好,但包装材料和贮运费用较大,内部多孔易于氧化,贮存期短。

5.4.1.3 表面硬化

表面硬化是由于物料在干制过程中表面收缩、封闭造成外表干燥而内部软湿的特殊现象。引起表面硬化的原因有两方面。一方面是物料干制时,其内部的溶质成分随水分不断向表面迁移和积累而在物料表面形成结晶。这种现象常见于含糖或含盐多的食品物料的干燥,尤其是一些含有高浓度糖分和可溶性物质的物料。干制过程中,物料内的水分因受热汽化而以蒸气分子向外扩散,在扩散的过程中会在物料内部留有大小不一的气孔、裂缝、微孔和毛细管,而溶质也会经由这些孔道上升到物料表面。干制初期有些水果表面上积有含糖的黏质渗出物,其原因就在于此。水分蒸发后,残留表面的溶质结晶会将干制时正在收缩的微孔和裂缝加以封闭,最终使表面硬化。另一方面是由于物料的表面干制过于强烈,表面水分汽化速度很快,而内部水分未能及时向表面迁移,使物料表面迅速形成一层干硬膜。这种现象与干制条件有很大关系,温度过高、湿度较低和风速过快都容易促使干硬膜的形成。这可以通过降低干燥温度和提高相对湿度或减小风速来控制。

发生表面硬化后,由于食品表层的透气性将变差,使干制速度急剧下降,从而延长了干制过程。另外,在表面水分蒸发后,其温度也会大大升高,这将严重影响食品的质量。

5.4.1.4 溶质迁移现象

食品在干制过程中,其内部除了水分会向表层迁移外,溶解在水中的溶质也会迁移。根据迁移的机制和趋势的不同，溶质的迁移有两种。一种是当食品干制时，其表层收缩会引起深层受到压缩，这样就致使食品组织中的溶液穿过孔穴、裂缝和毛细管向外流动。尽管组织细胞壁对溶质的透过有一定的阻隔能力，但一部分溶质还是伴随液体一起迁移到了食品的外表面。溶液到达表面后，水分即汽化逸出，外层液体的浓度不断加大；另一种是当上述溶液趋向表面并开始汽化水分以后，表层的溶液浓度便逐渐增大，而深层的溶液浓度仍未变化，因而表层溶液中的溶质便在浓度差的推动下，向物料内部进行迁移。这样就出现了两种方向相反的溶质迁移，前一种溶质通过溶剂从食品内部迁到了食品的表面；后一种是溶质通过自身因浓度差从表面迁移到内部。前者使物料内部溶质分布不均，而后者又使溶质分布均化。干制品内部溶质分布的均匀程度，最终取决于干制速度，也取决于干制的工艺条件。只要正确控制干制的工艺条件，就可以使干制品的溶质分布基本均匀化。

5.4.1.5 多孔性

快速干制时物料表面很快硬化，以致大部分残留水分阻隔在物料内部，随温度的继续升高，物料内部的蒸气压迅速建立，当蒸气压足够大时，水蒸气就会急剧逸散，最终使物料成为多孔性干制品。马铃薯的膨化干制就是利用迅速蒸发的水蒸气来促进组织结构的膨松。真空干燥时的高度真空也会促使水蒸气迅速蒸发并向外扩散，从而形成多孔性的干制品。目前，有很多的干制技术或干制前的预处理，可以促使物料形成多孔性结构，以便于水分的传递，从而加速物料的干燥速度。然而，多孔性结构也同时降低了热的传递速度。因此，多孔性对干燥速度的最终影响，取决于溶质、热传递对干制系统的影响程度。具有多孔性的干制品能够迅速复水或溶解，食用方便。

5.4.1.6 热塑性

热塑性是指物质在加热时能发生流动变形，冷却后可以保持一定形状的性质。很多食品都是热塑性物料，固形物含量很高的果蔬汁就属于这类食品。如橙汁或糖浆在平锅或输送带上干燥时，水分虽已全部蒸发掉，残留固体物质却仍像保持水分那样呈热塑性黏质状态，黏结在上难以取下，然而冷却时它会硬化成结晶体或无定形玻璃状而脆化，此时就便于取下。为此，大多数输送带式干燥设备内常设有冷却区。

5.4.2 化学变化

食品在干制过程中，除了物理变化外，同时还会发生一系列化学变化，这些变化对干制品及其复水后的品质如营养价值、色泽、风味、质地、复水率和贮藏期等会产生影响，这些变化随着食品种类的不同而异，不过其变化的程度却常随着食品成分和干燥方法不同而有差别。

5.4.2.1 蛋白质的变化

蛋白质在干制过程中最重要的变化是蛋白质脱水变性，其结果往往导致干制品在复水后，外观、含水量及硬度等均不能恢复到新鲜时的状态。

蛋白质在干制过程中变性的原因包含两个方面：一方面是热变性，即在热的作用下，维持蛋白质空间结构稳定的氢键、二硫键等被破坏，改变了蛋白质分子的空间结构而导致变性；另一方面是由于脱水作用使组织中溶液的盐浓度增大，蛋白质因盐析作用而变性。另外，氨基酸在干燥过程中的损失也有两种机制：一种是通过与脂肪自动氧化的产物发生反应而损失氨基酸；另一种则通过参与美拉德反应而损失掉氨基酸。蛋白质在干制过程中的变化程度取决于干燥温度、时间、水分活度、pH、脂肪含量及干燥方法等因素。

干燥温度对蛋白质在干制过程中的变化起着重要作用。一般情况下，干燥温度越高，蛋白质变性速度越快，氨基酸的损失也增加。干燥时间也是影响蛋白质变性的主要因素之一，在同等干燥条件下，干燥时间越长，蛋白质的变性程度越高。一般情况下，干燥初期蛋白质的变性速度较慢，而后期则较快。但是蛋白质在冻结干燥过程中的变性与此相反，呈初期快后期慢的模式。蛋白质在干燥过程中的变化与含水量之间有密切的关系，在含水量为20%～30%及高温条件下，蛋白质将发生急剧的变性。干燥方法对蛋白质的变性有明显的影响，与普通干燥法相比，真空干燥由于在干燥过程中存在一定真空度，干燥温度较低，蛋白质变性程度较低；喷雾干燥由于干燥时间很短，蛋白质变性程度也较低；而一直处于低温状态的冻结干燥法引起的蛋白质变性更要轻微得多。

5.4.2.2 脂质的变化

当食品物料的水分含量较高时，水分阻碍了食品成分与空气的直接接触，这样可以在一定程度上避免脂质氧化。物料干制后，水分含量降低，虽然干制品的水分活度较低，酯酶及脂氧化酶的活性受到抑制，但是由于缺乏水分的保护作用，极易发生脂质的自动氧化，导致干制品的变质。

脂质的氧化速度受到干制品种类、温度、相对湿度、脂质的不饱和度、氧的分压、紫外线、金属离子、血红素等多种因素的影响。一般情况下，含脂量越高且不饱和度越高、贮藏温度越高、氧分压越高、相对湿度越小，与紫外线接触以及存在铜、铁等金属离子和血红素，将促进脂质的氧化。

二维码 5-6 脂质氧化与相对湿度之间的关系

脂质氧化不仅会影响干制品的色泽、风味，而且还会促进蛋白质的变性，使干制品的营养价值和食用价值降低甚至完全丧失，应采取适当措施予以防止。这些措施包括降低贮藏温度、采用适当的相对湿度、真空包装、使用脂溶性抗氧化剂等。

5.4.2.3 碳水化合物的变化

水果含有较丰富的碳水化合物，果糖和葡萄糖在高温下易于分解，高温加热碳水化合物含量较高的食品，极易焦化；而缓慢晒干过程中初期的呼吸作用也会导致糖分分解，还原糖还会和氨基酸反应而产生褐变。动物组织内碳水化合物含量低，除乳蛋制品外，碳水化合物的变化不至于成为干燥过程中的主要问题。

5.4.2.4 维生素的变化

维生素类物质在干制中也有较大变化，特别是水溶性维生素，随着干燥的进行会发生部分氧化。维生素损耗程度取决于干制前物料预处理条件及选用的脱水干燥方法和条件。维生素C被破坏的程度除与干制环境中的氧含量和温度有关外，还与抗坏血酸酶的活性和含量有关。在酶促氧化与高温分解的共同影响下，往往可能使干制物料中维生素C被全部破坏，但在缺氧加热的情况下却可使维生素C得到大量保存。在阳光照射下和碱性环境中维生素C也易遭到破坏，但在酸性溶液或者在高浓度糖液中维生素C则较稳定。胡萝卜素也易因氧化而遭受损失，胡萝卜素在日晒加工时损耗极大，在喷雾干燥时则损耗极少。维生素 B_1 对热也较敏感，干燥处理时也常会有损耗。

5.4.2.5 色素的变化

食品的天然色泽主要由胡萝卜素、花青素、叶绿素、血红素（肉类）等色素提供，这些色素对光、热不稳定，受加工条件的影响而发生变化，如变黄、变褐、变黑等。

食品色素的变化主要是食品中的呈色物质遭到破坏，发生褪色现象。干制过程温度越高，处理时间越长，原有色素遭到的破坏就越大，类胡萝卜素、花青素在干制处理时都有所破坏。此外，其他处理也可能导致色素的破坏，如硫处理会促使花青素褪色，湿热条件下叶绿素将失去镁原子而转化成脱镁叶绿素，呈橄榄绿，不再呈草绿色。

二维码 5-7 褐变

5.4.2.6 食品风味物质的变化

干制过程中，水分脱除的同时也会引起一些挥发物质的变化，这样就会使物料损失部分风味物质。在热干制中，醇、醛、酮、酯等低沸点风味物质比水更易挥发。除了脱除部分风味物质外，干制品在干制过程中还会产生一些特殊的蒸煮味、硫味、焦香味。

食品挥发性风味成分挥发是干制时常见的一种现象，特别是香气较浓而易挥发的果蔬和乳品等食品。如牛乳含有极微量的低级脂肪酸，它们的含量仅亿分之一，一旦失去，其制品就会失去鲜乳风味。即使低温干制也会导致化学变化而出现食品变味的问题。如奶油内的脂肪有 δ-内酯形成时就会产生太妃糖那样的风味，而这种产物在乳粉中也经常见到。一般处理牛乳时所用的温度即使不高，蛋白质仍然会分解并有挥发硫放出。

果蔬在加工中受热时不仅原有的香气成分由于挥发而减少，而且果实内含有的糖类、氨基酸、脂肪等经过非酶反应还会生成其他风味物质，使其香气发生很大变化。如将苹果汁加热时，其香气中的丁酸乙酯、2-甲基丁酸乙酯、2-甲基丁酸己酯等酯类，在 6 h 完全消失，而醇类化合物经长时间加热反而增加。要完全防止干制过程中风味物质损失是比较难的。解决的有效办法是从干燥设备中回收或冷凝外逸的蒸气，再加回到干制食品中，以便尽可能保存它的原有风味。此外，也可从其他来源取得香精或风味制剂再补充到干制品中，或干燥前在某些液态食品中添加树胶和其他包埋物质将风味物质微胶囊化以防止或减少风味损失。

5.5 干制品的包装和贮藏

5.5.1 包装前干制品的处理

干制后的产品一般不马上进行包装，根据产品的特性与要求，往往需要经过一系列处理才进行包装。以提高干制品的质量，延长贮存期，降低包装和运输费用。

5.5.1.1 筛选分级

为了使产品合乎规定标准，便于包装，贯彻优质优价原则，对干制后的产品要进行筛选分级，剔除过湿、结块等不合标准的产品或其他碎屑杂质等物，以提高产品的商品质量。大小合格的产品还需进一步在移动速度为 3～7 m/min 的输送带上进行人工挑选，剔除杂质和变色、残缺或不良成品，并经磁铁吸除金属杂质。若在自动化程度高的生产线上，可通过色泽、重量等进行自动分级。

5.5.1.2 回软

回软又称为均湿、发汗或水分的平衡。由于干制品所含的水分并不是均匀一致，常需均湿处理，目的是通过干制品内部与外部水分的转移，使各部分的含水量均衡，呈适宜的柔软状态，以便产品处理和包装运输。

回软的方法是在产品经过干燥、选剔、冷却后，立即堆集起来或放在密闭的环境中，使水分平衡；在此期间，使水分在干制品相互间进行扩散和重新分布，最后达到均匀一致的要求。不同果蔬的干制品，回软所需时间也不同，少则需 1～3 d，多则需 2～3 周。

5.5.1.3 防虫

干制品尤其是果蔬干制品常有虫卵混杂其间，特别是采用自然干制的产品。一般来说，包装干制品用的容器密封后，处在低水分干制品中的虫卵颇难生长，但是包装破损、泄漏后，它的孔眼若有针眼大小，昆虫就能自由地出入，并在适宜条件下（如干制品回潮和温湿度适宜时）还会成长，侵袭干制品，有时还造成大量损失。为此，防止干制品遭受虫害是不容忽视的重要问题。果蔬干制品中常见的害虫：蛾类有印度谷蛾（*Plodia interpunctata*）、无花果螟蛾（*Ephestia cautella*）；甲类有露尾虫（*Carpophilus hemipterus*）、锯谷盗（*Silvanus surinamensis*）、米扁虫（*Cathartus advena*）、菌甲（*Henoticus serratus*）以及壁虱类有糖壁虱（*Tyroglyphus siro* 及 *T. longior*）等。果蔬干制品和包装材料在包装前都应经过灭虫处理。防治这些害虫的方法主要有以下几种。

1. 清洁卫生防治

清洁卫生防治是各项防治工作的基础，它不仅可以起到防虫、治虫的作用，还可提高产品的卫生质量，并能抑制微生物的发展。因此，要做好仓库、加工厂、贮藏机具、包装物及运输工具的清洁消毒工作。对贮藏干制品的仓库及加工厂房要经常彻底清扫。害虫危害的仓库、厂房要用药剂消毒或熏蒸，贮藏机具、包装场所和运输工具，使用前后都应认真搞好卫生工作，凡是感染害虫的，必须严格清扫和消毒。

2. 物理防治

物理防治就是利用自然的或者人为的物理因子变化，扰乱害虫正常的生理代谢机能，从而达到抑制害虫发生、发展，直至引起死亡的杀虫方法。常用的物理防治有高温杀虫、低温杀虫、气调杀虫等几种。

①高温杀虫　高温杀虫就是利用自然的或人为的高温，作用于害虫个体，使其躯体结构、生理机能受到严重干扰破坏而引起死亡的杀虫方法。这种方法一直被广泛地采用，具有良好的防虫、杀虫效果。高温杀虫的效果不仅因害虫的种类及虫期的不同出现差异，而且也与干制品的种类和含水量、高温处理的时间等因素密切相关。

目前，干制品高温杀虫的方法有：高温处理、蒸气杀虫、日光暴晒杀虫等方法。在不损失干制品质量的适宜高温下，加热数分钟，可杀死其中隐藏的害虫。根菜和果干等制品可在 75～80℃温度中热处理 10～15 min 后就立即包装，也可采用热蒸气处理 2～4 min。此外，日光暴晒也可杀虫。

②低温杀虫　低温杀虫是利用冷空气对害虫的生理代谢、体内组织产生干扰破坏作用，促进害虫迅速死亡。干制品最有效的杀虫温度为－15℃，但费用昂贵；生产中一般用－8℃冷冻

7～8 h，可杀死60%的害虫。

③气调防虫 气调防虫是人为地改变干制品贮藏环境的气体成分含量，造成不良的生态环境条件防治害虫的方法。降低环境的氧气含量，提高二氧化碳含量可直接影响害虫的生理代谢和生命。一般氧气含量为5%～7%，1～2周内可杀死害虫。2%以下的氧气浓度，杀虫效果最为理想。二氧化碳杀虫所需的浓度一般比较高，多为60%～80%。干制品包装中，常采用密封容器进行抽真空或充氮气或其他惰性气体，从而改变了贮藏环境的气体组成，使害虫不能存活或处于假死状态。

④电离辐射防虫 电离辐射防虫是电离辐射可以引起生物有机体组织及生理过程发生各种变化，使新陈代谢和生命活动受到严重影响，从而导致生物死亡或停止生长发育。辐照处理方法详见第8章食品的辐照保藏。

3. 化学药剂防治

化学药剂防治是利用有毒的化学物质直接杀灭害虫的方法。这种方法具有杀虫效力高、迅速彻底，能在短期内消灭大量的害虫，又可用来预防感染，是多年来应用较广、较多的一种防治方法。但所用的化学物质对人体的毒性也大，应用时要谨慎小心。

化学药剂的类型很多，应用于干制品防虫的主要是一些熏蒸剂。其使用范围、用量等应符合食品添加剂使用标准(食品安全国家标准 GB 2760—2014)。

5.5.1.4 速化复水处理

为了加速低水分产品复水的速度，现在出现了不少有效的处理方法，这些方法常称为速化复水处理(instantization process)。其中一种方法就是压片法，此法是将水分低于5%的颗粒状果干经过相距为0.025 mm的转辊(300 r/min)轧制。因制品具有弹性并有部分恢复原态趋势，制成一定形状的制品，厚度达0.25 mm。如果需要较厚的制品，则可增大轧辊间的间距以便制成厚度达0.254～1.5 mm而直径为6～19 mm的圆形或椭圆形薄片。薄片只受到挤压，它们的细胞结构未遭破坏，故复水后能迅速恢复原来大小和形状。薄果片复水比普通制品迅速得多，而且薄片的复水速率可通过调节制品厚度进行控制。另一种破坏细胞的速化复水处理方法，此法是将含水量为12%～30%的果块经速率不同和转向相反的转辊轧制后，再将部分细胞结构遭受破坏的半制品进一步干制到含水量的2%～10%。块片中部分未破坏的细胞复水后将恢复原状，而部分已被破坏的细胞则有变成软糊的趋势。

刺孔法是另一种速化复水处理方法。水分为16%～30%的半干苹果片先行刺孔再干制到5%的水分，这不仅可加速复水的速率，还可加速干制的速率。复水后大部分刺孔已消失。通常刺孔都在反方向转动的双转辊间进行，其中的一根转辊上按一定的距离装有刺孔用针，而在另一转辊上则相应地配上穴眼，供刺孔时容纳针头之用。复水速度以刺孔压片的制品最为迅速。

粉体的速溶化(如奶粉)，除控制干燥过程(如热杀菌)的加热程度，减少蛋白质变性外，喷雾干燥条件的选择与控制也相当重要，增大粉体颗粒是速溶乳粉的主要目标。比较有效的办法是采用颗粒附聚工艺；喷涂表面活性剂(如卵磷脂)也是增强全脂乳粉速溶的常用工艺。

5.5.1.5 压块

食品干制后重量减小较多，而体积缩小程度小，造成干制品体积膨松，不利于包装运输，因此在包装前，需经压缩处理，称之为压块。干制品若在产品不受损伤的情况下压缩成块，大大缩小了体积，可有效地节省包装材料、装运和贮藏容积及搬运费用。另外产品压紧后还可降低包装袋内氧气含量，有利于防止氧化变质。

蔬菜干制品的压块，必须同时利用水、热与压力的作用。一般蔬菜在脱水的最后阶段温度为60～65℃，这时可不经回软立即压块，否则，脱水蔬菜转凉变脆。在压块前，须稍喷蒸汽，以减少破碎率。喷蒸汽的蔬菜干制品，压块以后的水分可能超过预定的标准，影响耐贮性，所以在压块后还需最后干燥。

压块后干制品的最低密度为880～960 kg/m^3。干制品复水后应能恢复原来的形状和大小，其中复水后能通过四目筛眼的碎屑应低于5%，否则复水后就会形成糊状，而且色香味也不能和未压缩的复水干制品一样。

蔬菜干制品一般可在水压机中用块模压块。大生产中有专用的连续式压块机。蛋粉可用螺旋压榨机装填。流动性好的汤粉则可用制药厂常用的轧片机轧片。块模表面宜镀铬或镀镍，并应抛光，使用新模时表面还应涂上食用油脂作为滑润剂，减轻压块时摩擦，保证压块全面均匀地受到压力。压块时应注意破碎和碎屑的形成；压块的大小、形状、密度和内聚力；以及压块制品的耐藏性、复水性和食用品质等问题。干制品压块工艺条件及效果见表5-4。蔬菜干制水分低，质脆易碎，常须直接用蒸汽加热20～30 s，促使软化以便压块并减少破碎率。

表5-4 干制品压块工艺条件及其效果

干制品	形状	水分/%	温度/℃	最高压力/MPa	加压时间/s	密度/(kg/m^3)		体积缩减率/%
						压块前	压块后	
甜菜	丁状	4.6	65.6	8.19	0	400	1 041	62
甘蓝	片	3.5	65.6	15.47	3	168	961	83
胡萝卜	丁状	4.5	65.6	27.49	3	300	1 041	77
洋葱	薄片	4.0	54.4	4.75	0	131	801	76
马铃薯	丁状	14.0	65.6	5.46	3	368	801	54
甘薯	丁状	6.1	65.6	24.06	10	433	1 041	58
苹果	块	1.8	54.4	8.19	0	320	1 041	61
杏	半块	13.2	24.0	2.02	15	561	1 201	53
桃	半块	10.7	24.0	2.02	30	577	1 169	48

拉曼(Rahman)等1970年提出了一种新压块工艺，可有效地减小樱桃干制品的体积，对复水性及复水后的外观、风味等无影响。水分为2%的冷冻干燥樱桃先在93℃温度中用干热介质加热处理10 min，使水果呈热塑性，再在0.7～1.0 MPa压力下加压处理5 s左右，即可压成圆块或棒状体。压成的樱桃干圆块厚度2.54 cm，容积缩减比为1∶8。一般冷冻干制品的容积比压缩果干块大13倍。

5.5.2 干制品的包装

5.5.2.1 干制品的包装要求

干制品的耐藏期受包装影响极大，干制品的包装应能达到下列要求：①能防止干制品吸湿回潮以免结块和长霉；在90%相对湿度中，包装好的干制品每年水分增加量不超过2%。②能防止外界空气、灰尘、虫、鼠和微生物以及气味等入侵；③能不透外界光线；④贮藏、搬运和销售过程中具有耐久牢固的特点，能维护容器原有特性，包装容器在30～100 cm高处落下120～200次而不会破损，在高温、高湿或浸水和雨淋的情况下也不会破烂；⑤包装的大小、形状和外观应有利于商品的推销；⑥和食品相接触的包装材料应符合食品卫生要求，并且不会导致食品变性、变质；⑦包装费用应做到低廉或合理。

5.5.2.2 干制品的包装材料和容器

常用的包装材料和容器有金属罐、木箱、纸箱、聚乙烯袋、复合薄膜袋等。一般内包装多用有防潮作用的材料，如聚乙烯、聚丙烯、复合薄膜、防潮纸等；外包装多用起支撑保护及遮光作用的金属罐、木箱、纸箱等。

纸箱和纸盒是干制品常用的包装容器，大多数干制品用纸箱或纸盒包装时还衬有防潮包装材料如涂蜡纸、羊皮纸以及具有热封性的高密度聚乙烯塑料袋，以后者较为理想。纸盒还常用能紧密贴盒的彩印纸、蜡纸、纤维膜或铝箔作为外包装。使用纸盒缺点是贮藏搬运时易受害虫侵扰和不防潮(即透湿)。选用氯化橡胶薄膜作为内衬层时虽能防潮但不能防虫。例如刚孵化的蛾类能通过肉眼不能觉察的孔眼侵入包袋内。对某些干燥比(水分含量和固形物比)较高的干制品因售价较高，选用防虫包装材料还比较合算。使用纸箱作为容器容量可从4～5 kg到22～25 kg，纸盒的容量一般在4～5 kg以下。如果所包装干制品专供零售之用，其容量可以更小一些。在国外常用折叠式纸盒作小包装用容器。

金属罐是包装干制品较为理想的容器。它具有密封、防潮和防虫以及牢固耐久的特点，并能避免在真空状态下发生破裂。装满后，干制品对罐壁能起支撑作用，故能在高真空状态下进行密封。干制品也可采用像饼干箱那样用摩擦盖密封的铁罐或铁箱进行包装。它一般能防虫，仅能适当地防潮，用于包装蔬菜干较为合适。蛋粉、奶粉、肉干也常用金属箱包装。

玻璃罐也是防虫和防湿的容器。玻璃罐的优点是能看到内容物，大多数玻璃罐能再次密封，缺点是重量大和易碎。现在国外已开始采用坚固轻质的塑料罐包装以供零售之用，市场上常用玻璃罐包装乳粉、麦乳精及代乳粉一类制品。

多年来，供零售用的干制品常用玻璃纸包装，现在开始用涂料玻璃纸袋以及塑料薄膜袋和复合薄膜袋包装。简单的塑料袋如聚乙烯袋和聚丙烯袋包装使用最为普遍。也常采用玻璃纸-聚乙烯-铝箔-聚乙烯组合的复合薄膜，也可采用纸-聚乙烯-铝箔-聚乙烯组合的复合薄膜材料。萨冉涂料的聚丙烯薄膜材料用于包装专供糖果用的果干非常有效。高价的冷冻干燥制品常用聚烯烃-铝箔-聚酯组合的三层复合薄膜制成的小容量包装容器。每种干制品适用的包装材料视所需的贮藏时间、包装费用的合理性和对干制品品质的要求而异。用薄膜材料作包装所占的体积要比铁罐小，它可供真空或充惰性气体包装之用。

许多干制品特别是粉末状干制品包装时还常附装干燥剂、吸氧剂等。干燥剂一般包装在透湿的纸质包装容器内以免污染干制品，同时能吸收密封容器内水蒸气，逐渐降低干制品中的水分。生石灰是常用的干燥剂，它在相对湿度较低(1%～5%)的条件下仍具有较高的吸湿力。不过它吸湿时会膨胀，因而容器应留有余地以免爆裂，同时还应该注意它吸湿时会发热。石灰的用量为干制品的10%～20%。高吸湿力的硅胶能吸收相当于它重量40%的水分，并且即使它处在饱和状态下仍呈干燥状态并能自由地移动，因此是一种很有潜力的干燥剂。附装有干燥剂的干制品包装首先应在21℃左右温度中贮藏一定时间如6个月，使干制品的水分在干燥剂作用下能进一步降低到更低的水平。只有保证干燥剂充分发挥效用后，才能安全地接触高温。这将有利于大量地保存干制品中的维生素，延缓硫处理干制品中 SO_2 的消失，并在干制品水分降低到10%～20%（非酶褐变的最适宜水分）以下还可阻止非酶褐变的发生。包装内附装干燥剂后，较高水分的干制品就不会像未附装干燥剂时那样出现结块的现象，这是因为干制品中的水分会以水蒸气状态缓慢地向外扩散。有了干燥剂，包装内始终能保持较低的水蒸气压，不然就会形成有害的高水蒸气压。

吸氧剂（又称脱氧剂）是能除去密封体系中的游离氧气或溶存氧气的物质，添加吸氧剂的目的是防止干制品在贮藏过程中氧化败坏、发霉。一般在食品包装密封过程中，同时封入。常见的吸氧剂有铁粉、葡萄糖酸氧化酶、次亚硫酸铜、氢氧化钙等。脱氧剂开封后要立即使用，铁系脱氧剂必须在开封后5 d内使用完毕，而且包装要完全密封。包装要求使用气体阻隔性材料、包装材料与脱氧剂无反应。

为了确保干制水果粉特别是含糖量高的无花果、枣和苹果粉的流动性，磨粉时常加入抗结块剂和低水分制品拌和在一起。干制品中最常用的抗结块剂为硬脂酸钙。用量为果粉量的0.25%～0.50%，硅胶和水化铝酸硅钠也可用为干果粉的抗结块剂。

5.5.2.3 包装方法

干制品的包装方法主要有普通包装、充气包装和真空包装。

1.普通包装法

普通包装法是指在普通大气压下，将经过处理和分级的干制品按一定量装入容器中。对密封性能差的容器，如纸盒和木箱，在装前应先在里面垫一层或二层蜡纸。衬蜡纸必须有足够大小，能将所装的干制品全部包被，不留缝隙。有条件的可在容器内壁涂防水材料。

2.真空包装和充气包装

真空包装和充气（氮、二氧化碳）包装是将产品先行抽真空或充惰性气体（氮、二氧化碳），然后进行包装的方法。这种方法降低了贮藏环境的氧气含量（一般降至2%），有利于防止维生素的氧化破坏，减少制品损失，增强制品的保藏性。抽真空包装和充惰性气体包装可分别在真空包装机或充气包装机上完成。

国外还有采用葡萄糖氧化酶除氧小袋进行包装。即将酶和葡萄糖以及缓冲剂装在水不能渗透但氧能通过的小袋中，将这种小袋与干燥产品一起密封在容器中，小袋中的内容物很快吸收容器内的氧，从而防止对氧化作用敏感的制品的败坏。应用这种方法贮藏核桃仁，于35℃条件下1个月，不发生变质。

5.5.3 干制品的贮藏

合理包装的干制品受环境因素影响小，未经密封包装的干制品在不良环境条件下，就容易发生变质现象，因此，良好的贮藏环境是保证干制品耐藏性的重要前提。

5.5.3.1 影响贮藏的因素

1.原料的选择与处理

选择新鲜完整、充分成熟的原料，经充分洗涤干净，能提高干制品的保藏效果；漂烫的蔬菜比未经漂烫的能更好地保持其色、香、味，并减低在贮藏中的吸湿性；熏硫制品也比未熏硫的易于保色和避免微生物或害虫的侵害。

2. 干制品的含水量

一般在不损害产品质量的条件下，制品越干燥，含水量越低，保藏效果越好。当含水量降低到6%以下时，贮藏期的变色和维生素损失都可大大减少；当含水量超过8%时，大多数干制品保藏期将缩短。果干制品因组织厚韧，可溶性固形物含量高，多数产品干制后用以直接食用，所以干燥后含水量较高，通常在10%～15%以上，也有高达25%左右。干制品水分超过10%时可促使昆虫卵发育成长，侵害干制品。此外，储藏温度为12.8℃和相对湿度为80%～85%时果干极易长霉；而相对湿度低于50%～60%时不易长霉。

3. 贮藏环境条件

要求低温而干燥，高温高湿对果蔬干制品的贮藏有害。贮藏温度最好是0～2℃，不可超过10～14℃，因为氧化作用与温度有关，温度越高，氧化越快。研究表明，每增加10℃，蔬菜干制品中褐变的速度加速3～7倍。氧化作用不但促进制品的变色和维生素损失，又能氧化亚硫酸为硫酸盐，减低亚硫酸的保藏效果，所以应注意低温贮藏，特别是果干含糖类多，而糖类吸湿性强，更要注意防潮，贮藏时应在干燥的甚至是最能密闭的场所。

环境空气越干燥越好，其相对湿度应在65%以下。干制品保持的含水量越低，空气的相对湿度也必须相应地降低。另外，贮藏环境中的光线能促进干制品色素分解，为了使制品保藏良好，库房应适当遮光。

4. 包装

合理包装的干制品受环境因素的影响较小，未经特殊包装或密封包装的干制品在不良环境因素的条件下就容易发生变质现象。干制品在包装前的回软处理、防虫处理、压块处理以及采用良好的包装材料和方法也都可以大大提高干制品的保藏效果。

因此，干制品必须贮藏在光线较暗、干燥和低温的地方。贮藏温度以0～2℃为最好，但不宜超过14℃。空气越干燥越好，它的相对湿度最好在65%以下。

5.5.3.2　贮藏方法

贮藏干制品的库房要求清洁卫生，通风良好又能密闭，具有防鼠设备。贮藏干制品时切忌同时存放潮湿物品。在贮藏库内堆放装箱的干制品，以总高度20～25 m为好。箱堆要离开墙壁30 cm，堆顶距天花板至少80 cm，室内中央留宽为1.5～1.8 m的走道，保证充足的自由空间，以利于通风和管理操作。根据所保藏干制品的特性，要经常维持库内一定的温度、湿度，并应经常检查产品质量，防止害虫、鼠类危害，保证干制品贮存良好，提高干制品的品质。

5.6　干制品的干燥比和复水性

5.6.1　干制品的干燥比

干制品的耐藏性主要取决于干制后食品的水分含量。食品水分含量一般是按照湿重计算，但食品干制过程中，食品的干物质基本上不变，而水分却不断变化。为了正确掌握食品中水分变化情况，也可以按干物质量计算水分百分含量。

在食品干制时干燥比则是干制前原料质量和干制品质量的比值，即每生产1 kg干制品需要的新鲜原料质量(kg)。食品的干燥比反映了产品的生产成本等。

5.6.2 干制品的复原性和复水性

许多干制品是在复水后才能食用。复水是把干制品浸在水里，经过一段时间使其尽可能地恢复到干制以前的性质，但不能恢复到原来的重量。一般常用干制品的复水性和复原性作为衡量其品质的重要指标，且两者之间有着密切的关系。

5.6.2.1 复原性

干制品的复原性就是干制品重新吸收水分后在质量、大小和形状、质地、颜色、风味、成分、结构以及其他可见因素等各个方面恢复原来新鲜状态的程度。一般来说，恢复到原来新鲜状态的程度越高，干制品的质量越好。

5.6.2.2 复水性

在这些衡量复原性品质的因素中，有些可用数量来衡量，而另一些只能用定性方法来表示。干制品复水性就是新鲜食品干制后能重新吸回水分的程度，一般常用干制品吸水增重的程度来衡量，而且这在一定程度上也是干制过程中某些品质变化的反映。实际上，任何一种动植物性物料干制时，它们的某些特性经常由于物料内不可逆变化的结果而受到损害，因此，干制品复原后其质量很难百分之百地达到新鲜原料的品质。

干制品的复水性不但与干制品的种类、品种、干燥方法有关，还与复水方法及复水时水的用量和质量有关。为此，选用和控制干制工艺必须遵循的准则就是尽可能减少因这类不可逆性变化所造成的损害。干燥方式中，冷冻干燥制品复水迅速，复水后的组织结构接近于物料的新鲜状态，因而冷冻干燥已成为干燥技术重要进展的一种标志。果蔬原料脱水干燥前要经热烫灭酶，细胞也必定失去活力，细胞壁失去弹性，产生永久变形，其胶体成分也产生不可逆变化，复水时恢复到原来状态较困难。新鲜肉制品在复水时只能吸收原含水量的一部分水分，组织结构比脱水前脆一些。液体物质，如牛奶、咖啡、果汁等喷雾干燥后有较好的复水性。但是干燥的奶粉由于含有脂肪，且干燥后已破坏了原先的乳化条件，因此复水还原时还必须另外添加乳化剂并进行均质处理。

在复水时，干制品的浸泡时间和浸泡温度对干制品的复水程度有一定影响。浸泡时间越长，复水越充分，但复水前后期复水速度有较大差异，后期干制品的吸水能力明显下降。浸泡温度对复水初期有很大影响，温度越高，吸水速度越快。此外，复水方式的不同也不同程度地影响着复水效果，和传统的浸泡复水方式相比，若采用挤压法、刺孔法、糊精法等速化复水处理则可提高干制品的复水性。另外，在复水时，水的用量和质量对其复水效果影响也很大。用水过多，可使一些花色素、黄酮类色素及其他可溶性物质溶出而损失；水的 pH 不同，会使干制品的颜色发生变化，浅色干制品在碱性溶液中会变为黄色；水中如有碳酸氢钠、亚硫酸钠，易使组织软化；硬水会使干制品质地变粗硬；水中含钙盐还能降低复水率。因此，在干制品复水处理时，应注意这些问题，才能得到较好的复水效果。

为了研究和测定干制品的复水性，国外曾制定过脱水蔬菜复水性的标准实验方法。可是用这种方法进行重复试样实验时，经长时间的浸水或沸煮后最高的吸水量和吸水率常会出现较大的差异。

复水实验主要是测定复水试样的沥干重。这应按照预先制定的标准方法，特别在严密控制的温度和时间的条件下，用浸水或沸煮方法让定量干制品在过量水中复水，用水量可随干制品干燥比而不同，但干制品应始终浸没在水中，复水的干制品沥干后就可称取它的沥干重或净重。为了保证所得数据的可靠性和可比较性，复水实验方法应根据实验对象和具体情况预先标准化，操作时应严格遵守。

复水比($R_{复}$)简单来说就是复水后沥干重($G_{复}$)和干制品试样重($G_{干}$)的比值。复水时干制品常会有一部分糖分和可溶性物质流失而失重。它的流失量虽然并不少，一般都不再予以考虑，否则就需要进行广泛的试验和仔细地进行复杂的质量平衡计算。

复重系数($K_{复}$)就是复水后制品的沥干量($G_{复}$)和同样干制品试样量在干制前的相应原料重($G_{原}$)之比。

$$K_{复}=\frac{G_{复}}{G_{原}}\times 100\% \qquad (5\text{-}31)$$

只有在已知同样干制品试样量在干制前相应原料重($G_{重}$)的情况下才能计算，但在一般情况下却为未知数，只有根据干制品试样重($G_{干}$)以及原料和干制品的水分($W_{原}$和$W_{干}$)等一般可知数据，才能计算。

$$G_{原}=\frac{G_{干}-G_{干}W_{干}}{1-W_{原}} \qquad (5\text{-}32)$$

复重系数($K_{复}$)也是干制品复水比和干燥比的比值。其公式如下：

$$K_{复}=\frac{R_{复}}{R_{干}}=\frac{G_{复}/G_{干}}{G_{原}/G_{干}}\times 100\% \qquad (5\text{-}33)$$

5.7　中间水分食品

近年来，调整和控制水分活度以保藏中间水分食品的做法已日益引起注意。中间水分食品(Intermediate Moisture Foods)是把食品按水分活度(A_w)进行分类得到的，可缩写为 IMF。通常，食品的水分含量越高，其水分活度(A_w)也越高，即使是相同含水量的食品也因其组分不同而使水分活度不同，所以使用水分活度(A_w)能进行食品的分类。一般把水分活度在 0.85 以上的定为高水分食品(HMF)，水分活度在 0.20 以下的定为低水分食品(LMF)，水分活度为 0.20～0.85 的定为中间水分食品(IMF)。但是近代的 IMF 定义多指水分活度在 0.60～0.85 的食品，此时的食品水分含量一般为 20%～40%。

中间水分食品也称为半干食品、中湿食品、半干半湿食品、中等水分含量的食品等，这种食品水分低于天然水果、蔬菜或肉类的含水量，但高于传统脱水食品的残留水分，如蜂蜜、果酱、果冻和某些果料蛋糕，以及部分干制品(枣子、无花果、李干、杏子、风干肉条、干肉饼、意大利式香肠等)。所以这些食品的保藏能力部分来自与溶质的高浓度有关的高渗透压，而在某些食品中，其盐、酸和其他特有的溶质有助于提高保藏效果。即由于这些食品的水分中已溶入足够浓度的溶质使水分活度降低到低于微生物生长繁殖所需的最低水分活度，所以不会滋生微生物。

中间水分食品(IMF)有如下特征：首先对微生物，特别是对细菌的繁殖有干燥食品那样的抵抗力，在理想的状态下可以完全制止由微生物引起的食品品质的降低；其次在食用时没有必要补加水，并且具有良好的口感；第三，采用普通食品加工中常用的加热处理和冷冻保存，也有可能长期保存；第四，营养成分容易调整，食品包装材料经济等。

中间水分食品由于本身的耐藏性，所以不需要特殊的贮藏手段；也只要简易的保护性外包装，因为即使包装损坏，食品也不会败坏，这些特征为此类食品的销售提供了明显的有利因素，很有发展前景。

5.7.1 中间水分技术的构成原理

水分活度与食品性质和稳定性的关系是中间水分食品的实质。水分活度在性质上乃是在维持生化反应体系中非结合游离水的尺度，水分活度并非绝对含水量。两种有相同含水量的食品根据其水分对食品成分的游离程度或是结合程度的不同会有非常不同的水分活度值。

水分活度对于微生物繁殖的影响是中间水分食品的最重要问题。如前所述，大多数细菌在水分活度 0.9 以下就不会繁殖，当然要视具体的细菌而定。有些耐盐细菌在低至 0.75 水分活度下仍能繁殖，而某些嗜渗透压酵母菌甚至更低，但是这些微生物往往不是食品败坏的重要起因。霉菌较大多数细菌更耐干燥，常在水分活度约为 0.80 的食品上繁殖良好，然而，甚至在低于 0.70 的水分活度下，有些食品在室温下存放几个月，仍可能出现霉菌缓慢繁殖的现象。在水分活度值低于 0.65 时，霉菌繁殖完全被抑制，但是如此低的水分活度通常不适用于中湿食品的生产。这种水分活度在许多食品中相当于低于 20%的总含水量，此类食品就失去咀嚼性，且近乎一种十足干燥的产品。就大多数食品来说，半湿性组织的水分活度值必须为 0.70～0.85。这样的活度水平低得足够抑制普通食品的细菌败坏。当这样的活度水平还不够低得足以长期抑制霉菌繁殖时，一种抗霉剂如山梨酸钾被添加进食品配方内来提高防腐作用。

通常在文献资料内所引用的抑制微生物的水分活度值计算至小数点 2 或 3 位，然而这不应给人一种印象，即所列举作为某一特定微生物繁殖的水分活度最小值是一个绝对值。它多少会受以下因素的影响，例如，食品的 pH、温度、微生物所需的营养状况以及水相中特定溶质的性质。虽然这些影响常常较小，但应谨慎地通过进行适当的细菌培养皿计数来确定新的中间水分食品配方，以防止微生物败坏的水分活度这一目标的功效。从公共卫生观点来说，细菌学试验也是必需的。

迄今所述关于水分活度的情况，很多与微生物抑制有关。然而，还须说清楚的是水分活度还影响食品的许多其他性质包括化学反应性和化学平衡、酶活力、香味、组织、色泽以及营养素的稳定性。

5.7.2 半干食品的保藏工艺

新鲜食品可以利用低温贮藏、化学保藏等手段抑制或杀灭引起变质的因素，低湿食品可利用低水分活度来抑制或杀灭引起变质的因素，而中湿食品的水分按质量计一般为 15%～50%，水分活度在 0.60～0.90。多数细菌水分活度在 0.90 以下不能生长繁殖，但霉菌水分活度在 0.80 以上仍能生长，个别霉菌、酵母菌要水分活度在 0.65 时才被抑制。所以靠中湿食品的水分活性难以达到长期保藏的目的，需采用多种保藏技术相互结合进行综合保藏，即在食品保藏中设置多种微生物生长或食品腐败变质的阻碍因子，如适当的温度、水分活度、氧化还原电位、pH、添加剂等阻碍因子，这些阻碍因子又被称为栅栏因子，这些栅栏因子在保藏中起到加和的作用，使保藏效果更好。下面以几类典型食品为例说明半干食品的保藏工艺。

5.7.2.1 水果类食品

对于水果类产品，为追求其新鲜感，尽可能保存其维生素等营养成分，可采用：①温和热处理法，用饱和蒸汽热烫 1～2 min；②添加一些保湿剂（如甘露醇）或糖类轻微降低水分活度法，如添加葡萄糖（或蔗糖）将 A_w 降到 0.98～0.93、加酸降低 pH，添加柠檬酸或磷酸调节 pH 至

4.1～3.0、或向制品糖浆中加入化学防腐剂等结合的方法，即山梨酸钾或苯甲酸钠、亚硫酸钠或亚硫酸氢钠，通常这些条件综合为：A_w 0.97，pH 3.5，山梨酸钾添加量1 000 mg/kg，亚硫酸钠添加量1 000 mg/kg。由此保藏技术可使制品在25～35℃贮存3～8个月。

5.7.2.2 发酵肉制品

在发酵肉制品中，一定顺序地使用栅栏因子使制品的货架期延长、安全性高。以萨拉米香肠为例，在成熟阶段的初期，亚硝酸盐和食盐可以抑制大部分微生物生长；随着氧化电势的降低，需氧菌被抑制，此环境有利于乳酸菌的生长，乳酸菌的生长又竞争性地抑制了有害微生物；到了成熟后期，pH下降，乳酸菌死亡，而还原电势和pH效应增强，水分活度效应也得到增强，最终使得萨拉米香肠的货架期延长。此条件综合为：pH 5.4～6.0，A_w 0.65～0.90。

5.7.2.3 传统中式肉制品

在我国约15%的肉类被加工成肉制品，而其中肉干约占95%，深受消费者的喜爱。传统肉干的水分活度<0.70，不需冷藏便很稳定。由于我国消费者喜欢质构柔软、色淡、低糖的制品，一种满足上述要求的新型肉脯已被开发出来，这种新型肉干的栅栏因子是亚硝酸盐和抗坏血酸钠，肉干制作前将原料先用亚硝酸盐和抗坏血酸钠在低温下腌制。制得的肉脯水分活度低于0.79，通常为0.74～0.76，水分含量低于30%，食盐和食糖加量少。这样既保持了传统肉干的特色，又具有较好的感官性能，采用真空包装，在不需冷藏条件下可贮存数月。

5.7.3 存在的问题

基于中间水分工艺的食品开发必须包括某些进一步的考虑事项。由于中间水分工艺的食品在水分吸湿等温线上属于某一可变的区域内，所以它与水分活度较高或较低的食品一样受到同样的非微生物的变化。在许多处于中等湿度范围下限的食品中，美拉德反应的速率最快。因此要注意钝化有潜在危害的水解酶和氧化酶。防止微生物繁殖但却保持半湿性食品组织的水分活性值，一般说来并不是低得足以抑制食品酶的活力。食品基质在低水分活性下的酶水解和氧化的许多例子已被证实。因此，中间水分工艺的食品不应用低水分活性来控制酶的变化。相反，在注入溶质时或在其前后，采用蒸煮、巴氏杀菌或是预煮来使酶钝化，或者酶的作用可以通过食品技术人员所熟知的二氧化硫、抗坏血酸、柠檬酸或其他处理法加以控制。作酶促反应包括美拉德褐变，如果不采用生产其他食品的普通预防办法，也在与中湿性组织相一致的水分活度值下产生。

糖和甘油是降低水分活度的两种重要辅料。然而，两者的口味在许多食品中是不好的。现在正在寻觅能取代糖和甘油的无味辅料。具有明显持水性的蛋白质衍生物和糊精是有指望的。

只有在遍及水相及在水与固体分界面处达到真正的平衡，低水分活度对于抑制微生物方才有效和安全。有几种食品结构和乳浊液可能产生问题，因为它们会干扰溶质渗出。故水包油系统比油脂为连续相的油包水系统更易于注入水溶质。然而，如果溶质在形成乳浊液之前加入水相，油包水系统就能容易加工。如果要使人类食用的中间水分食品取得较大成就，必须改进许多实验性产品受消费者欢迎的程度。并更多地研究在中湿条件下营养的稳定性。然而，此类食品诸如不需要冷冻且耐贮藏的三明治夹馅、什锦色拉、小吃食品的范围很广的馅料以及更多的混合食品的研究将有十分重要的意义。

思考题

1. 试比较脱水、干制、干藏间的相互联系。

2. 试述水分活度与微生物的生长发育和耐热性的关系。

3. 试述水分活度与酶活性和酶耐热性的关系。

4. 试述水分活度与氧化、非酶褐变的关系。

5. 试述食品的干燥机制。

6. 影响食品湿热传递的因素有哪些?

7. 什么是干燥曲线、干燥速率曲线和干燥温度曲线?它们有什么意义?

8. 试述影响食品干制的因素有哪些。

9. 食品干制过程中发生哪些变化?分析这些变化对食品质量有什么影响?

10. 干制品的预处理有哪些?

参考文献

[1] 初峰,黄莉.食品保藏技术.北京:化学工业出版社,2010.

[2] [苏]A.C.金兹布尔格.食品干燥原理与技术基础.高奎元,译.北京:中国轻工业出版社,1986.

[3] 李秀娟.食品工艺综合实验.北京:化学工业出版社,2014.

[4] 林亲录,秦丹,孙庆杰.食品工艺学.长沙:中南大学出版社,2013.

[5] 刘恩岐,曾凡坤.食品工艺学.郑州:郑州大学出版社,2011.

[6] 马俪珍,刘金福.食品工艺学实验.北京:化学工业出版社,2011.

[7] 孟宪军.食品工艺学概论.北京:中国农业出版社,2006.

[8] 夏文水.食品工艺学.北京:中国轻工业出版社,2007.

[9] 王如福,李汴生.食品工艺学概论.北京:中国轻工业出版社,2009.

[10] 汪志君,韩永斌,姚晓玲.食品工艺学.北京:中国计量出版社,2006.

[11] 尹明安.果品蔬菜加工工艺学.北京:化学工业出版社,2009.

[12] 张文朴.普通食品工艺学.北京:化学工业出版社,2010.

[13] 赵晋府.食品工艺学.北京:中国轻工业出版社,2009.

[14] 钟立人.食品科学与工艺原理.北京:中国轻工业出版社,1999.

[15] 周家春.食品工艺学.北京:化学工业出版社,2003.

二维码 5-8 “双碳”战略与食品节能干制技术与装备

原《食品工艺学导论》编写人:曾名湧(青岛海洋大学);曾凡坤(西南大学);薛文通(中国农业大学)

《食品加工与保藏原理》编写人:李述刚(合肥工业大学);曾凡坤(西南大学);狄建兵(山西农业大学)

第6章

食品的腌制与烟熏

学习目的与要求

1. 掌握食品腌制的基本原理。
2. 掌握常用食品腌制剂的种类及其作用。
3. 熟悉各类食品的腌制方法。
4. 掌握熏烟的成分与作用;熟悉食品的烟熏方法。

腌制是指用食盐、糖等腌制材料处理食品原料，使其渗入食品组织内，以提高其渗透压，降低其水分活度，并有选择性地抑制有害微生物的活动，促进有益微生物的活动，从而防止食品的腐败，改善食品食用品质的加工方法。腌制是一种食品保藏的主要方法，同时也是一种加工方法。腌制所使用的腌制材料通称为腌制剂。经过腌制加工的食品通称为腌制品，如腌菜、腊肉等。不同的食品类型，采用的腌制剂和腌制方法均有所不同。

果蔬类制品的腌制通常用酸性调味液浸泡，加工出的制品带有酸味，因此又被称为腌渍(pickling)。根据使用的腌制材料的不同，又分为盐渍、糖渍、醋渍等。

蔬菜腌渍品根据其在腌制过程中是否存在微生物的发酵作用，分为两大类，即非发酵型腌渍品和发酵型腌渍品。非发酵型腌渍品是指在腌渍过程中完全抑制微生物的乳酸发酵，其特点是食盐用量很高，这类腌渍品主要有腌菜、酱菜和糟渍品及糖渍品 3 类。发酵型腌渍品的主要特点是在腌制过程中食盐用量较少，同时添加有酸性调味液(如食醋或糖醋、香料等)，在腌渍过程中伴随有显著的乳酸发酵，从而使腌渍品的酸度提高。泡菜、酸黄瓜属此类产品。

水果类腌制品一般采用糖渍，即用较高浓度的糖溶液浸泡，使糖渗入到食品组织内，以达到腌渍的目的。糖具有一定的防腐能力，并且能改善制品的风味。常见的糖渍水果有蜜饯、果冻、果酱等。在炼乳的加工过程需添加大量的糖，其目的是用糖来抑制微生物的活动，从而改善炼乳的保存性，并且改善炼乳的组织状态。

肉类的腌制(curing)主要是用食盐，并添加硝酸钠(钾)或亚硝酸钠(钾)及糖类等腌制材料来处理肉。经过腌制加工出的产品称为腌腊制品。如腊肉、发酵火腿等。

烟熏(smoking)是加工鱼、肉类制品的重要手段之一，主要是用木材不完全燃烧产生的熏烟来处理食品，使有机成分附着在食品表面，抑制微生物的生长，达到延长食品保质期的目的。经过烟熏的制品还会有一种诱人的烟熏味，从而改善制品的风味。随着冷藏技术的不断发展，烟熏的防腐作用已显得不是很重要，烟熏技术转而成为加工具有特殊烟熏风味制品的一种方法。

6.1 食品腌制的基本原理

食品在腌制过程中需使用不同种类的腌制剂，常用的有盐、糖、酱油、香辛料等。腌制剂在腌制过程中首先要形成溶液，然后通过扩散和渗透作用进入食品组织内，从而降低食品内的水分活度，提高渗透压，进而抑制微生物和酶的活动，达到防止食品腐败的目的。

6.1.1 溶液的扩散和渗透

腌制时，首先是腌制剂(主要是盐和糖)溶于水(食品组织内的水或/和外加的水)形成腌制液，腌制液主要是由盐和糖作为溶质，水作为溶剂形成的单一或混合溶液。腌制液的浓度常用比重计测定，盐水的比重通常用波美比重计(Baume´或 Be´)测定；糖水浓度可用糖度计(Sacchrometr)、波林(Balling)糖度计或白利(Brix)糖度计测定。

6.1.1.1 溶液的扩散

食品的腌制过程，实际上是腌制液向食品组织内扩散的过程。扩散是指分子在不规则热力运动下固体、液体、气体浓度均匀化的过程。扩散的推动力是渗透压。扩散总是从高浓度处向低浓度处转移，并持续到各处浓度平衡时才停止。在扩散过程中，通过单位面积(A)的物质扩散量(dQ)和浓度梯度(即单位距离浓度的变化比 dc/dx)成正比。

$$dQ = -DA\frac{dc}{dx}d\tau \tag{6-1}$$

式中:Q 为物质扩散量;dc/dx 为浓度梯度(c 为浓度、x 为间距);A 为面积;τ 为扩散时间;D 为扩散系数(随溶质及溶剂的种类而异)。

如果将公式(6-1)用 dτ 除,则可得到扩散速度的计算公式:

$$\frac{dQ}{d\tau} = -DA\frac{dc}{dx} \tag{6-2}$$

利用公式(6-2)计算扩散速度时,首先确定扩散系数(D),在缺少试验数据的情况下,扩散系数可用下式推算。

$$D = \frac{RT}{N\pi 6r\eta} \tag{6-3}$$

式中:D 为扩散系数,单位浓度梯度下单位时间内通过单位面积的溶质量(m^2/s);R 为气体常数[8.314 J/(K/mol)];N 为阿伏加德罗常数(6.02×10^{23});T 为绝对温度(K);η 为介质黏度(Pa·s);r 为溶质微粒(球形)直径。

在食品腌制过程中,腌制剂的扩散速度与扩散系数成正比,扩散系数本身还与腌制剂的种类和腌制液的温度有关,一般来说,溶质分子越大,扩散系数越小。由此可见,不同种类的腌制剂,在腌制过程中的扩散速度是各不相同的,如不同糖类在糖液中的扩散速度由大到小的顺序是:葡萄糖>蔗糖>饴糖中的糊精。

腌制剂的扩散速度与温度及浓度差有关。扩散系数随温度的升高而增加,温度每增加1℃,各种物质在水溶液中的扩散系数平均增加2.6%(2%～3.5%)。物质的扩散总是从高浓度向低浓度扩散,浓度差越大,扩散速度也随之增加,但溶液浓度增加时,其黏度也会增加,扩散系数随黏度的增加会降低。因此,浓度对扩散速度的影响还与溶液的黏度有关。

6.1.1.2　渗透

渗透是指溶剂从低浓度经过半透膜向高浓度溶液扩散的过程。半透膜是只允许溶剂通过而不允许溶质通过的膜。细胞膜等是半渗透膜。

溶剂的渗透作用是在渗透压的作用下进行的。溶液的渗透压,可由下面的公式计算出:

$$P_0 = \frac{\rho_1 RTc}{100M_2} \tag{6-4}$$

式中:P_0 为渗透压(Pa 或 kPa);ρ_1 为溶媒的密度(kg/m^3 或 g/L);R 为气体常数;T 为绝对温度(K);c 为溶质浓度(mol/L);M_2 为溶质的分子质量(g 或 kg)。

上面的计算公式对于理解食品腌制过程中的扩散过程极其重要。进行食品腌制时,腌制的速度取决于渗透压,而渗透压与温度及浓度成正比。为了提高腌制速度,应尽可能提高腌制温度和腌制剂的浓度。但在实际生产中,很多食品原料如在高温下腌制,会在腌制完成之前出现腐败变质。因此,应根据食品种类的不同,采用不同的温度,很多的果蔬类产品可在室温条件下进行腌制,而鱼、肉类食品则需在10℃以下(大多数情况下要求在2～4℃)进行腌制。

食品腌制过程中，溶媒的密度和溶质分子量对腌制速度的影响相对较小，因为在实际生产中，能够选用的腌制剂和溶媒都有限，但是，从式6-4可看出，渗透压与腌制剂的分子及浓度有一定的关系，而且与其在溶液中的存在状况(是否呈离子状态)有关。如用食盐和糖腌制食品时，为了达到同样的渗透压，食盐的浓度比糖的浓度要小得多。另外，不同的糖类，其渗透压也不相同。

在食品的腌制过程中，食品组织外的腌制液和组织内的溶液浓度会借溶剂渗透和溶质的扩散而达到平衡。所以说，腌制过程其实是扩散与渗透相结合的过程。

6.1.2 腌制防腐作用

食品腌制时一个很重要的目的就是通过腌制防止食品腐败变质，延长其保质期。腌制过程中的防腐作用主要是通过不同腌制剂的防腐抑菌作用来实现的。

6.1.2.1 食盐对微生物的影响

食品腌制时，使用的主要腌制剂是食盐。食盐除具有调味作用外，一个重要的作用是具有防腐作用，食盐的防腐作用主要是通过抑制微生物的生长繁殖来实现的。

1.食盐溶液对微生物细胞的脱水作用

微生物正常的生长繁殖需要在等渗的环境中进行。如果微生物处在低渗的环境中则环境中的水分会穿过微生物的细胞壁并通过细胞膜向细胞内渗透，使微生物细胞呈膨胀状态，如果内压过大，就会使原生质胀裂，微生物无法生长繁殖。如果微生物处于高渗溶液中，细胞内的水分就会透过原生质膜向外渗透，结果是细胞的原生质因脱水而与细胞壁发生质壁分离，并最终使细胞变形，微生物的生长活动受到抑制，脱水严重时还会造成微生物的死亡。

食盐的主要成分是氯化钠，在水溶液中离解为钠离子和氯离子，因此食盐溶液具有很高的渗透压，1%食盐溶液可以产生61.7 kPa的渗透压，而大多数微生物细胞内的渗透压为30.7～61.5 kPa。食品腌制时，腌制液中食盐的浓度要大于1%，因此腌制液的渗透压很高，对微生物细胞会发生强烈的脱水作用，导致质壁分离，使微生物的生理代谢活动呈抑制状态，造成微生物停止生长或者死亡，从而达到防腐的目的。

2.食盐溶液能降低水分活度

食盐溶于水后会离解为钠离子和氯离子，并在其周围聚集一群水分子，形成水合离子。食盐的浓度越高，所吸引的水分子也就越多，这些被离子吸引的水就变成了结合水状态，导致自由水的减少，水分活度下降。溶液的水分活度随食盐浓度的增大而下降，在饱和食盐溶液(26.5%)中，由于水分全部被离子吸引，没有自由水，因此，所有的微生物都不能生长。

3.食盐溶液对微生物产生生理毒害作用

食盐溶液中含有钠离子、镁离子、钾离子和氯离子，这些离子在高浓度时能对微生物产生毒害作用。主要是由于钠离子能和原生质中的阴离子结合产生毒害作用。pH能加强钠离子对微生物的毒害作用。一般情况下，酵母菌在20%的食盐溶液中才会被抑制，但在酸性条件下，14%的食盐溶液就能抑制其生长。氯化钠对微生物的毒害作用也可能来自氯离子，因为氯离子也会与细胞原生质结合，从而促使细胞死亡。

4.食盐溶液中氧的浓度下降

食品腌制时使用的盐水或渗入食品组织内形成的盐溶液其浓度很大，使得氧气的溶解度下降，从而造成缺氧环境，使得一些好氧性微生物的生长受到抑制。

6.1.2.2　食糖在腌制过程中的防腐作用

食糖在水果类腌制品（如果脯、蜜饯）的腌渍中使用量较大，而在其他食品中用量较小，主要起调味的作用。食品中常用的为蔗糖，其防腐作用主要是通过降低水分活度，提高渗透压来实现的。蔗糖在水中的溶解度很大，其饱和溶液能达到很高的渗透压，并且能使水分活度降低到 0.85 以下。在食品腌制过程中，蔗糖通过扩散作用进入食品组织内部，使微生物得不到足够的自由水，同时由于糖汁产生很高的渗透压，致使微生物脱水，从而抑制微生物的生长繁殖，达到防腐的目的。

蔗糖溶液中氧的浓度大为下降，糖液浓度较大时，对氧有阻隔作用，这不仅能防止维生素 C 的氧化，而且能抑制好气性微生物的活动。

6.1.2.3　微生物发酵的防腐作用

在发酵型腌渍品的腌制过程中，伴随有正常的乳酸发酵和轻度的酒精发酵及微弱的醋酸发酵。这三种发酵的产物不仅具有防腐作用，还与腌制品的质量有密切关系。

在正常发酵的产物中，最主要的是乳酸，此外还有乙醇、醋酸及二氧化碳等，酸和二氧化碳能使环境中的 pH 大为降低。乙醇也具有防腐作用，二氧化碳还对氧有一定的阻隔作用。这些都有利于抑制有害微生物的生长，这也是利用微生物发酵防止食品腐败变质的原因。

6.1.3　腌制的呈色作用

颜色是食品重要的食用品质之一。虽然颜色本身并不影响食品营养价值和风味，但它是食品生理学、生物化学和微生物变化的外在表现，色泽能使消费者对食品产生好或坏的感觉，从而影响他们对食品的选择。在食品的腌制加工过程中，色泽的变化和形成主要通过褐变、吸附以及添加的发色剂的作用而产生。

6.1.3.1　褐变形成的色泽

蔬菜和水果中含有多酚类物质、氧化酶类、羰基化合物和氨基化合物，这些物质在腌制过程中会发生酶促褐变和非酶促褐变，使腌制品呈现出浅黄色、金黄色，甚至出现褐色、棕红色等。褐变引起的颜色变化对制品的影响依产品种类的不同而有所不同。

对于颜色较深的制品，如酱菜、干腌菜和醋渍品来说，常常需要褐变所产生的颜色。如果在腌制过程中褐变受到抑制，则会使产品颜色变浅，从而影响成品的色泽。因此，在腌制时要创造有利于褐变的条件，使产品形成理想的色泽。

对于有些产品，如腌白菜、鲜绿及鲜红的腌菜和很多的糖渍品来说，褐变往往会降低产品的色泽品质。所以在这类产品腌制时，就要采取措施来抑制褐变的发生，保证产品的质量。

在实际生产中，通过抑制酶和隔氧等措施可以抑制酶促褐变，降低反应物的浓度和介质的 pH、避光及降低温度，则可抑制非酶促褐变的进行。

6.1.3.2　吸附形成的色泽

在食品腌制使用的腌制剂中，有些含有色素，如糖液、酱油、食醋等。食品原料经腌制后，这些腌制剂中的色素向组织细胞内扩散，结果使产品具有类似所用的腌制剂的颜色。通过吸附形成的颜色与腌制剂有密切关系，通过提高扩散速度和加大腌制剂的浓度可以提高食品原料对色素的吸附量。

6.1.3.3 发色剂形成的色泽

肉类制品在腌制过程中形成的腌肉颜色主要是加入的发色剂与肉中的色素物质作用的结果。肉的颜色是由肌红蛋白(myoglobin,Mb)和血红蛋白(hemoglobin,Hb)产生的。肌红蛋白为肉自身的色素蛋白,肉色的深浅与其含量多少有关。血红蛋白存在于血液中,对肉颜色的影响要视放血的好坏而定。放血良好的肌肉中肌红蛋白色素占80%～90%,比血红蛋白丰富得多。

肉经腌制后,由于肌肉中色素蛋白和亚硝酸盐发生化学反应,会形成鲜艳的亮红色,在以后的热加工中又会形成稳定的粉红色。关于腌制肉呈色机理已进行了大量研究,对鲜肉和腌肉色泽的变化也有较多的认识。

1. 硝酸盐或亚硝酸盐对肉色的作用机理

肉类腌制时常需使用发色剂,如果不使用发色剂,则腌制剂中的食盐会使肉的颜色变暗,影响产品的可接受性。肉制品中使用的发色剂是硝酸盐和亚硝酸盐,发色剂不仅能防止腌肉色素的裂解,而且在腌制过程中分解为一氧化氮,并与肉中的色素发生反应,形成具有腌肉特色的稳定性色素。这些色素使得大多数肉类加工品具有受消费者欢迎的鲜红色或粉红色。

NO-肌红蛋白(亚硝基肌红蛋白)是构成腌肉颜色的主要成分,它是由NO和色素物质肌红蛋白发生反应的结果。NO基是由硝酸盐或亚硝酸盐在腌制过程中经过复杂的变化而形成的。

硝酸盐本身并没有防腐发色作用,但它在酸性环境中在还原性细菌的作用下,会生成亚硝酸盐。亚硝酸盐在微酸性条件下形成亚硝酸。

$$NaNO_3 \xrightarrow[+2H]{\text{细菌还原作用}} NaNO_2 + H_2O$$

$$NaNO_3 \xrightarrow{H^+} HNO_2$$

肉中的酸性环境主要是乳酸造成的,在肌肉中由于血液循环停止,供氧不足。肌肉中的糖原通过酵解作用分解产生乳酸,随着乳酸的积累,肌肉组织中的pH可以从原来的正常生理值(7.2～7.4)而逐渐降低到5.5～6.5,这样的条件下有利于亚硝酸盐生成亚硝酸,亚硝酸是一个非常不稳定的化合物,腌制过程中在还原性物质作用下形成NO。

$$3HNO_2 \xrightarrow{\text{还原性物质}} HNO_3 + 2NO + H_2O$$

这是一个歧化反应,亚硝酸既被氧化又被还原。NO的形成速度与介质的酸度、温度以及还原性物质的存在有关。所以形成NO-肌红蛋白需要有一定的时间。直接使用亚硝酸盐比使用硝酸盐的发色速度要快。

现在腌制剂中常加有抗坏血酸盐和异抗坏血酸盐(Ascorbate and Erythorbate),腌肉时能加快Met-Mb(高铁肌红蛋白)还原并能使亚硝酸生成NO的速度加快。

$$HNO_2 \longrightarrow NO + H_2O$$

这一反应在低温下进行得较缓慢,但在烘烤和熏制的时候会明显加快。并且在抗坏血酸存在的情况下,可以阻止NO-Mb进一步被空气中的氧氧化,使其形成的色泽更加稳定。生成

NO后，NO和肌红蛋白反应，取代肌红蛋白分子中与铁相连的水分子，从而形成NO-Mb，为鲜艳的亮红色，很不稳定。NO并不能直接和肌红蛋白反应，许多迹象都表明最初和NO起反应的色素是Met-Mb(高铁肌红蛋白)，大致经历以下3个阶段，才形成腌制的色泽。

①NO＋Met-Mb ⟶ NO-Met-Mb
一氧化氮　高铁肌红蛋白　一氧化氮高铁肌红蛋白

②NO＋Met-Mb ⟶ NO-Mb
一氧化氮肌红蛋白

③NO-Mb＋热＋烟熏 ⟶ NO-血元原(Fe^{2+})
一氧化氮亚铁血色原(稳定粉红色)

这些反应虽然还未最后获得结论性的证实，但是这可从生产肠制品的肉色变化加以证实。在加腌制剂前斩拌时，和氧充分接触的肉由肌红蛋白与氧结合成为氧合肌红蛋白，但是斩拌肉加腌制剂时会立刻呈现棕色，这显然是氧合肌红蛋白已被腌制剂氧化成高铁肌红蛋白的现象。肠制品加热和烟熏后迅速出现粉红的腌肉色泽，即高铁肌红蛋白经过硝化和还原以及蛋白质变性转变成一氧化氮亚铁血色原的缘故。

2. 影响腌肉制品色泽的因素

腌肉制品的颜色受很多因素的影响，如腌制的方法、腌制剂的用量、原料肉的质量等。在实际生产中，为了获得理想的色泽，需要严格控制腌制的条件。

(1)亚硝酸盐的使用量　肉制品的色泽与亚硝酸盐的使用量有关，用量不足时，颜色淡而不均，在空气中氧的作用下会迅速变色，造成贮藏后色泽的恶劣变化。为了保证肉呈红色，亚硝酸钠的最低用量为0.05 g/kg。用量过大时，过量的亚硝酸根的存在又会使血红素物质中的卟啉环的α-甲炔键硝基化，生成绿色的衍生物。为了确保安全，我国规定，在肉制品中亚硝酸盐最大使用量为0.15 g/kg，在这个范围内根据肉类原料的色素蛋白的数量及气温情况来决定。一般夏天气温高，呈色作用快，可适当少放些；冬天气温低，可适当多放些。

(2)肉的pH　肉的pH对亚硝酸盐的发色作用也有一定的影响。亚硝酸钠只有在酸性介质中才能还原成NO，故pH接近7.0时肉色就淡，特别是为了提高肉制品的持水性，常加入碱性磷酸盐，加入后常造成pH向中性偏移，往往使呈色效果不好，所以其用量必须注意。在过低的pH环境中，亚硝酸盐的消耗量增大，而且在酸性的腌制品中，如使用亚硝酸盐过量，更容易使产品变绿，一般发色的最适宜的pH为5.6～6.0。

(3)温度　生肉呈色的过程比较缓慢，经过烘烤加热后，则反应速度加快，而如果配好料后不及时处理，生肉就会褪色，特别是灌肠机中的回料，由于氧化，回出来时已褪色，这就要求迅速操作，及时加热。

(4)其他因素　例如添加抗坏血酸，当其用量高于亚硝酸盐时，在腌制时可起助色作用，在贮藏时可起护色作用，蔗糖和葡萄糖由于其还原作用，可影响肉色强度和稳定性；加烟酸、烟酰胺也可形成比较稳定的红色，但这些物质没有防腐作用，所以暂时还不能代替亚硝酸钠。另一方面有些香辛料如丁香对亚硝酸盐还有消色作用。

6.1.4　腌制的保水作用

肉制品(如西式培根、成型火腿、灌肠等)加工过程中腌制的主要目的，除了使制品呈现鲜艳的红色外，还可提高原料肉的保水性和黏着性。

保水性是指肉类在加工过程中肉中的水分以及添加到肉中的水分的保持能力。保水性和蛋白质的溶剂化作用相关联,因而与蛋白质中的自由水和溶剂化水有关。黏着性表示肉自身具有的黏着物质而可形成具有弹力制品的能力,其程度则以对扭转、拉伸、破碎的抵抗程度来表示,黏着性和保水性通常是相辅相成的。

食盐和复合磷酸盐是腌制过程中广泛使用的增加保水性和黏着性的腌制材料,试验表明,绞碎的肉中加入 NaCl 使其离子强度为 0.8～1.0,即相当于 NaCl 浓度为 4.6%～5.8%时的保水性最强,超过这个范围反而下降。

肉中起保水性、黏着性作用的是肌肉中含量最多的结构蛋白质中的肌球蛋白,用离子强度为 0.3 以上的盐溶液即可提取到肌球蛋白,而纯化的肌动蛋白已被证实在热变性时不显示黏着性,但当溶液中肌球蛋白和肌动蛋白以一定比例存在时,肌动蛋白能加强肌球蛋白的黏着性。若宰后时间增长,或提取的时间延长,则肌球蛋白与肌动蛋白结合而生成肌动球蛋白,此时被提取的物质是以肌动球蛋白为主体的混合物,通常将此混合物称为肌球蛋白 B。

未经腌制的肌肉中结构蛋白处于非溶解状态,而腌制后由于受离子强度的作用,使非溶解状态的蛋白质转变为溶解状态,也就是腌制时肌球蛋白或肌球蛋白 B 被提取是增加保水性和黏着性的根本原因。腌肉时添加焦磷酸盐,可直接作用于肌动球蛋白,使肌球蛋白解离出来,是增加黏着性的直接原因。而复合磷酸盐,还可以通过提高 pH、增强离子强度以及结合到蛋白质分子上而发挥提高保水性和黏着性的作用。

6.2 食品腌制剂及其作用

6.2.1 咸味料

咸味料主要是食盐。食盐除在工业上的用途外,在烹调和食品加工中是一种不可缺少的调味料。在食品腌制中,具有重要的调味和防腐作用,是食品腌渍加工的主要辅助原料之一。

食盐因其来源不同,可分为海盐、湖盐、井盐及矿盐等。我国以海盐生产为主,主产于浙江、山东等沿海地区。在四川、山西、陕西等省则以井盐为主,其中以四川自贡的井盐、湖北应城的矿盐最具盛名。

食盐的质量好坏直接影响腌制品的质量,应选择色泽洁白、氯化钠含量高、水分及杂质含量少、卫生状况符合国家食盐卫生标准(GB 2721—2015)的粉状精制食盐为食品腌制的咸味剂。

食盐的主要成分为氯化钠,它是人体钠离子和氯离子的主要来源,它有维持人体正常生理功能、调节血液渗透压的作用。但过量摄入食盐会导致心血管病及其他疾病,原因是一旦人体摄入的钠、钾、钙、镁等处于极不平衡状态时,身体中的电解质将失去平衡,导致人体功能病变,其中最易引起的就是高血压。美国提出人类日常饮食中食盐摄入量的推荐标准为每人每天 3～10 g。我国 2016 年新修订的中国居民平衡膳食宝塔对食盐的推荐摄入标准为每人每天不超过 6 g。

在饮食中增加钾盐 (氯化钾)的摄入量,减少钠盐的摄入量能有效地降低高血压发病率。但简单地“增钾减钠”会影响食品味道。一种新型食盐代用品 Zyest 在国外已研制成功并大量使用,该品属酵母菌型咸味剂,可使食盐用量减少 1/2 以上,甚至 90%,并像食盐一样具有防腐作用。另有一种称为鸟氨酰牛磺酸的人造食盐，味道与食盐极其相似。国内也有一些低钠盐（含氯化钠65%、氯化钾25%、硫酸镁10%）对高血压病有明显的防治效果。

6.2.2 甜味料

腌渍食品所使用的甜味料主要是食糖。食糖的种类很多，有白糖、冰糖、红糖、饴糖、蜂糖等。

（1）白糖　有白砂糖，绵白糖，方糖之分，以蔗糖为主要成分，色泽白亮，含蔗糖99%以上，甜度较大，味道纯正，在腌渍食品中使用最为广泛。

（2）红糖　又名黄糖，以色浅黄红而鲜明，味甜浓厚者为佳。红糖含蔗糖约84%，含游离果糖、葡萄糖较多，水分2%～7%，由于未脱色精制，杂质较多，容易结块，吸潮。除用于增加腌渍食品的甜味外，还可增加色泽，多用在红烧、酱、卤等肉制品和酱腌菜的加工中。

（3）饴糖　又称糖稀、糖肴、或水饴，系将米或淀粉质原料蒸熟后，用麦芽糖化、过滤、浓缩而成，含多量的麦芽糖和糊精，以颜色鲜明、汁稠味浓、洁净不酸者为上品。能增加酱腌菜的甜味及黏稠性，用于糖醋大蒜、甜酸藠头等，具有增色、护色的作用。

（4）还原糖　在肉品腌制中，还原糖（葡萄糖、果糖、麦芽糖等）能吸收氧而防止肉品脱色。在快速腌制时最好选用葡萄糖，长时间腌制时用蔗糖。蔗糖为二糖，可在微生物和酶的作用下水解成葡萄糖和果糖。在肉制品长时间腌制时，加入糖对微生物的生长发育有影响。糖与盐呈相反的滋味，在一定程度上可缓冲腌肉的咸味，提高盐液的渗透压，使氢离子浓度发生改变。腌制过程中在微生物酶和组织酶的作用下，糖转化成酸，使盐水的pH降低，使胶原蛋白膨胀和松软，从而使肉的组织状态变得更柔嫩。

肉制品在腌制过程中，在糖和亚硝酸盐共存的条件下，当pH 5.4～7.2时，盐水可在微生物的作用下形成氢氧化氨。它可能钝化微生物体内过氧化氢酶，停止和阻抑对腌制有害的微生物如Clostridium（梭菌属）的发育，对产品的质量有良好的作用。但如果盐液中糖含量高于2%，当温度升高时，可引起盐水发酵和肉变质发酵，这是需要引起注意的。除食糖外，在果蔬糖渍时，还经常使用甘草、甜菊糖苷、糖蜜素、蛋白糖等甜味料。

6.2.3 酸味料

腌渍食品所使用的酸味料主要是食醋。食醋分为酿造醋和人工合成醋两种，酿造醋又分为米醋、熏醋、糖醋3种。

（1）米醋　又名麸醋，是以大米、小麦、高粱等含淀粉的粮食为主料，以麸皮、谷糠、盐等为辅料，用醋曲发酵，使淀粉水解为糖，糖发酵成酒，酒氧化为醋酸的制品。

（2）熏醋　又名黑醋，原料与米醋基本相同，发酵后略加花椒、桂皮等熏制而成，颜色较深。

（3）糖醋　用饴糖、醋曲、水等为原料搅拌均匀，封缸发酵而成。色较浅，故又叫白醋。糖醋最易长白膜，由于醋味单调，缺乏香气，不如米醋、熏醋味美。

（4）人工合成醋　是用醋酸与水按一定比例合成的，称为醋酸醋，品质不如酿造醋，多用于西菜。

食醋的主要成分是醋酸，它是一种有机酸，具有良好的抑菌作用。当醋酸浓度达0.2%时，便能发挥抑菌的效果；当保藏液中醋酸的浓度达0.4%时，就对各种细菌和部分霉菌具有良好的抑制作用；当浓度达0.6%时，就对各种霉菌以及酵母菌发挥优良的抑菌防腐作用。

食醋除含醋酸外还含有多种氨基酸、醇类及芳香物质，这些物质对微生物也有一定的抑制作用。自古以来人类就利用食醋来保藏食品，如各种醋渍的瓜菜类和鱼虾类食品。由于食醋富于营养，酸、香、鲜兼备，不仅具有保藏的意义，还具有去腥解腻、增进食欲、提高钙磷吸收、防止维生素C破坏等功效，近些年来更是利用食醋制作各种加工食品。

6.2.4 肉类发色剂

在肉类腌制品中最常使用的发色剂（又称护色剂、呈色剂）是硝酸盐及亚硝酸盐。我国使用硝石（硝酸钾）腌制肉类已有悠久历史，对肉制品生产发展起了一定作用。

(1)硝酸钠　分子式 $NaNO_3$，为无色透明结晶或白色结晶性粉末，可稍带浅色，无臭、味咸、微苦，有潮解性，溶于水，微溶于乙醇和甘油。其毒性作用是它在食物中、水中或胃肠道内，尤其是在婴幼儿胃肠道内被还原成亚硝酸盐所致。我国《食品安全国家标准 食品添加剂使用标准》(GB 2760—2014)规定：肉类制品最大使用量为 0.5 g/kg。残留量以亚硝酸钠计，肉制品不得超过 0.03 g/kg。

(2)硝酸钾　别名土硝、硝石、盐硝或火硝，分子式 KNO_3，为无色透明结晶或白色的结晶性粉末，无臭、味咸、凉，稍有吸湿性，易溶于水，微溶于乙醇。可单用或与硝酸钠混合使用，用量同硝酸钠。

(3)亚硝酸钠　分子式 $NaNO_2$，为白色至淡黄色粉末或粒状，味微咸，易潮解，水溶液呈碱性反应，易溶于水，微溶于乙醇。

上述肉类发色剂是食品添加剂中毒性较强的物质，摄取过量的亚硝酸盐进入血液后，使正常的血红蛋白变成高铁血红蛋白而失去携氧功能，导致组织缺氧。潜伏期仅为 0.5～1 h，症状为头晕、恶心、呕吐、全身无力、心悸、全身皮肤发紫，严重者呼吸困难、血压下降、昏迷、抽搐。如不及时抢救，会因呼吸衰竭而死亡。肉类发色剂多与食盐等配成腌制混合盐使用，由于外观、口味与食盐相似，应防止误用引起中毒。我国《食品安全国家标准 食品添加剂使用标准》(GB 2760—2014)规定：可用于腌制畜禽肉类罐头、肉制品和腌制盐水火腿，最大使用量 0.15 g/kg。残留量以亚硝酸钠计，肉类罐头不得超过 0.05 g/kg，肉制品不得超过 0.03 g/kg，盐水火腿不得超过 0.07 g/kg。

6.2.5 肉类发色助剂

在肉品加工中作发色助剂使用的主要是 *L*-抗坏血酸及其钠盐、异抗坏血酸及其钠盐以及烟酰胺等。

抗坏血酸和异抗坏血酸通常用来加速产生并稳定腌肉的颜色。抗坏血酸有3个主要的作用：一是参与将氧化型的褐色高铁肌红蛋白还原为红色的还原型肌红蛋白，加快腌制速度，以助发色；二是抗坏血酸盐与亚硝酸盐共同使用，可增加肉制品的弹性并防止亚硝胺的生成；三是抗坏血酸盐具有抗氧化作用，有助于稳定肉制品的颜色和风味。

作为发色助剂使用的 *L*-抗坏血酸及其钠盐或异抗坏血酸及其钠盐，在肉品加工中的使用量一般为原料肉的 0.02%～0.05%，在腌制或斩拌时添加，也可把原料肉浸渍在 0.02%～0.1%的水溶液中。

烟酰胺在加工肉品时作发色助剂使用，添加量为 0.01%～0.02%，其作用机理为与肌红蛋白结合生成很稳定的烟酰胺肌红蛋白，使之不被氧化成高铁肌红蛋白。

葡萄糖因具有较强的还原性，它可有效防止因肉类发色产物——氧化氮肌红蛋白的氧化而使产品过早褪色，因此也常常作为肉制品的发色助剂。其用量通常为 0.3%～0.4%。

6.2.6　品质改良剂

品质改良剂通常是指能改善或稳定制品的物理性质或组织状态，如增加产品的弹性、柔软性、黏着性、保水性和保油性等的一类食品添加剂，一般属于水分保持剂、增稠剂和乳化剂等范畴。

磷酸盐是一类具有多种功能的物质，在食品加工中广泛用于各种肉禽、蛋、水产品、乳制品、谷物制品、饮料、果蔬、油脂以及变性淀粉等，具有明显的改善品质的作用。

食品加工中使用的磷酸盐主要有正磷酸盐、焦磷酸盐、聚磷酸盐和偏磷酸盐等，通常几种磷酸盐复配使用，其保水效果优于单一成分。对于磷酸盐的作用机制目前尚无一致说法，以下有 5 种解释。

(1)提高 pH　当肉的 pH 在 5.5 左右时，已接近于蛋白质的等电点，此时肉的持水性最差。磷酸盐呈碱性反应，如 1%的焦磷酸钠水溶液 pH 为 10～10.2，2.1%的三聚磷酸钠水溶液 pH 为 9.5。加入磷酸盐，可提高肉的 pH 使其高于蛋白质的等电点，从而增加肉的持水性。

(2)增加离子强度　多聚磷酸盐是多价阴离子化合物，即使在较低的浓度下也具有较高的离子强度，使处于凝胶状态的球状蛋白的溶解度显著增加而成为溶胶状态，从而提高肉的持水性。

(3)螯合金属离子　多聚磷酸盐对多种金属离子有较强的螯合作用，对 pH 也有一定的缓冲能力，能结合肌肉结构蛋白质中 Ca^{2+}、Mg^{2+}，使蛋白质的羧基(—COOH)解离出来。由于羧基之间同性电荷的相斥作用，使蛋白质结构松弛，以提高肉的保水性。

(4)解离肌动球蛋白　焦磷酸盐和三聚磷酸盐有解离肌肉蛋白质中肌动球蛋白的功能，可将肌动球蛋白离解成肌球蛋白和肌动(肌凝)蛋白。肌球蛋白的增加也可使肉的持水性提高。

(5)抑制肌球蛋白的热变性　肌球蛋白是决定肉的持水性的重要成分，但肌球蛋白对热不稳定，其凝固温度为 42～51℃，在盐溶液中 30℃就开始变性。肌球蛋白过早变性会使其持水能力降低。焦磷酸盐对肌球蛋白变性有一定的抑制作用，可以使肌肉蛋白质的持水能力稳定。

研究结果表明，在几种磷酸盐中，以三聚磷酸盐和焦磷酸盐效果最好，而只有当三聚磷酸盐水解形成焦磷酸盐时，才起到有益作用。焦磷酸钠可因酶的作用分解失去其效用。因此，焦磷酸盐最好在腌制以后斩拌时加入。加入磷酸盐后，由于 pH 升高，对发色有一定影响，过量使用有损风味，使呈色效果不佳。故磷酸盐用量要慎重，宜控制在 0.1%～0.4%范围内。

除磷酸盐外，为改善或稳定腌制品的物理性质或组织状态，使制品黏滑适口，通常还添加果胶、阿拉伯胶、黄原胶、海藻胶、明胶、羧甲基纤维素钠等增稠剂以及脂肪酸单甘油酯、蔗糖酯、山梨醇酐脂肪酸酯、丙二醇脂肪酸酯和大豆磷脂等乳化剂。

除了上述腌制剂以外，为了延长腌腊制品的保藏期，腌制过程通常还会用到防腐剂(如苯甲酸及苯甲酸钠、山梨酸及山梨酸钾等)及抗氧化剂等，其作用与使用方法详见第 7 章食品的化学保藏。

6.3 食品常用腌渍方法

6.3.1 食品盐腌方法

动物性食品原料如肉类、禽类、鱼类及植物性食品原料如蔬菜、某些果品等常采用盐腌法。食品盐腌有多种方法，按照用盐方式不同，可分为干腌法、湿腌法、注射法和混合腌制法4种。

6.3.1.1 干腌法

1. 干腌法的原理

干腌法是将食盐直接撒布于食品原料表面，利用食盐产生的高渗透压使原料脱水，同时食盐溶化为盐水并渗入食品组织内部，或者以重物压在食品顶部以加速盐水渗透并使其在原料内部分布均匀。

2. 干腌法的特点

干腌法的优点是所用的设备简单，操作方便，用盐量较少，腌制品含水量低而利于贮存，同时蛋白质和浸出物等食品营养成分流失较别的方法少；其缺点是食盐撒不均匀而影响食品内部盐分的均匀分布，且产品脱水量大，减重多，特别是肉类脂肪含量少的部位，含水量大，重量损失也大（肉10%～20%，副产品达35%～40%）。在一定程度上降低了产品的滋味和营养价值。当盐卤不能完全浸没原料时，易引起蔬菜的长膜、生花和发霉等劣变。

3. 干腌法的用盐量

干腌法的用盐量因食品原料和季节而异。腌肉的食盐用量一般为6%～8%；冬季用盐量可适当减少。生产西式火腿、香肠及午餐肉时，多采用混合盐，混合盐一般由98%食盐、0.5%亚硝酸盐及1.5%食糖组成。干腌蔬菜时，用盐量一般为7%～10%，夏季为14%～15%；腌渍酸菜时，由于乳酸发酵产生乳酸，其食盐用量控制在4%～6%。为了利于乳酸菌繁殖，需将蔬菜原料以干盐揉搓，然后装坛、捣实和封坛，防止好气性微生物的繁殖所造成的产品劣变。

6.3.1.2 湿腌法

1. 湿腌法的原理

湿腌法是将食品原料浸没在盛有一定浓度食盐溶液的容器中，利用溶液的扩散和渗透作用使盐溶液均匀地渗入原料组织内部。当原料组织内外溶液浓度达到动态平衡时，即完成湿腌的过程。分割肉类、鱼类和蔬菜均可采用湿腌法进行腌制。此外，果品中的橄榄、李子、梅子等加工凉果所用的胚料也多采用湿腌法。

2. 湿腌法的特点

湿腌法的优点是食品原料完全浸没在浓度一致的盐溶液中，既能保证原料组织中的盐分均匀分布，又能避免原料接触空气出现氧化变质现象；其缺点是用盐量多，易造成原料营养成分较多流失，并因制品含水量高，不利于贮存，此外，湿腌法需用容器设备多，工厂占地面积大。

3. 湿腌法的操作

湿腌法的操作和盐液的配制因食品原料及对口味的要求不同而异。肉类多采用混合盐液腌制，盐液中食盐含量与砂糖量的比值(称盐糖比值)对腌制品的风味影响较大。甜味腌制品盐糖比值较低，为7.5～2.8；咸味腌制品盐糖比值较高，可达42～25。

4.湿腌法用盐量

湿腌法采用的盐水浓度在不同的食品原料中是不一样的。腌制肉类时，甜味者食盐用量为12.9%～15.6%，咸味者为17.2%～19.6%，肌肉注射盐水的浓度为18.6%；鱼类常用饱和食盐溶液腌制；蔬菜腌制时的盐水浓度一般为5%～15%，以10%～15%为适宜。

在鱼类湿腌时，因盐水浓度较稀，需经常搅拌以加快盐液渗入鱼肉的速度，或者采用高浓度盐液以缩短腌制过程。鱼类还可采用干腌与湿腌的混合腌制法。如先经湿腌后，再进行干腌；或加压干腌后，再进行湿腌；或以盐酸调节鱼肉的pH至3.5～4.0，再湿腌。采用减压湿腌法及盐腌液注射法等均能加速腌制过程和获得质优的腌制品。

蔬菜湿腌可将菜和盐水按比例放入腌渍容器中，定时搅动。随着水分蒸发，菜卤浓度增高，最终腌制成深褐色产品，而且菜卤越老品质越佳。也可利用盐水循环浇淋腌菜池中的蔬菜，或利用低浓度食盐水浸泡，使其伴随着明显的乳酸发酵，腌制品咸酸可口。

6.3.1.3　注射法

为加速食盐渗入肉内部深层，在用盐水腌制时先用盐水注射，然后再放入盐水中腌制。注射盐水有两种方法：一种是用带有很多小孔的特制金属空心针注射肌肉组织；另一种是用没有小孔的空心针经过血管系统注射，盐水通过橡皮管在2～7 kg/cm^2 的压力下注入。用空心针注射肌肉组织，有破坏肌肉组织的完整性，盐水不能完全渗入肌肉组织而经注射针孔流出的缺陷。经过血管系统注射时，可迫使血液从血管中排出，并使盐水通过血管渗入肌肉组织中。这种方法的优点在于盐水能迅速渗入肉的深处，不破坏组织的完整性。但用这种方法腌制时必须是血管系统没有损伤，而且在屠宰时放血良好。

无论采用哪种注射方法，在注射盐液后均应倒入盐水中腌制，湿腌法比干腌法腌制的产品含盐量较少而含水量多。

6.3.1.4　混合腌制法

混合腌制是采用干腌法和湿腌法相结合的一种腌制方法。在生产猪肉腌熏制品和腌肉时常采用这种方法。即在注射盐水以后，用干的硝盐混合物擦抹在肉制品上，放在容器内腌制；或先擦抹上干的盐硝混合物腌制(排血)后，再放在容器中用盐水湿腌。采用干腌法和湿腌法混合加工可增加贮藏时的稳定性，防止产品过度脱水，避免营养物质过分损失。这种方法应用最为普遍。在腌制时为使制品盐分均匀，无论采用哪种腌制法，都应经过一定间隔时间，把肉块上下翻转一次，把上层的移到下层，下层的移到上层。为加速腌制过程，可以采用热腌法。即在50℃左右对肉进行腌制，腌制时间可加快3～3.5倍。

6.3.2　食品糖渍方法

食品的糖渍主要用于某些果品和蔬菜。原料应选择适于糖渍加工的品种，并且具备适宜的成熟度，加工用水应符合国家饮用水标准，糖渍前应对原料进行必要的预处理。果蔬糖渍主要有以下3种基本方法。

6.3.2.1　果脯蜜饯类糖渍法

果脯蜜饯类产品在原料经预处理后，还需经过糖制、烘晒、上糖衣、整形和包装等工序才可制成成品。其中糖制是果脯蜜饯类产品的主要生产工艺，它可分为蜜制和煮制两种操作方法。

1. 蜜制

将果品原料先以30%左右的糖液浸渍8～12 h，然后逐次提高糖液浓度10%，分3～4次糖渍，直到糖液浓度达60%～65%为止。整个糖渍过程中不需对果品加热，为加速糖渍过程，缩短糖渍时间，可对糖液进行加热处理。此法适用于肉质柔软而不耐糖煮的果品，如糖青梅、糖杨梅、蜜枇杷和蜜樱桃等均采用此法进行。蜜制由于不加热或加热时间很短，能较好地保持果品原有的色、香、味及完整或应有的果形，产品中维生素C等营养成分损失较少；其缺点是糖渍时间较长，产品含水量较高，贮藏性稍差。

2. 煮制

煮制是将原料在热糖液中合煮的操作方法，多用于肉质致密的耐煮制的果蔬原料。其优点是生产周期短、应用范围广，但因加热处理，产品的色、香、味不及蜜制产品，而且维生素C等营养成分保存率较低。煮制分常压煮制和减压煮制两种。常压煮制又分一次煮制、多次煮制和快速煮制3种；减压煮制分减压煮制和扩散法煮制2种。

(1)一次煮制法　经预处理好的原料加糖后一次性煮制成功。如苹果脯、蜜枣等。其方法为：先配好40%的糖液入锅，倒入处理好的果实。加热使糖液沸腾，果实内水分外渗，糖进入果肉组织，糖液浓度渐稀，然后分次加糖使糖浓度逐渐增高至60%～65%停火。分次加糖的目的是保持果实内外糖液浓度差异不致过大，以使糖逐渐均匀地渗透到果肉中去，这样煮成的果脯才显得透明饱满。

此法快速省工，但持续加热时间长，原料易煮烂，色、香、味差，维生素破坏严重，糖分难以达到内外平衡，致使原料失水过多而出现干缩现象。因此，煮制时应注意渗糖平衡，使糖逐渐均匀地进入果实内部，初次糖制时，糖浓度不宜过高。

(2)多次煮制法　将预处理的原料经多次糖煮和浸渍，逐步提高糖浓度的糖制方法。一般加热煮制的时间短，浸渍的时间长。适用于细胞壁较厚糖液难以渗入、易煮烂的或含水量高的原料，如桃、杏、梨和西红柿等。多次煮制法所需时间长，煮制过程不能连续化、费时、费工，采用快速煮制法可克服此不足。

(3)快速煮制法　将原料在糖液中交替进行加热糖煮和放冷糖渍，使果蔬内部水气压迅速消除，糖分快速渗入而达到平衡的糖制方法。处理方法是将原料装入网袋中，先在30%的热糖液中煮4～8 min，取出立即浸入等浓度的15℃糖液中冷却。如此交替进行4～5次，每次提高糖浓度10%，最后完成煮制过程。此法可连续进行，煮制时间短，产品质量高，但糖液需求量大。

(4)减压煮制法　又称真空煮制法。原料在真空和较低温度下煮沸，因组织中不存在大量空气，糖分能迅速渗入果蔬组织内部而达到平衡。温度低，时间短，制品色、香、味、形都比常压煮制好。其方法是将前期处理好的原料先投入到盛有25%稀糖液的真空锅中，在真空度为83.545 kPa，温度为55～70℃下热处理4～6 min，恢复常压糖渍一段时间，然后提高糖液浓度至40%，再在真空条件下煮制4～6 min，再恢复常压糖渍，重复3～4次，每次提高糖浓度10%～15%，使产品最终糖液浓度在60%以上时为止。

(5)扩散煮制法　它是在真空煮制的基础上进行的一种连续化糖制方法，机械化程度高，糖制效果好。方法是先将原料密闭在真空扩散器内，排除原料组织中的空气，而后加入95℃

的热糖液，待糖分扩散渗透后，将糖液顺序转入另一扩散器内，再将原来的扩散器内加入较高浓度的热糖液，如此连续进行几次，制品即达要求的糖浓度。

6.3.2.2　凉果类糖渍法

凉果一般是以梅、李、橄榄等果品为原料，先盐腌成果坯进行盐藏，再将果坯脱盐，添加多种辅助原料，如甘草、糖精、精盐、食用有机酸及天然香料（如丁香、肉桂、豆蔻、茴香、陈皮、山奈、蜜桂花和蜜玫瑰花等），采用拌砂糖或用糖液蜜制，再经干制而成的甘草类制品。凉果类制品具有咸、甜、酸、香兼有的多元风味，属低糖蜜饯，深受消费者欢迎。代表性的产品有话梅、话李、陈皮梅、橄榄制品等。

6.3.2.3　果酱类糖制法

果酱类产品主要有果酱、果泥和果冻等。果酱是用果肉加糖煮制而成的黏稠状制品；果泥是用打碎的果肉，经筛滤取其果浆，再加糖煮制而成的半固态制品；果冻是用果汁加糖浓缩而成的凝胶状制品。

糖制前要按原料种类和产品质量标准确定配方，一般要求果品原料含果胶质1%左右和果酸1%以上，果肉（果浆或果汁）占总配料量的40%～55%，砂糖占45%～60%，果肉（果浆或果汁）与加糖量的比例为1∶（1～1.2），成品总酸量0.5%～1%，成品果胶量0.4%～0.9%。为使果胶、糖、酸形成恰当的比例，有利于凝胶的形成，可根据原料果胶、果酸的含量多少，必要时添加适量柠檬酸、果胶或琼脂。

加糖煮制浓缩是果酱类制品的关键工序。其目的在于通过加热，排出果肉中大部分水分，使砂糖、酸、果胶等配料与果肉煮至渗透均匀，提高浓度，改善酱体的组织形态及风味。加热浓缩还能杀灭有害微生物，破坏酶的活性，有利于制品的保藏。加热浓缩的方法，目前主要采用常压和真空浓缩两种方法。加热浓缩时要达到产品的可溶性固形物含量规定。浓缩时间可用折光仪实测可溶性固形物含量或采用测定终点温度法加以确定。如果冻浓缩时，当沸腾液温度达到104～105℃时即为终点温度，此时可溶性固形物含量已超过65%，具备了冷却胶凝为果冻的条件。

6.3.3　食品酸渍方法

食品酸渍法是利用食用有机酸腌渍食品的方法。按照有机酸的来源不同大致可分为人工酸渍和微生物发酵酸渍两类方法。

6.3.3.1　人工酸渍法

人工酸渍法是以食醋或冰醋酸及其他辅料配制成腌渍液浸渍食品的方法。主要用于蔬菜中酸黄瓜、糖醋大蒜、甜酸藠头等产品的酸渍。在酸渍前，还需对蔬菜原料进行低盐腌制，脱盐或不脱盐，然后按照不同产品的用料配比加入腌渍液进行酸渍。由于产品种类和腌渍液配比不同，其风味也各异。

6.3.3.2　微生物发酵酸渍法

微生物发酵酸渍法是利用乳酸发酵所产生的乳酸进行腌制。如酸白菜、泡菜、酸奶及酸豆乳等。乳酸菌为兼性厌氧微生物，在酸渍过程中使菜料浸没在菜卤中完全与空气隔绝，并做好用具和容器的卫生消毒，是保证酸渍食品质量的技术关键。

6.3.4 腌渍过程中有关因素的控制

食品腌制的主要目的是防止腐败变质,但同时也为消费者提供具有特殊风味的腌制食品。为了达到这些目的就应对腌制过程进行合理的控制。扩散渗透速度和发酵是腌制过程的关键,若对影响这两者的因素控制不当就难以获得优质腌制食品。这些因素主要有食盐的纯度、食盐的浓度、原料的性质、温度和空气等。

6.3.4.1 食盐的纯度

食盐中除含 NaCl 外,尚含有 $CaCl_2$、$MgCl_2$、Na_2SO_4 等杂质,这些杂质在腌制过程中会影响食盐向食品内部渗透的速度。有研究表明,用不同纯度的食盐腌制鲋鱼时腌制所需的时间是不同的,用纯食盐腌制时从开始到渗透平衡仅需 5.5 d,若含 1% $CaCl_2$ 就需 7 d,含 4.7% $MgCl_2$ 就需 23 d。因此,为了保证食盐迅速渗入食品内,应尽可能选用纯度较高的食盐,以便防止食品的腐败变质。食盐中硫酸镁和硫酸钠过多还会使腌制品具有苦味。

食盐中不应有微量的铜、铁、铬存在,它们对腌肉制品中脂肪氧化酸败会产生严重的影响,若食盐中含有铁,腌制蔬菜时,它会和香料中的鞣质和醋作用,使腌制品发黑。

6.3.4.2 食盐的浓度

扩散渗透理论表明,扩散渗透速度随盐分浓度而异。干腌时用盐量越多或湿腌时盐水浓度越大,则渗透速度越快,食品中食盐的内渗透量越大。

腌制时盐水浓度和食品内盐分浓度的关系可以预先用计算方法进行粗略推算,以便较好地控制食品内盐分,其公式如下:

$$B=\frac{S}{W+S}\times 100\%$$

式中:B 为盐液浓度(%);W 为食品水分(%);S 为腌制后食品内盐分(%)。

盐水中盐分浓度常用波美计来测定,但是腌肉时用的是混合盐,其中含有糖分、硝酸钠、亚硝酸钠、抗坏血酸等,对波美计读数有影响。盐水中加糖后所提高的波美计读数相当于同样加盐量的一半。硝酸盐、亚硝酸盐、抗坏血酸等虽然对波美计读数有影响,由于其含量还不足以对计算盐水浓度产生明显的影响,可以不计。

6.3.4.3 原料的性质

原料中的水分含量与腌制品品质有密切关系,尤其是腌咸菜类要适当减少原料中的水分。生产实践证明,榨菜含水量为 70%～74%,榨菜的鲜、香均能较好地表现出来,由于含水量的多少与氨基酸的转化密切相关,如果榨菜含水 80%以上,相对来说可溶性氮少,氨基酸呈亲水性,向碳基方向转化,则香气较差,反之含水在 75%以下,保留的可溶性含氮物相对增加,氨基酸呈疏水性,在水解中生成甲基、乙基及苯环等香气物质较多,香味较浓。同一食盐浓度的腌制品,若原料中含水量不一样,保存性也不一样。如榨菜含盐量为 12%时,含水在 75%以下的较耐保存,而含水在 80%以上则风味平淡,易酸化不耐保存。

蔬菜原料中氮和果胶含量的高低,对制品的色、香、味及脆度有很大的影响。含氮高、含果胶高,对制品色、香、味及脆度有好的作用。但随着保存时间的延长,蛋白质分解彻底,咸菜类制品的色、香、味较理想,但是脆度有所降低。

6.3.4.4　温度

由扩散渗透理论可知，温度越高，扩散渗透速度越迅速。有人曾用饱和食盐水腌制小沙丁鱼观察食盐的渗透速度，试验结果表明，从腌制到食盐含量为11.5%的所需时间来看，0℃时为15℃时的1.94倍，为30℃时的3倍，温度平均每升高1℃，时间可以缩短13 min左右。虽然温度越高，腌制时间越短，但选用适宜的腌制温度必须谨慎小心，因为温度越高，微生物生长活动也就越迅速，易引起腐败菌大量生长繁殖而败坏制品品质。

对蔬菜腌制而言，温度对蛋白质的分解有较大的影响，温度相对增高，可以加速生化过程。温度在30～50℃时，促进了蛋白酶活性，因而大多数咸菜如榨菜、冬菜、芽菜等要经过夏季高温，才能显示出蛋白酶的活性，使其蛋白质分解。尤其是冬菜要经过夏季暴晒，使其蛋白质充分转化，才能形成优良的品质。对泡酸菜来说，由于需要乳酸发酵，适宜于乳酸菌活动的温度为26～30℃。在此温度范围内，发酵快，时间短，低于或高于适宜温度，需时就长。如包心菜发酵，25℃时仅需6～8 d，而温度为10～14℃时则需5～10 d，酸积累量和温度也有关系。因此，腌制温度应根据实际情况和需要进行控制。

6.3.4.5　空气

厌氧是腌制蔬菜中必须重视的问题。乳酸菌是厌氧菌，只有缺氧时才能进行乳酸发酵，同时还能减少因氧化而造成的维生素C的损失。为此，蔬菜腌制时必须装满容器并压紧，湿腌时尚须装满盐水，将蔬菜浸没，不让其露出液面，而且装满后必须将容器密封，这样不但减少了容器内的空气量，而且避免和空气接触。此外，发酵时产生的CO_2也能将菜内空气或氧排除掉，形成缺氧环境。

然而，在腌制黄瓜时大量的CO_2会引起大型黄瓜肿胀，高温腌制时尤其突出。为此，黄瓜腌制时要控制CO_2的发生。大肠杆菌、酵母菌和异型发酵乳酸菌等是产生CO_2的主要微生物，黄瓜本身也易产生CO_2，此外，容器越深，CO_2保留量也越大。

肉类腌制时，保持缺氧环境将有利于稳定色泽。当肉类无还原物质存在时，暴露于空气中的肉表面的色素就会氧化，并出现褪色现象。

6.4　腌制品的食用品质

食品经过腌制后会产生独特的颜色和风味，在腌制过程中始终伴随着腌制剂的扩散、渗透和吸附。腌制剂进入食品组织内后会发生一系列的化学和生物化学的变化，同时还伴随着复杂的微生物的发酵过程，这些都有助于改善和提高腌制品的食用品质。腌制品的食用品质主要是色泽和风味。

6.4.1　腌肉色泽的保持

肉制品的色泽受各种因素的影响，在贮藏过程中常常发生一些变化。如脂肪含量高的制品往往会褪色发黄，被微生物污染的灌肠，肉馅松散褪色，外面灰黄不鲜。就是正常腌制的肉，切开置于空气中后切面也会褪色发黄。这是因为一氧化氮肌红蛋白在微生物的作用下引起卟啉环的变化。一氧化氮肌红蛋白不仅受微生物影响，同时也受可见光线的影响，在光的作用下，NO-血色原失去NO，再氧化成高铁血色原，高铁血色原在微生物等的作用下，使得血色素中的卟啉环发生变化,生成绿色、黄色、无色的衍生物。这种褪变色现象在脂肪酸败,有过氧化物存在时可加速发生。有时制品在避光的条件下贮藏也会褪色,这是由于NO-肌红蛋白单纯氧化造成。这种现象我们经常可以看到,如灌肠制品由于灌得不紧,空气混入馅中,气孔周围的颜色变成暗褐色,就是单纯氧化所致。肉制品的褪色也与温度有关,在2~8℃下褪色比在15~20℃下慢得多。

综上所述,为了使肉制品获得鲜艳的颜色,除了要有新鲜的原料外,必须根据腌制时间长短,选择合适的发色剂,掌握适当的用量,在适当的pH条件下严格操作,才能获得良好的色泽,而为了保持肉制品的色泽,我们则要注意低温、避光、低脂肪,并采用添加抗氧化剂,真空或充氮包装,添加去氧剂脱氧等方法避免氧的影响。

6.4.2 腌制品风味的形成

腌制品的风味包括香味和滋味,是评定腌制品质量的重要指标之一。腌制品的风味是多种风味成分综合作用的结果,这些风味物质有些是食品原料和腌制剂本身具有的,有些是在加工过程中经过物理、化学、生物化学变化以及微生物的发酵等作用形成的。腌制品中风味物质的含量虽然很少,但其组成和结构却十分复杂,至今还未全部研究清楚。腌制品的风味由以下几方面综合形成。

6.4.2.1 原料成分以及加工过程中形成的风味

腌制品产生的风味有些是直接来源于原料和腌制剂的风味物质,有些是由风味物质的前体在风味酶或热的作用下经水解或裂解而产生的。如芦笋产生的风味物质二甲基硫和丙烯酸就是香味前体物质二甲基-β-硫代丙酸在风味酶的作用下产生的。

在食品腌制过程中,经常要添加一些调味料,这些调味料均含有独特的风味成分。大蒜中含有蒜氨酸,当大蒜的组织细胞被破坏后,其中的蒜酶会将蒜氨酸分解,产生具有刺激性气味的蒜素,蒜素进一步还原生成具有特殊香辣味的二烯丙基二硫化物。葱头中的辛辣味成分主要是二丙基硫化物和甲基丙基二硫化物。除此之外,生姜、许多十字花科的蔬菜中都含有辛辣的成分。

蔬菜中含有的辛辣成分,在没有分解为风味物质前,对产品的风味是不利的。但在腌制过程中随着蔬菜组织的大量脱水,这些产生辛辣味的物质也随之流出,从而降低了产品的辛辣味。

食品在腌制过程中,其中的蛋白质在水解酶的作用下,会分解成一些带甜味、苦味、酸味和鲜味的氨基酸。腌肉制品的特殊风味就是由蛋白质的水解产物组氨酸、谷氨酸、丙氨酸、丝氨酸、蛋氨酸等氨基酸及亚硝基肌红蛋白等形成的。脂肪在腌制过程中的变化对腌制品的风味也有很大的影响。脂肪在弱碱性的条件下会缓慢分解为甘油和脂肪酸。少量的甘油可使腌制品稍带甜味,并使产品润泽。脂肪酸与碱类化合物发生的皂化反应可减弱肉制品的油腻感。因此适量的脂肪有利于增强腌肉制品的风味。

6.4.2.2 发酵作用产生的风味

在发酵型食品腌制过程中,伴随有不同程度的微生物的发酵作用,腌制品的有些风味物质就是经发酵产生的。肉在用浓度为14%的盐水腌制时,肌肉组织细胞内的盐溶性蛋白质,如肌动球蛋白、肌球蛋白和肌白蛋白等都会渗入到盐水中,这些为微生物的生长提供了丰富的营养物质，它们的分解产物成为腌肉制品风味的一个重要来源。

蔬菜腌制时主要的发酵产物是乳酸、乙醇和醋酸等物质，这些发酵产物本身都会赋予制品一定的风味，如乳酸可以使产品具有爽口的酸味；醋酸具有刺激性的酸味；乙醇则带有酒的醇香。

腌制过程中的发酵是一个十分复杂的过程，参与发酵的菌种是多样的，发酵的产物也是多种多样的。如乳酸发酵的产物除乳酸外，还有醋酸、琥珀酸、乙醇、二氧化碳、氢气等。同样酒精发酵也有很多的产物。腌制品的风味物质远不是单纯的发酵产物。在发酵产物之间，发酵产物与原料成分间还会发生各种各样的反应，生成一系列的风味物质。

由于腌制品的风味与微生物的发酵有密切关系，为了保证腌制品具有独特的风味，需要保证腌制的条件，使之有利于微生物的发酵。

6.4.2.3　吸附作用产生的风味

在腌制过程中，通过扩散和吸附作用，可使腌制品获得一定的风味物质。各种食品都具有不同的特点，添加的调味料也不一样，因此不同腌制品表现出的风味也大不一样。在常用的腌制辅料中，非发酵型的调味品风味比较单纯，而一些发酵型的调味品，其风味成分就十分复杂。如酱和酱油中的芳香成分就包括醇类、酸类、酚类、酯类及羰基化合物等多种风味物质。酱油中还含有与其风味密切相关的甲基硫成分。

产品通过吸附作用产生的风味，与腌制剂本身的质量以及吸附的量有直接的关系。在实际生产中可通过采取一定的措施来保证产品的质量。如加大腌制剂的浓度；增加扩散面积；保证产品的腌制时间；控制腌制的温度等。

6.5　食品的烟熏

烟熏主要用于鱼类、肉制品的加工中。肉的烟熏和腌制一样，有着悠久的历史。腌制和烟熏在生产中常常是相继进行的，即腌肉通常需烟熏，烟熏肉必须预先腌制。烟熏和加热一般都同时进行，也可分开进行。

烟熏像腌制一样也具有防止肉类腐败变质的作用。但是，由于冷藏技术的发展，烟熏防腐已降为次要的位置。现在烟熏技术已成为生产具有特殊风味制品的加工方法。消费者亦乐意接受烟熏味轻淡的肉制品。

6.5.1　烟熏的目的

烟熏的目的主要有：①赋予制品特殊的烟熏风味，增加香味；②使制品外观产生特有的烟熏色，对加硝肉制品促进发色作用；③脱水干燥，杀菌消毒，防止腐败变质，使肉制品耐贮藏；④熏烟成分渗入制品内部防止脂肪氧化。

6.5.1.1　赋予制品独特的烟熏风味

在烟熏过程中，熏烟中的许多有机化合物附着在制品上，赋予制品特有的烟熏香味。其中的酚类化合物是使制品形成烟熏味的主要成分，特别是其中的愈创木酚和 4-甲基愈创木酚是最重要的风味物质。烟熏制品的熏香味是多种化合物综合形成的，这些物质不仅自身显示出烟熏味，还能与肉的成分反应生成新的呈味物质，综合构成肉的烟熏风味。熏味首先表现在制品的表面,随后渗入制品的内部,从而改善产品的风味,使口感更佳。

6.5.1.2 发色作用

熏烟成分中的羰基化合物,可以和肉蛋白质或其他含氮物中的游离氨基发生美拉德反应,使其外表形成独特的金黄色或棕色,熏制过程中的加热能促进硝酸盐还原菌增殖及蛋白质的热变性,游离出半胱氨酸,因而促进一氧化氮血素原形成稳定的颜色,另外,还会因受热使脂肪外渗起到润色作用,从而提高制品的外观美感。

6.5.1.3 杀菌防腐作用

熏烟中的有机酸、醛和酚类杀菌作用较强。有机酸与肉中的氨、胺等碱性物质中和,由于其本身的酸性而使肉酸性增强,从而抑制腐败菌的生长繁殖。醛类一般具有防腐性,特别是甲醛,不仅具有防腐性,而且还与蛋白质或氨基酸的游离氨基结合,使碱性减弱,酸性增强,进而增加防腐作用;酚类物质也具有很强的防腐作用。

熏烟的杀菌作用较为明显的是在表层,经熏制后表面的微生物可减少 1/10。大肠杆菌、变形杆菌、葡萄状球菌对烟最敏感,3 h 即死亡。只有霉菌及细菌芽孢对烟的作用较稳定。由烟熏本身产生的杀菌防腐作用是很有限的,而通过烟熏前的腌制和熏烟中和熏烟后的脱水干燥则赋予烟熏制品良好的贮藏性能。

6.5.1.4 抗氧化作用

烟中许多成分具有抗氧化作用,有人曾用煮制的鱼油试验,通过烟熏与未经烟熏的产品在夏季高温下放置 12 d 测定它们的过氧化值,结果经烟熏的为 2.5 mg/kg,而未经烟熏的为 5 mg/kg,由此证明熏烟具有抗氧化能力。烟中抗氧化作用最强的是酚类及其衍生物,其中以邻苯二酚和邻苯三酚及其衍生物作用尤为显著。熏烟的抗氧化作用可以较好地保护脂溶性维生素不被破坏。

6.5.2 熏烟的主要成分及其作用

熏烟是由气体、液体和固体微粒组成的混合物,现在已在木材熏烟中分离出 200 种以上不同的化合物,但这并不意味着熏烟中存在着所有的这些化合物。熏烟的成分常因燃烧温度、燃烧室的条件、形成化合物的氧化变化以及其他许多因素的变化而有差异。而且熏烟中有一些成分对制品风味及防腐作用来说无关紧要。熏烟中最常见的化合物为酚类、有机酸类、醇类、羰基化合物、烃类以及一些气体物质。

6.5.2.1 酚类

从木材熏烟中分离出来并经鉴定的酚类达 20 多种,其中有愈创木酚(邻甲氧基苯酚)、4-甲基愈创木酚、4-乙基愈创木酚、邻位甲酚、间位甲酚、对位甲酚、4-丙基愈创木酚、香兰素(烯丙基愈创木酚)、2,5-二甲氧基-4-甲基酚、2,5-二甲氧基-4-乙基酚、2,5-二甲氧基-4-丙基酚。

在肉制品烟熏中,酚类的主要作用有:①抗氧化作用;②对产品的呈色和呈味作用;③抗菌防腐作用。其中酚类的抗氧化作用对熏烟肉制品最为重要。熏烟中抗氧化作用较强的主要是沸点较高的酚类,特别是 2,5-二甲氧基酚、2,5-二甲氧基-4-甲基酚、2,5-二甲氧基-4-乙基酚。而低沸点的酚类其抗氧化作用较弱。熏制品特有的风味主要与存在于气相的酚类有关。如 4-甲基愈创木酚、愈创木酚、2,5-二甲氧基酚等。

酚类具有较强的抑菌能力。酚系数(phenol coefficient)常被用作衡量和酚相比时各种杀菌剂相对有效值的标准方法。高沸点酚类杀菌效果较强。由于熏烟成分渗入制品深度有限，因而主要是对制品表面的细菌有抑制作用。

大部分熏烟都集中在烟熏肉的表层，因而不同浓度的总酚浓度常用于估测熏烟的渗透深度和浓度。由于各种酚所呈现的色泽和风味并不相同，同时总酚量并不能反映各种酚的组成成分，因而用总酚量衡量的烟熏制品风味并不总能同感官评定的结果相一致。

6.5.2.2　醇类

木材熏烟中醇的种类繁多，其中最常见的醇是甲醇，由于甲醇是木材分解蒸馏中的主要产物之一，故又称其为木醇。熏烟中还含有伯醇、仲醇和叔醇等，但是它们很容易被氧化成相应的酸类。醇类对色、香、味几乎不起作用，仅成为挥发性物质的载体，它的杀菌能力也较弱，因此，醇类可以说是熏烟中最不重要的成分。

6.5.2.3　有机酸类

熏烟中的有机酸主要是含 1～10 个碳原子的简单有机酸，存在于熏烟气相内的为 1～4 个碳原子的酸，常见的有蚁酸、醋酸、丙酸、丁酸和异丁酸；而 5～10 个碳的长链有机酸主要附着在熏烟的固体微粒上，有戊酸、异戊酸、己酸、庚酸、辛酸、壬酸和癸酸。

有机酸对熏烟制品的风味影响很小，但可聚积在制品的表面，而具有微弱的杀菌防腐作用。酸有促进烟熏制品表面蛋白质凝固的作用，在生产去肠衣的肠制品时，有助于肠衣剥除。

6.5.2.4　羰基化合物

熏烟中存在有大量的羰基化合物，现已确定的有 20 种以上。同有机酸一样，它们既存在于蒸汽蒸馏组分内，也存在于熏烟内的固体颗粒上。虽然绝大部分羰基化合物为非蒸汽蒸馏性的，但蒸汽蒸馏组分内有着非常典型的烟熏风味，而且影响色泽的成分也主要存在于蒸汽蒸馏组分内。因此，对熏烟色泽、风味来说，简单短链化合物最为重要。熏烟的风味和芳香味可能来自某些羰基化合物，而且更有可能来自熏烟中浓度特别高的羰基化合物，这些成分使烟熏食品具有特有的风味。

6.5.2.5　烃类

从熏烟食品中能分离出许多多环烃类，其中有苯并(a)蒽[benz(a)nthracene]、二苯并(a、h)蒽(dibenz anthracene)、苯并(a)芘(benzo pyerne)、芘(pyrene)以及 4-甲基芘(4-methyl-prene)。在这些化合物中至少有苯并(a)芘和二苯并蒽两种化合物是致癌物质。在烟熏食品中，其他多环烃类，尚未发现它们有致癌性。多环烃对烟熏制品来说无重要的防腐作用，也不能产生特有的风味。它们主要附在熏烟内的颗粒上，采用过滤的方法可以将其除去。在液体烟熏液中烃类物质的含量大大减少。

6.5.2.6　气体物质

熏烟中产生的气体物质有 CO_2、CO、O_2、N_2、NO 等，其作用还不甚明了，大多数对熏制无关紧要。CO 和 CO_2 可被吸收到鲜肉的表面，产生一氧化碳肌红蛋白，而使产品产生亮红色；氧也可与肌红蛋白形成氧合肌红蛋白或高铁肌红蛋白，但还没有证据证明熏制过程会发生这些反应。

气体成分中的 NO，它可在熏制时形成亚硝胺或亚硝酸，碱性条件则有利于亚硝胺的形成。

6.5.3 熏烟的产生

用于熏制食品的熏烟，主要是用硬木不完全燃烧得到的。熏烟是由空气和没有完全燃烧的产物——气体、液体、固体颗粒所形成的气溶胶系统。熏烟中包括固体颗粒，液体小滴和气相，颗粒大小一般在 50～800 μm，气相成分大约占总体的 10%。熏烟中的许多有效成分都是水溶性的，这对生产液体烟熏制剂具有重要的意义。用水处理熏烟可使水溶性的成分溶于其中，而不溶性物质包括固体颗粒(煤灰)、多环烃和焦油等，可通过降低温度和静电处理来除去。在熏烟进入烟熏室之前通过降低温度，可将高沸点成分，如焦油、多环烃等减少；将熏烟通过静电处理，可以分离出熏烟中的固体颗粒。

熏烟成分受很多因素影响，而且熏烟中的许多成分与烟熏的香气和防腐作用无关。熏烟的成分和供氧量、燃烧温度等因素有关，与木材种类也有很大的关系。一般来说，硬木、竹类风味较佳，而软木、松叶类因树脂含量多，燃烧时产生大量黑烟，使肉制品表面发黑，并含有多萜烯类的不良气味。

熏制食品采用的木材含有 50%左右的纤维素、25%左右半纤维素和 25%左右的木质素。软木和硬木的主要区别在于木质素结构的不同。软木中木质素中的甲氧基的含量比硬木少。

木材在高温燃烧时产生烟的过程大致可分为两步：第一步是木材的高温分解；第二步是高温分解产物发生聚合反应、缩合反应以及形成产物的进一步热分解，形成环状或多环状化合物。在缺氧条件下木材半纤维素热分解温度为 200～260℃；纤维素为 260～310℃；木质素为 310～500℃。缺氧条件下的热分解作用会产生不同的气相物质、液相物质和一些煤灰。其中约有 35%木炭、12%～17%对熏烟有用的水溶性化合物，另外还产生 10%的焦油、多环烃及其他有害物质。

木材和木屑热分解时表面和中心存在着温度梯度，外表面正在氧化时内部却正在进行着氧化前的脱水，在脱水过程中外表面温度稍高于 100℃，脱水或蒸馏过程中外逸的化合物有 CO、CO_2 以及醋酸等挥发性短链有机酸。当木屑中心水分接近零时，温度就迅速上升到 300～400℃。此时就会发生热分解并出现熏烟。实际上，大多数木材在 200～260℃温度范围内已有熏烟发生，温度达到 260～310℃则产生焦木液和一些焦油，温度再上升到 310℃以上时则木质素裂解产生酚及其衍生物。

熏烟的成分与质量与燃烧的条件有关。正常熏烟情况下木屑燃烧的温度在 100～400℃，此时燃烧和氧化同时进行。产生熏烟需要有适量的氧气，供氧量增加时，酸和酚的量增加。供氧量超过完全氧化时需氧的 8 倍左右，形成量就达到了最高值，如温度较低，酸的形成量就较大，如燃烧温度增加到 400℃以上，酸和酚的比值就下降。因此，以 400℃为界限，高于或低于它时所产生熏烟成分就有显著的区别。

燃烧温度在 340～400℃以及氧化温度在 200～250℃间所产生的熏烟质量最高。在实际操作条件下很难将燃烧过程和氧化过程完全分开，但是设计一种能良好控制熏烟发生的烟熏设备却是可能的。欧洲已使用了木屑流化床，它能较好地控制燃烧温度和速率。

虽然 400℃燃烧温度适宜形成最大量的酚，但同时也有利于苯并芘及其他烃的形成。实际燃烧温度以控制在 343℃左右为宜。

6.5.4　熏烟在制品上的沉积

在烟熏过程中，熏烟在与制品接触时，有些成分会沉积在制品的表面。熏烟在制品上的沉积量及沉积速度与很多因素有关：如食品表面的含水量、熏烟的浓度、烟熏室内的空气流速和相对湿度等。一般来说，食品表面越干燥，沉积的量就越少（用酚的量表示）；熏烟的浓度越大，熏烟的沉积量也越大；烟熏室内适当的空气流速有利于熏烟的沉积，空气流速越大，熏烟和食品表面接触的机会就越多。但如果气流速度太大，则难以形成高浓度的熏烟，反而不利于熏烟的沉积。因此，实际操作中要求既能保证熏烟和食品的接触，又不致使浓度明显下降，通常采用 7.5～15 m/min 的空气流速。相对湿度高有利于加速熏烟的沉积，但不利于色泽的形成。在实际生产过程中，为了保证产品的质量，必须考虑熏烟的沉积与色泽间的平衡，通过改进烟熏工艺来满足不同产品的要求。

烟熏过程中，熏烟成分首先在制品的表面沉积，随后各种熏烟成分向制品的内部渗透，使制品呈现特有的色、香、味。影响熏烟成分渗透的因素有很多：如熏烟的成分、浓度、湿度、产品的组织结构、脂肪和肌肉的比例，水分含量、熏制的方法和时间等。

6.5.5　烟熏材料的选择及处理

烟熏食品可采用各种燃料如玉米穗轴、软质和硬质木材等。各种燃料成分的差别甚大，因而烟熏成分的变化也很大。熏烟发生过程中的各种反应主要决定于燃料种类和它们的成分。

木材含有纤维素、半纤维素和木质素。加热时纤维素裂解形成 1,6-无水葡萄糖，再分解成像醋酸、酚、水和丙酮等一类产物。半纤维素含有戊聚糖，热裂解时形成呋喃、糠醛和酸。戊聚糖产酸量比纤维素和木质素大得多。而且戊聚糖在木柴中为热稳定性最差的成分，会首先裂解。酚类化合物为木质素热裂解的主要产物。木质素热裂解时产生甲醇、丙酮，许多简单有机酸、许多酚类化合物以及一些非蒸汽挥发性的成分。还有一些迹象表明木质素和纤维素在极高的发生温度条件下，特别是缺氧时就会产生多环烃。

以前通常使用干木柴作为烟熏的燃料，后来发现使用新鲜的或半干木柴时能更好地控制温度和熏烟浓度。目前，工业生产大多数使用木屑，因它使用方便并能产生大量熏烟。现在已有使用木屑和强制通风以加强熏烟形成的特种熏烟发生器，木屑经过洒水回潮，既可利用湿气控制燃烧的温度，又有利于提高熏烟浓度。熏烟浓度一般可用 40 W 电灯来测定，若离 7 m 时可见灯光则说明熏烟不浓，如果离 60 cm 见不到灯光则说明熏烟浓度很大。

一般来说，硬木为烟熏最适宜的燃料，而软质木或针叶树如松木则应避免使用。而液态熏烟制剂可使用硬木和软质木制备。胡桃木为优质烟熏肉的标准燃料。但是要获得纯质的胡桃木木屑几乎不可能，因此，一般所用的木屑都为混合木屑。

6.5.6　食品的烟熏方法

为了提高烟熏制品的质量，减少有害物质在制品上的沉积，提高烟熏的效率，长期以来，人们一直在对烟熏的方法进行研究和改进。烟熏方法分为常规法和特殊法两大类，常规法亦称标准法，即用烟气熏制；特殊法又称速熏法，即为非烟的液熏和电熏。目前应用最广泛的是常规法，其又可分为直接和间接烟熏法。下面主要介绍直接烟熏法。

6.5.6.1 直接烟熏法

直接烟熏法是在烟熏室内利用直火燃烧木材直接发烟熏制，根据烟熏温度的不同有以下几种方法。

1. 冷熏法

冷熏法是原料先经过较长时间的腌制，然后在低温（15～30℃）下进行较长时间（4～7 d）熏制的方法。烟熏过程中产品完成了干燥和成熟，使产品的风味增强，且熏后产品的水分含量约为 40%，故贮藏性较好。此法适宜在冬季进行，若在夏季或温暖地区，由于气温高，温度很难控制，特别当发烟很少的情况下，容易发生酸败现象。冷熏法主要用于干制的香肠，如色拉米香肠、风干香肠等，也可用于带骨火腿及培根的熏制。

2. 温熏法

温熏法是原料经过适当的腌制（有时还可以加调味料）后在 30～50℃的温度范围内进行烟熏的方法。该方法采用的烟熏温度大于脂肪的熔点，所以脂肪很容易流失，而且部分蛋白质受热凝固，因此温熏过的制品质地会稍硬。此法通常采用橡木、樱木和锯末熏制，熏制时应控制温度缓慢上升。此法的特点是重量损失少，产品风味好，但耐贮藏性差。由于熏制温度有利于微生物的生长，因此烟熏的时间不能太长，一般控制在 5～6 h，最长不能超过 2～3 d。该法常用于熏制脱骨火腿、通脊火腿及培根等。

3. 热熏法

热熏法采用的温度为 50～85℃，实际操作中常控制在 60℃左右，熏制时间 4～6 h，是应用较广泛的一种方法，因为熏制的温度较高，制品在短时间内就能形成较好的熏烟色泽，但熏制的温度必须缓慢上升，不能升温过急，否则易产生发色不均匀现象。在此烟熏温度条件下，蛋白质几乎全部凝固，经过烟熏的制品表面硬度较高，而内部含有较多的水分，产品富有弹性。一般灌肠产品的烟熏采用这种方法。

4. 焙熏法

焙熏法又称熏烤法，采用的温度为 90～120℃，熏制的时间较短，是一种特殊的熏烤方法。由于熏制温度较高，熏制过程同时达到熟制的目的，制品不需要进行热加工即可食用。因此，该法不能用于火腿、培根等的熏制，且应用这种方法烟熏的肉缺乏储藏性，应迅速食用。

6.5.6.2 间接烟熏法

间接烟熏法是一种利用单独的烟雾发生器（smoke generator），将燃烧好的具有一定温度和湿度的熏烟送至烟熏室（cabinet），对肉制品进行熏制的烟熏方法。此法可以克服直接法烟气密度和温度不均的现象，而且可以控制发烟燃烧温度低于 400℃，减少有害物质的生成。按烟雾的发生方法和烟熏室内的温度条件，间接烟熏法还可细分成不同的方法类型。

二维码 6-1 间接烟熏法的分类及原理

6.6 食品的腌渍和烟熏保藏新技术

6.6.1 腌渍保藏新技术

食盐腌制是最古老的食品保藏方法之一，在本章第 3 节已经介绍了常见的食品腌制方法。传统腌制方法的特点是腌制时间长，产品的含盐量高且不均一，以致产品质量口感差且不稳定，不利于企业生产效率的提高。随着现代化先进设备的产生与发展，新的设备及技术也逐渐被应用于食品的腌制。目前，肉品腌制新技术主要有以下几种。

6.6.1.1 超声波腌制技术

在腌制过程中，超声波通过激活某些酶与细胞参与的生理化学过程，提高酶的活性，改变反应物的质量传输机制，加速细胞新陈代谢过程，促进氯化钠的渗透与扩散，从而缩短腌制时间。研究表明，利用超声波腌制猪肉，可以破坏猪肉的组织结构，加快食盐的渗透速度，在 8℃时，可以在 3 h 便完成低盐肉制品的超声波腌制，明显缩短了腌制时间。较高强度的超声波可能会使肌肉蛋白发生变性而降低肉品品质，而低强度的超声波又难以达到促进腌制剂扩散和改善肉品品质的目的，因此，腌制时应选择适宜的超声强度和超声时间。

6.6.1.2 真空滚揉腌制技术

肉在真空条件下的滚揉机中，因滚筒的旋转而受到一定形式的机械作用力，这种作用力能够改善腌制肉制品的质构，提高腌制肉制品的嫩度，加快腌制速度，这种腌制技术被称为真空滚揉技术。通过抽真空，排出肉品原料及其渗出物间的空气，可以避免在后续的热加工中产生热膨胀现象破坏产品结构，亦可避免长时间连续生产过程中发生的氧化反应。在实际操作中，真空度不宜太高，否则在高真空度下肉块中的水分极易被抽出而影响产品品质，因此，真空度一般控制为 60.1～80 kPa。

6.6.1.3 变压滚揉腌制技术

变压滚揉腌制技术又称呼吸式腌制技术，是指在真空和加压交替的环境下进行滚揉腌制，使肉块结构受压迫和舒张的交替作用，从而使肉呈吸入和挤出腌制液交替的周期性运动，同时通过加压充入抑菌气体进而抑制微生物生长的腌制技术。与真空滚揉腌制技术相比，变压滚揉的加压滚揉过程中，滚揉机滚筒内肉块除需克服自身重力做功外，还需克服相应的气体摩擦力做功，从而增加机械摩擦力作用，促进肉块嫩化，加速腌制进程。

6.6.1.4 超高压处理腌制技术

超高压技术即高静压技术，是指将食品置于密封耐高压的弹性容器内，以流体为压力的传递介质，施以高静压(100～800 MPa)，并保压一段时间以改变食品化学反应速度和物化特性的一种高压加工技术。在超高压处理腌制的过程中，压力可以快速、均匀地传递到整个食品，而高压处理效果与食品的形状及体积等均无关。超高压处理可以缩短肉制品的腌制周期，如 Villacis 等进行超高压处理腌制火鸡胸肉的研究结果表明，腌制大小为 2 cm×2 cm×2 cm 的火鸡胸肉时，在 150 MPa 压力下只需 15 min 便可完成腌制，而常压则需 5 h，超高压处理提高鸡胸肉腌制速率的原因可能是由于超高压处理导致鸡肉的细胞膜结构遭到损坏，增加了细胞膜的渗透性。

超高压处理能够很好地保持食品原有的色、香、味、型。随着食品加工技术的发展及消费者对食品营养、风味和安全的要求越来越高，超高压技术作为一种新兴的食品物理加工技术受到广泛的关注，并成为研究的热点。

6.6.2 烟熏保藏新技术

烟熏的常规方法尤其是直接烟熏法存在烟熏时间长，产品品质不均一，生产卫生状况差，不易连续化操作以及产品含有多环芳烃等有害物质等问题，极大地限制和影响了烟熏产品行业的发展。随着人们对食品安全的日益重视，液熏法作为一种新兴的烟熏技术，开始逐渐替代传统烟熏方法。

液熏法又称无烟熏法，是将木材和木屑等干馏、冷凝，再去除焦油、灰分及多环芳烃等杂质或有害成分，保留酚类、有机酸、羰基化合物等有效熏烟成分并进行浓缩，制成水溶性的液体，作为熏制剂进行熏制。该法目前已在国内外被广泛使用。

相比较传统的烟熏法，液熏法具有以下优点：①不需要使用熏烟发生器，大大减少了厂房、设备等投资费用，促进烟熏食品工业的机械化和连续化生产；②工艺简单、操作方便，且生产所需周期短，劳动强度低，无环境污染，具有较高的社会和经济效益；③烟熏液的成分比较稳定，液熏过程中产品的重复性良好，产品的质量比较均匀一致；④液态烟熏剂中的焦油小液滴和多环芳烃已被除去，烟熏制品的安全性大大提高。王卫等的研究表明，采用液熏法可使烟熏兔肉中3,4-苯并芘的残留量从2.9 μg/kg降至0.3 μg/kg。

当然，液熏法也存在一些不足，如色泽不佳，且会残留一些甲醛。根据处理对象的不同，液熏主要有以下6种使用方法。

(1)注入法：将定量的烟熏香料液注入罐内，通过封口、杀菌等工艺使烟熏香料在罐内自行散发均匀，对罐内固形物的色泽、质地等要求仍需按原工艺予以保证。此法适用于烟熏鸡肉、兔肉及鱼类等罐头类食品。

(2)直接添加法：将定量比例的烟熏液作为食品添加剂通过注射、揉搓、斩拌、搅拌等工艺添加到产品内部。此法适用于质地硬且体积大的肉块，如各种火腿、熏肉、腊肉等肉制品，且该法利于烟熏风味的形成，但不利于烟熏色泽的形成。

(3)喷雾法：将定量的熏香料置于喷雾器中，通过动力系统将烟熏剂喷布于食品表面，进行循环使烟熏液牢固结合在食品表面。此法适用于小块类食品，如熏豆、熏丝、熏豆块等。

(4)涂抹法：将烟熏液通过刷子定量涂抹到食品表面，多适用于烤鸡、鸭、鹅等。

(5)浸渍法：利用烟熏液将食品浸渍，可以促进食品表面色泽的形成和风味的渗透，该法多用于灌肠等的液熏处理。如王旗等采用此法，以灌肠的质构特性和持水性为指标，对液熏灌肠的质构改良配方进行相关研究。

(6)混合法：将定量的香味料注入液体食品中，稍加搅动即可，此法适用于液体、流体食品，如调味品、汤料等。

用液熏法生产的肉制品仍然需要蒸煮加热，同时烟熏溶液喷洒处理后立即蒸煮，还能形成良好的烟熏色泽，因此烟熏制剂处理宜在即将开始蒸煮前进行。

除了液熏法外，还有电熏法，是应用静电进行烟熏的一种方法。

二维码 6-2　液熏法的国内外发展历史及现状

二维码 6-3　电熏法的原理及特点

电熏法是应用静电进行烟熏的一种方法。在烟熏室内配有电线，电线上吊挂原料后，给电线通 $1\times10^4\sim2\times10^4$ V 高压直流电或交流电，进行电晕放电，熏烟由于放电而带电荷，可以进入制品的深层，以提高风味，延长贮藏期。电熏法除使制品贮藏期延长，不易生霉外；还能缩短烟熏的时间，使用电熏法的时间只需温熏法的 1/2，且制品内部的甲醛含量较高，使用直流电时烟更容易渗透。但用电熏法时在熏制品的尖端部分沉积较多，造成烟熏不均匀，再加上成本较高，目前电熏法应用还不是很普及。

思考题

1. 食品腌制的基本原理是什么？
2. 食盐对微生物的影响主要表现有哪些方面？
3. 食品腌制剂有哪几类？在食品生产中应注意哪些问题？
4. 硝酸盐/亚硝酸盐在腌肉制品中的发色机理是什么？
5. 食品生产中常用的腌渍方法有哪些？
6. 食品烟熏的目的是什么？
7. 熏烟的成分及其在食品生产中的作用是什么？
8. 简述烟熏的方法及其优缺点。
9. 食品腌渍和熏制新技术有哪些？

参考文献

[1] 葛长荣，马美湖. 肉与肉制品工艺学. 北京：中国轻工业出版社，2011.

[2] 胡武. 新型食品烟熏液的制备及两种烟熏肉制品的工艺研究. 湛江：广东海洋大学，2014.

[3] 刘志娟，姬艳丽，吴源，等. 苯并芘引起鼠胸腺细胞 DNA 损伤及其机制. 毒理学杂志，2006，19(4)：284-286.

[4] 雒莎莎. 超高压处理对鳙鱼品质的影响. 杭州：浙江大学，2012.

[5] 蒲彪，艾志录. 食品工艺学导论. 北京：科学出版社，2012.

[6] 芮露明. 传统烟熏腊肉绿色制造技术研究. 南京：南京农业大学，2013.

[7] 天津轻工业学院、无锡轻工业学院. 食品工艺学. 北京：中国轻工业出版社，1994.

[8] 王旗，姜绍通，蔡克周，等. 液熏灌肠质构改良配方的研究. 肉类研究，2012，(9)：9-14.

[9] 谢姣，王华，任廷远，等. 烟熏技术的研究. 肉类工业，2011，(1)：54-57.

[10] 杨昌举. 食品科学概论. 北京：中国人民大学出版社，1999.

[11] 袁惠新，际振曦，吕季章，等. 食品加工与保藏技术. 北京：化学工业出版社，2000.

[12] 周光宏. 畜产品加工学. 北京：中国农业出版社，2013.

[13] Bertram H. C.，Whittaker A. K.，Shorthose W. R.，et al.. Water characteristics in

cooked beef as influenced by ageing and high-pressure treatment-an NMR micro imaging study. Meat Science,2004,66(2):301-306.

[14] Garry S. ,Nesslany F. ,Aliouat E M. ,et al.. Assessment of genotoxic effect of benzo[a] pyrene in endotracheally treated rat using the comet assay. Mutation Research/Genetic Toxicology and Environmental Mutagenesisi,2003,534(1):33-43.

[15] Iwasaki T. ,Noshiroya K. ,Saitoh N. ,et al.. Studies of the effect of hydrostatic pressure pretreatment on thermal gelation of chicken myofibrils and pork meat patty. Food Chemistry,2006,95(3):474-483.

[16] Norman N. Potter Joseph H. Hotchkiss. 食品科学. 5 版. 王璋等译. 北京:中国轻工出版社,2001.

[17] Tao P. ,Li H. ,Wang Q. ,et al.. [A case-control study on association of SULTIAI polymorphism,smoked meat intake with breast cancer risk]. Zhonghua yu fang yi xue za zhi [Chinese journal of preventive medicine],2012,46(9):831-835.

二维码 6-4　传统食品及其文化保护、传承与发展:以泡菜为例

原《食品工艺学导论》编写人:刘成国（青岛海洋大学);蒲彪(四川农业大学)

《食品加工与保藏原理》编写人:娄爱华(湖南农业大学);黄艳(武夷学院)

第7章

食品的化学保藏

学习目的与要求

1. 掌握食品化学保藏的有关概念、原理及应用原则。
2. 熟悉常用食品防腐剂和抗氧化剂的种类及使用方法。

7.1 概述

食品化学保藏是食品保藏的重要组成部分，也是食品科学研究的一个重要领域，它有着悠久的历史。盐渍和烟熏保藏食品在我国就属于古老的食品化学保藏方法。但是随着化学工业和食品科学的发展，天然提取和化学合成的食品保藏剂逐渐增多，食品化学保藏技术也获得新的发展，成为食品保藏不可缺少的技术。

7.1.1 食品化学保藏的概念

食品化学保藏是根据《食品安全国家标准 食品添加剂使用标准》(GB 2760—2014)将某些化学添加剂适量加入待保藏的食品中，达到保藏的目的。常用的化学添加剂有：食盐、糖、酒、硝酸钠、亚硝酸钠、苯甲酸(钠)、脱氢醋酸、山梨酸、抗生素以及维生素 K_3 等。

在食品生产、贮藏和流通中，为了抑制微生物危害和控制食品自身氧化变质，常常使用一些对食品无害的化学物质对食品进行处理，以增强食品的保藏性和保持其良好的品质。所用的化学物质被称为食品化学保藏剂或食品保藏剂。

食品化学保藏剂种类繁多，按照化学保藏剂的保藏机理，可将其分为防腐剂、杀菌剂、抗氧化剂和脱氧剂等，与之对应的食品保藏方法分别为食品防腐保藏、食品杀菌保藏、食品抗氧化保藏以及食品保鲜保藏等。

7.1.2 食品化学保藏的特点

食品化学保藏是在食品生产、贮存和运输过程中使用化学制品(食品添加剂)来提高食品的耐藏性和尽可能保持食品原有品质的措施。因此，它的主要任务就是保持食品品质和延长食品保藏时间，与其他食品保藏方法如干藏、低温保藏和罐藏等相比，食品化学保藏的优点在于，通过向食品中添加少量防腐剂、抗氧(化)剂或保鲜剂等，就能在室温条件下延缓食品的腐败变质，这种保藏方法既简便又经济，不过它只能在有限时间内保持食品原来的品质状态，属于一种暂时性或辅助性的保藏方法。

虽然食品化学保藏使用的化学制品用量少，但其应用受到诸多限制。首先，使用化学制品时应充分考虑其安全性，这主要是由于合成的化学制品或多或少对人体存在一定的副作用，而且它们大多对食品品质本身也有影响，过多添加时可能会引起食品风味的改变，所以其使用必须符合食品添加剂法则和相关的食品卫生标准。其次，化学保藏只能在一定时期内防止食品变质，因为添加到食品中的化学制品通常只能控制和延缓微生物的生长，或只能在短时间内延缓食品的化学变化。最后，化学制品的使用并不能提高低质量食品的品质，而且食品腐败变质一旦开始以后，决不能利用化学制品将已经腐败变质的食品改变成优质的食品，因为腐败变质的产物已留在食品中。这就要求化学制品的添加需要掌握时机，以起到良好的保藏效果。

7.1.3 食品化学保藏的原理

食品化学保藏剂的种类很多，它们的理化性质和保藏机理也各异，有的保藏剂作为食品添加剂直接加入食品中，有的则是通过改变环境因素如控制 O_2 而对食品起保藏作用，也有的是通过对产品表面和环境消毒起保藏作用，还有的是通过调节产品自身的生理作用而起保藏作用。食品化学保藏剂有人工化学合成的，也有从天然产物中提取的，前者因作用效果好、使用方便而在生产中得到更多应用。

7.1.4　食品化学保藏的应用

过去，食品化学保藏仅局限于防止或延缓由于微生物引起的食品腐败变质，随着食品科学技术的发展，食品化学保藏已不满足于单纯抑制微生物的活动，还包括了防止或延缓因氧化作用、酶作用引起的食品变质。目前食品化学保藏已应用于食品生产、运输、贮藏等方面，例如在罐头、果蔬制品、肉制品、糕点、饮料等的加工生产中都用到了化学保藏剂。食品化学保藏使用的化学保藏剂包括防腐剂、抗氧化剂、脱氧剂、酶抑制剂、保鲜剂和干燥剂等。手工业或家庭中也有用大蒜、大葱等所含植物杀菌素保藏食品，天然香料，如八角、茴香、胡椒、桂皮等也有一定的防腐作用。

现在添加于食品中的化学制品不再只满足于防止或延缓食品腐败变质，为了改善食品的颜色、风味和质地，以及使用上的方便性，还出现了各种专用的化学制品。还有不少其他的化学制品可添加于食品内作为营养补充剂，或用以改进食品的加工工艺，提高食品品质，满足食品消费者的需要。

但是，必须明确的是化学保藏仅能在有限时间内保持食品原来的品质状态，属于暂时性的保藏。这是因为它们只能抑制微生物的生长，并不能完全阻止它们的生长或只能短时间内延缓食品内的化学变化。防腐剂用量越大，延缓腐败变质的时间也越长，然而，同时也有可能为食品带来明显的异味及其他卫生安全问题。实际上，食品保藏使用防腐剂虽然比较经济，但是不论是在家庭还是在工厂中，进行果、蔬、鱼、肉加工时，如果在极不清洁卫生和粗制滥造的情况下使用防腐剂，则会减弱防腐剂的防腐能力。防腐剂只能延长细菌生长滞后期，因而只有对未遭细菌严重污染的食品才适宜于用化学防腐剂进行保藏。

在发展中的国家和地区，交通运输不发达，同时缺少有效的保藏手段，显然食品化学保藏仍不失为比较适用的方法，但在炎热的地区，高温、高湿的气候条件特别有利于微生物的生长活动和易于发生氧化酸败，因而和气候冷凉地区相比，常需要使用种类更多和更大剂量的防腐剂和抗氧化剂。但是如果为了减少食品的损耗并向消费地区供应足量的食品而必须增加化学保藏剂用量的话，此时的化学保藏剂就不宜完全取代传统的保藏方法，只能作为辅助性的保藏方法以提高传统食品保藏方法的有效性。

使用食品保藏剂能充分保护有限的食品资源，在食物、食品的贮存过程中需要食品保藏剂以减少已收获的食物和已制成的食品的各种损失。如在油脂中加入抗氧化剂以防止油脂的氧化变质；在酱油中加入苯甲酸盐以防止酱油变质等。据估计，目前国内和全世界粮食由于贮藏不当造成的损失约占总量的 14.8%。食品、蔬菜、水果的变质损耗也很惊人，达 25%～30%。因此，在食物中加入食品保藏剂已成为其贮存、保鲜、运输、销售中减少变质损失的重要手段。

目前，食品生产和销售中需要防腐和保鲜的方面越来越多，我国的食品添加剂中防腐剂和保鲜剂的需求量在增加，但国内生产该类产品的产量小、品种少、成本高，不能满足实际生产的要求。要解决这一矛盾亟须研究和开发出更多更好的食品保藏剂产品。

7.1.5　食品化学保藏的卫生安全性

食品化学保藏剂的安全性是指食品化学保藏剂在规定的使用方式和使用量条件下，对人体健康不致产生任何损害，即不引起急性、慢性中毒，亦不至于对接触者（包括老、弱、病、幼和孕妇）及其后代产生潜在危害。

安全性评价是根据有关法规与卫生要求，以食品化学保藏的理化性质、质量标准、使用效果、使用范围、使用量、毒理学评价结果等为依据而做出的综合性评价。其中最重要的是毒理学评价。毒理学评价是通过动物试验和对人群的观察，阐明某种物质的毒性及潜在的危害，对该物质能否投放市场做出取舍的决定，或提出人类安全的接触条件，即对人类使用这种物质的安全性做出评价的研究过程。

美国食品药品管理局（FDA）进行安全性评价的策略：FDA 至少要掌握每种食品化学保藏剂的毒理学或其生物学安全方面的数据；毒理学评价程序与内容按有关规定执行，并与该添加剂的可能摄入量有关；最高允许量可由可能摄入量、该化学保藏剂与已知毒性物质的分子结构活性相关性后对人体无毒害或尚未确定其使用条件以前，必须经过足够时间的动物生理、药理和生物化学试验，为确定食品保藏剂的安全使用量提供合理的依据；还需要让有经验的专家对其使用量的确定做出判断，而后才能对保藏剂的使用给予最后的考虑。核准使用的保藏剂还应在改变使用条件下继续进行观察，再根据新的认识做进一步改进。

显然，在控制食品保藏剂使用中尚有其他一些因素需要加以考虑，在提出使用新的食品保藏剂时必须提供能够表明对消费者有益的证据。根据联合国粮食与农业组织和世界卫生组织的一致主张，在膳食中消费量比例大的各类食品中使用食品保藏剂，应该予以严格限制。至于杂质的控制，一般认为，通过纯度规格的确立，就能有效地避免在食品添加剂中出现有害杂质。添加到食品中的化学保藏剂必须符合食品添加剂使用有关的法规（食品安全国家标准 食品添加剂使用标准 GB 2760—2014），严格按照食品卫生标准规定控制其用量和使用范围，以确保广大消费者的身体健康。

二维码 7-1 《食品安全国家标准 食品添加剂使用标准》(GB 2760—2014)

食品保藏剂的使用量必须是应在能产生预期效果的基础上的最低量，确定使用量极限时还必须考虑下列各因素：①应对加有保藏剂的食品或多种食品消费量做出充分的估计；②动物试验中表明生理正常现象开始出现偏向时的最低使用量；③对所有各类消费者健康的任何危害性降低到最低程度时，保证完全适宜的极限。控制食品添加剂使用的规定应取得法律保障才会有效。为了消费者的利益，为了合理地控制食品中添加剂的使用，应建立一支经过严格训练的、有经验的食品分析检验队伍，建设一批与之相适应的分析检验手段齐全并具有正确可靠分析方法的现代化检测室。食品中加有保藏剂等添加剂时应向消费者明确说明，如在商标纸或说明上标明所用的某种食品添加剂。

在使用食品保藏剂时应注意其质量，除所使用的食品保藏剂本身并无毒害或在加工中和食用前极易从食品中清除掉外，还应能达到下述几点要求：①少量使用时就能达到防止腐败变质或改善品质的要求；②不会引起食品发生不可逆性的化学变化，并且不会使食品出现异味，但允许改善风味；③不会和生产设备及容器等发生化学反应。

食品生产者使用食品保藏剂时还应受到以下几点限制：①不允许将食品保藏剂用来掩盖因食品生产和贮运过程中采用错误的生产技术所产生的后果；②不允许使用食品保藏剂后导致食品内营养素的大量损耗；③已建立经济上切实可行的合理生产过程并能取得良好的保藏

效果时，不应再添加食品保藏剂。

20世纪以来，随着食品工业和化学工业的发展，包括食品保藏剂在内的食品添加剂被大量使用，食品添加剂对食品工业的发展起到了很大的推动作用。在发达国家中，几乎所有食品中都直接或间接地加入了食品添加剂。而不少国家在国际贸易中食品贸易占很大比重，食品已超出本国范围而广泛地加入交流，成为国际商品。因此，包括食品保藏剂在内的食品添加剂的滥用或误用会造成一些国际贸易问题。随着添加剂的安全问题逐渐引起各国的重视，很多国家加强了对食品添加剂的卫生管理，并相继制定出有关的法规来进行控制和监督。但是各国的食品添加剂法规大都从本国特点和饮食习惯出发，所以控制程度出入很大，有些国家准许使用的品种，另一些国家禁用，甚至对于食品添加剂的定义也不一样。这就给食品国际贸易及其他方面的交流合作带来了复杂的问题，也就是食品添加剂管理、使用的国际化问题。另外，关于食品添加剂的安全评价需要投入大量经费和时间，产品质量标准的制定也需要大量的数据和资料，并取得公认，在这方面急需国际上广泛合作，发挥各国对某些添加剂在传统使用中所积累的大量可靠的科学数据的作用，特别是发挥有关国际组织的作用，制定出国际上普遍接受的评价标准，这会促使食品保藏剂等食品添加剂管理更加国际化。

食品保藏剂的国际评价系统由联合国粮食及农业组织(FAO)和世界卫生组织(WHO)的食品添加剂联合专家委员会(JECFA)将标准建议送交各成员国代表，征求各国政府部门的意见，再由FAO/WHO联合食品添加剂及污染物标准委员会(CCFAC)调整各国的意见，委托JECFA讨论征得的意见。将CCFAC讨论的标准，经国际食品法典委员会(CAC)采纳后交给各国政府作为国际食品保藏剂标准，并根据此标准来制定、调整本国的食品政策法规。

食品保藏剂管理的国际化，大大促进了各国自身的完善与发展，对提高整个人类的健康与生活水平都起着一定作用。在统一的食品国际标准没有确立起来时，进口食品应按本国法规所允许的食品保藏剂标准检验，出口食品必须选用销往国的法规所允许使用的食品保藏剂。

7.2 食品防腐剂

防腐剂(antimicrobial preservatives)是指对微生物具有杀灭、抑制或阻止生长作用，能防止由于微生物引起的腐败变质，以延长食品保质期的食品添加剂。

防腐剂按其来源可以分为有机防腐剂和无机防腐剂两类。有机防腐剂主要有苯甲酸及其盐类、山梨酸及其盐类、对羟基苯甲酸酯类和丙酸盐等。无机防腐剂有二氧化硫、亚硫酸盐等。此外，还有乳酸链球菌肽等肽类抗生素。

为了正确有效地使用防腐剂，应充分了解：①引起食品腐败的微生物种类，②各种防腐剂的性能及其使用方法，③影响防腐效果的主要因素。然后根据食品的性质、保藏状态和预期保藏时间，来确定所用防腐剂的品种、用量及使用方法。

7.2.1 食品防腐剂应具备的条件

食品防腐剂大多以添加剂的形式融入食品之中，成为食品的组成部分。因此，卫生安全、使用有效、不破坏食品的固有品质是食品防腐剂应具备的基本条件，三者应同时兼备，缺一不可。

7.2.1.1 卫生安全

卫生安全是食品防腐剂和其他任何种类的食品添加剂使用时都要首先考虑的问题，防腐剂必须对人体无毒害。防腐剂在尚未确定其对人体毒害以前，必须经过足够时间的动物生理、药理和生物化学试验，为防腐剂的安全使用提供科学的依据。毒理学实验包括判明对人体脏器特别是肝脏和肾脏的急剧过敏和慢性中毒的可能性，搞清楚其代谢情况，致癌、致畸、致突变的可能性，实验动物的半致死剂量或致死剂量。另外，防腐剂使用后的卫生安全性还应表现在食用后不会引起不适之感，更不能发生中毒。

事实上，目前生产中使用的大多数人工合成的防腐剂，对人都有一定的毒性，尤其是过量使用和食用时，会对人体健康产生不利甚至非常有害的影响。因此，防腐剂的使用量必须是在能够产生预期效果的前提下的最低剂量，使用品种及其剂量必须严格执行食品添加剂使用标准[《食品安全国家标准 食品添加剂使用标准》(GB 2760—2014)]。

7.2.1.2 使用有效

使用防腐剂的主要目的是抑制或者杀灭食品保藏过程中引起腐败变质的微生物，延长食品的保藏期。食品种类极多，理化性状差异很大，食品被污染的菌落不尽相同，各种防腐剂作用的菌落及对食品理化性状的适应性也有差异。同一种防腐剂对甲食品有很好的防腐效果，而对乙食品的防腐效果可能很差甚至无效，该防腐剂就可作为甲食品的防腐剂使用，而不能作为乙食品的防腐剂。例如，苯甲酸等多种防腐剂在酸性条件下具有很好的防腐效果，而在弱酸或者中性介质中的防腐作用显著降低甚至无效。说明每种防腐剂都有其使用范围，使用范围正确，用量合理，才能充分地显示其防腐效果。总之，对于防腐剂的作用范围和用量，一定要在严格遵守我国食品添加剂卫生标准的前提下，通过试验来选定。

7.2.1.3 不破坏食品的固有品质

每种食品都有其固有的营养素含量和感官性状，使用防腐剂后，不能破坏营养素而使其含量明显下降，也不能使食品的色、香、味、形、质等感官性状发生明显异常变化而使消费者难以接受。对于某些防腐性能很好的食品添加剂，如果对食品固有品质产生这样或那样的影响，则应在使用时慎重选用。

食品防腐剂除了需要具备上述三项基本条件外，还应满足以下要求：①少量使用就能达到防腐要求；②不会与生产设备和包装容器等发生不良化学反应；③热敏性不能太强，否则受热易分解失效；④使用过程中对工作人员健康不会造成明显伤害，如对皮肤的腐蚀，呼吸道黏膜和眼睛的刺激等；⑤大量使用时不污染环境等。

7.2.2 常用化学防腐剂及其作用机理

目前，世界上食品保藏使用的化学防腐剂有30～40种。按其来源和性质可分为有机防腐剂和无机防腐剂。有机防腐剂又可分为合成有机防腐剂和天然有机防腐剂，目前，以合成有机防腐剂在生产中使用最为广泛。

7.2.2.1 苯甲酸及苯甲酸钠

苯甲酸又称安息香酸，是各国允许使用而且历史比较悠久的食品防腐剂。苯甲酸为白色鳞片状或针状结晶，常温下难溶于水，易溶于乙醇。苯甲酸钠易溶于水，其水溶液呈碱性。

苯甲酸对部分细菌和酵母菌有较强的抑制作用，对霉菌的抑制作用较弱。其抑菌作用的机理是使微生物细胞的呼吸系统发生障碍，使三羧酸循环(TCA 循环)中乙酰辅酶 A→乙酰醋酸及乙酰草酸→柠檬酸之间的循环过程难以进行，并阻碍细胞膜的正常生理作用。

苯甲酸和苯甲酸钠在酸性条件下，以未解离的分子起抑菌作用，其防腐效果视介质的 pH 而异，一般 pH<5 时抑菌效果较好，pH 为 2.5～4.0 时抑菌效果最好。

联合国粮食及农业组织(FAO)和世界卫生组织(WHO)规定，苯甲酸的每日允许摄入量(ADI)为 0～5 mg/kg。根据我国 GB 2760—2014 食品添加剂使用标准，苯甲酸和苯甲酸钠可用于酱油、醋、果汁、果酱最大使用量为 1 g/kg，果酒最大使用量为 0.8 g/kg，汽水最大使用量为 0.2 g/kg，浓缩果蔬汁最大使用量为 2 g/kg(仅限食品工业用)，用量均以苯甲酸计，1 g 苯甲酸钠相当于 0.847 g 苯甲酸。

使用苯甲酸时，先用少量乙醇溶解，再添加到食品中。使用苯甲酸钠时，一般先配制成 20%～30%的水溶液，再加入食品中，搅拌均匀即可。

长期以来人们认为，苯甲酸在人体内与甘氨酸或葡萄糖醛酸结合生成马尿酸，从尿中排出而不在体内蓄积。但近年来有报道称苯甲酸及其钠盐可引起过敏性反应，对皮肤、眼睛和黏膜有一定的刺激性。苯甲酸钠还可引起肠道不适，再加之味道不良，可尝出味道的最低值为 0.1%，近年有逐步减少使用的趋势。

7.2.2.2　山梨酸及山梨酸钾

山梨酸又名花楸酸，为无色针状或白色粉末状结晶，无臭或稍有刺激臭，耐光耐热，易发生氧化反应而失去防腐作用。山梨酸难溶于水而易溶于乙醇、丙酮等有机溶剂。山梨酸钾极易溶于水，也易溶于高浓度蔗糖和食盐溶液，因而在生产上被广泛使用。

山梨酸和山梨酸钾能有效抑制霉菌、酵母菌和好气性腐败菌活性，对厌气性细菌和乳酸菌几乎无效。山梨酸是一种不饱和脂肪酸，能在人体内参与正常的代谢活动，最后被氧化成 CO_2 和 H_2O，故国际上公认其为无害的食品防腐剂。山梨酸的 ADI 为 0～25 mg/kg。

山梨酸和山梨酸钾属于酸型防腐剂，以未解离的分子起抑菌作用，其防腐效果随 pH 降低而增强，但适宜的 pH 范围比苯甲酸广，以 pH<6 的介质中使用为宜。

我国 GB 2760—2014 食品添加剂使用标准规定山梨酸和山梨酸钾可用于酱油、醋、果酱、人造奶油、琼脂奶糖、鱼干制品、豆乳饮料、豆制素食品、糕点馅，最大用量为 1.0 g/kg；低盐酱菜、面酱类、蜜饯类、山楂糕、果味露罐头的最大用量为 0.5 g/kg；果汁类、果子露、葡萄酒、果酒类的最大用量为 0.6 g/kg；汽酒、汽水的最大用量为 0.2 g/kg；浓缩果汁的最大用量不得超过 2 g/kg(仅限食品工业用)。用量均以山梨酸计，1 g 山梨酸钾相当于 0.752 g 山梨酸。

使用山梨酸时，应先将其溶解在少量乙醇或 $NaHCO_3$ 溶液中，然后添加到食品中。为了防止山梨酸受热挥发，最好在食品加热过程的后期添加。山梨酸钾易溶于水，使用方便，但其 1%水溶液的 pH 为 7～8，有使食品 pH 升高的倾向，应予以注意。

7.2.2.3　对羟基苯甲酸酯类及钠盐

对羟基苯甲酸酯又名尼泊金酯，是苯甲酸的衍生物。目前，主要使用的是对羟基苯甲酸甲酯、乙酯、丙酯和丁酯，其中对羟基苯甲酸丁酯的防腐效果最佳。此类物质为无色小结晶或白色结晶性粉末，无臭，开始无味，随后稍有涩味，难溶于水而易溶于乙醇、丙酮等有机溶剂。

对羟基苯甲酸酯属广谱性抑菌剂，对霉菌、酵母菌的作用较强，对细菌特别是革兰氏阴性杆菌和乳酸菌的作用较弱。其抑菌机理与苯甲酸基本相同，主要抑制微生物细胞的呼吸系统和电子传递酶系统的活性，并能破坏微生物细胞膜的结构，从而起到防腐的效果。

对羟基苯甲酸酯也是由未解离分子发挥抑菌作用，其效力强于苯甲酸和山梨酸，而且使用范围更广，一般为 pH 4～8 效果较好。

对羟基苯甲酸酯在人体的代谢途径与苯甲酸基本相同，且毒性比苯甲酸低。毒性与烷基链的长短有关，烷基链短者毒性大，故对羟基苯甲酸甲酯很少作为食品防腐剂使用。

对羟基苯甲酸酯在世界各国普遍使用，通常用于清凉饮料、果酱、醋等，其 ADI 为 0～10 mg/kg。我国 GB 2760—2014 食品添加剂使用标准规定使用范围及使用量为：对羟基苯甲酸乙酯可用于酱油和醋，最大用量为 0.25 g/kg；对羟基苯甲酸丙酯用于碳酸饮料最大用量为 0.20 g/kg，果酱最大用量为 0.25 g/kg，水果蔬菜表皮最大用量为 0.012 g/kg。

7.2.2.4 脱氢乙酸及其钠盐

脱氢乙酸为无色到白色针状或片状结晶，无臭或有微臭，易溶于乙醇等有机溶剂而难溶于水，故多用其钠盐作防腐剂。脱氢乙酸钠为白色结晶性粉末，在水中的溶解度可达到 33%。

脱氢乙酸及脱氢乙酸钠抑制细菌、霉菌和酵母菌的活性，特别是对假单胞菌属、葡萄球菌、大肠杆菌的抑制作用明显。其抑菌机理是由三羰基甲烷结构与金属离子发生螯合作用，从而损害微生物的酶系而起到防腐效果。

脱氢乙酸和脱氢乙酸钠是毒性很低、对热较稳定的防腐剂，适应的 pH 范围较宽，但以酸性介质中的抑菌效果更好。我国 GB 2760—2014 食品添加剂使用标准规定脱氢乙酸可用于腐乳、什锦酱菜、原汁橘浆，最大用量为 0.30 g/kg。国外各种食品的最大用量为：干酪、奶油、人造奶油 2 g/kg，清凉饮料 0.05 g/kg，酸乳和酸乳饮料 0.2 g/kg。

脱氢乙酸钠为乳制品的主要防腐剂，常用于干酪奶油和人造奶油，使用量为 0.61 g/kg 以下。使用时一般是将 0.1%～0.2%的水溶液喷洒在制品表面或包装材料上，喷洒量为 20～40 mL/kg。

7.2.3 天然防腐剂及其应用

天然有机防腐剂也称天然防腐剂，是由生物体分泌或者体内存在的具有抑菌作用的物质，经人工提取或者加工而成为食品防腐剂。此类防腐剂为天然物质，有的本身就是食品的组分，故对人体无毒无害，有些还能增进食品的风味品质，因而是一类有发展前景的食品防腐剂。

7.2.3.1 乳酸链球菌素

乳酸链球菌素(Nisin)又称乳链球菌素、乳链菌素，是某些乳酸链球菌产生的多肽物质，由 34 个氨基酸残基组成，是一种高效、安全、无毒副作用的天然食品防腐剂。本品为灰白色固体粉末，稳定性与溶液的 pH 有关；具有优良的耐酸和耐热性能，用 85℃巴氏灭菌 15 min，其活性仅损失 15%，当其溶于 pH 为 3 的稀盐酸中，121℃高压灭菌 15 min，仍能保持 100%的活性。本品能有效抑制引起食品腐败的革兰氏阳性细菌，如乳杆菌、明串珠菌、小球菌、葡萄球菌、李斯特菌等，特别是对产芽孢的细菌如芽孢杆菌有很强的抑制作用。使用时需溶于水或液体中，在不同的 pH 下，溶解度也不同。研究发现，很多牛奶中含有可产生乳酸链球菌素的乳酸链球菌，这说明这种物质早就存在于人们日常食用的牛奶中。另外，通过病理学研究和毒理学试验，已证明乳酸链球菌素安全无毒，安全性高，ADI 为 0～0.875 mg/kg。

《食品安全国家标准 食品添加剂使用标准》(GB 2760—2014)规定，用于罐装食品、植物蛋白食品防腐的最大用量为 0.2 g/kg，乳制品和肉制品的最大用量为 0.5 g/kg。

7.2.3.2　纳他霉素

纳他霉素是一种多烯烃大环内酯类抗真菌剂，其分子是一种具有活性的环状四烯化合物，含3个以上的结晶水；为白色或奶油色结晶粉末；无味；微溶于水、甲醇，溶于稀酸、冰醋酸及二甲苯甲酰胺，难溶于大部分有机溶剂。在pH高于9或低于3时，其溶解度会有所提高，在大多数食品的pH范围内非常稳定；有一定的抗热处理能力，在干燥状态下相对稳定，能耐受短暂高温(100℃)；但由于分子中含有环状化学结构，对紫外线较为敏感，故不宜见光；稳定性受pH、温度、光照强度和氧化剂及重金属的影响，所以产品应该避免与氧化物及硫氢化合物等接触。

《食品安全国家标准　食品添加剂使用标准》(GB 2760—2014)规定，本品在果蔬汁(浆)中的用量为0.3 g/kg，若表面使用，混悬液喷雾或浸泡，残留量小于10 mg/kg。

7.2.3.3　溶菌酶

溶菌酶是一种专门作用于微生物细胞壁的水解酶。溶菌酶是一种无毒副作用的蛋白质，又具有一定的溶菌作用，现在已经广泛应用于水产品、蛋糕、饮料等食品的防腐，防腐效果显著。溶菌酶抗菌谱较窄，只对革兰氏阳性菌起作用，可与甘氨酸、聚合磷酸盐等配合使用，以增强对革兰氏阴性菌的溶菌作用。

7.3　食品抗氧化剂

食品抗氧化剂(food antioxidants)是能够防止或延缓食品氧化变质，提高食品的稳定性和延长食品贮藏期的一类食品添加剂。主要应用于防止油脂及富脂食品的氧化酸败，引起食品褪色、褐变以及维生素被破坏等方面。

食品在贮藏、运输过程中和空气中的氧发生化学反应，出现褪色、变色、产生异味异臭等现象，使食品质量下降，甚至不能食用。这种现象在含油脂多的食品中尤其严重，通常称为油脂的“酸败”。肉类食品的变色，蔬菜、水果的褐变等均与氧化有关。防止和减缓食品氧化，可以采取避光、降温、干燥、排气、充氮、密封等物理性措施，但添加抗氧化剂则是一种既简单又经济的方法。各种抗氧化剂的作用原理不尽相同，大致分为下述4种情况。

①抗氧化剂本身极易被氧化，从而降低介质中的含氧量，抑制食品成分的氧化。常用的有抗坏血酸及其衍生物，异抗坏血酸及其钠盐等。

②将能催化和引起氧化反应的物质实行封闭。

③抗氧化剂能减弱氧化酶的活性，抑制氧化酶的催化氧化作用。如亚硫酸盐类、二氧化硫及各种含硫化合物等。

④抗氧化剂本身可释放出氢离子，破坏或终止油脂在氧化过程中所产生的过氧化物，使之不能继续被分解成醛或酮类等低分子物质，如各类酚类抗氧化剂。其中包括合成的，如丁基羟基茴香醚(BHA)、二丁基羟基甲苯(BHT)、叔丁基对苯二酚(TBHQ)、没食子酸及其衍生物；天然的生育酚、茶多酚、愈创树脂等。

7.3.1 防止食品氧化酸败的抗氧化剂

7.3.1.1 油脂的氧化和抗氧化剂的基本作用

油脂的酸败是一个复杂的化学变化过程。含有不饱和脂肪酸甘油酯的油脂，由于其结构上不饱和键的存在，很容易和空气中的氧发生自动氧化反应，生成过氧化物，进而又不断裂解，产生具有臭味的醛或碳链较短的羧酸。

食用含有过量过氧化物的食品会进一步促使人们的脂肪氧化。过氧化的脂肪可破坏生物膜，引起细胞功能衰退乃至组织死亡，诱发各种生理异常而引起疾病。最近研究表明，癌症的发生或人体的老化也与过氧化脂肪有关。

目前，常用的防止食品酸败的抗氧化剂多为酚类化合物。这些酚类抗氧化剂是优良的氢或中子的给予体，当它向自由基提供氢之后，本身成为自由基，但它们可结合成稳定的二聚体之类的物质。另外，它们的自由基中间产物比较稳定。

7.3.1.2 氧化作用的催化和抑制因素

油脂的氧化作用可受到许多因素的催化，如不能很好地控制这些因素，而单纯依靠抗氧化剂往往难以达到预期的目的，或至少是事倍功半。这些因素归纳如下。

(1)温度　与一般的化学反应一样，物料温度每提高 10℃，反应速率提高 1 倍。

(2)光线　紫外线是氧化作用的强激化剂和催化剂。

(3)碱　碱性条件和碱土金属离子能催化自由基的氧化。

(4)油脂不饱和度　有两个双键的亚油酸比只有一个双键的油酸更易被氧化。

(5)色素　植物油中残存的色素能催化氧化反应。如叶绿素能使各种油脂受氧原子的作用而氧化。

(6)氧的有效量　氧是氧化的供体，其有效含量越高越易促进氧化。

(7)重金属　一般只要有 mg/kg 数量级的铁、铜等金属溶于油脂中，就会成为有效的氧化催化剂。只有具有氧化还原电位的两价和多价金属离子才对油脂的氧化有催化作用。

7.3.1.3 抗氧化剂的增效作用

有一些物质本身没有抗氧化作用，但与抗氧化剂混合使用，却能增强抗氧化剂的效果，这些物质统称为抗氧化剂的增效剂。各种金属离子的螯合剂(如 EDTA)是一类间接的抗氧化剂或抗氧化增效剂。

对各种酚类抗氧化剂来说，柠檬酸、磷酸、抗坏血酸及它们的酯类(如柠檬酸单甘油酯、抗坏血酸棕榈酸酯等)具有良好的抗氧化增效作用。所加的酸一方面可为介质(油脂、含脂食品)创造一个酸性环境，以保证原始抗氧化剂和油脂的稳定性；另一方面如抗坏血酸本身易被氧化，从而使其具有消除氧的能力。例如，用 AOM 法(97.8℃，输送空气)试验橄榄油的稳定性，到达酸败临界点(植物油的过氧化值为 70 mmol/kg)的时间，对照组为 6.5 h，加 0.02%TBHQ 组为 12.5 h，除 TBHQ 外另加 0.01%柠檬酸组为 57 h。在 21℃贮存橄榄油的结果是对照组 42 d，0.02%TBHQ 组为 88 d，而另加 0.01%柠檬酸组超过 103 d。猪油在室温下达到动物油酸败临界点(过氧化值 20 mmol/kg)的时间，对照组为 45 d，加入 0.01%生育酚后可延至 210 d，再加入 0.005%柠檬酸则可延至 294 d。

一般情况下，柠檬酸及其酯类往往与合成的抗氧化剂合用，而抗坏血酸及其酯类则与生育酚合用。当两种抗氧化剂合用时，也会明显地提高抗氧化效果，这是因为不同的抗氧化剂在不同油脂氧化阶段，分别中止某个油脂氧化的连锁反应。

7.3.1.4　常用的抗氧化剂

1.丁基羟基茴香醚(BHA)

本品为白色或微黄色蜡样结晶性粉末，带有酚类的特异臭气和有刺激性的气味。它通常是3-BHA和2-BHA两种异构体的混合物。熔点48～63℃，随混合比不同而异；不溶于水，易溶于乙醇(25 g/100 mL，25℃)、甘油(1 g/100 mL，25℃)、猪油(50 g/100 mL，50℃)、玉米油(30 g/100 mL，25℃)、花生油(40 g/100 mL，25℃)和丙二醇(50 g/100 mL，25℃)。3-BHA的抗氧化效果比2-BHA强1.5倍，两者合用有增效作用。用量为0.02%时比0.01%的抗氧化效果增强10%，但用量超过0.02%时效果反而下降。与其他抗氧化剂相比，它不会与金属离子作用而着色。BHA除抗氧化作用外，还有相当强的抗菌力。

相对来说，BHA对动物性脂肪的抗氧化作用较之对不饱和植物油更有效。它对热较稳定，在弱碱条件下也不容易被破坏，因此有一种良好的持久能力，尤其是对使用动物脂的焙烤制品；可与碱金属离子作用而呈粉红色；具有一定的挥发性，能被水蒸气蒸馏，故在高温制品中，尤其是在煮制品和炸制品中易损失，但可将其置于食品的包装材料中。BHA是目前国际上广泛应用的抗氧化剂之一，也是我国常用的抗氧化剂之一。

《食品安全国家标准　食品添加剂使用标准》(GB 2760—2014)规定，BHA可用于油脂、油炸食品、干鱼制品、饼干、速食米、干制食品、罐头及腌腊肉制品，最大使用量为0.2 g/kg。

2.二丁基羟基甲苯(BHT)

二丁基羟基甲苯为无色结晶或白色晶体粉末，无臭味或有很淡的特殊气味。熔点69.5～71.5℃(69.7℃，纯品)，沸点265℃。它的化学稳定性好，对热相当稳定，抗氧化效果好，与金属离子反应不着色。它不溶于水和丙二醇，易溶于大豆油(30 g/100 mL，25℃)，棉籽油(20 g/100 mL，25℃)，猪油(40 g/100 mL，50℃)，乙醇25%，丙酮40%，甲醇25%，苯40%，矿物油30%。

二丁基羟基甲苯稳定性高，抗氧化能力强，遇热抗氧化能力也不受影响，不与铁离子发生反应。BHT可以用于油脂、焙烤食品、油炸食品、谷物食品、奶制品、肉制品和坚果、蜜饯中，最大用量为0.2 g/kg。BHT也可用于包装材料上，用量为0.2～1 kg/t(包装材料)。对于不易直接混合的食品，可溶于乙醇后喷雾使用。BHT价格低廉，为BHA的1/5～1/8，可作为主要抗氧化剂，目前它是我国生产量最大的抗氧化剂之一。

3.没食子酸丙酯(PG)

没食子酸丙酯为白色至浅褐色结晶粉末，或微乳白色针状结晶。无臭，微有苦味，水溶液无味。由水或含水乙醇可得到1分子结晶水的盐，在105℃失去结晶水变为无水物，熔点146～150℃。没食子酸丙酯难溶于水(0.35 g/100 mL，25℃]，微溶于棉籽油(1.0 g/100 mL，25℃)，花生油(0.5 g/100 mL，25℃)，金猪脂(10 g/100 mL，25℃)。其0.25%水溶液的pH为5.5左右。没食子酸丙酯比较稳定，遇铜、铁等金属离子发生呈色反应，变为紫色或暗绿色，有吸湿性，遇光不稳定，发生分解，耐热性差。没食子酸丙酯使用量达0.01%时即能自动氧化着色，故一般不单独使用，而与BHA复配使用，或与柠檬酸、异抗坏血酸等增效剂复配使用。与其他抗氧化剂复配使用量约为0.005%时，即有良好的抗氧化效果。

《食品安全国家标准　食品添加剂使用标准》(GB 2760—2014)规定，没食子酸丙脂可用于油脂、油炸食品、干鱼、饼干、速食面、速食米、干制食品、罐头、腌肉制品、果蔬罐头、果酱、冷冻鱼、啤酒、瓶装葡萄酒、果汁肉及肉制品、油脂火腿、糕点，最大使用量为 0.1 g/kg。

4. 叔丁基对苯二酚(TBHQ)

TBHQ 是白色或浅黄色的结晶粉末，微溶与水，不与铁或铜形成络合物。在许多油和溶剂中都有足够的溶解性。熔点 126～128℃。TBHQ 溶于乙醇(60 g/100 mL，25℃)，丙二醇(30 g/100 mL，25℃)，棉籽油(10 g/100 mL，25℃)，玉米油(10 g/100 mL，25℃)，大豆油(10 g/100 mL，25℃)，猪油(5 g/100 mL，50℃)；易溶于椰子油和花生油，水中溶解度随温度升高而增大。TBHQ 的抗氧化活性与 BHT、BHA 或 PG 相等或稍优。TBHQ 的溶解性能与 BHA 相当，超过 BHT 和 PG。TBHQ 对其他的抗氧化剂和螯合剂有增效作用，如对 PG、BHA、BHT、维生素 E、抗坏血酸棕榈酸酯、柠檬酸和 EDTA 等。TBHQ 最有意义的性质是在其他的酚类抗氧化剂都不起作用的油脂中有效，柠檬酸的加入可增强其活性。

TBHQ 为一类酚类抗氧化剂。在许多情况下，TBHQ 对大多数油脂，尤其是植物油来说，较其他抗氧化剂更有效，抗氧化性更稳定。此外，它不会因遇到铜、铁而发生颜色和风味方面的变化，只有在有碱存在时才会转变为粉红色。对蒸煮和油炸食品有良好的持久抗氧化能力，因此适用于土豆制品的生产，但它在焙烤制品中的持久力不强，除非与 BHA 合用。在植物油、膨松油和动物油中，TBHQ 一般与柠檬酸结合使用。

《食品安全国家标准　食品添加剂使用标准》(GB 2760—2014)规定，TBHQ 用于脂肪、油和乳化脂肪制品，熟制坚果与籽类，油炸方便面制品，饼干，腌制肉制品类，风干、烘干等水产品等，最大使用量 0.2 g/kg。

5. 生育酚混合物

生育酚也称维生素 E 混合物。生育酚混合浓缩物为黄色至褐黄色透明黏稠液体，可有少量晶体蜡状物，几乎无臭。它不溶于水，溶于乙醇、丙醇、氯仿、乙醚、植物油，对热稳定。生育酚的混合浓缩物在空气及在光照下，会缓慢变黑。在较高温度下，生育酚有较好的抗氧化性能，生育酚的耐光照、耐紫外线、耐放射线的性能也较 BHA 和 BHT 强。生育酚还有防止维生素 A 在 λ-射线照射下发生分解的作用，以及防止 β-胡萝卜素在紫外光照射下发生分解的作用，还能防止甜饼干和速食面条在日光照射下的氧化作用。近年来有研究表明，生育酚还有阻止咸肉中产生致癌物亚硝胺的作用。

本品是目前国际上唯一大量生产的天然抗氧化剂，这类天然产物都是 α-生育酚。但由于其价格较贵，在一般场合使用较少，主要用于保健食品、婴儿食品和其他高价值的食品。WHO 批准维生素 E 用于食品，与其他抗氧化剂不同，不用担心它们本身会产生异味。维生素 E 对其他抗氧化剂如 BHA、TBHQ、抗坏血酸棕榈酸酯、卵磷脂等有增效作用。维生素 E 为油溶性抗氧化剂，使用限于脂肪、油和含油食品。

根据《食品安全国家标准　食品添加剂使用标准》(GB 2760—2014)规定：生育酚可用于果蔬汁饮料，蛋白饮料，茶、咖啡，植物饮料类，最大使用量为 0.2 g/kg。

6. 茶多酚

茶多酚为 30 余种酚化合物的总称，主体为儿茶素类，其中儿茶素占 60%～80%。从茶中提取的茶多酚抗氧化剂为白褐色粉末，易溶于水、甲醇、乙醇、醋酸乙酯、冰醋酸等；难溶于苯、氯仿和石油醚；对酸、热较稳定。160℃油脂中 30 min 降解 20%，pH 为 2～8 时稳定，pH＞8 时在光照下氧化聚合，遇铁变成绿黑色络合物。茶多酚的抗氧化性能优于生育酚混合浓缩物，为 BHA 的数倍。茶多酚中抗氧化的作用成分主要是儿茶素。下面 4 种儿茶素抗氧化能力相对最强，它们是表儿茶素(EC)，表没食子儿茶素(EGC)，表儿茶没食子酸酯(ECG)和表没食子儿茶素没食子酸脂(EGCg)。它们的等摩尔浓度抗氧化能力的顺序为：EGCg＞EGC＞ECG＞EC。

茶多酚与苹果酸、柠檬酸和酒石酸有良好的协同效应，与柠檬酸的协同效应最好。此外，与生育酚、抗坏血酸也有很好的协同效应。

茶多酚的 LD_{50} 为 3 715 mg/kg(大鼠，经口)。茶多酚对人体无毒。《食品安全国家标准 食品添加剂使用标准》(GB 2760—2014)规定，茶多酚可用于油脂、火腿、糕点馅，用量为 0.4 g/kg；蛋白固体饮料 0.8 g/kg。使用方法是先将其溶于乙醇，加入一定量的柠檬酸配成溶液，然后以喷洒或添加的方式用于食品。

7.3.2　防止食品褐变的抗氧化剂

7.3.2.1　食品的褐变

不少果蔬组织在切割、去皮、切片和磨碎后极易出现褐变的现象。与氧气直接接触后，外层潮湿面上的抗坏血酸就会立刻被氧化掉。当这种反应结束后，继之就会出现多酚氧化酶催化氧化和呈色物质反应并形成棕褐色的褐变。

7.3.2.2　常用的抗氧化剂

防止食品褐变用的抗氧化剂大多是水溶性抗氧化剂，主要有抗坏血酸及其盐类，异抗坏血酸及其盐类，二氧化硫及其盐类等。

1. *L*-抗坏血酸即维生素 C

抗坏血酸为白色至浅黄色晶体或结晶性粉末，无臭，有酸味。熔点为 190℃。受光照则逐渐变褐，干燥状态下在空气中相当稳定，但在空气存在时于溶液中迅速变质，在中性或碱性溶液中尤甚。pH 为 3.4～4.5 时稳定。易溶于水和乙醇，本品 1 g 可溶于约 5 mL 水和 30 mL 乙醇。不溶于氯仿、乙醚和苯。呈强还原性。由于分子中有乙二醇结构，性质极活泼，易受空气、水分、光线、温度的作用而氧化、分解。特别是在碱性介质中或有微量金属离子存在时，分解更快。

维生素 C 作为抗氧化剂，可用于果汁、水果罐头、饮料、果酱、硬糖和粉末果汁、乳制品、肉制品；还可用作营养强化剂。

根据《食品安全国家标准 食品添加剂使用标准》(GB 2760—2014)规定，*L*-抗坏血酸可用于小麦粉中，最大使用量为 0.2 g/kg；用于浓缩果蔬汁(浆)中，按生产需要适量使用。

2. 异抗坏血酸

异抗坏血酸为白色至浅黄色结晶体或结晶粉末。无臭，味酸。光线照射下逐渐发黑。干燥状态下，在空气中相当稳定，但在溶液中并有空气存在情况下，迅速变质。于 164～172℃熔化并分解。本品系抗坏血酸的异构体，化学性质类似于抗坏血酸，但几乎没有抗坏血酸的生理活性。抗氧化性较抗坏血酸强，价格较廉，但耐光性差。有强还原性，遇光则缓慢着色并分解，同时，重金属离子会促进其分解。极易溶于水(40 g/100 mL)、乙醇(5 g/100 mL)，难溶于甘油,不溶于乙醚和苯。

异抗坏血酸可用于一般的抗氧化、防腐,也可作为食品的发色助剂。根据生产食品的种类,选用异抗坏血酸或其钠盐,既能防止肉类制品、鱼类制品、鲸油制品、鱼贝腌制品、鱼贝冷冻品等变质,也可与亚硝酸盐、硝酸盐合用提高肉类制品的发色效果。可防止保存期间色泽、风味的变化,以及由鱼的不饱和脂肪酸产生的异臭。防止果汁等饮料因溶存氧引起氧化变质。防止果蔬罐头褐变。

《食品安全国家标准 食品添加剂使用标准》(GB 2760—2014)规定,异抗坏血酸可用于八宝粥罐头中,最大使用量为 1.0 g/kg,用于葡萄酒中,最大使用量为 0.15 g/kg。

7.4 食品涂膜保鲜剂

7.4.1 涂膜保鲜原理及作用

7.4.1.1 涂膜保鲜原理

食品涂膜保鲜是通过浸泡等方法在果实表面涂上一层高分子的液态膜,干燥后形成一层均匀的无色透明薄膜,能够防止外界微生物侵入,减少食品与外界的接触,改变其表面气体环境的一种保鲜方法。

涂膜保鲜多用于果蔬的保鲜。果蔬贮藏中存在的主要问题是老化、失水和腐烂。果蔬水分损失及气体运输是通过表皮系统进行的,表皮系统包括角质层、表皮细胞、气孔和表面毛状体等。在贮藏期间角质层厚的果蔬水分损失较少。涂膜是人为形成一种有一定阻隔性的膜,与果蔬表面角质层类似,可阻止果蔬失水。果蔬涂膜保鲜是根据果蔬采后生理变化的特点,科学地选用对人体无毒害作用的护色剂、杀菌剂、抑菌剂、成膜剂,复合成果蔬涂膜保鲜液,将该保鲜液浸、喷或涂于果蔬表面即可形成一层透明质半透气性可食用保鲜薄膜,它可以降低果蔬的呼吸强度,适当抑制其水分蒸发,从而防止微生物的侵入,起到减少损失、保鲜及美化外观的作用。

7.4.1.2 涂膜保鲜的作用

采用涂膜处理后的果蔬,色泽鲜艳、光亮诱人、商品价值高、货架期长,并能够促进销售,增强市场竞争力。另外,如在涂膜保鲜液中加入防腐剂,防腐保鲜效果会更加显著。依照不同的使用目的,保鲜膜应具有:阻水性、阻氧性、气体选择透过性、抑菌性、阻油性、附着性、一定的抗拉强度、抗压强度、低脆性及美观性、安全性等。涂膜保鲜的作用如下。

1. 减少食品的水分损失

在流通过程中由于果蔬自身蒸发及外界环境影响极易失水,涂膜处理后,一方面保护膜可抑制果蔬中水分的蒸腾作用;另一方面由于保护膜具有吸水性能,可吸收外界水分,使果蔬处于一个良好、稳定的湿度环境,有利于保持果蔬的硬度和新鲜度。

2. 增加食品的感官品质

涂膜处理后,一方面可增加果蔬的光泽,美化产品外观,提高产品档次和商品价值;另一方面涂膜对减轻表皮的机械损伤具有一定的防护作用。

3. 发挥气调作用

涂抹处理后，会在果蔬周围形成一个小环境，不但可减少水分的损失，而且能够阻止果蔬从外界吸收氧气、抑制呼吸、延迟乙烯产生、防止芳香成分挥发。涂膜保鲜剂在果蔬表面形成一层具有选择通透性的保护膜，由于果实自身的呼吸作用，使整个果实处于一种自发调节气体成分的微气调环境，延缓果蔬的成熟。

4. 增强保鲜效果

当保护膜具有缓释功能时，均匀分散于保护膜中的保鲜功能助剂能够均匀持久地发挥作用，增加保鲜效果。

5. 抑制食品表面微生物生长

保护膜可抑制果蔬表面附着菌株的繁殖，防止果蔬腐烂变质，同时，保护膜还能抵抗外界病菌对果蔬的二次感染。保护膜还可作为具有特殊功能的食品添加剂（如防腐剂、抗氧化剂、维生素、营养强化剂等）的载体，保持果蔬的色泽和风味，延长货架期。

7.4.2　涂膜保鲜剂的种类

果实涂膜保鲜的关键是成膜物质的选择，理想的成膜物质应具备无毒、无异味、容易制备、成膜稳定、通透性良好、可抑制微生物浸染等特征。目前涂膜保鲜剂主要包括以下几种。

1. 蛋白质类涂膜剂

蛋白质类保鲜膜的形成材料主要来自动植物蛋白，常用的植物蛋白有：大豆分离蛋白、玉米醇溶蛋白和小麦面筋蛋白，常用的动物蛋白是乳清蛋白。蛋白质类制成的保鲜膜营养价值高、口感好，并具有良好的阻气性，是理想的保鲜材料。但由于其具有亲水基团，阻水性有限。在蛋白膜形成过程中，主要依靠二硫键的作用形成薄膜结构。

2. 多糖类涂膜剂

多糖类涂膜剂是指以植物多糖或动物多糖作为主要成膜材料制备而成的，主要包括壳聚糖、海藻酸钠、魔芋葡甘聚糖、淀粉、纤维素衍生物等，其中研究较多的是壳聚糖和海藻酸钠。两种或两种以上的多糖类物质形成的涂膜剂也被广泛研究。由于多糖特殊的长链螺旋分子结构，其化学性质稳定，适用于长时间贮存及多种贮存环境。多糖类均属于亲水性聚合物，阻湿性较差。但某些透湿性强的多糖涂层往往具有良好的成膜性以及一定的黏度，并具有较强的阻氧性，可保护果实中的成分不被氧化。壳聚糖等多糖类涂膜剂还具有较强的抑菌和杀菌功能。

3. 脂类涂膜剂

脂类涂膜剂一般包括：石蜡、蜂蜡、矿物油、蓖麻油等植物油、乙酰单甘脂、硬脂酸、表面活性剂等。脂类膜的成膜厚度与均匀性难以控制，制膜时易产生裂纹或孔洞而降低阻水能力、易产生蜡质口感等，故该类膜很少单独使用，通常与蛋白质、多糖类组合形成复合膜。

4. 复合涂膜剂

复合涂膜剂是由不同配比的多糖、脂类和蛋白质混合在一起制成的涂膜液。复合膜兼具三类膜的优点，具有更理想的性能。目前，复合型膜的研究与开发已成为涂膜保鲜技术发展的趋势。

7.4.3 涂膜保鲜的方法

食品涂膜的方法包括：浸涂法、刷涂法和喷涂法 3 种。浸涂法最简单，即将涂膜剂配置成适当浓度的溶液，将产品浸入，蘸上一层薄薄的涂料后，取出晾干即可。因为浸涂后常在果蔬表面留有较多的涂膜剂，故此法不常用。刷涂法即用细软毛刷蘸上涂膜剂溶液，然后将产品置于刷子之间辗转刷擦，使产品表面涂上一层薄薄的保鲜膜。喷涂法是指用机器在经过清洗、干燥的产品表面喷上一层均匀而极薄的保鲜膜。目前，普遍用于涂膜机（打蜡机）进行涂膜，涂膜机通常由清洗、擦吸、干燥、喷涂、低温干燥、分级和包装等部分联合组成。

7.4.4 涂膜保鲜在食品中的应用

目前，涂膜保鲜主要应用于果蔬、肉类和水产品等食品中。

7.4.4.1 在果蔬中的应用

果蔬涂膜保鲜的工艺流程及具体操作要点如下。

新鲜果蔬→清洗→表面杀菌解毒→清洗→涂膜→贮藏。

具体操作要点：选用新鲜、无损伤、无病虫害的果蔬作为原料。选用氧化性杀菌剂，对果蔬表面进行杀菌解毒，去除表面残留农药及各种病菌。采用浸、涂、喷中任一种方式进行果蔬表面涂膜，涂膜后自然晾干或风机吹干。涂膜后的果蔬应放在冷库、阴凉的房屋或地窖中，贮存果蔬的设施应在使用前进行必要的杀菌处理。该方法适用各种果蔬、嫩玉米、板栗等农产品的贮藏保鲜。如利用魔芋多糖涂膜保鲜龙眼具有较好的贮藏效果，可降低龙眼的腐烂率、避免其营养成分的流失，可基本上防止褐变，保持龙眼的原有风味，产品的可食性大大提高，延长了常温下龙眼的货架期。利用卡拉胶与瓜尔豆胶在成膜和增稠方面的互补性，添加乳化剂配制成保鲜液，可在草莓表面形成较好的半透性气调环境，显著降低草莓的呼吸强度，延长草莓的货架期。

7.4.4.2 在肉类中的应用

涂膜保鲜是将肉类浸渍于涂膜液中，或将涂膜液喷涂于肉类表面，在肉类表面形成一层膜，从而改变其表面的气体环境，抑制微生物的生长，以达到保鲜的目的。涂膜保鲜还能有效地防止汁液流失。近年来，将可食性涂膜应用于肉制品保鲜的研究取得了一定成果，常用的成膜物质包括壳聚糖、海藻酸钠、羧甲基纤维素、淀粉和蜂胶等。

1. 壳聚糖

壳聚糖是一种性能稳定、无毒和天然的防腐保鲜剂，具有很好的成膜性，并可抑制植物镰刀病孢子的发芽和生长，对金黄色葡萄球菌、大肠杆菌、酵母菌和霉菌等均有很强的抑制功能。壳聚糖醋酸溶液可以完全抑制金黄色葡萄球菌、铜绿假单胞菌和热带假丝酵母菌的生长。

2. 海藻酸钠

海藻酸钠是一种天然多糖，具有生物相容和生物降解的特性。海藻酸钠同时也是一种食物纤维，具有减肥、降低血脂、清除体内有毒物质和抗肿瘤等生理功能。

3. 魔芋葡苷露糖

魔芋葡苷露糖具有良好的成膜性，对霉菌的抑制作用较强，对酵母菌也有一定的抑制作用。

4. 蜂胶

蜂胶具有抑制和杀死细菌、病毒，增强免疫功能的作用，在产品表面能够形成涂膜。国外有利用此膜保鲜冷却肉的报道。

7.4.4.3　在水产品中的应用

选用海藻酸钠、甘油、抗坏血酸、茶多酚、甘草提取物及氯化钠等天然无毒无害材料作为鱼、虾、贝的复合涂膜剂，使其在物料表面形成一层具有一定机械强度和持水性强的光亮透明的薄膜。该薄膜弥补了包冰衣的不足，更有效地延长了食品的保质期。且涂膜后的食品外观更佳。由于该膜是由无副作用的天然材料制成，在食用之前不需要去除。因此，该方法作为一种行之有效的保鲜方法，可应用于超级市场或自选商场内销售冷冻水产品的预包装。有研究表明，对带鱼、虾仁、扇贝柱等进行涂膜保鲜可延长产品保质期，减少汁液流失，降低煮汁损失及冷藏干耗率。

思考题

1. 简述食品化学保藏的特点和原理。
2. 简述常用食品防腐剂的作用原理。
3. 简述常用食品抗氧化剂的作用原理。
4. 简述影响食品抗氧化剂作用的因素及增效作用是什么。
5. 简述使用食品化学保藏剂所遵守的原则及注意事项。

参考文献

[1] 刘学文. 食品科学与工程导论. 北京：化学工业出版社，2007.
[2] 初峰，黄莉. 食品保藏技术. 北京：化学工业出版社，2010.
[3] 曾名湧. 食品保藏原理与技术. 北京：化学工业出版社，2007.
[4] 赵晋府. 食品技术原理. 北京：中国轻工业出版社，2007.
[5] 孙君社. 现代食品加工学. 北京：中国农业出版社，2001.
[6] 郝利平. 食品添加剂. 北京：中国农业出版社，2004.
[7] 迟玉杰. 食品添加剂. 北京：中国轻工业出版社，2013.
[8] 蒋巧俊. 食品贮藏保藏. 北京：北京师范大学出版社，2015.
[9] 刘建学. 食品保藏学. 北京：中国轻工业出版社，2006.
[10] 李东生，曾凡坤. 食品高新技术. 北京：中国计量出版社，2007.
[11] 龙成梅，杨鼎，杨卫. 果蔬保鲜剂的研究进展. 广州化工，2014，42(23)：44-45，85.
[12] 玉新爱. 涂膜保鲜剂对火龙果贮藏品质及生理生化变化的影响. 南宁：广西大学，2015.
[13] 张蓓，段小明，冯叙桥，等. 植物源涂膜保鲜剂在果蔬贮藏中的研究与发展分析. 食品安全质量检测学报，2013，4(6)：1626-1636.

原《食品工艺学导论》编写人：王如福（山西农业大学）；陈伟（山东农业大学）；
刘兴华（西北农林科技大学）
《食品加工与保藏原理》编写人：李泽珍（山西农业大学）；陈伟（山东农业大学）；
张春红（沈阳农业大学）

第8章

食品的辐照保藏

学习目的与要求

1. 掌握食品辐照保藏的概念及基本原理。
2. 了解影响食品辐照杀菌作用的因素。
3. 了解辐照在食品保藏中的应用。
4. 了解辐照对食品品质的影响。

8.1　概述

食品辐照(food irradiation)保藏是指利用电离辐射在食品中产生的辐射化学与辐射微生物学效应而达到抑制发芽、延缓成熟、杀虫、杀菌和防腐等目的的食品保藏方法和技术。食品辐照可用的电离辐射源为^{60}Co或^{137}Cs产生的γ射线、电子加速器产生的能量不高于 5 MeV 的 X 射线、电子加速器产生的能量不高于 10 MeV 的电子束。经辐照处理过的食品称为辐照食品。

8.1.1　食品辐照的特点及意义

众所周知,宇宙中存在着多种电磁波。在这些电磁波谱中(图 8-1),波长大于可见光的低频率射线依次是电波、微波(10^7～10^9 Hz)和红外线(10^{12}～10^{14} Hz)等电磁波。这些电磁波由于低量子能的热振动对分子产生热效应而显示杀菌效果。与此相反,波长小于可见光的射线(频率>10^{15} Hz),如紫外线、X 射线和γ射线等,它们具有使有机物分子激发或电离作用的能力,不会产生热量却具有杀菌作用。其中紫外线的频率相对较低,能量也较低,被照射的物质分子只产生激发作用。而频率在10^{18} Hz 的射线不仅能使物质产生激发作用,而且还能进一步使每个分子放射出电子,从而使物质的分子转换成具有相反电荷的离子。因此,像这种具有能使物质产生电离和激发作用的放射线称为电离放射线(ionizing radiation)。相对于一般的热杀菌而言,这种利用电离射线进行食品杀菌的方式称为冷杀菌(cold sterilization)。

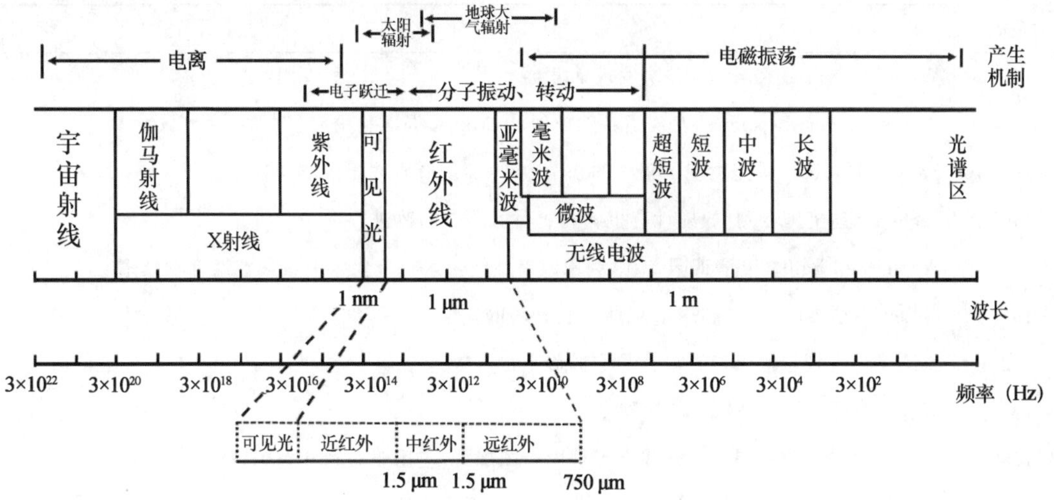

图 8-1　电磁波谱

与其他杀菌方式相比,食品辐照杀菌具有的优点和缺点如下。

优点包括:①杀灭菌效果好,可按目的进行剂量调整。②低剂量(5 kGy)辐射的食品在感官上并没有什么变化。③即使是高剂量(>10 kGy)辐射,食品中的化学变化也很小。因为是冷加工处理,所以食品内部温度不会升高,不会引起食品在色、香、味方面的重大变化,外观好,营养价值不降低,保鲜效果优。④由于是物理加工过程,与传统的化学防腐保藏技术相比,没有外加非食品物质的残留。⑤与加热杀菌相比，射线穿透性强，能瞬间、均一地到达内部，杀灭病菌和害虫。⑥节省能源，加工效率高，装置投产后可日夜连续作业。⑦处理方法简便，不论食品是固体、液体、冻结状态、干货，还是鲜货、大包、小包以及散包均可在包装或捆包好后进行杀菌处理。

缺点包括：①杀菌剂量不同，有时酶不能完全失活。②虽然化学变化很微量，但因游离基的作用有时会引起食品感官性状的变化。③对微生物的致死剂量对人来说是相当大的，操作人员必须采取安全的防护措施。所以，食品辐照需要较大投资以及专门设备来产生辐射线（辐射源），提供安全防护措施以确保辐射线不外泄，并且必须经常地对作业区域和作业人员进行连续监护。

8.1.2 国内外食品辐照技术的发展及应用

食品辐照技术的发展简史见表 8-1。自 1895 年伦琴（Wilhelm Conrad Röntgen）首次发现 X 射线，1904 年 Samuel Prescott 发现辐射的杀菌效果，食品辐照保藏技术的应用研究备受重视。1957 年德国首先开始了食品辐照杀菌的商业化应用，其主要是用于对香肠的香料进行杀菌。美、日等国家围绕着辐照杀菌的有效性、安全性、经济性等问题展开了研究，如辐照抑制马铃薯和洋葱发芽、米和小麦（粉）的防虫、肉制品和水产品等辐照保藏等。苏联（1958 年）、加拿大（1960 年）、美国（1964 年）、日本（1972 年）等先后准许了辐照技术被运用于部分食品工业生产。

表 8-1 食品辐照技术的发展简史

时间/年	事件
1895	Wilhelm Conrad Röntgen 首次发现 X 射线
1896	Antoine Henri Becquerel 发现了自然放射性，Minck 提出利用放射性的医疗用途
1904	Samuel Prescott 研究发现了辐射的杀菌效果（美国麻省理工大学，MIT）
1905	Lieber 申请美国专利“放射性有机物在食品保藏中的改进”
1906	Appleby 和 Banks 申请英国专利“利用放射性同位素在流化床上对颗粒性食物处理”
1918	Gillett 申请美国专利“利用 X 射线延长食品的货架期”
1921	Schwartz 发现辐照可以减少食品中的旋毛虫
1930	Wuest 申请关于食品辐照的法国专利
1958	世界上第一个食品辐照公司成立于德国斯图加特，应用于香料和香肠行业
1973	日本将辐照应用于抑制马铃薯的发芽，到目前为止此技术仍在使用
1983	食品法典委员会（CAC）辐照食品通用标准：食品最高“总平均剂量”为 10 kGy
2000	美国敖德萨（得克萨斯州）对谷物进行辐照处理
2003	食品法典委员会（CAC）辐照食品通用标准：食品中不再有辐照计量上限

（Dieter A. E. Ehlermann，2016）

我国自 20 世纪 50 年代以来开展了辐照食品的生产工艺、卫生安全、辐照装置、剂量检测及卫生标准等食品辐照技术方面的研究。20 世纪 80 年代建成了 150 多座 ^{60}Co 辐照装置。

1984年，卫生部颁布了马铃薯、大蒜、洋葱、蘑菇、大米、花生及香肠7种辐照食品的卫生标准。随后，花粉、果脯、杏仁、番茄、蜜橘、荔枝等园艺产品和扒鸡、猪肉、熟肉制品以及酒等的卫生标准也获得了批准。1994—1997年，卫生部分别颁布了《辐照食品卫生管理办法》，该办法包括辐照熟食畜禽肉类、花粉、干果和果脯类、香辛料类、新鲜水果蔬菜类、猪肉、冷冻包装畜禽肉类、豆类和谷类及其制品的卫生标准(GB 14891.1-GB 14891.8)。“食品辐照商业化加工工艺研究”在“九五”计划期间被列入国家攻关项目，并在上述研究工作的基础上又制定了相应产品的辐照加工工艺标准。2010年国家质量监督检验检疫总局发布《食品辐照通用技术要求》(GB/T 18524—2001)。2016年国家卫生和计划生育委员会、国家食品药品监督管理总局发布《食品辐照加工卫生规范》(GB 18524—2016)、《辐照食品鉴定 筛选法》(GB 23748—2016)、《辐照食品鉴定 电子自旋共振波谱法》(GB 31642—2016)、《含脂类辐照食品鉴定 2-十二烷基环丁酮的气相色谱-质谱分析法》(GB 21926—2016)、《含硅酸盐辐照食品的鉴定 热释光法》(GB 31643—2016)等多项食品安全国家标准，2018年发布《食品辐照——用电离辐射处理食品的辐照过程的开发、确认和常规控制要求》(T/CNS 9—2018)团体标准，说明了我国辐照食品正逐步纳入法治管理的轨道，已进入了规模化工业生产和商业化应用的阶段。

8.2 食品辐照杀菌的基本原理

8.2.1 放射线的产生

原子是元素的基本单位。它是由位于外侧带负电的电子和内侧带正电的原子核构成。而带正电的质子(p)和电中性的中子(n)构成了原子核。核内质子数关系到化学元素的特性。一种元素的原子其中子数并不完全相同，当原子有同一质子数而中子数不同时就称该原子为同一元素的同位素。自然界中存在着一些天然的不稳定同位素，但有些同位素可以使用原子反应堆及粒子加速器进行人工制造。由于原子核结合能的差异，有的稳定，有的不稳定，从而产生原子核衰变或放射性衰变，如在核反应时释放出来的中子在自然界中并不单独存在，自由状态下不稳定会衰变成质子、一个电子和反中微子，即

$$n \rightarrow p + e + v + Q$$

式中：n为中子；p为质子；e为电子；v为反中微子；Q为能量。

这样，原子核会随时间按照一定的规律(指数规律)衰变而产生可量度变化，会自发地改变结构，并伴随着放出带电或不带电粒子而转变成另一种原子核或过渡到另一种状态，这种不稳定的核称为放射性核。相应的不稳定同位素称为放射性同位素或放射性核素。这种现象称为放射性衰变或原子核衰变(radioactive decay)。目前已发现109种元素，2 000种核素。核素也称核种(nuclide)，即具有特定中子数、质子数和核能态的一类原子的统称，用$^{A}_{Z}X$或^{A}X(X：原子符号；A：质量数；Z：原子序数或核内质子数)表示，如$^{14}_{6}C$或^{14}C，$^{32}_{15}P$或^{32}P等。在2 000种核素中约有1 700种具有放射性。

在放射性衰变过程中，不稳定的核自发地放出带电或不带电的粒子，也称射线。这一衰变过程不断地进行，直至核达到稳定状态为止。衰变前的核素被称为母体，衰变后的核素被称为子体。衰变可用衰变图表示(图8-2)。

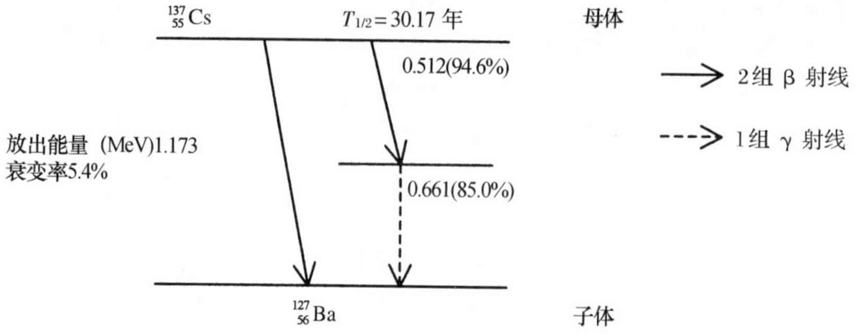

图 8-2　核素的放射性衰变

8.2.2　放射线的种类及其特性

核衰变产生放射线，其方式主要有 5 种，分别是 α、β、$β^+$、γ 衰变和电子俘获(EC)。伴随着衰变，同位素能发射出 α、$β^+$、$β^-$ 及 γ 射线。

α 衰变：原子核自发地放出 α 粒子的过程称为 α 衰变。α 粒子(或 α 射线)是快速运动的氦核，每一个氦核由 2 个质子和 2 个中子组成，带 2e 的正电荷。

$$^{A}_{Z}X \rightarrow ^{A-4}_{Z-2}Y + ^{4}_{2}He + Q$$

式中：X 为母体；Y 为子体；A 为质量数；Z 为原子数；Q 为衰变能。只有当核素的质量大于子体和氦原子的质量之和时原子核才能产生 α 衰变。由 α 衰变产生的 α 射线具有很强的电离作用，但穿透能力很弱。

β 衰变：原子核自发地放出 β 粒子的过程称为 β 衰变。该过程为核内一个中子(n)转变成一个质子(p)，同时发射一个 β 粒子和一个反中微子(ν)的过程。

$$n \rightarrow p + β + ν + Q$$

β 粒子的质量为 0.000 549 7 原子质量单位，带一个负电荷，即 β 粒子是从核内放射出来的高速电子。β 衰变后其子体的质量数(A)不变，而核内质子数(Z)却增加了一个。

$$^{A}_{Z}X \rightarrow ^{A}_{Z+1}Y + β + ν + Q$$

如 $^{14}_{6}C \rightarrow ^{14}_{7}N + β + ν + Q$

较多的放射性核素只放出 β 粒子即转变成另一基态核，如$^{3}H \rightarrow ^{3}He$，$^{14}C \rightarrow ^{14}N$，$^{32}P \rightarrow ^{32}S$，$^{35}S \rightarrow ^{35}Cl$，$^{45}Ca \rightarrow ^{45}Sc$；而有的核素在 β 衰变时也放出 γ 射线，如$^{60}Co \rightarrow ^{60}Ni$，放出 2 组 β 粒子和 2 组 γ 射线。$^{131}I \rightarrow ^{131}Xe$，放出 4 组 β 粒子和 7 组 γ 射线。β 射线的穿透能力比 α 射线强，但电离能力不如 α 射线。

$β^+$ 衰变：原子核自发地放射出 $β^+$ 粒子的过程。该过程为核内一个质子转变成中子而放出 $β^+$ 粒子和中微子(ν)，$β^+$ 的电量和质量与 β 粒子相等，但电荷符号相反，为正电子。$β^+$ 粒子的性质与 β 粒子的性质基本相同。

$$P \rightarrow n + β^+ + ν + Q$$

$$ {}^{A}_{Z}X \rightarrow {}^{A}_{Z-1}Y + \beta^{+} + \nu + Q $$

$$ \text{如} \quad {}^{13}_{7}N \rightarrow {}^{13}_{6}C + \beta^{+} + \nu + Q $$

电子俘获（electron capture，EC）：原子核俘获一个核外绕行电子而使核内一个质子转变成中子和中微子的过程称为电子俘获。

$$ {}^{A}_{Z}X + {}_{-1}e \rightarrow {}^{A}_{Z-1}Y + \nu + Q $$

$$ \text{如} \quad {}^{55}_{26}Fe + {}_{-1}e \rightarrow {}^{55}_{25}Mn + \nu + Q $$

在原子核外的电子轨道中K层离核最近，K层电子被核俘获的概率较其他壳层（L、M…）大，因此，电子俘获常称为K俘获。K俘获时，子体若处于激发态会放出 ν 射线，而核并不发射其他易于探测的射线，但有次级辐射，即产生特征X射线。这是由于处在较高能态（如L、M…）的电子跃迁到较低能态的（如K层）空位时，将两能态的能量差转变成X射线的结果。

$$ E_{X} = h\nu = E_{L} - E_{K} $$

式中：X为X射线；L为L层；K为K层。

或者上述的能量差传递给另一个L电子，使其发射出来，该电子称为俄歇电子（auger electron）。

γ 衰变：原子核从激发态跃迁到较低能态或基态时放出 γ 射线的过程。γ 衰变时伴有 α 射线、β 射线产生。但 γ 射线与 α 射线、β 射线不同，它是一种不带电的电磁波，波长短，能量高，与X射线无本质的区别。但 γ 射线来自核内，而X射线发射是核外轨道电子跃迁的结果。因为 γ 衰变时对原子序数、核质量数均无影响，所以 γ 衰变又称同质异能跃迁（isomeric transition，IT）。

处于激发态的原子核还有另一种方式转换能量，即内转换（inner transformation）。激发态的原子核不放出 γ 射线，而是与内层轨道电子直接作用，将其全部的激发能量转移给轨道电子并使其逸出，这一过程称为内转换。如 $^{60}Co \rightarrow {}^{60}Ni$ 的衰变时，连续放出2组 γ 射线（1.17 MeV和1.33 MeV），并放出能量分别为1.16 MeV和1.32 MeV的内转换电子。

以上主要介绍了核衰变的主要方式及种类。现将这些衰变的特点总结如表8-2所示。

表8-2 原子核衰变的方式及特点

衰变方式	放出的射线	ΔZ	ΔA
α 衰变	α 粒子（氦核）	−2	−4
β 衰变	e^{-}	+1	0
β^{+} 衰变	e^{+}	−1	0
EC	特征X射线或俄歇电子	−1	0
γ 衰变	光子或内转换电子	0	0

注：ΔZ 表示子体与母体的质子数之差；ΔA 表示子体与母体的质量数之差。

8.2.3 放射线与物质的相互作用

通过物质时放射线与物质发生相互作用，使物质产生物理和化学变化，放射线本身逐步损失了能量，最终被物质吸收。因此，放射线与物质的相互作用是利用放射线进行探测、辐照防护、食品保藏的基础。了解放射线引起物质的变化机理对理解和掌握辐照技术是十分必要的。

根据以上有关放射线的介绍，我们知道放射线主要包括带电的粒子，如 α、β、β^+ 等，不带电的电磁波，如 γ 射线和中子。这些放射线由于能量和带电性不同，与物质相互作用时有很大差异。

8.2.3.1　带电粒子与物质的相互作用

带电粒子与物质发生相互作用时，由于受到电子和核的静电作用，粒子便会发生能量损失（表现为电离和激发）和改变运动方向（弹性散射）。此外，还会产生韧致辐射、湮没辐射、切伦科夫辐射、核反应等化学变化。

当高能带电粒子传入物质时，带电粒子自身的部分能量传给壳层电子并使其逸出成为自由电子，从而形成正离子和电子组成的离子对，这一过程称为直接电离，也称初级电离。由直接电离产生的高能电子进一步引起物质原子的电离，将这一过程称为次级电离。通常次级电离占总电离的60%～80%。如果带电粒子传递给作用物质壳层电子的能量不足以克服原子核的束缚时（即小于结合能时），则带电粒子只能使电子从低能态跃迁到高能态，即电子处于激发态，这一过程称为激发。处于激发态的原子是不稳定的，会放出特征 X 射线而跃迁到较低的能态或基态。此外，带电粒子还会产生如下作用：①散射（scatter）。带电粒子通过物质时，由于核电场的作用，粒子与核发生弹性碰撞而改变方向，但总动能保持不变，这一现象称为散射。②韧致辐照（brems strahlung）。与散射的弹性碰撞相反，带电粒子产生非弹性散射，当高速带电粒子掠过原子核时，在核库仑力的作用下粒子产生加速度，其部分甚至全部动能将转变为具有连续能谱的电磁辐射，该辐射被称为韧致辐射。③湮没辐射（annihilation radiation）或光辐射。一个带电粒子与其相应的反粒子发生碰撞时，其质量可能会转化成 γ 辐射。正负电子碰撞时产生 2 个能量为 0.511 MeV 的光子。④切伦科夫辐射（cerenkov radiation）。当高速的带电粒子通过折光系数较大的物质时，它在该物质中的传播速度有可能大于光的速度。带电粒子的能量会有一部分以可见光或接近可见光的形式释放出来，如 ^{32}P 在水中会产生切伦科夫辐射。

无论何种带电粒子，其能量在与物质的相互作用中将不断损失，最终被物质吸收。一般将带电粒子损失其全部能量所通过的距离称为射程。在固体物质中用质量厚度表示射程（g/cm^2）。带电粒子的射程与粒子的电荷、质量等性质、初始能量、吸收物质的性质以及带电粒子在单位路程上转移到物质中的能量等有关。α 粒子因电荷多、质量大，电离比度（产生的离子对）较高，能量损失快，因而 α 粒子的射程短。与 α 粒子不同，β 粒子因电荷少，质量小，能量具有连续性，因而射程也相对较长。在空气中 β 粒子的射程为几米到几十米，而在铝或有机玻璃中仅为几毫米到 2 cm。

8.2.3.2　γ 射线与物质的相互作用

γ 射线是不带电的电磁波，它通过物质时不能使物质直接电离。其主要作用表现为光电效应、康普顿效应及电子对效应。当一个低能的光子（$0<E_r\leqslant 0.5$ MeV）与物质的原子作用时，它可能将全部能量转移给原子的壳层电子，使电子逸出成为自由电子，自身则被吸收，此称为光电效应（photoelectric effect）。逸出的电子称为光电子。光电子的性质与 β 粒子相类似，也能使径迹中的原子电离或激发。此外，γ 射线与物质相互作用时也伴随有 X 射线或俄歇电

子的发射。而中等能量的 γ 射线（$0.5 < E_r \leq 1.5$ MeV）与结合松弛的轨道电子发生弹性碰撞作用，将一部分能量传给电子使其射出，而自身改变运动方向以较低能量散射，这种现象称为康普顿效应（compton effect）。发生康普顿效应的概率随入射光子能量的增加而减少。当减弱的 γ 射线在失去其全部能量前，可发生多次上述的碰撞、散射，最终通过光电效应被吸收。当光子能量大于 1.022 MeV（即 2 个电子静质量相应的能量）时，它和物质作用（原子核或电子附近）会发生一对能量可有不同组合的正负电子而自身被吸收，此过程称为电子对效应（pair production）。产生的正负电子沿各自方向运动，又会引起物质的原子电离或激发。当 γ 光子的能量很高时（>7 MeV），它可直接与原子核作用，引起核子激发，继而引起粒子的发射，通常为中子，即发生了（γ, n）核反应，使一种核素转变成另一种核素。

8.2.3.3　中子与物质的相互作用

中子是电中性的粒子，略重于质子。当其通过物质时不与壳层电子作用而直接进入原子核内，与核子相互作用发生弹性或非弹性散射及核反应。无论哪种能量的中子，都能与重核或轻核发生弹性散射。而弹性散射是中子与物质作用损失能量的重要方式。弹性散射发生时中子改变方向，并将一部分能量转变成原子核的动能。原子核越轻中子转移给它的能量越多，如中子与氢核相碰撞将损失近一半的能量，与碳则损失 14%，与铅仅损失 2%。因此，轻元素（尤其是氢）是快中子的良好减速剂。

一方面，当入射中子的能量大于所碰撞核的最低激发能级的能量时，中子可使该核激发，处于激发态的核发射 γ 射线，即中子的部分能量变成了 γ 辐射，中子发生了非弹性碰撞。另一方面，中子与核作用时，还可能被核吸收而发生核反应。即原子核俘获中子后，形成一个新的不稳定核，自发地放出 α 射线、β 射线、γ 射线转变成另一种核或发生新的核裂变。

8.2.4　辐照的计量单位

辐照剂量单位包括辐照或照射量、物料吸收剂量以及它们的速率。为了定量照射量和比较照射的方法，过去常用居里（Ci）、拉德（rad）、雷普（Rep）、伦琴（R）等表示放射线的能量。辐照剂量通常是时间的常数，物体受到的照射时间越长，吸收的辐射能越多，同时也会获得较大的辐照剂量。

（1）照射量　X 射线或 γ 射线在单位质量空气中释放的全部电子被空气阻止时，在空气中产生的一种负荷离子的电荷量称为照射量。照射量的 SI 单位为库伦/千克（C/kg），之前经常使用的单位为伦琴（Roentgen，R），$1\ R = 2.58 \times 10^{-4}$ C/kg。

（2）吸收剂量　在辐射源的辐射场内单位质量被照射物质所吸收的射线的平均能量称为吸收剂量，其单位曾为拉德（rad），现为戈瑞（Gray，Gy），经常用下式表示：

$$D = dE/dm$$

式中：dE 为电离辐射平均能量（J）；dm 为受辐射物质的质量（kg）；D 为吸收剂量（J/kg）。吸收剂量的 SI 单位为 J/kg，也称为戈瑞（Gy），之前用拉德（rad）表示，1 rad＝0.01 Gy。

（3）剂量测量与剂量计　食品在辐照过程中的剂量测定是将剂量计暴露于辐射线之下测定，然后从剂量计所吸收的剂量来计算被食品所吸收的剂量。目前常用的剂量测定体系有量热计、液体和固体化学计量计以及目视剂量标签。

为了保证食品在辐照过程中获得均匀的定量辐照剂量，便于对食品辐照装置系统进行准确可靠的计量检测，同时确保全国吸收剂量准确一致，目前我国已建立起吸收剂量基准。

根据国家基准，食品辐照处理的吸收剂量采用 Fricke 剂量计，是目前可直接复现水中电离辐射吸收剂量单位(Gy)的最有效绝对测量方法。机理是根据辐射导致的电离作用可使亚铁离子被氧化为高铁离子，即价态由二价变为三价，导致溶液吸光度增加(在波长 305 nm 附近的吸收峰)。通过硫酸亚铁溶液吸光度的变化可计算出剂量计中所吸收的剂量。常规剂量计属于相对剂量计，要经国家基准或传递标准剂量计进行校准后才可用于食品的日常剂量监测，它主要利用一些无色与染色塑料薄膜辐照后变色的性能测定剂量。

8.2.5 食品辐照的化学效应

放射线照射的直接效应与间接效应。利用放射线对食品进行杀菌、杀虫等处理，引起食品中的分子所发生的化学变化称为辐照的化学效应。一般认为电离辐照包括初级辐射和次级辐射。初级辐射是指辐照使物质形成了离子、激发态分子或分子碎片，由激发分子可进行单分子分解，产生新的分子产物或自由基，而转化成较低的激发状态，也称为直接效应。次级辐射是指由初级辐射的产物相互作用，形成与原物质成分不同的化合物，也称为间接效应。初级辐射一般无特殊条件，而次级辐射与温度、水分、含氧量等条件有关。

食品及其他生物有机体的主要化学成分是水、蛋白质、糖类、脂类及维生素等，特别是水分子对辐照很敏感，当它接受了射线的能量后，水分子首先被激活，然后由活化了的水分子与食品中的其他成分发生反应。水辐照的最后产物是氢气和过氧化氢等，其形成的机制很复杂。现已知的中间产物有 3 种：①水合电子(e_{aq})；②氢氧基(OH·)；③氢基(H·)。后两个是自由基(free radical)。这些中间产物能在不同的途径中进行反应。e_{aq} 是一个还原剂，OH·是一个氧化剂，H·有时是氧化剂，有时是还原剂。其反应的可能途径如下：

$e_{aq}+H_2O=H\cdot+OH\cdot$

$H\cdot+OH\cdot=H_2O$

$H\cdot+H\cdot=H_2$

$OH\cdot+OH\cdot=H_2O_2$

$H\cdot+H_2O_2=H_2O+OH\cdot$

$OH\cdot+H_2O_2=H_2O+HO_2$

$H_2+OH\cdot=H_2O+H\cdot$

$H\cdot+O_2=HO_2\cdot$

$HO_2+HO_2=H_2O_2=H_2O_2+O_2$

这些中间产物很重要，因为它们可以和其他有机分子接触并进行反应，特别是在稀溶液中或含水的食品中，氧化还原反应大多是由于水被辐照产生了间接反应而引起的。

表示物质辐照化学效应的数值称 G 值，即物质吸收 100 eV 能量所产生化学变化的分子数(即能传递 100 eV 能量的分子数)。如麦芽糖溶液经过辐照发生降解的 G 值为 4.0，则表示麦芽糖溶液每吸收 100 eV 的辐射量，就有 4 个麦芽糖分子降解。不同物质的 G 值可能相差很大。G 值大，辐照引起的化学效应较强烈；G 值相同时，吸收剂量大者引起的化学效应更强烈。

8.2.6 食品辐照的生物学效应

食品辐照的生物学效应与生物机体内的化学变化有关，对某些物质的辐照效应也分为直接作用(direct effect)和间接作用(indirect effect)两种。电离辐射的能量直接沉积于生物大分子,引起生物大分子的电离和激发,破坏机体的核酸、蛋白质、酶等具有生命功能的物质,这种直接由射线造成的生物大分子损伤效应为直接作用。电离辐射首先作用于水,使水分子产生一系列原初辐射分解物(H·、OH·和水合电子等),再作用于生物大分子并引起其发生物理和化学变化为间接作用。

在活体组织中的辐照不会产生特殊毒素,但在辐照后某些机体组织中有时发现带有毒性的不正常的代谢产物。活体组织中的辐照效应是需要一定的时间来验证。辐照对活体组织的损伤主要是关系到代谢反应,其辐照效应取决于机体组织受辐照损伤后的恢复能力和辐照总剂量的大小。不同生物体的辐照致死剂量见表 8-3。

表 8-3　各种生物机体的辐照致死剂量

种类	剂量/kGy	种类	剂量/kGy
高等动物及人类	0.005～0.01	有芽孢细胞	10～50
昆虫	0.01～1	病毒	10～200
无芽孢细胞	0.5～10		

活体组织的辐照生物学效应的研究范围有:验证细胞的形状和结构、代谢反应的变化、再生性能的改变、诱变过程、营养物质的需求以及死亡等。处于代谢活跃状态的生物体细胞对辐照的敏感性比在休眠期时要大得多。在致死剂量以下的辐照效应与其机体组织不同的发展阶段及辐照时间的选择很有关系。如在生长阶段辐照能影响组织的成熟、代谢及再生性等。

有的食品本身就是一个活机体,如水果、蔬菜都有其一定的生理活动,如呼吸作用及后熟作用等。在有的食品中还附有其他生物机体,如微生物、害虫、病毒等,它们不仅会影响食品的品质,造成食品腐败变质,甚至还会影响人体健康,但它们对辐射的敏感性也存在一定的差异。现将辐照对其影响分述如下。

(1)病毒　病毒是最小的生命实体,自身没有代谢能力,可寄生在活体组织或食品中。例如脊髓灰白质病毒及传染性肝炎病毒,据推测是由食品污染带来的,口蹄疫病毒可传染很多种动物。这种病毒只有使用高达 30 kGy(干燥状态下需 40 kGy)的剂量才能抑制其活动。但使用过高的剂量时对新鲜食品的质量有影响。若采用加热与辐照并举的办法,可以使用较低的剂量使病毒失活。

(2)细菌　微生物细胞一旦接受电子射线或 γ 射线照射,具有生物活性的溶质和大量的水分子产生激发和电离,从而产生各种化学变化,使细胞受到致死的影响。此外,其他物质的变化也会间接地使细胞的生活机能受损,也就是说,辐照的直接作用或间接作用使细菌致死。辐照对细菌的作用与下列因素有关:辐照剂量、菌种及其菌株、菌数浓度、培养基的化学成分、培养基的物理状态以及辐照食品后的保藏条件。

辐照杀灭微生物一般以一定灭菌率所需用的戈瑞数来表示,通常指杀死 90%微生物所需的剂量(Gy),即残存微生物数下降到初始菌数的 10%时所需用的 Gy 剂量,并用 D_{10} 值表示。D_{10}已知,则可用下式确定辐照灭菌所需的剂量(D 值)。

$$\lg=\frac{N}{N_0}=\frac{D}{D_{10}}$$

式中：N_0 为最初菌数；N 为用 D 剂量后残留的菌数；D 为初期剂量(Gy)；D_{10} 为菌残存数减到原数的10%时的剂量(Gy)

微生物种类不同，对辐照敏感性也各不相同，因而 D_{10} 值的差异也随之而不同，食品中常见几种病原微生物的 D_{10} 值见表8-4。

表8-4　食品中重要病原微生物的 D_{10} 值

病原微生物	D_{10} 值/kGy	悬浮介质	辐照温度/℃
嗜水气单胞菌(*A. hydrophila*)	0.14～0.19	牛肉	2
空肠弯曲菌(*C. jejuni*)	0.18	牛肉	2～4
大肠杆菌O157：H7(*E. Coli* O157：H7)	0.24	牛肉	2～4
单核细胞杆菌(*L. monocytogenes*)	0.45	鸡肉	2～4
沙门氏菌(*Salmonella*)	0.38～0.77	鸡肉	2
金色链霉菌(*S. aureus*)	0.36	鸡肉	0
小肠结肠炎菌(*Y. enterocolitica*)	0.11	鸡肉	25
肉毒梭状芽孢杆菌孢子[*C. botulinum*(*sports*)]	3.56	鸡肉	−30

微生物学安全性要求食品经辐照后，残存菌数减少10～12数量级，即 $12D_{10}$。由此可计算出杀灭不同细菌所需的最小辐照剂量(MRD)，MRD值受微生物种类、食品种类和辐照温度等因素的影响。通常带芽孢菌体比无芽孢菌体耐辐照能力强。

(3)酵母菌和霉菌　酵母菌与霉菌对辐照的敏感性与无芽孢细菌相同，革兰氏阳性菌对射线的抵抗力比酵母菌和霉菌强，某些假丝酵母菌株对射线的抵抗力甚至比某些细菌的芽孢都要强。霉菌会造成新鲜果蔬的大量腐败，用2 kGy左右的辐照剂量即可抑制其发展。现已应用于草莓、柑橘、香蕉、苹果等。酵母菌可使果汁及水果制品腐败，可用热处理与低剂量辐照结合的办法杀灭。

(4)酶　由于酶是蛋白质，所以它对辐照的反应与蛋白质相似，如变性作用等。纯酶的稀溶液对辐照很敏感，若增加其浓度也必须增加辐照剂量才能使酶产生同样的钝化作用。酶对辐照的敏感性同样由于其他物质存在而减弱，但同时也受外界条件变化的影响，例如提高温度，就会增强酶稀液的敏感性。

在复杂的食品体系中的酶很容易被保护起来，钝化时就需要相当大的辐照剂量。在无氧条件下，干燥的酶经照射后失活，而与酶的种类没有太大关系。可是，辐照干燥胰蛋白酶时，在有氧状态下极易钝化，并可能会有过氧化物形成。酶还会因有—SH基团的存在而增加它对辐照的敏感性。在水溶液中，其失活过程因酶的种类而有很大差异。木瓜蛋白酶经照射后其中唯一的—SH基被破坏，甘油基乙醛-3-磷酸脱氢酶中的3个—SH基也因放射线作用而被破坏。酶对放射线敏感性因pH、温度而异，也由于其共存物质的存在，能得到一定的保护效果。用3 Mev的阴极射线照射胃蛋白酶水溶液时，D-异抗坏血酸钠有显著的保护效果，照射温度对胃蛋白酶失活也有显著影响。

(5)昆虫　昆虫的细胞对辐照相当敏感,采用辐照杀灭粮食中的害虫非常有效,特别是幼虫。成虫细胞敏感性较差,但其性腺细胞对辐照很敏感,因此使用低剂量辐照会造成遗传紊乱如雄性不育等;用稍高的剂量即可将昆虫致死。

在一定剂量条件下,辐照对昆虫可产生致死、缩短寿命、生长发育迟缓、抑制正常代谢等损伤,若辐照剂量较低,甚至可能出现相反效应即促进昆虫的生长发育。当辐照剂量为0.13～0.25 kGy时,昆虫的卵和幼虫仍具有一定的发育能力,但无法正常发育到成虫阶段;当辐照剂量为0.40～1.00 kGy时,所有的卵、幼虫和蛹都无法发育到下一阶段。使不同成虫达到不育所需的辐照剂量也有所差别,如甲虫需要0.13～0.25 kGy;蛾需要0.45～1.00 kGy;蛹需要0.25～0.45 kGy。由此可知,当辐照剂量为3.00～5.00 kGy时,可立即杀死食品中的昆虫,防止继续传播。若辐照剂量低于1.00 kGy,则食品中的昆虫会在数日或数周之内死亡。对食品进行辐照杀虫时,一次使用较高剂量的杀灭效果要比分次逐步增加效果好。若辐照前升高温度,可增加某些昆虫对辐照的敏感性,而昆虫在较低的大气氧压条件下对辐照的耐受性将会提升。

(6)寄生虫　辐照剂量率不同对寄生虫的影响也不相同。对幼虫一般来说,随着辐照量的增加,出现的辐照效应依次为:雌性成虫不育、抑制正常的成熟与死亡。例如:猪旋毛虫(Trichinosis)不育剂量为0.12 kGy,抑制其生长需0.20～0.30 kGy,致死剂量为7.50 kGy。牛肉绦虫(Beef tapeworm)致死剂量为3.00～5.00 kGy。

(7)果蔬　一般水果在后熟时按呼吸作用可分为跃变型和非跃变型两类。跃变型的水果在后熟之前其呼吸速率降至极小值,当后熟开始时呼吸作用大幅度增长,并达到顶峰,然后进入水果的老化期,在老化期呼吸速率又降低。非跃变型的水果经常在全熟后就缓慢降低其呼吸速率,无周期性的峰值出现。

对呼吸跃变型的水果,在其呼吸速率达最小值时是辐照处理的关键时期,在此时辐照能抑制其后熟期,改变体内乙烯的生产率从而影响其生理活动。辐照能使水果的化学成分发生变化,如维生素C的破坏、原果胶变成果胶质及果胶酸盐、纤维素及淀粉降解、某些酸被破坏及色素变化等。

对于蔬菜而言,辐照可影响新鲜蔬菜的代谢反应,其效果与辐照剂量有关。辐照可以改变蔬菜的呼吸速率,防止老化,改变化学成分。如在辐照后的短期内蔬菜能快速且大量的增加摄氧率,但随后又下降。若采用极低的或很高的剂量并不产生这种效应。根菜类蔬菜,如土豆、洋葱等辐照后可抑制发芽,在光照的条件下土豆皮层也不发绿;对蘑菇可防止开伞延迟后熟。这些效应说明辐照干扰了新鲜蔬菜的正常生长。

8.3　食品辐照杀菌作用的影响因素

微生物对放射线的敏感性是放射线杀菌的一个基础性问题,与热杀菌和药剂杀菌一样,受各种因素的影响,包括放射线的种类、辐射剂量的大小、菌种及其菌株、菌数及其浓度、培养基的化学成分、培养基的物理状态以及食品辐照后的储藏条件等。

8.3.1　放射线的种类

能用于食品杀菌的放射线有高速电子流、γ射线及X射线。射线的种类不同,杀菌效果也会发生相应的变化。

Goldblith 用 ^{60}Co 发射的 γ 射线，范德格拉夫加速器(Van de Graaff generator)发射的高速电子流及 X 射线照射嗜热耐酸芽孢杆菌，并绘制了剂量生存曲线，比较了其 *D* 值。结果表明，虽然放射线的种类不同，但 *D* 值不发生变化。Niebuhr 和 Dickson 研究了炭疽芽孢杆菌孢子的 γ 射线和辐照电子束的辐照杀菌特性，结果表明，两种辐射方式下的炭疽芽孢杆菌孢子的 *D* 值非常相近。而近年来的相关研究分别用相同剂量的 γ 射线和电子束辐照接种单核细胞增生李斯特菌、金黄色葡萄球菌和副溶血性弧菌的杂色蛤，发现这两种辐照方式下的 3 种菌对应的 *D* 值均不同。因此，可以认为放射线不同，相同剂量处理下的杀菌效果可能一样，也可能不一样。而其他放射线处理时，相应微生物的 *D* 值则会发生相当大的变化。如土曲霉(*Asp. terreus*)(X 射线、α 射线、中性粒子)，巨大芽孢杆菌(*B. megaterium*)(X 射线、软 X 射线、硬 X 射线)，枯草芽孢菌(*B. Subtilis*)(质子、重质子、α 射线)，无论以上哪种情况，电离密度越大，其杀菌效果越好。

8.3.2 辐照剂量

在使用不同装置的放射源进行照射时，必须要考虑到辐照剂量的差异，如用 γ 射线，要达到杀菌效果的辐射剂量需数小时照射，而加速器产生的电子流，则只需数分钟或者数秒钟。在辐照处理中，射线强度有时发生变化，一般来说，在放射线照射引起的化学反应中，辐照效果依赖于放射线的照射强度，即放射线强度影响杀菌效果。

在国际上，辐照食品的辐射剂量曾一度受限于 10 kGy 剂量上限的要求。在这个剂量下，很多产芽孢细菌无法被彻底杀灭，甚至无法达到商业杀菌。随着相关研究的不断深入，FAO/IAEA/WHO 三大国际组织于 1999 年肯定了当辐射剂量大于 10 kGy 时各类辐照食品的卫生安全性，这为电离辐射杀菌拓宽了应用范围。Dauphin 等开展的炭疽芽孢杆菌的 γ 射线辐照杀菌特性研究结果表明，经剂量为 25 kGy 的 γ 射线辐照后，蒸馏水中 10^7 CFU/mL 的炭疽芽孢杆菌下降了 6 个对数级，达到商业杀菌的效果。

8.3.3 间歇照射

间歇照射又称分段照射，是将所确定的杀菌剂量非一次性持续完成，而是分段照射，最终达到总的照射要求。研究结果表明，微生物不同于高等生物，间歇照射对杀菌效果没有影响(表 8-5)。由此可知，尽管放射线杀菌在各自的照射环境中照射条件不同，但只要射线总剂量相同，就能获得相同的杀菌效果。

表 8-5 总照射剂量为 25 kGy 剂量射线间歇照射短小芽孢杆菌的 *D* 值

实验顺序	照射方法	*D* 值/10 kGy
1	连续照射(对照)	0.167
	间隔 1 h 半量照射	0.172
2	连续照射(对照)	0.175
	间隔 2 h 半量照射	0.170

续表 8-5

实验顺序	照射方法	D 值/10 kGy
3	连续照射(对照) 间隔 24 h 半量照射 间隔 1 周半量照射	0.168 0.175 0.167
4	连续照射(对照) 1/4 剂量照射,1 h 后照射剩余的量	0.169 0.173
5	连续照射(对照) 3/4 剂量照射,1 h 后照射剩余的量	0.169 0.167

8.3.4 微生物的状态

微生物菌种或菌株的不同对放射线的敏感性有很大差异,即使是同一菌株,由于细胞增殖,即照射前状态的不同,敏感性也有所不同。在微生物的增长周期中,处于稳定期和衰亡期的细菌对放射线有较强的抵抗性,而处于对数增长期的细菌则敏感性很强。另外,培养条件也影响微生物对放射线的敏感性,如与好气培养相比,厌氧培养或者低温培养的细菌,对放射线的抵抗性较大。

由此可见,微生物所处状态及其变化,对放射线产生了不同程度的抵抗性,而这个因素在一般的杀菌处理中不好控制,因此在杀菌时有必要根据情况调整判定杀菌效果的尺度。

8.3.5 辐照温度

辐照杀菌温度在 0℃以上接近室温的范围下,温度变化对杀菌效果影响不大。如对于大肠杆菌(*E. coli*),X 射线在 0～30℃;对于金黄色葡萄球菌(*Staph. aureus*),γ 射线在 0～50℃;对于黏质沙雷菌(*Ser. marcescens*),α 射线在 2.5～36℃,均未发现温度对这些射线杀菌效果有影响。

放射线杀菌温度在 0℃以下时,其效果则有所差别。如生孢梭菌(*C. sporogenes*)冻结与未冻结其结果没有差异;金黄色葡萄球菌(*Staph. aureus*)在用 α 射线、β 射线照射时,0℃与 −20℃的效果也没有什么变化,当温度降低到 −78℃下照射时,其 D 值是常温的 5 倍,用 X 射线照射大肠杆菌(*E. coli*),在 0～−196℃的范围内,温度越低,微生物对放射线的抵抗性越大。这是因为在冰点以下,射线杀菌的间接作用不显著或不起作用,所以微生物的抵抗性增大了。另一方面,温度降到冰点以下,由于细胞膜被损伤,微生物对放射线的敏感性也会增大。但是细菌芽孢却例外,它并未因冻结而使膜受到损伤。

放射线杀菌温度高于室温时,D 值就会呈下降的趋势。如图 8-3 所示,随温度的升高,D 值急剧降低。在 25℃时,D 值为 3.4 kGy,65℃时为 3.5 kGy,95℃时则降至 1.7 kGy。虽然在高温下微生物对放射线的敏感性增大,但射线对食品成分的破坏及品质改变程度大,因此为减小杀菌的副作用,辐射杀菌宜尽可能在低温下进行。

实际上,照射前后的加热处理对放射线杀菌也非常重要。由于酶类对辐射的抗性强,一般杀菌剂量对酶的活性影响不大。放射线杀菌后的食品在储存过程中,由于残存的酶会降低食品品质,所以在照射前或后有必要进行加热灭酶处理。与照射前加热相比,照射后加热对杀菌效果更为有利。

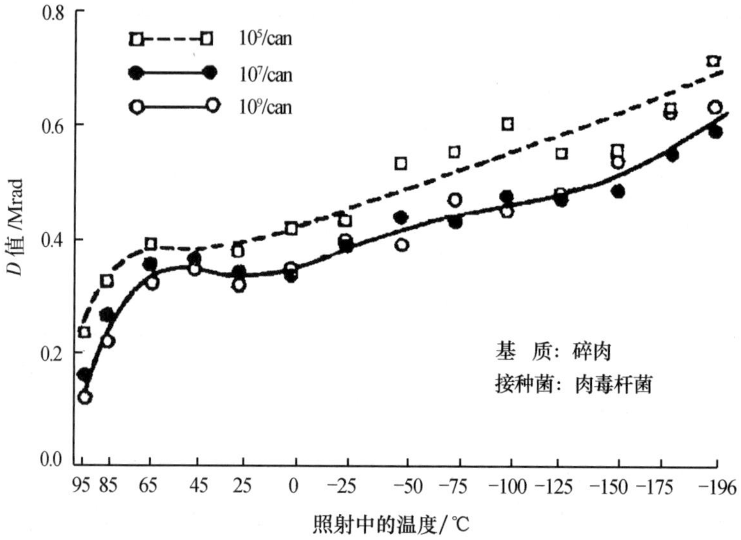

图 8-3 照射时温度对肉毒杆菌 *D* 值的影响

8.3.6 氧效应

放射线照射时，分子状态氧的存在对杀菌效果有显著的影响。一般情况下，氧的存在会增强杀菌效果，我们将其称之为氧效应(Oxygen effect)。为了比较氧存在对杀菌效果的影响，在此引入氧气增效比的概念，即氧气增效比(m)为 100%氧气氛围中的 D 值与 100%氮气氛围中的 D 值之比。大肠杆菌(*E. coli*)的氧气增效比(m)为 2.90，志贺氏菌(*Shigella*)的氧气增效比为 2.92，酿酒酵母(*Sacch. cerevisiae*)的氧气增效比为 2.40。

用 γ 射线或电子流照射细菌芽孢，并比较其在空气、真空、氮气中对放射线的敏感性，结果表明在空气中的敏感性最大。这是由于放射线的间接作用所致，即在放射线的作用下，溶解在水中的氧生成的游离 OH·、·HO_2 和 H_2O_2 的分子数增加，并与有机分子自由基反应生成了有机氧自由基，导致了细菌的敏感性增大。

当然，辐照时是否需要氧，应根据辐照处理对象、性状、处理的目的和贮存环境等因素进行综合考虑。对于蛋白质和脂肪含量较高的肉类食品，氧的存在会造成一定的氧化作用，特别是在中、高剂量照射的情况下更为严重。在肉类食品辐照时，为防止氧化作用的进行需采用真空包装或真空充氮包装以降低氧的含量。

对于果蔬需低剂量辐照处理的食品而言，虽然氧化作用并不大，但是采用小包装或密封包装进行辐照也是必要的，这样可以减少二次污染，同时在包装内形成一个小的低氧环境，减缓后熟过程。为防止食品中维生素 E 的损失，要求食品在充氮环境下进行辐照处理。

8.3.7 水分含量

与营养细胞相比，芽孢对放射线有较大的抵抗性，这是由芽孢的水分含量和水分的存在状态所决定的。如果没有水分，难以有 H^+、OH^- 等的生成，并且产生的放射线间接作用效果就会变小，生成的游离基由于没有水而不能自由移动，尤其在干燥状态下，芽孢干燥时间越长，抵抗性越大。在不同水分活性条件下,芽孢杆菌(*Bacillus*)的耐放射线情况见表 8-6。在 A_w 为 0.01～1.00 的范围内,随着 A_w 的降低,D 值呈增大的趋向。

表 8-6　水分活度 A_w 对芽孢杆菌耐放射线性的影响

试验溶液 /%(W/W)	A_w	枯草芽孢杆菌 D_{10}/10 kGy	嗜热脂肪芽孢杆菌 D_{10}/10 kGy
蒸馏水	1.00	0.23	1.9
0.1 mmol 的磷酸缓冲液	1.00	0.24	1.7
15.3 葡萄糖	0.99	0.27	2.2
26.5 葡萄糖	0.96	0.29	2.2
15.6 甘油	0.96	0.28	2.6
31.5 甘油	0.91	0.33	2.6
47.9 甘油	0.83	0.34	2.5
64.8 甘油	0.70	0.35	2.5
88.0 甘油	0.32	0.38	2.8
100.0 甘油	0.00	0.42	3.0

8.3.8　pH

微生物在不同的 pH 溶液中,只有极端的 pH 才会影响微生物对放射线的抵抗性。与 pH 相比,化学物质的存在对其影响更大。如在 pH 为 2.2～10 时用电子流照射枯草芽孢杆菌(*B. subtilis*)和在相同 pH 范围内照射嗜热酸芽孢杆菌(*B. thermoacidurans*)和梭状芽孢杆菌(*C. sporogenes*),它们的抵抗性没有变化;在 pH 为 5.0～8.0 时用 X 射线照射蜡样芽孢杆菌(*B. cereus*),其结果相差也不大。

8.3.9　化学物质

微生物对放射线抵抗性与加热、药剂杀菌相类似,也受周边存在的化学物质的影响。

使放射线的杀菌效果降低的化学物质称为防御物质或保护物质,主要有醇类(一价、二价醇)、甘油类、硫化氢类、亚硫酸氢盐、硫脲、巯基乙胺、2,3-二巯基乙酸(简称 BAL)、2-(2-巯基乙氧基)-乙醇、谷胱甘肽(简称 GSH/GSSG)、二甲基亚砜、*L*-半胱氨酸、抗坏血酸钠、乙酰琥珀酸、乳酸盐、葡萄糖、氨基酸以及其他培养基成分和食品成分。这些物质之所以对放射线具有防护作用,是由于它们消耗氧气,氧效果消失,使得活性强的游离基被捕捉。

增强放射线杀菌作用的物质称为增感物质,在降低杀菌剂量、防止材料劣化及食品品质降低等方面起很大的作用。具有增感效果的化学物质包括:毒性强的物质、水、缓冲液等,但果汁、牛奶、鸡蛋等会使这些效果消失。从食品杀菌、防腐的角度来看,食盐、有机酸盐、盐渍剂等均有增感效果。其他具有增感效果的化学试剂有:维生素 K_5、4-氨基-2-甲基-1-萘酚、4-氨基-1-萘酚、1-氨基-2-萘酚、5-氨基-1-萘酚、1,4-萘醌亚硫酸氢钠、*n*-乙基马来酰胺(简称 NEm)、无水马来酸、邻苯二马来酰胺、碘乙酸、马来酸(顺丁烯二酸)、碘乙酰胺、羟基汞苯甲酸、无机的卤族化合物、酚的卤代物、氯仿、含水三氯乙醛及 KIO_3 等。

以上各种物质虽然对放射线的杀菌作用均有影响，但根据微生物种类及菌株的不同，其影响也会发生变化。进行放射线杀菌时，尤其要注意那些具有防护效果的物质的存在。

8.4 辐照在食品保藏中的应用

8.4.1 放射线应用概述

放射线可用于杀菌、杀虫、防止发芽、调整成熟度等。如表 8-7 所示，按应用目的不同，可选择合适的照射剂量范围。下面对放射线源，低剂量辐照、中剂量辐照和高剂量辐照食品的安全性以及经济性做一个概述。

8.4.1.1 低剂量辐照

低剂量辐照的平均辐照剂量范围约在 1 kGy 以下，主要用于抑制马铃薯和洋葱等发芽，杀死昆虫和肉类的病原寄生虫，延迟鲜活食品的后熟。

8.4.1.2 中等剂量辐照

中等剂量辐照的平均辐照剂量范围为 1～10 kGy，主要目的是减少食品中微生物的负荷量(microbial load)，减少非芽孢致病微生物的数量和改进食品的工艺特性。

表 8-7 放射线照射的应用

照射物及其照射目的	所需剂量/kGy
高剂量照射(10 kGy 以上)	
培根的完全杀菌及其室温贮藏	40～60
食品特殊材料(香辛料，芹菜种子等)的完全杀菌	10～30
冻结温度下的肉类、鱼贝类的完全杀菌	30～60
医疗用具(缝合线，塑料注射器，绷带，纱布，手术刀等)及医疗品的完全杀菌	25
杀灭原料羊毛的病原菌	25
中等剂量照射(1～10 kGy)	
延长分割肉和包装鱼、贝类在 0～4℃下的贮藏期	2～5
杀灭果实、蔬菜中的微生物，延长贮藏期	1～5
与加热杀菌搭配使用的照射杀菌	1～10
防止冷冻蛋、肉类、畜产加工品等沙门氏菌属的食物中毒	5～10
杀灭家畜饲料中的沙门氏菌、腐败菌及害虫	1～10
缩短干燥蔬菜的返潮时间	2.5～25
低剂量照射(1 kGy 以下)	
防除肉类的病原寄生虫	0.1～1
防治各类虫害	0.7～0.5
抑制马铃薯、葱头等根菜类的发芽	0.06～0.1

8.4.1.3　高剂量辐照

高剂量辐照的平均辐射剂量为 10～50 kGy，主要用于商业目的的灭菌和杀灭病毒。如对某些食品添加剂和调味品去除污染，一般应用 10～50 kGy，属于高剂量范围。另外，在食品辐照保存方面也经常使用下列名词：

Radappertization：商业杀菌

Radicidation：无芽孢病原细菌（病毒以外的）杀菌

Radurization：降低原有腐败菌的数量，提高食品的贮藏性

Desinfestation：杀灭寄生于食品中的昆虫、寄生虫

Delayed senescence：延迟蔬菜和水果的过熟

Sprout inhibition：阻碍或延迟马铃薯、洋葱等发芽。

8.4.2　放射线源

选择食品照射的装置或设施时，必须考虑照射目的，界限剂量，食品种类，杀菌程度（表面杀菌、内部杀菌），防止照射后再污染等种种因素。由 ^{60}Co、^{137}Ce 发射的 γ 射线、5 Mev 电子流产生的 X 射线和 10 Mev 的电子流，经常被用作放射线源。

8.4.2.1　γ 射线

目前常用于商业杀菌的放射线源是 ^{60}Co 产生的 γ 射线。它是在原子炉中，用中子照射 ^{59}Co 后产生的。^{60}Co 放射出具有两种不同能量的 γ 射线，分别为 1.17 Mev 和 1.33 Mev，其半衰期为 5.27 年，因此，一年的衰减量为 12.5%。^{60}Co 放射源具有各种各样的形状，如长条形，柱塞形，币形，片形。一般是将放射线源放入目标形状的不锈钢盒中经焊接密封起来，如图 8-4 所示。放射源为棒状，将数十根这样的棒状放射线源汇集在一起，可组成一个有支撑框架

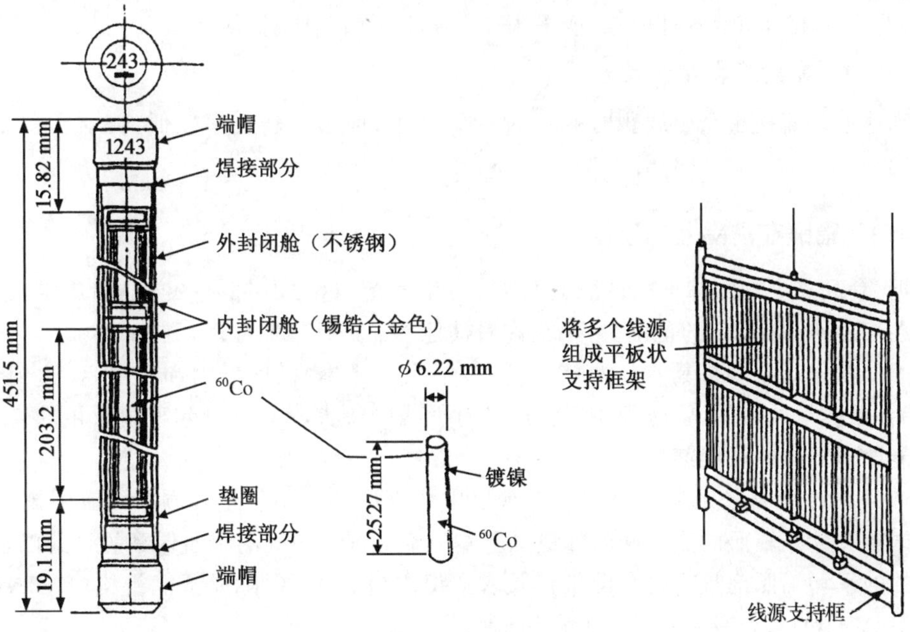

图 8-4　^{60}Co 放射线源的构造

的平板状线源。通常情况下，这种棒状放射线源每根具有 10 000 Ci 的放射能。照射用^{60}Co的比放射能为 10～60 Ci/g。

一般的辐照设备由 3 个基本设施组成。即①放射源；②加有防护壁的辐照室；③材料传送装置。放射源不使用时，通常将放射线源放到具有保证安全深度的水井中。对于 1 万～100 万 Ci 的放射源，需要用 25～30 cm 厚的铅，150～180 cm 厚的混凝土（密度 2.2 g/cm^3）来做放射源或辐照室的遮蔽层，其主要作用是防止放射线的泄漏。

在进行照射处理时，因为γ射线无方向性和集束性，所以就必须使被照射材料适当移动，使材料能均匀的地接受放射线，以达到较好的照射效果。

^{137}Ce是一种常用的放射源，它是从原子炉内核分裂物中分离出来的。由于提取分离较难，其平均每个 Ci 的价格要比^{60}Co高一些。它的半衰期为 30 年，放射出具有 6.6 kGy 的γ射线。

8.4.2.2 电子射线加速器

电子射线加速器作为一种高能量的电子射线放射源而被广泛利用，与放射性同位素相比，它具有更高的输出功率，例如：1 万 Ci 的^{60}Co，释放出 150 W 的射线能量，而使用加速器，能很轻易地得到 10～15 kW。为了使电子加速，加速器由高电压发生器、电场、磁场、电子枪和真空管等构成。加速器又有如下种类。

①直接利用高电压型：变压器型；科克罗夫特-沃尔顿型（Cockcroft-walton）；范德格拉夫型（Van de Graaff）。

②间接利用高电压型：线型加速器；回旋加速器；调频回旋加速器；电子回旋加速器。

电子加速器产生的电子流可通过可变磁场进行扫描，也可以使其聚集，这与放射线四散的同位素相比能更有效地利用放射线的能量。但不足之处是电子流射线比γ射线的穿透力弱。因此，它只用于表面杀菌。照射时为了使被照物能够得到均一照射，要注意调节送料的传送带速度，加速器输出功率等各种因素，或采用高能量电子两侧照射，使剂量均一化。

8.4.2.3 X 射线发生装置

当高速电子流撞击重金属靶时就有 X 射线产生，但由于转化率较低，目前在食品照射上难以利用。

8.4.3 辐照在食品上的应用

根据《食品安全国家标准 食品辐照加工卫生规范》(GB 18524—2016)的规定，辐照食品种类应在 GB 14891 规定的范围内，不允许对其他食品进行辐照处理，见表 8-8。

辐照的工作对象多是具有生命活力的，包括农产品本身、微生物和昆虫，要达到保藏、保鲜、保持食品质量的目的，就必须明确农产品对射线的最大耐受剂量和灭菌杀虫的有效剂量，然后才能选定最佳的辐照剂量。

农产品辐照保藏采用的辐照剂量必须以中华人民共和国卫生部颁布的有关规定作为依据。我国有关食品辐照的法规同国际惯例基本一致。根据不同的辐照保藏的目的以及拟达到辐照目的的平均辐照剂量。联合国粮食及农业组织（FAO）、国际原子能机构（IAEA）和世界卫生组织（WHO）联合专家委员会把食品辐照分为 3 类。

表 8-8　中国允许辐照食品种类、辐照剂量及标准

辐照食品种类	辐照剂量(平均吸收剂量)	辐照目的	执行标准
熟食畜禽肉类(熟猪肉、熟牛肉、熟羊肉、熟兔肉、盐水鸭、烤鸭、烧鸡、扒鸡等)	≤8 kGy	延长保质期	GB 14891.1—1997
花粉(玉米、荞麦、高粱、芝麻、油菜、向日葵、紫云英的蜜源纯花粉及混合花粉)	8 kGy	保鲜、防霉、延长储存期	GB 14891.2—1994
干果果脯类(花生仁、桂圆、空心莲、核桃、生杏仁、红枣、桃脯、杏脯、山楂脯及其他蜜饯类食品)	0.4～1.0 kGy	控制生虫、减少损失,延长储藏期	GB 14891.3—1997
香辛料类	≤10 kGy	杀菌、防霉、提高卫生质量	GB 14891.4—1997
新鲜水果、蔬菜类	≤1.5 kGy	抑止发芽、贮藏保鲜或推迟后熟延长货架期	GB 14891.5—1997
猪肉	0.65 kGy	灭活猪肉旋毛虫	GB 14891.6—1994
冷冻包装畜禽肉类(猪、牛、羊、鸡、鸭等)	≤2.5 kGy	杀灭家畜、家禽肉中沙门氏菌	GB 14891.7—1997
豆类、谷类及其制品	豆类≤0.2 kGy 谷类 0.4～0.6 kGy	杀虫	GB 14891.8—1997

8.4.3.1　肉禽类

畜、禽被屠宰后,若不及时加工处理,就很容易造成腐败变质。我国与其他许多国家一样对肉类产品的辐照保藏进行了大量的研究。

用高剂量辐照处理肉类产品之后不需要冷冻保藏。所用辐照剂量能破坏抗辐照性强的肉毒梭状芽孢杆菌菌株,对低盐、无酸的肉类需用剂量约 45 kGy。产品必须密封包装(金属罐最好),防止辐照后再受微生物的污染。为了抑制酶的活性,在辐照处理之前,先加热至 70℃,并保持 30 min,使其蛋白分解酶完全钝化后再进行照射,其效果最好。否则,虽然辐照杀死了有害微生物,但酶的活动仍然可使食品质量不断下降。高剂量辐照处理会使产品产生异味,此异味随肉类的品种不同而异,牛肉产生的异味最强。对牛肉异味中化合物的鉴定已有研究,其辐照分解的产物以蛋氨醛、1-壬醛及苯乙醛为主。由于肉的组成是蛋白质、脂肪等,它的辐照分解的产物也有正烷类、正烯类、异烷类、硫化物、硫醇等。对异味的抑制,还没有比较好的解决方法。目前,防止异味的最好方法是在冷冻温度－30～－80℃下辐照,因为异味的形成大多是间接的化学效应,在冰冻时水中的自由基流动性减少了,这样就防止或减少了自由基与肉类成分的相互反应。

使用低剂量辐照处理肉类,只杀灭其中的腐败微生物,保持短期运输中的产品质量,并可延长其市售期。若要进行更长期的储藏,则应存放在低温条件下。

8.4.3.2 水产类

高剂量辐照时，水产类与肉类同，但产品产生的异味不如肉类明显。使用的最高剂量为3 kGy左右。低剂量辐照的目的是延长新鲜品的储藏期，与3℃左右的冷藏相结合会取得更好的效果。在3℃左右可以防止带芽孢的菌株产生毒素。对水产品进行低剂量辐照处理可达到两个目的：第一，在储藏和市场出售期间防止干鱼被昆虫侵害；第二，减少包装的和未包装的鱼类和鱼类产品的微生物负荷及某些致病微生物的数量。

联合国粮食及农业组织（FAO）、国际原子能机构（IAEA）和世界卫生组织（WHO）联合批准用于第一个目的时辐照剂量需在1 kGy以下；用于第二个目的辐照剂量需在2.2 kGy以下，并且辐照时和储藏期间的温度应保持在融冰的温度下。当平均辐照剂量低于2.2 kGy时，预期由存活的肉毒梭状芽孢杆菌产生足量的毒素危害食品之前，食品早已腐败而不能食用。产品被指定在融冰的温度下贮藏，这是防止肉毒杆菌产毒的附加措施，如果不能维持这一低温，就必须采用其他有效的措施来代替，如干燥或盐腌等储藏方法。

有研究表明，鱼类产品经3 kGy剂量辐照后维生素 B_1 损失约为15%，维生素 B_6 损失约为25%，而维生素 B_2、烟酸和维生素 B_{12} 却保持不变。辐照后氨基酸含量恒定，辐照剂量达5 kGy时青花鱼和鳕鱼类蛋白质的性质仍无改变。

8.4.3.3 蛋类

蛋类的辐照主要是为了杀灭其中的沙门氏菌。蛋白质受到辐照降解而使蛋液黏度降低。一般蛋液及冰冻蛋液可用β射线及γ射线辐照，灭菌效果良好。对带壳鲜蛋可用β射线辐照，剂量在10 kGy左右。高剂量的γ辐照会使其带有 H_2S 等异味。

8.4.3.4 果蔬类

果蔬含水量大，富含营养物质，容易遭受微生物污染和昆虫寄生，在流通中容易腐烂变质。果蔬辐照的目的是防止微生物的腐败作用，控制害虫的感染和蔓延以及延缓后熟和衰老。

水果蔬菜是有生命的活体，辐照的剂量控制尤为重要。储藏寿命较短的水果如草莓用较小的剂量即可有效抑制其生理作用。储藏期较长的水果如柑橘就需要完全控制霉菌的危害，剂量一般为0.3～0.5 kGy。柑橘在剂量高达2.8 kGy时，皮上会产生锈斑。若加热至53℃ 5 min，与辐照同时处理，剂量可降至1.0 kGy，同时也可控制住霉菌及防止果皮上锈斑的形成。广柑在0℃的条件下用1 kGy剂量照射处理，当库温为0℃时即使储藏3个月也与新鲜广柑难以区分，未经辐照处理的腐烂率达到60%，经辐照处理的仅为2%。再如，桃是一种很难保存的鲜果，如果用2.0～3.0 kGy剂量进行辐照杀菌，就可以防止棕色溃烂和酒曲霉活动。未经辐照处理的桃在冷藏温度下保存，经两周就开始软化，而处理后的桃在室温下可保存14 d，在4.4℃条件下可保存30～45 d。水果的辐照处理，除了能延长储藏寿命外，辐照还可以促进水果中色素的合成，如桃、苹果等辐照后可促进胡萝卜素、花青素等的生成。辐照还可以使涩柿提前脱涩和增加葡萄的出汁率。对成熟番茄辐照的效果决定其成熟度和辐照时间。在辐照绿色果实时会降低其类胡萝卜素（番茄红素）的合成率。辐照全熟的果实时可以一定程度上抑制果实的腐烂。

辐照后的水果组织有时会变软，这主要是由于果胶质的降解，可通过 $CaCl_2$ 水溶液的浸渍来抑制组织硬度的下降，辐照是水果抑虫最有效的方法之一。辐照延迟水果的后熟期，对香蕉等热带水果十分有效。对绿色香蕉的辐照剂量低于0.5 kGy即可，但对有机械伤的香蕉一般无效。用 2.0 kGy 即可延迟木瓜的后熟，一般采用 1.0～1.5 kGy，其维生素 C 的含量损失约为 10%。

蔬菜中辐照效果最明显的是土豆、洋葱、大蒜、萝卜等的抑制发芽作用，同时也有延缓这些蔬菜新陈代谢的作用。辐照后，在常温下储藏时，储藏期可延长至一年以上。蘑菇经辐照后延长期限较短，一般十几天，目的是防止其开伞。土豆使用剂量在 80 kGy 即可，洋葱可用 40～80 kGy，辐照效果随蔬菜的种类和品种而异。干制品经辐照后则可以提高其复水的速度和复水后的品质。

为了获得更好的储藏效果，果蔬辐照必须进行必要的预处理或在一定的温度下进行。如番木瓜辐照前要用 50～60℃水洗 20 s。晾干后装箱密封，最后用 0.75 kGy 的 γ 射线照射，这样可以明显抑制乙烯的生成，延长其储藏寿命。再如洋葱在 3℃条件下辐照的效果最好，既可避免内芽枯死，又能防止褐变现象的出现。水果和蔬菜辐照时所用的剂量不同，其辐照效果也不一样。

8.4.3.5 谷类及其制品

造成粮食耗损的一个重要原因是粮食中昆虫的危害和霉菌活动导致的霉烂变质。对谷类辐照应以控制虫害及其蔓延为主。昆虫分为蛾、螨虫及甲虫等。如立即致死需 3.0～5.0 kGy；若几天内死亡需 1.0 kGy，若使之不育用 0.1～0.2 kGy 即可。

用辐照控制谷类霉菌的剂量需 2.0～4.0 kGy。用 1.75 kGy 剂量辐照面粉，能在 24℃保存一年以上，且质量保持很好。大米辐照可用 5.0 kGy 灭霉。高于此剂量时，大米的颜色会变暗，煮沸时黏性增加。对焙烤的食物如面包、点心、饼干及通心粉等，使用剂量为 1.0 kGy 左右即可防虫并延长储存期。

试验表明，对谷类及其制品进行辐照不仅可以达到杀虫灭菌的目的，而且没有残毒，营养价值也没有明显的下降。

8.4.3.6 香料和调味品

在未经处理的香料中，霉菌污染的数量平均为 10^4 cfu/g，还可能存在某些影响人体健康的微生物。由于香料和调味品对热的耐受性差，加热消毒易引起香气和鲜味的丧失，添加化学药品进行杀虫、灭菌则会残留药物，对人体有害。而进行辐照处理可避免引起上述的不良效果，既能控制昆虫侵害，又能减少微生物负荷和致病微生物的数量。

一般来说，辐照剂量与原料最初微生物负荷量有关，剂量为 4～5 kGy 就能使细菌总数减少到 10^4 cfu/g 以下，剂量为 15～20 kGy 时可达到商业上灭菌的要求。

为了防止香料和调味品辐照处理后产生变味现象，有些国家进行了许多研究工作，初步确定了辐照引起调味品味道变化的剂量阈值：芫荽（香菜）为 7.5 kGy；黑胡椒为 12.5 kGy；白胡椒为 12.5 kGy；桂皮为 8.0 kGy；丁香为 7.0 kGy；辣椒粉为 8.0 kGy；辣椒为 4.5～5.0 kGy。

二维码 8-1 放射线在食品保藏中的应用

8.4.4 辐照食品的包装

包装最根本的目的是使食品与环境隔绝。为了保证辐照农产品在市场的流通，按不同产品的性质进行合理包装是必要的。辐照食品包装使用的材料必须具有透气性低、机械强度高、密封性能高、防潮性好以及耐热、耐辐照等特性，才能有效地防止病虫对辐照产品的二次污染和适应产品本身的生理生化变化。《食品安全国家标准 预包装食品标签通则》(GB 7718—2011)明确规定，经电离辐射线或电离能量处理过的食品，应在食品名称附近标示“辐照食品”。

二维码 8-2 辐照食品标识

为了增加某些辐照效应可在包装袋内填充空气以外的各种气体或者抽真空。辐照食品的包装多在辐照处理前进行。比较好的辐照包装材料有玻璃纸、人造纤维，聚乙烯膜、聚氯乙烯膜、尼龙、玻璃容器及金属容器等。

8.4.5 辐照食品的安全性

辐照食品的安全性一直是广大消费者最为关注的问题。国际原子能机构(IEAE)、联合国粮食及农业组织(FAO)、世界卫生组织(WHO)在 1980 年 10 月 27 日举行的第四次专业委员会上就食品辐照安全问题做出如下结论：“用 10 kGy 以下的最大平均剂量照射的食品，在毒理学、营养学及微生物学上完全没有问题，并且，今后在此剂量照射下的食品不再需要进行毒理学实验”。2003 年，国际食品法典委员会(CAC)通过了《辐照食品国际通用标准(CODEX-STAN 106—1983，Rev. 1—2003)》和《食品辐照加工工艺国际推荐准则(CAC/RCP 19—1979，Rev. 1—2003)》，突破了在食品辐照加工过程中最大吸收剂量 10 kGy 在法规上的限制。在对食品结构的完整性、功能特性和感官品质无负面影响，对消费者健康无影响的前提下，农产品的最大辐照剂量可以高于 10 kGy，以实现合理的辐照工艺目标。

辐照食物是否具有潜在的毒性和是否符合营养标准，这是人们所关心的问题。因为它关系到消费者的健康和辐照产品的前途。为此，这个问题受到许多国家学者和专家的重视。我国在辐照农产品的研究与开发方面起步比较晚，但发展比较快，其原因也是因为研究食品辐照加工工艺的同时，在安全性方面做了大量研究。

所谓有害物质或是有毒物质指的是对人和实验动物具有诱发致癌、致畸、致突变，甚至将这些有害特征能持久地传递给人或实验动物的后代产生遗传变异。在进行动物试验时，通过呼吸道、皮肤、眼、口腔或其他途径引入机体后，发生过敏反应，削弱精神警觉，减少运行，胚胎发育中产生缺陷，甚至导致死亡。总之，所谓“毒性”可以看作是一种物质所具有的损伤能力。“危害”可以看作是一种特定数量和方式使用一种物质时产生损伤的能力。

在通常毒理学研究中，人们以测定某一化合物经辐照或其他方法处理后所引起的变化，来表示其对人体或生物体的安全性。如化学性质对生物学活性的影响以及产生这些效应所需要的数量。

二维码 8-3 毒理学检验

目前中国所用的射线类型、剂量，都不会产生感生放射性(当辐照剂量超过一定限度时，会发生次生放射的现象)。因为组成农产品的基本元素 C(碳)、O(氧)、N(氮)、P(磷)、S(硫)等变成放射性核素，需要 10.00 MeV 以上的高能射线进行照射。目前中国辐照农产品，大都采用 ^{60}Co-γ 射线，其能量为 1.32 MeV 和 1.17 MeV。如果使用 ^{137}Cs，其射线能量仅有 0.66 MeV。就是用低能量电子束辐照也达不到 10.00 MeV。所以辐照农产品不可能产生感生放射性。另外，在辐照农产品时，都是在原包装的条件下进行，仅仅是外照射，并没有和放射源直接接触，因此，农产品经过辐照后，也不存在放射性污染问题。

农产品中含有可能或“容易”生成放射性核素的其他微量元素，如锶(Sr)、锡(Sn)、钡(Ba)、镉(Cr)和银(Ag)等，这些元素在受到照射后，有可能产生寿命极短的放射性核素，但是只要控制射线的能量，就能做到绝对不引起感生放射性。根据相应的研究报告，使用核素放射源，甚至能量在16 MeV以下的射线所诱导的感生放射性都是可以忽略的。

食品不是一种简单的化学物质，而是一个复杂的系统。因此，主要依靠动物饲喂试验进行毒理研究。动物饲喂一定数量的辐照农产品或其制品后，并经过几代之久，若发现没有引起慢性或急性疾病和致癌、致畸、致突变，就可以作为预测人类消费时安全评价的有力依据。

国内外科学家通过大量长期与短期动物饲喂试验，观察临床症状、血液学、病理学、繁殖及致畸等项目，没有发现辐照食品致突变现象出现，将辐照的饲料用于家畜饲养以及免疫缺陷的动物长期食用辐照的农产品及其制品，也未发现有任何病理变化。华西医科大学用经过^{60}Co-γ射线26 kGy和52 kGy辐照处理鲜猪肉饲喂亲代(F_0)大鼠，试验结果表明，各代大鼠健康状况良好，体态活泼，体重增长持续上升；各代大鼠受孕、活产率、哺乳存活率及平均产仔数与对照组很接近；组织病理检查，其心、肝、肺、肾、脑、肠、睾丸、子宫等组织病理形态不具特殊性，病理变化无显著的分布差异。摄食辐照食物与畸胎无关，无显著致死性、致突变作用，也不会引起微核异常改变。武汉市卫生防疫站等单位用^{60}Co-γ射线1.0 kGy辐照处理猕猴桃后，常温储藏120 d，饲喂18～22 g的昆明健康小白鼠进行急性毒性试验，结果表明，受试物无毒级；微核试验其微核出现率均在正常范围；艾姆斯氏试验(Ames)，实验菌株系由卫生部食品卫生监督检验所提供的TA_{97}、TA_{98}、TA_{100}、TA_{1024}株，S-9用多氯联苯诱导，Wistar雄性青年大白鼠制备。菌种鉴定合格后，采用平回渗入法测试，反复两次，测试结果无论是否经S-9代活化均为阴性。经过致突变试验结果表明，不论在体内外还是对体细胞、生殖细胞均无致突变性的潜在危害，同时进行肝、肾、睾丸的病理组织学检查也均未见明显病理损害。

辐照产品在进行动物试验中均未发现有异常现象，就是有些变化，但都不会造成危害和损伤，也没有观察到发生致癌、致畸、致突变以及遗传性的改变。中国人民解放军成都军区选择了70名健康男性青年，以随机抽样方法，分试验组和对照组，每组35人，试验组食用^{60}Co-γ射线5～8 kGy辐照的肉制品，试食3个月，试食前、试食7周、试食13周测定各项指标。测定结果表明，食用辐照肉制品，主观感觉良好，食欲正常。临床检查，试验组未发现与试食有关的症状、体征。在试食3个月内，身高、体重无明显变化。对人体的肝功、肾功、血脂、血浆总蛋白、肾上腺皮质功能、血象均未观察到不良影响，外周血淋巴细胞染色体未发现畸变。对试食组人员，在食后2年对其中42人进行相同指标的追踪观察，受试者一般情况良好，未发现任何食用辐照肉制品引起的不良体征和反应。体重稳定，身体健康，血象指标、生化指标、染色体检查均无异常发现。他们认为，较大量、较长时间食用辐照肉制品不会对人体产生不良影响。

我国关于辐照农产品及其制品卫生安全性评价，在20世纪60～80年代先后完成了食用辐照大米、马铃薯、蘑菇、花生仁、香肠等食物的人体试食试验，试验检测项目为体重、血液指标和一些血浆酶活性。先后进行了8批短期志愿者人体试验，辐照香肠的最高吸收剂量是3 kGy，在试验对象食物中辐照香肠最大含量是60%～66%，试验持续7～15周，志愿者总人数439名，检测参数包括体重、血液学指标、肝肾功能测定、血浆酶活性、血液和尿液17-羟固醇、EKG、B超声波检查、外周血淋巴细胞染色体畸变试验、SeE和Ames试验等。全部人体试验结果均未显示与辐照食品有关的不良效应。为此，担心人类食用辐照农产品及其制品的安全性是没有必要的。

关于辐解（辐照引起的降解）产物毒理学问题，美国麻省理工学院的 Ari Beynjolfsson 博士曾于 1985 年发表了一篇权威性评论。认为辐解产物的量与热加工相比是很少的，各国的动物饲喂试验并未发现有任何有害的作用。美国陆军纳蒂克（Natick）实验室和其他各国著名实验室的分析结果，都证明辐解产物是无毒的，是食品主要成分的正常水解产物。即使在很高剂量辐照下产生的苯，也只有十亿分之几，与热加工相比大体上处于相同水平。

总之，几十年来各国科学家在农产品的辐照化学、辐照食品的营养学、微生物学与毒理学方面进行了大量细致的研究，结果表明，食用 10 kGy 以下辐照农产品及其制品是安全卫生的。应进一步消除消费者的心理障碍，促进辐照农产品及其制品的商业化。

8.5 辐照对食品品质的影响

8.5.1 营养成分的变化

经辐照化学研究表明，辐照能引起农产品成分发生一定变化。这种变化，对营养成分的生理价值有无改变，会不会导致有害的结果，各国的研究者做了大量的研究论证工作。

8.5.1.1 辐照对蛋白质的影响

蛋白质普遍存在于农产品之中，蛋白质分子结构异常复杂，加上农产品中其他成分的存在，其辐解产物的种类也是多种多样，但是其产额是很少的，如采用 60 kGy 剂量辐照处理的分解生成物只达 1 mg/kg 以下。蛋白质经辐照处理后发生的变化对农产品的品质无有害性的影响。

酶在农产品中对射线有一定的稳定性，如蛋白分解酶不易被射线所破坏。研究结果发现，采用照射量为 4.13×10^2 C/kg 的 ^{60}Co-γ 射线仅破坏活性的 50%，用 1.29×10^2 C/kg 的 ^{60}Co-γ 射线不能减弱其活性。因此，经辐照后，农产品在贮藏过程中由于酶的活性没有被抑制而游离出氨基酸，因而影响了储藏效果。

酶对热处理极易钝化，所以酶制剂的灭菌采用辐照处理优于其他灭菌方法，用在农产品工业中的酶制剂消毒有着广阔前景。

经辐照处理后，大多数的试验结果表明氨基酸没有明显变化。如用 6 kGy 辐照鸡肉，冰冻贮藏 6 d 后蒸煮，发现氨基酸没有明显变化。美国陆军署为了防止辐照牛肉酶的自溶作用，在 −40～−90℃ 的温度下用 470～710 kGy ^{60}Co-γ 射线进行处理，结果表明，经处理后无论是立即食用或是在室温下贮藏 150 d 后食用，对辐照较敏感的胱氨酸、蛋氨酸和色氨酸均没有产生明显的变化。

总之，不管辐照处理什么种类和来源的农产品，对其蛋白质、酶和氨基酸的辐照反应形式是一样的，因此可以作为评价卫生安全性的依据，不必测定每一种农产品的蛋白质。

8.5.1.2 辐照对糖类的影响

糖、淀粉、纤维素和果胶都属于农产品中的碳水化合物类物质。一般来说，它们对辐照处理是相当稳定的，只有在大剂量辐照处理下，才会引起氧化和分解。1960 年四川省粮食科学研究所研究结果指出，小麦经 2.58～50.6 C/kg 辐照，其还原糖、非还原糖、淀粉都很稳定。当辐照量提高到 774 C/kg 时，其还原糖稍有降低，而非还原糖稍有增加。稻米经辐照后，其黏度降低，还原糖增加，非还原糖减少，消化率提高，米汤黏度降低，但是米饭质量、出饭率和适口性没有明显差异。说明糖对辐照是不敏感的，一般采用灭菌剂量辐照，对糖的消化率和营养价值没有影响，即使剂量提高至 20～50 kGy 也不会使糖类的农产品质量和营养价值发生变化。

8.5.1.3　辐照对脂肪的影响

辐照时脂肪的变化，取决于脂肪的类型、剂量、温度和氧化速度以及环境条件诸因素。但其主要作用是使脂肪酸长链中的 C—C 键发生断裂，因而形成链烷，继发反应可生成通常的链烯。

用辐照处理与热加工引起的脂类降解产物都很相似。一般情况下，辐照农产品的脂类成分变化不大。从辐照生成的羰基化合物或脂肪的变质，以及引起消化速度下降来看，在实际采用的辐照剂量下很少发生变化，加上其他成分的保护作用变化程度更小，更不会影响营养价值的变化。

8.5.1.4　辐照对维生素的影响

维生素是农产品中重要的微量营养物质，许多农产品的贮藏方法均能引起若干维生素的破坏和损失，应用辐照保藏农产品影响最大的也是维生素。食物辐射造成维生素损失的数量受几个因素的影响，包括剂量、温度、氧气的存在和食物类型。一般来说，在没有氧气的情况下低温辐射可以减少食物中任何维生素的损失，而在低温下将辐照过的食物储存在密封包装中也有助于防止未来维生素的损失。然而，并不是所有的维生素都具有相同的辐照敏感性(表 8-9)。

表 8-9　维生素对辐射的相对敏感性

高敏感性	低敏感性
维生素 C*	胡萝卜素
维生素 B_1(硫胺素)*	维生素 D
维生素 E	维生素 K
维生素 A	维生素 B_6(吡哆醇)*
	维生素 B_2(核黄素)*
	维生素 B_{12}(钴胺)*
	维生素 B_3(烟酸)*
	维生素 B_9(叶酸)*
	泛酸*

(Maherani, 2016)

辐照处理对维生素 C 的破坏性是随其溶液浓度大小而异，浓度稀破坏性大，它容易同水的辐解产物自由基发生作用，可用来减轻由这些自由基引起的间接效应(如风味的改变)，而使农产品质量不会降低。农产品中的维生素 C 容易被氧化而被破坏，^{60}Co-γ 射线对各种农产品中维生素 C 含量影响的研究结果表明，在低于 5 kGy ^{60}Co-γ 射线辐照后，维生素 C 的含量损失很少，一般不超过20%～30%。有的研究结果表明，维生素C含量保持不变(如香蕉中)或者还略有增加。维生素B(硫胺素)是B族维生素中对辐照最敏感的，有的研究报告指出，用辐照处理完全灭菌时，农产品中的硫胺素90%被破坏。全脂奶粉中维生素B_1用0.45 kGy的辐照处理，几乎没有变化，而用0.5～10 kGy辐照处理其含量可损失5%～17%，若将剂量提高到20 kGy可使加糖炼乳中的维生素B_1损失85%。但是用20 kGy辐照处理小麦和用10 kGy辐照处理大米对其维生素B_1均无影响。维生素B_2(核黄素)在农产品中比在水溶液中更抗辐照，这是因为它和蛋白质结合在一起，蛋白质起了保护作用。

用4 kGy的^{60}Co-γ射线辐照牛奶，发现胡萝卜素有40%被破坏，维生素A有70%被破坏，维生素E有60%被破坏。用30 kGy辐照鱼时，鳕鱼片中维生素A没有损失，星鲨中有45%受损失，而烟熏鲱鱼可损失100%。用5 kGy辐照处理菠菜后β-胡萝卜素不受损失。维生素D对辐照不敏感，用10 kGy的^{60}Co-γ射线辐照处理鲑鱼油后，没有发现维生素D被破坏。维生素E在脂溶性维生素中是对辐照最敏感的化合物，在脂肪含量高的农产品中，辐照处理可使维生素E大量损失，一般在5 kGy辐照处理后，可导致辐解产物的浓度为1～5 mg/100 mg。在农产品蔬菜类中的维生素K对辐照处理不敏感。

8.5.2 色香味形的变化

蛋白质经辐照处理后发生的变化对食品的色、香、味有较大的影响。如瘦肉和某些鱼的颜色主要取决于结合蛋白(即肌红蛋白)。如果肉中存在一定数量的红蛋白，辐照可引起这两种色素发生氧化还原反应，并改变其颜色。在真空包装情况下，辐照处理鸡肉和猪肉可以看到不变颜色。在有氧情况下辐照处理肉，会产生似醛的气味；在氮气中则产生硫醇样的气味。总之，农产品及其制品，经辐照处理后，产生的气味与蛋白质有关。

脂肪和油容易自氧化腐败而产生臭味。通过辐照处理和热处理可以加速农产品及其制品中脂肪的自氧化过程，尤其在有氧情况下更是如此。当肉的脂肪被单独辐照处理后，会产生一种典型的“辐照脂肪”气味。对多糖类物质，在固态和水溶液中辐照处理后，对其理化性质的影响没有什么区别，除熔点和旋光度的降低外，辐照处理主要引起光谱和多糖结构的变化。在直链淀粉、支链淀粉中观察到有棕色生成，而颜色的强度随剂量升高而增加。然而，葡萄糖的颜色则没有变化。糖类和氨基酸混合物的辐解导致聚合作用，随之产生棕黄色。这种效应与辐照剂量和糖及氨基酸类型有关，这种现象比在热处理中看到的更为普遍。华南农业大学用不同剂量^{60}Co-γ射线处理新鲜蘑菇，达到延期破膜开伞，同时还能起到保护外观的作用。在实验中观察到对照组蘑菇的外表随着时间的推迟，而逐渐产生小锈斑，变成暗黑色，并在菇的表面出现黏液。但是在经过辐照处理的这些变化要比对照轻微。尤其在25.8 C/kg处理，菇的颜色一直保持新鲜白色，表面较干爽，未见有黏液附着。用不同剂量^{60}Co-γ射线处理淡黄色的砀山梨，对颜色无显著变化，而黄绿色的黄梨，处理后1～2 d黄色变淡。但是当未经辐照处理的梨逐渐变黄色时，处理的梨仍呈淡黄色。另有一些报道，大剂量辐照对农产品的质量有一定影响，特别是肉类经辐照处理后，会产生异味，即辐照味。产生的原因可能是产生游离基、含硫的低分子化合物或低级醇所致。但在极低温条件下辐照处理，就能减少辐照味的产生。大剂量辐照处理可使某些具有鲜明红色的农产品颜色变暗。但有些肉类经辐照处理后，不仅不褪色，反而会增加它的肉色鲜明感，如金枪鱼。

辐照处理后食品会产生辐照异味，而且随辐照量的增大而增强。小剂量辐照处理不会产生辐照味。四川省科委新技术试验站，在常温下辐照处理的结果表明，肉中添加 0.8%食盐后，既可以降低辐照剂量又可以减轻辐照异味。鲜肉中加入 0.1%～0.2%的维生素 C，在常温下用 506 C/kg 辐照处理后，其辐照异味有明显减轻，同时肉的表面也减少了微红色彩，使试样的色泽接近于鲜猪肉。用 387 C/kg 辐照处理鲜猪肉，发现在 0℃左右和常温下的肉样无明显辐照异味差异。在－35～－40℃及以下辐照处理后，其辐照异味大幅度降低。由此说明低温辐照是克服辐照异味的一种较好途径。

8.5.3 新视角——辐照食品中过敏源的变化

食物过敏指对食物的不良免疫反应，在易过敏个体中，急性过敏反应出现是由于过敏源特异性血清免疫球蛋白 E(IgE)抗体的参与，引发一种或多种症状，如血管性水肿、腹痛、腹泻、恶心、瘙痒等，甚至休克。到目前为止，已知的过敏食品有 170 多种，过敏人群数量庞大，且研究发现大部分过敏源均为蛋白质类物质。辐照对蛋白质的作用分子机制较为复杂，主要通过促使蛋白分子发生脱氨、脱羧、氨基酸氧化、二硫键断裂或重建、肽链的降解或交联等一系列反应，使蛋白分子的高级结构及蛋白分子间的聚集方式发生变化，进而改变了蛋白分子的功能特性。因此，通过辐照减少或者去除食品中的过敏源为食品加工行业提供了新的方向。

近年来，关于 γ 射线辐照降低食品中过敏源蛋白活性的研究备受关注。Mneg 等使用 1～10 kGy 的 γ 射线辐照来减弱牛肉中 α-乳清蛋白(α-La)的活性，该蛋白因存在 4 个二硫键和钙离子而具有很高的构象稳定性。研究发现牛肉中 α-La 与 IgG 和 IgE 结合能力会随着辐射剂量的增大而降低，这表明随着辐射剂量的增加，更多的疏水基团被暴露，导致蛋白质结构的展开，同时分子表面上 IgG 和 IgE 表位容易暴露，从而导致更加严重的破坏，降低了与 IgG 和 IgE 结合能力。Luo 等采用 10 kGy 的辐射剂量的 γ 射线辐照纯化后的 Arah6 和花生蛋白提取物，发现经过辐照处理后仅残留 5%的 IgG 结合能力。但是，并不是所有的辐照处理后，过敏源的活性都会降低。Gomaa 等用 10 kGy 剂量的 γ 射线处理由小麦以及鸡蛋蛋白(卵清蛋白和卵类黏蛋白)制成的面包面团和面制品，发现其抗原性没有显著降低。与此同时，Kaddouri 等将乳清和液态奶经 γ 辐射处理后发现 β-La 的抗原性没有减弱，而是出现抗原性增加。当然，加工食品中蛋白质的抗原性可能会受到加工技术、食物基质、过敏源类型和提取程序的影响出现不同的结果。因此，由于辐照对过敏源活性影响的研究还需要进一步的开展，明确其影响机理及调控机制有利于拓宽辐照技术在食品行业的应用。表 8-10 总结了有关 γ 射线辐照对食物过敏源影响的最新研究。

表 8-10 γ 射线对食物过敏源影响的最新研究

过敏源食物的类型	照射剂量	对 IgE 结合能力和蛋白质结构的影响
纯化的 α-乳清蛋白	1～10 kGy	减少并引起广泛的蛋白质变性和聚集
纯化的 Arah 6 和整个花生蛋白提取物	10 kGy	减少并引起二级和三级结构的重大变化
大豆(β-伴大豆球蛋白，Gly m Bd 30K 和 Gly m 4)	30 kGy	没有影响

续表 8-10

过敏源食物的类型	照射剂量	对 IgE 结合能力和蛋白质结构的影响
纯化的植物凝集素	25 kGy	通过不可逆转地破坏凝集素的分子结构，使其无毒无害
纯化的凝集素	＞10 kGy	降低固有活性并形成不溶性无定形聚集体
从地杨桃属中提取纯化的凝集素	＞1 kGy	减少和促进多肽片段化以及疏水性表面修饰

(Ekezie，2018)

思考题

1. 食品辐照杀菌有哪些特点？在食品保藏中有哪些应用？
2. 放射线有哪些种类？性质如何？
3. 用于食品杀菌的放射线有哪些？如何产生？
4. 影响电离辐照杀菌作用的因素有哪些？
5. 表示物质被辐照的剂量单位是什么？
6. 什么是辐照的化学效应和生物学效应？影响因素有哪些？
7. 辐照能引起食品成分和品质发生什么样的变化？如何控制？

参考文献

[1] 邵小桃. 电磁场与电磁波. 北京：清华大学出版社，2018.

[2] 虞家琳，施培新. 食品辐照技术. 中国食品报，2001,10,26.

[3] 曾名湧. 食品保藏原理与技术. 青岛：青岛海洋大学出版社，2000.

[4] H.D. 格莱翰，黄伟昆译. 食品安全性. 北京：中国轻工业出版社，1987.

[5] 芝崎勳. 食品殺菌工学（改訂新版）.（日）光琳社. 平成 10 年，297-356.

[6] 蒲彪，艾志录. 食品工艺学导论. 北京：科学出版社，2012.

[7] 袁惠新，陆振曦，吕季章. 食品加工与保藏技术. 北京：化学工业出版社，2000.

[8] 于勇，毛明，王为民，等. 食品中产芽孢细菌的杀菌技术研究现状与趋势. 中国食品学报，2012,12(4)：160-167.

[9] 段鑫，欧杰，李柏林. 辐照技术在肉制品杀菌保鲜中的应用. 食品科学，2010,31(1)：278-282.

[10] Dauphin L A，Newton B R，Rasmyssen M V，et al. Gamma irradiation can be used to inactivate Bacillus Bacillus anthracis spores without compromising the sensitivity of diagnostic assays. Applied and Environmental Microbiology，2008，74(14)：4427-4433.

[11] Niebuhr S E，Dickson J S. Destruction of bacillus anthracis strain steme 34F2 spores in postal envelopes by exposure to electron beam irradiation. Letters in Applied Microbiology，2003,37(1)：17-20.

[12] Song H P，Kim B，Yun H，et al. Inactivation of 3-strain cocktail pathogens inoculated into *Bajirak jeotkal*，salted，seasoned，and fermented short-necked clam(*Tapes pilippinarum*)，by gamma and electron beam. Food Control，2009,20(6)：580-584.

[13] Dieter A E. Ehlermann. The early history of food irradiation. Radiation Physics and Chemistry，2016，129:10-12.

[14] Maherani B，Hossain F，Criado P，et al. World market development and consumer acceptance of irradiation technology. Foods，2016，5(4)，79-90.

[15] Ekezie F G C，Cheng J H，Sun D W. Effects of nonthermal food processing technologies on food allergens：a review of recent research advances. Trends in Food Science & Technology，2018，74，12-25.

[16] Meng X Y，Li X，Wang X K，et al. Potential allergenicity response to structural modification of irradiated bovine α-lactalbumin. Food & Function，2016，7(7)，3102-3110.

[17] Luo C P，Hu C Q，Gao J Y，et al. A potential practical approach to reduce Ara h 6 allergenicity by gamma irradiation. Food Chemistry，2013，136(3)，1141-1147.

[18] Gomaa A，Boye J. Impact of irradiation and thermal processing on the immunochemical detection of milk and egg allergens in foods. Food Research International，2015，74，275-283.

[19] Kaddouri H，Mimoun S，El-Mecherfi K，et al. Impact of γ-radiation on antigenic properties of cow's milk β-lactoglobulin. Journal of Food Protection，2008，71(6)，1270-1272.

[20] Vanga S K，Singh A，Raghavan V. Review of Conventional and Novel Food Processing Methods on Food Allergens. Critical Reviews in Food Science & Nutrition，2015，(10):2077-2094.

原《食品工艺学导论》编写人：郭顺堂（中国农业大学）；王如福（山西农业大学）
《食品加工与保藏原理》编写人：寇莉萍（西北农林科技大学）；黄艳（武夷学院）；
李泽珍（山西农业大学）；赵雷（华南农业大学）

第 9 章

食品加工与保藏新进展

学习目的与要求

1. 掌握食品加工与保藏新技术的概念及基本原理。
2. 了解影响食品加工与保藏新技术的因素。

消费者对食品的感官品质和营养价值的需求不断提高，食品生产企业、科研工作者和食品加工技术人员也对开发出具有创新性和适用性的保藏与加工新技术以确保能够保持食品的高营养价值和新鲜的风味做了大量的工作，一些不同于传统的新型食品保藏与加工技术不断被开发、研究和应用。

新兴技术的定义为：①处于开发研究阶段，在未来5年内具有巨大的商业化潜力；②已经商业化，但在食品工业应用中仅占市场的一小部分。新兴技术的特点是具有比较明确的保藏与加工机理，包括通过机械力的作用使食品原料的细胞破裂，以促进生物活性化合物的分离、提取，或者利用不同的原理，破坏或损坏腐败微生物的细胞结构，延缓食品的微生物腐败变质，很多新兴的食品保藏与加工技术会造成细胞膜和细胞器的空化现象或电穿孔，以防止微生物生长并延长食品和饮料的保质期。

相对于传统的食品保藏与加工技术，新兴技术的主要优势包括：缩短加工和停留时间；加速传热和传质；控制美拉德反应；改善产品质量；提高食品的功能活性；保护食品免受环境压力；延长食品的货架期；钝化酶活性。

依据机理的不同，目前的新兴保藏与加工技术主要包括非热加工技术和热加工技术。

9.1　食品非热加工技术

由于消费者对安全且最低加工程度的具有高质量属性食品的需求不断增长，新型的非热食品加工技术受到了越来越多的关注。特别是近些年消费者将注意力放在声称是天然、新鲜且不含化学添加剂的食品上，食品加工的最适技术就是能够减少添加剂的使用同时保持食物的天然风味和质量，这也就促进了新兴的食品非热处理技术的发展。

以收集的食品工业、学术界和政府相关联的专业人士的反馈为基础，有学者将高静压（超高压）、紫外线、脉冲电场和电离辐射确定为非热加工的主要技术。其中脉冲电场和超声波处理是近些年才开始研究的技术，目前尚未被商业应用。对于食品加工者而言，非热技术意味着导致有害微生物和酶失活的过程不依赖于热杀灭。食品非热加工技术是一类以非加热的方法达到杀菌目的的新兴食品加工技术，包括超高压、电离辐射、高压脉冲电场、高密度二氧化碳、脉冲强光、超声波、膜过滤等方法，主要应用于食品杀菌与酶钝化领域。与热力杀菌相比，非热加工对食品特别是热敏性食品的色、香、味、功能性及营养成分等具有很好的保护作用。它能够在很大程度上保证产品原有的新鲜度，确保产品的质量。

9.1.1　超高压技术

超高压技术（ultra high pressure），简称高压技术（high pressure procssing）或高静水压技术（high hydrostatic pressure），是将食品物料以某种方式包装好后，放入液体介质（通常是食用水、油、甘油、油与水的乳液）中，在300～600 MPa压力下处理一段时间后达到杀菌要求。通过加压处理使微生物死亡、蛋白质凝固，同时对液态食品的保藏、肉类的嫩化也有效果。

9.1.1.1　超高压杀菌原理

食品超高压杀菌技术是利用加在液体中的压力，通过介质，以压力作为能量因子，将放在专门密封超高压容器内的食品，在常温或较低温度（低于100℃）下，以液体作为压力传递介质对食品进行加压处理，压力高达数百兆帕以达到杀菌的目的。高压会影响细胞的形态，如使液泡破裂、使形态发生变化，因而这种变化是不可逆的。另外，高压也会引起食品原料及所含微生物中主要酶系失活。当压力超过 300 MPa 后，高压会对蛋白质产生不可逆的影响，使其变性。超高压还会破坏细胞膜，通过高压处理改变微生物细胞膜的通透性，抑制酶的活性和 DNA 等遗传物质的复制来实现杀菌。一般情况下，影响超高压杀菌的主要因素有：压力大小、加压时间、加压温度、pH、A_w、食品成分、微生物生长阶段和微生物种类等。

9.1.1.2 超高压技术的特点

超高压技术作为一种新兴技术应用于食品保藏，主要具有以下优点：①在不加热或不添加化学防腐剂的条件下杀死致病菌或腐败菌，从而保障食品的安全，延长食品的货架期；②在杀菌过程中无剧烈的温度变化，只对食品中的离子键、氢键和疏水键等非共价键产生作用，而共价键不受影响；对小分子物质的影响较小，能较好地保持食品原有的色、香、味及功能和营养成分；③不同微生物对超高压处理的敏感性不同，酵母菌和霉菌易在较低的压力下被杀死，杀死细菌营养体需要较高的压力，细菌的芽孢则很难被杀死；④该技术主要应用于高酸性食品的杀菌；⑤不仅能够杀死微生物，还能使淀粉糊化、蛋白质形成凝胶，获得与加热处理不一样的食品风味；⑥采用液态介质进行处理，容易实现杀菌均匀、瞬时、高效。

超高压技术同时具有以下缺点：①对杀灭细菌芽孢效果不理想；②由于糖和盐对微生物的保护作用，在黏度非常大的高浓度糖溶液中灭菌效果不明显；③由于处理过程压力很高，食品中压敏性成分会受到不同程度的破坏。

9.1.1.3 超高压技术的应用

目前，超高压技术可应用于肉制品、水产品、果蔬制品和乳制品的杀菌中。如将猪肉和牛肉在 400 MPa 下超高压处理 20 min，肉中蛋白质变性、肉质鲜嫩，口感风味独特，保质期也大大延长。在 600 MPa 下处理 10 min 可使水产品中的酶失活，还可增加鱼肉制品的凝胶性。将 pH 2.5～3.7 的柑橘类果汁在 100～600 MPa 超高压下处理 5～10 min，会发现其中的细菌、酵母菌和霉菌数量随着压力的增加而逐渐减少，酵母菌和霉菌甚至被完全杀死，但仍有部分耐热性极强的芽孢杆菌孢子残留。

9.1.2 高压脉冲电场技术

高压脉冲电场技术(pulsed electric fields)是一种采用高压脉冲器产生的脉冲电场进行杀菌的方法。其基本过程是应用瞬间高压作用于放置在两极间的食品，在常温或冷却温度下进行处理，处理时间在 1 s 之内，能量消耗远远低于热处理。高压脉冲电场技术处理后的食品在物理、化学和营养特性等方面和新鲜食品之间的差别很小，却在常温下具有较长的货架期。

9.1.2.1 高压脉冲电场杀菌原理

高压脉冲电场杀菌作用主要基于其电场作用和电离作用。脉冲电场产生磁场，这种脉冲电场和脉冲磁场交替作用，使细胞膜透性增加，振荡加剧，膜强度减弱，因而膜被破坏，膜内物质容易流出，膜外物质容易渗入，细胞膜的保护作用减弱甚至消失。由于电极附近物质电离产生的阴、阳离子与膜内生命物质作用，阻断了膜内正常生化反应和新陈代谢过程的进行。一般情况下，影响高压脉冲电场的主要因素有对象菌的种类和数量、电场强度、处理时间和温度、介质电导率、脉冲频率和介质的 pH。

9.1.2.2 高压脉冲电场技术的特点

高压脉冲电场杀菌特点：①杀菌时间极短（一般在几微秒到几毫秒，最长不超过 1 s）、效率高、能耗少；②此反应发生在细胞内，因而对非细胞结构液态食品体系中的营养成分和风味物质基本无影响，能够较好地保存食品的天然特性；③只对蛋白质、淀粉的分子空间结构产生影响，不会引起食品基本物性的变异，对热敏性物料尤其适用；④目前，高压脉冲电场对高黏性食品及高固体颗粒含量食品的杀菌有待进一步研究。

9.1.2.3 高压脉冲电场技术的应用

高压脉冲电场多用于啤酒生产的杀菌，在瞬时高压下能够杀死影响啤酒味道及质量的杂菌；也可用于生酱油、咸菜、葡萄酒等的杀菌消毒；在苹果汁、脱脂奶蛋液、青豆汤等液体食品中也有应用。国外研究人员使用高压脉冲电场对苹果汁、香蕉汁、菠萝汁、牛奶等进行了大量研究，结果表明，这种技术抑菌效果明显，食品货架期一般可延长 4～6 周，对食品的感官质量没有造成影响。

9.1.3 高密度二氧化碳技术

高密度二氧化碳技术（dense phase carbon dioxide，DPCD）又称为高压二氧化碳技术（high pressure carbon dioxide，HPCD）。该技术不仅可以杀菌，保障食品的安全和延长产品货架期，还可有效保持食品原有品质。其杀菌的过程是将食品置于间歇式或连续式的处理器中，在一定的温度和压力（<50 MPa）下进行处理，形成高压、高酸、厌氧环境，起到杀灭微生物和钝化酶的作用，从而使食品长期保藏。

9.1.3.1 高密度二氧化碳杀菌原理

高密度二氧化碳技术对微生物的营养体和芽孢杀菌作用显著，且前者的杀菌效果优于后者。分析原因认为，高密度二氧化碳主要通过改变细胞的形态和结构、细胞膜透性、钝化胞内酶、蛋白质变性等几个方面杀灭微生物的营养体。一般来说，影响高密度二氧化碳对微生物杀菌效果的因素主要包括：压力、温度、处理时间、二氧化碳状态、是否循环处理、媒介中的水分含量、pH、卸压速率、微生物种类、样品体系和添加剂等。

9.1.3.2 高密度二氧化碳技术的特点

与加热杀菌相比，高密度二氧化碳具有以下显著优点：①避免高温处理造成的食品营养、质构、风味、感官等品质的劣变，食品的原有品质能得到最大程度保留；②节能、安全无毒、环保友好，不会对环境造成破坏。

9.1.3.3 高密度二氧化碳技术的应用

二氧化碳天然、无毒，因具有惰性、溶解性、蓄冷量、降低 pH 等性质，在食品领域已得到广泛应用。它适用于碳酸饮料的抑菌、超临界流体萃取、食品急速冷冻、食品膨化加工、鲜切果蔬和鲜肉 MAP 包装、果品与粮食的气调贮藏、食品褐变的控制等，可有效保持产品的品质和延长货架期。

9.1.4 膜过滤技术

膜过滤技术作为一种新兴的杀菌技术已在电子工业、微电子工业和饮用超纯水的生产中

二维码 9-1　膜过滤系统

进行了应用。其中的微粒、部分胶体、树脂、树脂碎屑和微生物一般采用 0.45 μm 或 0.22 μm 滤膜去除。一般来说，膜的孔径为 3 μm 时可截留霉菌孢子，1.2 μm 时可截留大肠杆菌等(一般细菌均能截留)。研究表明，用乙醇处理茶汤使蛋白质、果胶、淀粉等物质沉淀后，经 0.3 μm 微孔膜处理，数分钟即可达到分离、澄清的目的，可防止热力杀菌对茶汤风味的破坏，缩短工艺周期达 20 倍以上。膜过滤技术具有设备简单、节能、操作简单、无相变、可在常温下操作的特点。

9.1.5　脉冲强光技术

脉冲强光技术是一种利用瞬间放电以脉冲的形式激发灯管中的惰性气体，发出强烈的白光，利用白光闪照进行杀菌的技术。其光谱分布与太阳光近似(100～1 100 nm)，由紫外光谱(UVC：100～280 nm ＋ UVB：280～320 nm ＋ UVA：320～400 nm)、可见光谱(400～700 nm)和红外光谱(700～1 100 nm)组成，光强度相当于地球表面太阳光的数千至数万倍。

9.1.5.1　脉冲强光杀菌原理

将可见光、红外线和紫外线协同作用于微生物，通过闪照过程中瞬时、高强度的脉冲光能量对微生物细胞中蛋白质和核酸活性结构的作用，使细胞变性、失去生物活性，抑制其生长繁殖，从而达到杀菌目的。

9.1.5.2　脉冲强光技术的特点

脉冲强光技术具有高效、环保、最大限度保护食品品质等特点。与传统杀菌方法相比，该技术具有杀菌处理时间短(一般处理时间是几秒到几十秒)、残留少、对环境污染小、不与物料和器械直接接触、操作容易控制等特点。

9.1.5.3　脉冲强光技术的应用

目前，已有利用脉冲强光技术对食品进行杀菌的研究，其中研究较多的是饮料及生鲜果蔬。水等液态食品对于宽波长包括可见光、紫外光具有高度的穿透力。而对其他液体，如糖溶液和酒的穿透力有一定的限制。Krishnamurthy 等在连续脉冲强光下对食品进行消毒，使得液体中的金黄色葡萄球菌完全失活。同传统紫外消毒相比，脉冲强光可有效限制氧化反应的发生，因为它的脉冲时间非常短暂，只有 300 ns 至 1 ms。利用脉冲强光对果蔬消毒可延长货架期。Hoornstra 等用脉冲强光处理蔬菜，微生物数量降低了 2 个对数，将处理后的蔬菜在温度为 7℃下保存，货架期可延长 4 d。研究表明，具有光滑表面的食品，如新鲜的水果和蔬菜、硬奶酪，或表面光滑的肉片均适合采用脉冲强光消毒。

9.1.6　超声波杀菌技术

超声波杀菌技术通过超声波在传声介质的机械振动过程中产生巨大的能量，这种能量能在极短的时间内起到杀灭和破坏微生物的作用，并能对食品产生诸如均质、催陈、裂解大分子物质等多种作用，具有其他物理杀菌方法难以取得的效果，保持食品原有的滋味和风味。

9.1.6.1　超声波杀菌原理

超声波为频率大于 20 kHz 的声波，超出人耳的上限。超声波可以分为低频率超声波和高频率超声波两类。低频率超声波在液体介质中会产生空化效应从而达到灭菌效果，高频率超声波主要是通过破坏细胞结构来杀死细胞。

9.1.6.2　超声波杀菌技术的应用

超声波杀菌技术最初用来处理果蔬汁饮料、酒类、牛奶、矿泉水和酱油等液体食品，但研究中发现，超声杀菌技术还可用于鲜切蔬菜的保鲜。鲜切蔬菜经超声波处理后，除菌效果明显，无明显的机械损伤，叶绿素损失小，对维生素 C 没有破坏作用。研究表明，单独使用超声波杀灭食品中的微生物效果有限，但与其他杀菌方法相结合则具有很大的潜力。

9.2　食品热加工技术

很多传统的食品保藏与加工技术，如冷冻、低温冷藏、巴氏杀菌、发酵、降低水分活度等都用于食品的处理和保藏中，以控制食品中腐败微生物的生长。尽管如此，食品的微生物污染和腐败变质依然没有得到非常有效的控制。新型的食品热处理保藏与加工技术，如微波处理、辐照处理、欧姆加热、蒸汽喷射处理等的应用可以提高食品的安全性，延长食品的货架期。

9.2.1　微波和射频加热

9.2.1.1　微波和射频加热(Microwave and Radio-frequency heating)的原理

微波和射频是一种电磁波，非电离辐射。微波加热利用频率为 2 450 MHz 或 915 MHz 的电磁波产生交变电磁场，使物料中极性分子产生高速取向运动，相互摩擦，温度急剧升高，达到对物料进行加热的目的。家用微波炉使用的频率为 2 450 MHz，工业微波加热设备频率则使用 2 450 MHz 或 915 MHz，射频加热使用的频率为 13.56 MHz 或 27.12 MHz 或 40.68 MHz。

微波作为一种电磁波具有反射、透射、吸收的特性。在一般条件下，微波不能透过金属表面被反射，却可穿透玻璃、陶瓷、某些塑料(如聚四氟乙烯)等。微波也可以被一些介质材料(如水、碳、橡胶、食品、木材和湿纸等)吸收而产生热。

微波和射频加热的原理主要是由于介电物质的偶极子旋转(dipole rotation)和离子极化(Ionic polarization)引起的激烈振动或摩擦产热，如图 9-1 所示。

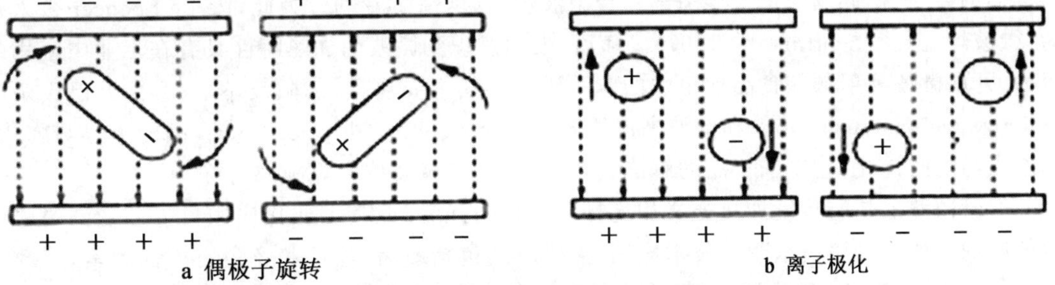

图 9-1　微波和射频加热的原理

单位体积的物料在微波和射频加热过程中的产热率 Q，可以用下式表征：

二维码 9-2 微波加热原理

$$Q = 2\pi f \varepsilon_0 \varepsilon'' E_{rms}^2$$

式中：E 是微波或射频的电场强度均方根；f 是微波或射频的频率；ε_0 是物料的自由空间介电常数（permittivity of free space）；ε''是物料介电损耗因子。食品的介电特性由两个因子即介电常数（表示材料能吸收多少微波能）和介电损耗因子（表示材料能吸收多少微波能转化成热量）所决定。食品的介电特性与食品的组分有关。介电常数和介电损耗因子的改变会影响微波的穿透深度和吸收。如盐溶液浓度从 0～5%，介电损耗因子增大数倍，微波穿透深度从 1.5 cm 减少到 0.25 cm。微波与射频在材料中的穿透深度与频率大小成反比，即频率大的（如 2 450 MHz，波长约为 0.12 m）比频率小的（如 915 MHz，波长约为 0.32 m）穿透物料的深度要浅。

9.2.1.2 微波和射频加热技术特点

大多数食品含水量范围为 40%～80%，而水分子是极性分子，在微波电磁场中很容易被激活，因此，食品在微波电磁场升温速度快，使用微波杀菌技术处理食品具有很多优点。微波加热与常规加热方式相比，具有加热迅速的优点，在达到杀灭食品中微生物的同时，减少了加热过程对食品品质的破坏。食品热处理过程中品质降解的活化能低于微生物致死的活化能，因而微生物的热敏性高于食品品质变化的热敏性。提高升温的速度可在达到杀灭微生物目的的同时，减少食品品质的损耗。因此，对加热过程中不存在温度梯度的液体食品的杀菌，工业上采用高温瞬时（HTST）和超高温瞬时（UHT）杀菌方式。但对于固体和半固体食品，加热升温过程中以传导为主要传热方式，食品内部存在温度梯度。若采用 UHT 或 HTST 杀菌，缓慢的传热过程将导致食品表面温度过高，对食品品质造成严重破坏。而微波加热可以实现对物料的整体加热，有效解决了固体和半固体食品内部温度梯度的问题，因此，微波杀菌技术在此类食品中的应用具有明显优势。

微波加热物料形成的温度梯度与传统加热不同，物料内部温度比表面温度高，不能达到传统焙烤或油炸食品的效果，可通过微波感受包装材料（susceptor）改变加热模式获得香脆的效果。

9.2.1.3 微波与射频加热技术的应用

1945 年，美国雷声公司 Percy Spencer 博士在雷达站一次试验中意外发现磁控管具有加热食品的特性，据此发明了世界上第一台微波炉，并申请了专利。为此，Percy Spencer 被人称为“微波炉之父”（Schifmann，1997）。随后，人们意识到微波的加热特性具有在工业中应用的潜力，开展微波和射频在食品加工中的应用研究。其主要包括：①微波萃取；②微波巴氏杀菌（microwave pasteurization）和微波高温杀菌（microwave sterilization）；③食品的干燥与膨化；④杀虫与酶的钝化；⑤冷冻食品的解冻；⑥微波食品与包装技术等领域。

尽管微波加热与传统加热方式相比具有明显的优势，但其工业化应用目前还受到一些因素的制约。如限制微波杀菌的技术应用，主要原因包括政策、经济和竞争三方面因素：①政策因素。由于微波加热的独特机理，杀菌过程冷点的分布缺乏规律，因而难以获取可靠的温度-时间-微生物的可靠数据，故美国食品药品管理局（FDA）目前仅通过少数食品如马铃薯泥、三文鱼的微波杀菌工艺的备案，并在美国合法应用。而对于微波杀菌在食品加工中的应用，我国还未建立相应的标准。②经济因素。微波杀菌设备必须根据各类食品的特点进行设计，使其得到足够的加热强度及实现均匀加热，这就意味着生产商需要投入资金对现有设备进行改造，而对于投入是否能得到预期的收益尚存一定的风险。③竞争因素。从商业竞争角度，运用微波杀菌获得成功的公司不愿意推广这一生产过程，以使其产品在激烈的市场竞争中占有微波杀菌技术所带来的优势。

9.2.2 欧姆加热

欧姆加热(ohmic heating)是一种新型的加热方法，它是指由导电溶液中电流的通过而使物料在整个体积内自身产生热量，特别适合含有较大颗粒的液态物料或含有细小颗粒的固液混合物的加热。

9.2.2.1 欧姆加热原理

欧姆加热又称电阻加热。其主要原理是把物料作为电路中的一段导体，利用频率 50～60 Hz 的交流电源提供电流，在所要加热的食品内部产生热量。由于大多数食品本身含有可电离的酸和盐等物质，具有介电性质，当电流通过食品时，电能将在食品内部转化为热能，使食品温度升高，不需要物体表面和内部存在的温度梯度作为传热的推动力，而是在物料的整个体积内自身产生热量，故称为体积加热法或内部加热法。其电导方式是离子的定向移动，如电解质溶液或熔融的电解质等。当溶液温度升高时，由于溶液的黏度降低，离子运动速度加快，水溶液中离子水化作用减弱，其导电能力增强。当物料不导电时，此方法不适用。对于含有极低水分或呈干燥状态的食品，这种方法也不适用。

9.2.2.2 欧姆加热技术的特点

1. 欧姆加热技术的优点

(1)加热速度快而均匀　食物加热时不经受从容器外层到中心的温度梯度，可实现固体和液体的同时升温，与传热加热相比，可有效避免液体部分过热。加热速度即单位时间内物料升高的温度，取决于单位时间内物料获得热量的多少。食品物料的电导率是影响加热速度的主要因素，电导率越大，加热速度越快；食品的 pH 对加热速度也有一定影响，pH 越小，酸性越强，电导率越大，加热速度越快。欧姆加热的加热速度远远大于传统加热方式的加热速度，用欧姆加热进行解冻与传统的解冻方法相比能够节约 40%～50% 的时间。食品加热处理的时间不宜过长，否则易造成食品营养成分的损失。欧姆加热提高了加热速度，可以使物料均匀受热，所得产品营养成分损失少，能够生产出质量更好的食品。

(2)加热能量利用率高　传统加热方式要通过加热介质对物料进行加热，在加热过程中有大量热量损失，而欧姆加热直接把电能转化成热能，能量利用率高，节约能源。在直接接触式通电加热装置中，由于没有浸泡介质消耗能量，电能利用率更高。在电源切断后，加热过程没有滞后现象，热损失非常低。此外，通电加热可以对大体积和不规则物料进行均匀加热，而不损坏物料的品质，对环境友好。

2. 欧姆加热技术的限制因素

(1)对于非均质的复杂食品物质，各部分介电性质不同，影响内部电流及温度的均匀分布，成为影响加工品质的关键。

(2)在接触式欧姆加热/解冻中，需要有耐腐、无污染的电极。在浸泡式欧姆加热中，浸泡介质的电导率是影响加热/解冻速率和物料内部温度分布均匀性的重要因素。

(3)含颗粒食品的密度过大或过小时,难以保障加热效果,包括颗粒食品的输送、混合及如何平均地充填于每一容器中;颗粒食品杀菌值的评估与计算,有待解决。

(4)欧姆加热设备的投资较大,电力价格较高,导致应用成本较高,限制了其应用。

9.2.2.3 欧姆加热技术的应用

根据欧姆加热的特点,适合于带有一定黏度产品的加热和杀菌处理,可用于食品的杀菌、解冻、漂烫等。目前,欧姆加热主要用于液体及固液混合物的杀菌、低酸性方便肉制品、整粒草莓、鱼糜制品、豆腐等的加工以及肉的解冻等。

(1)加热杀菌　欧姆加热技术在带颗粒食品杀菌方面的应用和研究越来越多。欧姆杀菌技术适于处理黏度较高的液体物料,可以对含有颗粒,如肉汤、布丁的商业无菌处理。同时,这一技术还用于某些高黏度物料的消毒,如液态蛋制品、果汁的巴氏杀菌,并与无菌灌装系统联合使用,以加强这类产品的货架稳定性。最新的欧姆加热装置,采用快速真空冷却技术,可以有效地降低杀菌过程中的加热强度。通透电极冷热双层对流技术,解决了电极和壁面结垢问题,加强了欧姆杀菌的操作连续性。利用欧姆加热技术对牛奶进行杀菌处理,可使牛奶达到完全无菌状态。目前,欧姆加热也用于浓缩苹果汁加工。欧姆加热可有效杀灭苹果汁中的酸土脂环芽孢杆菌,既保持了良好的果汁质量,又不会使耐热菌超标。

(2)加热解冻　冷冻食品质量不仅取决于冷冻技术,而且取决于解冻技术。欧姆加热解冻是利用冷冻食品的电导特性,在电流通过冷冻食品物料内部时产生热量。一般冷冻食品中,仍有5%～10%的水以较高浓度的溶液形式存在,这使通电加热具有可能性。

(3)加热漂烫　欧姆加热技术用于食品漂烫主要是可缩短漂烫时间。

目前欧姆加热加工商业应用设备供应商包括英国 Invensys APV (Crawley, UK),美国的 Raztek Corp. (Sunnyvale,CA,USA) 和意大利的 Emmepiemme SRL (Piacenza, Italy)。如英国 Invensys APV 公司有 75 kW 和 300 kW 的装备, 加工能力分别达 750 kg/h 和 3 000 kg/h, 水中升温可达 75℃。

9.3 其他

除上述提到的基于热原理和非热原理的物理、化学及其他的处理方法外,生物技术是被广泛应用于新鲜植物类食品及原料的保藏与加工新技术。

水果和蔬菜是两类主要的未经加工的植物类食品。通常情况下,采收后的水果新鲜期很短。完全成熟(完熟)期采收的水果其新鲜期一般为 1～2 d 至 1～2 个月。植物组织一经采收,就会由于新陈代谢的加速而导致其营养及感官品质出现腐败变质。生物技术领域中的基因工程在延缓正常的呼吸作用、减弱采收对组织腐败的胁迫、抑制腐败微生物的侵害及繁殖、防止害虫的侵袭等方面提出的有针对性的解决方案,可以应用于水果、蔬菜的保鲜中,详细内容可参阅果蔬保鲜技术,在此不赘述。

思考题

1. 食品加工与保藏有哪些新技术?
2. 食品加工与保藏新技术的加工原理与特点是什么?

参考文献

[1] 高福成，郑建仙. 食品工程高新技术. 北京：中国轻工业出版社，2009.

[2] 秦文，曾凡坤. 食品加工原理. 北京：中国质检出版社，2011.

[3] 刘达玉，王卫. 食品保藏加工原理与技术. 北京：科学出版社，2014.

[4] 刘建学. 食品保藏学. 北京：中国轻工业出版社，2006.

[5] 李东生，曾凡坤. 食品高新技术. 北京：中国计量出版社，2007.

[6] 周家春. 食品工业新技术. 北京：化学工业出版社，2005.

[7] 艾提亚古丽. 买热甫. 石榴汁膜除菌工艺及储藏研究. 乌鲁木齐：新疆农业大学，2012.

[8] 侯志强，赵凤，饶雷，等. 高压二氧化碳技术的杀菌研究进展. 中国农业科技导报，2015，17(5)：40-48.

[9] 吴雅静. 非热杀菌技术在食品加工中的应用研究. 安徽农业科学，2015，43(1)：242-243.

[10] 王蓓. 脉冲强光、紫外和红外辐射对稻谷黄曲霉及其毒素的杀灭降解研究. 镇江：江苏大学. 2014.

[11] 黄蓉，刘敦华. 物理杀菌技术及其在食品中的应用. 中国食物与营养，2009，(11)：33-35.

[12] 李影球，周光宏，徐幸莲. 四种非热杀菌技术在肉类中的应用. 食品工业科技，2013，34(17)：354-358.

[13] Gaurav Tewari，Vijay K，Juneja. Advances in Thermal and Non-Thermal Food Preservation. UK. Blackwell Publishing Ltd. 2007.

[14] FDA/CFSAN. Kinetics of Microbial Inactivation for Alternative Food Processing Technologies. https://www.fda.gov/media/103619/download.

[15] Gustavo V，Barbosa-Canovas，Maria Soledad Tapia and Maria Pilar Cano. Novel Food Processing Technologies. USA，CRC Press. 2005.

[16] Imran Khan，Charles Nkufi Tango，Sumaira Miskeen，Byong H Lee，Deog-Hwan Oh. Gurdle Technology：A Novel Approach for Enhanced Food Quality and Safety-A Review. Food Control，2017(73)：1426-1444.

《食品加工与保藏原理》编写人：梁建芬（中国农业大学）；张春红（沈阳农业大学）；
胡卓焱（华南农业大学）